高速光互连和宽带光接入技术

余建军 张教 李凡/著

HIGH-SPEED OPTICAL INTERCONNECTION AND BROADBAND OPTICAL ACCESS TECHNOLOGY

人民邮电出版社
北京

图书在版编目（CIP）数据

高速光互连和宽带光接入技术 / 余建军，张教，李凡著. -- 北京 : 人民邮电出版社，2023.6
ISBN 978-7-115-59836-3

Ⅰ. ①高… Ⅱ. ①余… ②张… ③李… Ⅲ. ①光纤通信 Ⅳ. ①TN929.11

中国版本图书馆CIP数据核字(2022)第146694号

内容提要

高速中短距离光传输与光接入系统目前正处于升级换代、速率提升的阶段，传统光纤传输技术受到了前所未有的挑战。本书主要总结了高速光互连和宽带光接入系统中一系列前沿性、开拓性和有深度的研究工作，主要包括高速短距离光纤传输系统基础及其关键问题、器件的发展、新型调制格式和编码以及高性能的数字信号处理算法。本书紧跟当前研究热点和业界标准，理论分析和实验研究并重，具有重要的理论意义和工程应用价值。

本书适合通信领域从事光纤通信、无线通信等研究的工程技术人员，以及高等院校通信工程等相关专业的研究生和教师阅读。

◆ 著　　　余建军　张　教　李　凡
责任编辑　李彩珊
责任印制　马振武

◆ 人民邮电出版社出版发行　　北京市丰台区成寿寺路 11 号
邮编　100164　　电子邮件　315@ptpress.com.cn
网址　https://www.ptpress.com.cn
固安县铭成印刷有限公司印刷

◆ 开本：787×1092　1/16
印张：21　　　　　　2023 年 6 月第 1 版
字数：502 千字　　　2023 年 6 月河北第 1 次印刷

定价：189.80 元

读者服务热线：(010)81055493　印装质量热线：(010)81055316
反盗版热线：(010)81055315
广告经营许可证：京东市监广登字 20170147 号

前　言

“互联网+”被世界各国广泛认为是第四次工业革命，有望改变传统的工业发展方式，进一步促进世界经济增长并重塑社会关系。超过 90%的网络信息是通过光纤传输的。光纤与其他传输介质相比，可提供无与伦比的带宽。由于数据流量的爆炸性增长和网络流量的快速增加，数据中心网络正在从 10Gbit/s 向 40Gbit/s、100Gbit/s 和 400Gbit/s 演进。采用传统的电方式互连很难满足数据中心传输带宽不断增长的需求，这给光互连技术带来了新的机遇。接入网络覆盖从城域网节点到用户的范围，为终端用户提供互联网连接。互联网的发展需要满足用户不断增长的连接和访问、更快的传输速率以及低时延服务的需求。随着流量的不断增长，数据中心互联和接入网将出现瓶颈，需要更大的带宽。随着数据中心和接入网流量的增加，系统带宽限制、光纤传输损伤和光电器件非线性损伤等给短距离传输带来的影响越来越严重。短距离光通信已成为国内外研究的重点和热点，新技术层出不穷。本书介绍如何采用这些先进技术满足高速短距离光纤传输系统的带宽和传输距离的需求。

本书第一作者余建军教授对高速光纤通信技术进行了多年的研究，在超高速光信号产生、传输和接收方面取得了许多创新性成果和创纪录的传输实验。他先后在国内外多所大学和科研机构从事宽带光纤传输技术方面的研究工作，是 IEEE Fellow 和 OSA Fellow，国家杰出青年基金获得者和“长江学者奖励计划”特聘教授；发表了 1000 余篇学术论文，获得 100 余项专利授权，先后担任 *OSA Journal of Optical Communications and Networking*、*IEEE/OSA Journal of Lightwave Technology*、*OSA/IEEE Journal of Optical Communications and Networking* 和 *IEEE Photonics Journal* 期刊的编委。

本书第二作者张教博士毕业于复旦大学，2020 年 6 月加入网络通信与安全紫金山实验室，在普适通信研究中心担任光通信研究员，主要研究方向为高速数据中心光互连、宽带光接入技术、光子毫米波/太赫兹通信，研究内容涉及数字信号处理技术、光通信系统架构和光纤无线汇聚等。在 IEEE 和 OSA 的一流刊物和会议上发表论文 100 余篇，SCI 收录 40 余篇，申请专利 20 余项，在知名国际会议上作报告 20 余次。以第一作者身份在国际顶级光通信会议 OFC/ECOC 上发表口头报告论文 10 余篇，包括 Post Deadline Paper 1 篇、Top Scored Paper 2 篇，入围 2019 年 OFC 最佳学生论文奖。

本书第三作者李凡，目前为中山大学电子与信息工程学院副教授。在高速光互连技术和高速光正交频分复用（Orthogonal Frequency Division Multiplexing，OFDM）传输方面进行了 10 余年的研究。其关于高谱效率传输光互连技术方面的研究论文以 Top Scored Paper 发表在 2016 年 OFC 上。其在高速光通信领域发表了 170 余篇学术论文，获得 9 项专利授权。目前担任 *OSA Optics Express* 和 *Elsevier Optical Fiber Technology* 期刊的编委。

本书汇聚了作者最新的研究成果。在本书编写过程中，李欣颖、张俊文、许育铭、施建阳、王源泉、王凯辉和孔淼等学生在部分章节撰写和文字校对方面给予了很多支持和帮助，特此感谢。

作者

2021 年 12 月

目 录

第1章

绪论

1.1 研究背景和意义

我们今天生活的时代是信息时代！近年来，“互联网+”被大部分国家认为是第 4 次工业革命，有望改变传统工业发展方式，进一步促进世界经济增长并重塑社会关系。各国政府为了抢占科技制高点，提出了各自的国家战略，其中，著名的包括德国的“工业 4.0”、英国的“英国工业 2050 战略”、美国的“先进制造业国家战略计划”以及中国实施制造强国战略第一个十年的行动纲领。思科年度互联网报告中，互联网用户数量增长预测[1]如图 1-1 所示，在全球范围内，互联网用户总数预计将从 2018 年的 39 亿增长到 2023 年的 53 亿，复合年增长率为 6%。就人口而言，2018 年互联网用户占全球人口的 51%，到 2023 年将会占全球人口的 66%。在 1992 年，全球互联网流量约为每天 100GB，在 2016 年已增加到每秒 26.6GB，2022 年，全球互联网协议流量达到每秒 150.7GB。全球互联网流量的增长主要来自 3 个方面：首先是基于大数据流的视频，如小米互联网电视和优酷、爱奇艺等数据流服务；其次是云计算和存储，主要用于公司通过具有全球可用性的在线存储进行数据备份和冗余恢复；最后是物联网（Internet of Things，IoT），如智能电表、视频监控、医疗保健监控、运输以及包装或资产跟踪，到 2023 年，全球每个人将有 1.8 个设备进行连接。层出不穷的新应用，对全球互联网提出了新的挑战。

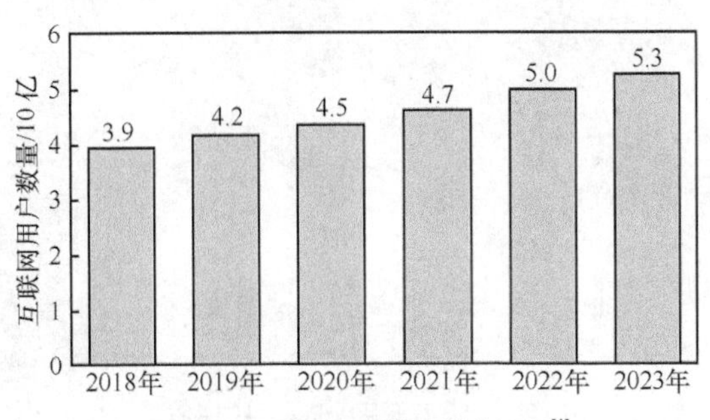

图 1-1 互联网用户数量增长预测[1]

互联网是由一个能够在全球传输数据的物理网络基础设施实现的，互联网物理网络结构如图 1-2 所示，这种复杂的结构可以分为 3 个层次，即核心网、城域网和接入网[2]。它们的区别在于地理覆盖范围和数据流量、容量。核心网是互联网的骨干网，它由长达数千千米的链路组成，这些链路将一个国家内的大城市和大都市地区连接在一起，或者将不同的国家甚至大陆连接起来。核心网络链路利用最先进的技术确保最佳性能。城域网将主要分布节点连接到最近的核心节点，范围通常为 40 到几百千米，通常覆盖大城市或大都市地区。光纤通信是一种用于核心网和城域网的成熟技术，因为与其他传输介质相比，光纤提供了无与伦比的带宽，而大量的终端客户利用这些网络链路可以分摊高昂的安装和运营成本。接入网络覆盖从城域网节点到用户的范围，为终端用户提供互联网连接。因此，接入网需要点到多点的连接以便提供适当的地理覆盖，并且由于网络用户数量有限，其受到更严格的成本限制。此外，在接入网中，用户端的设备往往比中心局的设备对成本更敏感，因为它专用于单个客户，并且不在网络用户之间共享。互联网流量的全球增长将影响所有网络层，核心网和城域网已经完全依赖光纤。互联网的发展需要满足用户不断增长的连接和访问、更快的数据速率以及低时延服务的需求。用户通过接入网络与数据中心连接，数据中心再与其他位置数据中心紧密连接。随着流量的不断增长，接入网将出现瓶颈。为了解决这个问题，数据中心互联（Data Center Interconnect，DCI）和接入网都需要更多的带宽。自第一代光纤通信系统以来，强度调制直接检测（Intensity Modulation Direct Detection，IMDD）技术一直是所有光纤通信网络中的主要解决方案。在 2007 年前后，基于数字相干探测技术的收发机得到了验证和商用，并在许多应用领域迅速取代了 IMDD 解决方案，特别是在核心网和城域网中。根据电信运营商的需求，已将光纤网络从传统的 10Gbit/s 系统升级到 100Gbit/s 或 200Gbit/s，并且很快将为核心网和城域网提供 400Gbit/s 相干解决方案。目前，相干技术尚未能够将成本差距缩小到终端用户可承受的范围以内，因此 IMDD 方案仍主导着数据中心互联和接入网的市场。

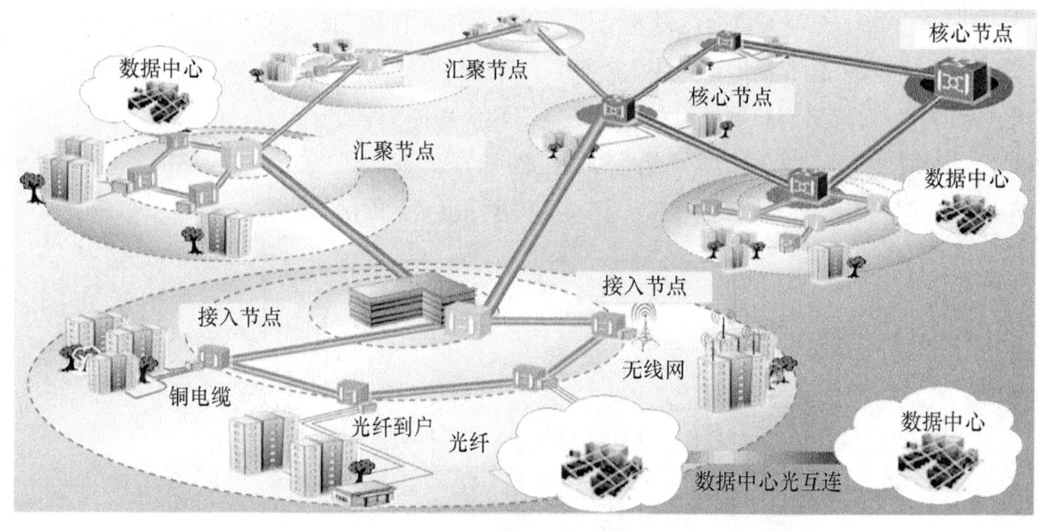

图 1-2　互联网物理网络结构[2]

谷歌、阿里巴巴和腾讯等互联网巨头需要存储、传输和处理大量数据，数据中心的流量出现巨大增长，并推动了对 IMDD 具有更高数据速率接口的需求，这些内容提供商正在构建自己的数据中心。由于数据流量的爆炸性增长和网络流量的快速增加，数据中心网络从 10Gbit/s、40Gbit/s 逐渐升级到 25Gbit/s、100Gbit/s、400Gbit/s。传统采用电方式互连很难满足数据中心传输带宽和传输速率不断增长的需求，这给光互连技术带来了新的机遇。光传输技术具有带宽大、传输距离长的优点。在数据中心内部和不同数据中心之间使用光互连技术将大大提高数据中心的计算和数据处理能力。在当今的数据中心中，大部分内部连接都使用光互连技术，主要包括服务器与数据中心之间数米范围内交换机之间的连接。巨大的数据流量通过光纤进入数据中心网络，云端数据再通过不同的数据中心共享信息，因此光互连技术不仅用于单个数据中心内部数据传输，也用于不同数据中心间的连接。与电信运营商相比，用于数据中心的光互连技术在市场上的规模将会快速增长。如今，如云计算、视频点播、虚拟和增强现实等新应用要求数据中心互联的容量大大增加，未来全球 IP 数据流量增长的 75%将保留在数据中心内。2017 年，IEEE 完成了 400Gbit/s 以太网标准化，发布了 IEEE 802.3bs-2017，定义了 200Gbit/s（200GBASE）和 400Gbit/s（400GBASE）若干标准。400Gbit/s 数据中心网络在 2019 年已进入实际部署，并且到 2023 年，会进一步向 1Tbit/s 数据中心网络升级。

为了有效解决接入网带宽需求的增长的问题，无源光网络（Passive Optical Network，PON）不仅必须增加已安装用户的数量，而且还必须增加用户带宽。对于光接入网而言，首先成本是一个非常重要的问题，接入网的成本分摊系数最低，用户单元上的设备对成本最敏感。另一个重要因素是光分配网络（Optical Distribution Network，ODN）的光功率衰减，因为它基于无源分光器（通常是 32 个或 64 个用户），并且光纤网络要求是无源的，不允许在线进行光放大。最后，ODN 安装是运营商的一项重大投资，因此他们要求每次 PON 升级都与已安装的 ODN 兼容。最近，IEEE 802.3ca 工作组正在最终确定 25Gbit/s、50Gbit/s 以太网无源光网络（Ethernet Passive Optical Network，EPON）标准，通过复用两个波长信道达到 50Gbit/s。ITU-T Q2/SG15 已经开始了一系列高速 PON 标准化过程，包括单波长 50G-PON。25Gbit/s 光电器件的可用性在很大程度上由数据中心互联市场（100GbE）驱动。随着数据中心内部互联大量涌现，25Gbit/s 光电器件已经成熟并且具有足够的成本效益，可用于 25G-PON。出于成本和功耗方面的考虑，基于 IMDD 的接口模块简单，对于网络运营商来说，基于 IMDD 的光电器件便宜，芯片尺寸小及功耗最小，可以将运营支出保持在较低水平。

综合上述研究背景，短距离光通信主要由数据中心和光接入网驱动，已成为国内外研究的重点和热点。短距离光纤传输系统基于 IMDD 的接收机以及其他低成本和小尺寸光电器件。随着数据中心和接入网流量的增加，系统带宽限制、光纤传输损伤和光电器件非线性损伤等对短距离传输带来的影响越来越严重。本书围绕高速短距离光纤传输系统的先进数字信号处理技术展开研究，针对数据中心光互连研究了带宽受限 100Gbit/s 传输系统和高阶脉幅调制（Pulse-Amplitude Modulation，PAM）非线性损伤，提出了基于高阶 PAM 概率整形技术的 200Gbit/s 光互连方案；

针对 PON，研究了基于带宽受限器件的 100G-PON 和对称 50G-PON 系统，提出了一种基于强度调制相干检测的 200G-PON 方案，以上各项研究可以满足低成本实现高速短距离传输的需求。

1.2 研究现状

近年来，随着 5G 商用和数据中心应用的推动，高速短距离光纤传输系统引起了人们的广泛兴趣。为了满足短距离高速光通信需求，传统 IMDD 方案受到了前所未有的挑战，电子和光电器件的带宽以及调制格式、编码和数字信号处理（Digital Signal Processing，DSP）技术的性能都已发展到极限。在此背景下，学术界和工业界取得了一些技术突破，包括宽带器件的发展、新型调制格式和编码以及高性能的 DSP 算法。在中短距离应用中，高速 IMDD 系统成本、功耗和封装尺寸仍然具有优势。下面将从高速数据中心光互连和接入网两个方面，介绍国内外学术界和工业界在高速短距离光纤通信系统中的重要研究工作与发展趋势。

1.2.1 高速数据中心光互连研究现状

（1）国外研究现状

在高速数据中心光互连方面，为了满足未来数据中心大容量需求，国外企业、高校和科研机构在宽带器件、调制格式、新型编码和数字信号处理等方面展开了研究。

在宽带宽器件方面，高速模数转换器（Analog to Digital Converter，ADC）和调制器都得到了广泛研究。在过去的几年中，将单通道波特率提高到超过 100GBaud 一直是研究重点，这种运行方式肯定会超出最先进的商用数模转换器（Digital to Analog Converter，DAC）和 ADC 的能力（3dB 带宽 20～30GHz），跨阻放大器（Trans-Impedance Amplifier，TIA）（3dB 带宽 30～40GHz）以及电光调制器（3dB 带宽 40～50GHz）。2017 年，美国诺基亚贝尔实验室 Chen 等[3]展示了基于数字频带复用的 100GHz 带宽 240GSa/s 采样率的 DAC，生成了高达 380Gbit/s 的 190GBaud PAM2 和 PAM4，是当年全电方式生成的较高的符号速率；同年，比利时根特大学在 200mm 硅光平台集成了 GeSi 电吸收调制器（Electric Absorption Modulator，EAM）和 SiGeBiCMOS 发射机和接收机芯片组，实现了 100Gbit/s 非归零开关键控（Non-Return to Zero On-Off Keying，NRZ-OOK）传输 500m 标准单模光纤（Standard Single Mode Fiber，SSMF）和 2km 色散补偿光纤（Dispersion Compensating Fiber，DCF）[4]；2018 年，德国卡尔斯鲁厄理工学院首次使用硅有机混合马赫曾德尔调制器（Mach-Zehnder Modulator，MZM）演示了在仅 1.4Vpp（Peak-to-Peak Voltage）的创纪录的低驱动电压和仅 98fJ/bit 能耗下产生和传输 100Gbit/s 开关键控（On-Off Keying，OOK）信号[5]；瑞士苏黎世联邦理工大学在 2017 年展示了采用有机电光材料设计的 75MHz～170GHz 具有平坦电光响应的等离激元调制器，实现了 100GBaud 非归零（Non-Return to

Zero，NRZ）码和 60GBaud PAM4 的调制，有潜力应用在下一代光互连中[6]；2018 年，德国弗朗霍夫海因里希赫兹研究所设计开发了基于磷化铟（InP）的 44GHz 带宽分布式反馈（Distribute Feedback，DFB）激光器-MZM 单片集成光发射模块，利用 40GHz 带宽 100GSa/s 采样率的 BiCMOS DAC 产生 100GBaud NRZ 码、PAM4 和 PAM8 电驱动信号，在 C 波段验证了 100Gbit/s NRZ 码和 200Gbit/s PAM4 分别传输 1.8km 和 1.2km SSMF[7]；同年，日本 NTT（Nippon Telegraph and Telephone）报告了用于 100GBaud 级的基于 InP 的 IQ 调制器，具有超过 3dB 67GHz 带宽和超过 60GHz 的增益响应，调制产生了 112GBaud 16 正交振幅调制（Quadrature Amplitude Modulation，QAM）和 120GBaud 正交相移键控（Quadrature Phase Shift Keying，QPSK）光信号[8]；2018 年，法国诺基亚贝尔实验室基于 InP 的 2:1 高速选择器和行波电吸收调制器（Traveling Wave Electro Absorption Modulator，TWEAM）实现了创纪录的符号速率 204GBaud 和 140GBaud OOK 分别传输超过 10km 和 80km SSMF[9]。

在调制格式方面，2018 年，瑞典皇家理工学院利用 C 波段 DFB 激光器-TWEAM 成功实现 200Gbit/s 比特和功率加载的离散多音频（Discrete Multi-Tone，DMT）调制信号传输 1.6km SSMF，达到了 4.93bit/(s·Hz)的有效电频谱效率[10]；2017 年，日本 NTT 使用数字预处理模拟多路复用数模转换器（DP-AM-DAC）生成了总线速率为 300Gbit/s 的比特和功率加载 DMT 信号，通过实验在 O 波段成功传输了 10km SSMF，实现了 250Gbit/s 净速率[11]；2019 年，日本 NTT 使用超过 100GHz 的模拟多路复用器（Analog Multiplexer，AMUX）和 80GHz MZM，采用余量自适应位加载算法和非线性均衡算法，实现了净速率 333Gbit/s DMT 传输 20km 色散补偿的 SSMF，是当前单波长和单偏振 IMDD 的较高传输纪录[12]。

在新型编码方面，2019 年，德国诺基亚贝尔实验室 Hu 等[13]采用 THP（Tomlinson- Harashima Precoding），在 33GHz 带宽受限的 IMDD 系统中传输 74GBaud 预编码 PAM8，在 2km 的光纤链路上实现了 185Gbit/s 净比特率；2017 年，德国诺基亚贝尔实验室实验展示了基于概率整形（Probabilistic Shaping，PS）技术的 IMDD 系统，结果表明 56GBaud 的 PS-PAM8 可以达到 0.16bit/Symbol，这对应于净比特率增加 8.96Gbit/s，等效可以多传输 135km SSMF[14]；2019 年，日本 NTT 通过使用由 AMUX IC 和 InP MZM 组成的集成发射机，实验演示了 162GBaud PS-PAM16 传输 20km 光纤，实现了高达 400Gbit/s 的净速率（总速率为 516.7Gbit/s），这是使用紧凑型发射机通过单载波 IMDD 实现的 400Gbit/s 传输[15]；2017 年，麦吉尔大学提出了基于新型斯托克斯矢量 KramersKronig 收发机的 4D 调制，实现了在 C 波段无色散管理的 60GBaud 偏振复用（Polarization Division Multiplexing，PDM）-16QAM 信号传输 80km 光纤，实现了单波长 400Gbit/s 净比特率[16]；同年，麦吉尔大学演示了以 84GBaud 符号速率运行的单载波直接检测收发器，采用新型调制格式每个符号提供 5.5 位和 6 位，实现 462Gbit/s 和 504Gbit/s 速率传输 500m SSMF[17]；2017 年，麦吉尔大学在斯托克斯空间上提出了一种新颖的三维 16QAM-PAM2 编码调制，使用斯托克提矢量接收机实现了 280Gbit/s 信号传输 320km 光纤，该方案可以用于城域网或区域网络[18]。

在先进数字信号处理方面，2018 年，韩国科学技术院提出并演示了一种基于人工神经网络

（Artifical Neural Network，ANN）的机器学习算法的低复杂度非线性均衡器（Nonlinear Equalizer，NEL），用 1310nm 直接调制激光器（Directly Modulated Laser，DML）实现了 20Gbit/s PAM4 信号传输 18km SSMF，ANN-NLE 均衡器可以明显减小非线性影响[19]；2019 年，日本 NTT 提出了一种基于三阶 Volterra 滤波器的非线性最大似然序列估计均衡器，基于该均衡器，使用只有 3dB 20GHz 带宽的发射机，实现了创纪录的 255Gbit/s PAM8 传输，相比传统的前馈均衡器（Feed Forward Equalizer，FFE）有 2.2dB 性能提升[20]；2020 年，美国佐治亚理工学院提出了一种基于卷积神经网络（Convolutional Neural Network，CNN）的发射机色散眼图闭合（Transmitter Dispersion Eye Closure，TDECQ）评估方法，相比传统方法，该方法从静态眼图估计 TDECQ 快 1000 倍，平均误差小于 0.25dB[21]。

（2）国内研究现状

国内华为技术有限公司（以下简称“华为”）和北京邮电大学、上海交通大学、华中科技大学、北京大学、复旦大学、中山大学等高校团队，在高速数据中心光互连领域取得了一系列成果。

2019 年，华为德国研究中心提出了一种新型的 3D PAM8 调制方式，通过实验证明与 PAM8 相比，3D PAM8 的误码率要小一个量级，最高实现了 240Gbit/s 传输速率[22]；2018 年，华为德国研究中心使用商用器件，发射端没有使用任何 DSP，在 1550nm 通过实验验证了背靠背传输 210Gbit/s、225Gbit/s 二进制 PAM6 信号[23]；同年，华为德国研究中心 Zhang 等[24]基于网格编码调制和非线性均衡算法，实现了创纪录的净数据速率 200Gbit/s DMT 在硬判决前向纠错（Hard Decision Forward Error Correction，HD-FEC）门限上达到−12.8dBm 灵敏度，传输 0km、1km 和 2km SSMF 后分别实现了 250Gbit/s、244Gbit/s 和 216Gbit/s 的最大速率。

北京大学基于硅光集成调制器和 KK（Kramers-Kronig）收发机演示了创纪录的传输实验，2019 年，使用具有 3dB 22.5GHz 带宽的常规硅光行波马赫曾德尔调制器（Traveling Wave Mach-Zehnder Modulator，TW-MZM），通过实验分别演示了 192Gbit/s PAM4 和 200Gbit/s PAM6 信号传输 1km SSMF 以及背靠背传输 192Gbit/s PAM8 信号，这一成果作为美国光纤通讯展览会及研讨会（Optical Fiber Communication Conference，OFC）2019 PDP（Past-Deadline Paper）进行了大会报告[25-26]；2017 年，基于奈奎斯特（Nyquist）16QAM 半周期单边带副载波调制（Single Side Band Subcarrier Modulation，SSB-SCM）信号，实验演示了 224Gbit/s（56GBaud×4bit）传输 160km SSMF，净速率为 203.4Gbit/s，这是首次使用单端光电二极管（Photodiode，PD）在 C 波段实现 200Gbit/s 城域网传输[27]；同年，在 C 波段演示了单信道 112Gbit/s Nyquist 16QAM 半周期 SSB-SCM 信号传输掺铒光纤放大器（Erbium-Doped Fiber Amplifier，EDFA）中继的 960km SSMF[28]；2016 年，基于 Nyquist 64QAM 半周期 SSB-SCM 信号和 16 路波分复用，演示了高达 1.728Tbit/s（16×108Gbit/s）传输 80km SSMF，实现 3.25 bit/(s·Hz)的频谱效率[29]。

2016 年，华中科技大学 Zhou 等[30]通过实验在 C 波段使用 18GHz DML 演示了 2×56Gbit/s PAM4 信号传输 100km SSMF，且没有使用光线路放大器，发射机侧的延迟干涉仪（Delayed Interferometer，DI）用于将传输距离从 40km 扩展到 100km；在 2017 年，提出了一种线性和非线性损伪稀疏 Volterra 滤波器，使用 O 波段 18Gbit/s 级 DML 和掺镨光纤放大器（Praseodymium-Doped Fiber Amplifier，PDFA）演示了 2×64Gbit/s PAM4 信号传输 70km SSMF[31]；2019 年，文献[32-33]提出了一种非线性判决反馈 Volterra 均衡器，使用 4 个 O 波段 DML 演示了 384Gbit/s（4×96Gbit/s）PAM8 信号无光放大器传输 15km。

2018 年，北京邮电大学 Wan 等[34]提出了一种基于 ANN 的非线性均衡器，基于该均衡器，在 C 波段实现了 112Gbit/s SSB-PAM4 传输 80km SSMF；同年，Shu 等[35]使用 KK 接收机和稀疏 IQ Volterra 滤波器，在 960km SMMF 上实验演示了单个 PD 112Gbit/s 16QAM 传输。

2020 年，上海交通大学 Fu 等[36]提出了一种二维网格编码调制 PAM8（2D-TCM-PAM8）调制格式和有效分段线性 Volterra 滤波器，使用 20GHz 带宽 DML 通过实验实现了 104Gbit/s 2D-TCM-PAM8 信号传输 10km SSMF；2019 年，Fu 等[37]提出了一种计算有效的分段线性均衡器，在 C 波段 56Gbit/s 和 84Gbit/s 的 PAM4 信号无色散补偿传输了 40km 和 80km SSMF；同年，An 等[38]提出了一种基于多输入多输出（Multiple-Input Multiple-Output，MIMO）ANN 的非线性均衡器，实验验证了 112Gbit/s SSB 16QAM 信号传输 120km SSMF。

2020 年，中山大学 Zou 等[39]提出一种预啁啾技术，使用一个商用双驱动 MZM（Dual-Drive MZM，DD-MZM）在 C 波段通过实验演示了 100Gbit/s PAM6 和 PAM8 信号传输 10km SSMF；2019 年，Li 等[40]采用自适应 FFE，在 O 波段基于 10Gbit/s 级 DML 实现了 45GBaud PAM6 信号传输 40km SSMF；2019 年，Li 等[41]提出了离散傅里叶变换扩展频谱有效的频分复用传输系统，实验验证了在 C 波段净速率 100Gbit/s 传输 2km SSMF，该方案能有效降低 IMDD 系统峰均比（Peak to Average Power Ratio，PAPR）。

复旦大学团队近几年在高速数据中心光互连领域取得了一系列创新性成果。2017 年，使用 10Gbit/s 级 C 波段 DML 和光间插器产生 56Gbit/s 啁啾管理的 OOK 信号成功传输 10km SSMF，不需要任何色散补偿和 DSP[42]；同年，提出了发射端联合线性数字预均衡和非线性查找表的方案，通过实验演示了 4×112.5Gbit/s PAM4 传输 80km SSMF[43]；基于孪生单边带（Twin-SSB）调制和 MIMO-Volterra 均衡器，在 C 波段通过实验实现了 208Gbit/s 离散傅里叶变换扩展（Discrete Fourier Transform-Spread，DFT-S）OFDM 信号传输 40km SSMF[44]；基于数字色散预补偿和先进的非线性失真补偿，通过实验创造了 4×112Gbit/s PAM4 IMDD 传输 400km SSMF 的纪录[45]；基于 DD-MZM 产生 SSB 信号和数字色散预补偿，通过实验对 PAM4，无载波调幅/调相（Carrierless Amplitude Phase Modulation，CAP）16 和 PAM8、CAP64 及 DFT-S OFDM 16QAM、64QAM 实现 112Gbit/s 传输进行了详细的比较，这也是目前较为详细的不同调制格式的对比[46-48]；2018 年，将 PS 技术首次引入 OFDM 系统中并通过实验实现了 28.95Gbit/(s·λ) PS-1024QAM DFT-S OFDM 传输 40km SSMF[49]；同年，提出了一种联合 MIMO-Volterra 均衡算法，在 C 波段通过实验演示了 112Gbit/(s·λ) CAP-16QAM 传输 480km SSMF，这是 100Gbit/s CAP 调制格式最长传输记录[50-51]；2019 年，Zhang 等[52]基于数字预均衡、概率整形和硬限幅技术，实验演示了单信道电吸收调制激光器（Electro-Absorption Modulated Laser，EML）106GBaud PAM4 和 PS-PAM8 信号传输 1km

非零色散位移光纤（No-Zero Dispersion Shifted Fiber，NZ DSF），最高实现 260Gbit/s PS-PAM8 信号传输；2019 年，Zhou 等[53-54]基于 Kramers-Kronig 接收机，实验演示了 25GHz 间隔 4×140Gbit/s 128QAM 和 4×160Gbit/s 256QAM SSB 信号传输 20km SSMF，在 256QAM 时有效频谱效率可达 5.12bit/(s·Hz)；2020 年，Wa 等[55]利用收发端半导体光放大器（Semiconductor Optical Amplifier，SOA）和概率整形高阶 PAM8 调制信号，实验演示了 1Tbit/s（280Gbit/s×4）PS-PAM8 传输 40km SSMF，净速率高达 880Gbit/s，可以支持未来 800Gbit/s 数据中心互联，这是当前 PAM IMDD 传输最高纪录。

从国内外数据中心互联研究现状可以看到，国外尤其是日本、欧洲等国家和地区在高带宽器件、调制格式、新型编码等几个方面发展较快，特别是高带宽器件的研发与工业界联系更紧密，处于领先地位。国内在数字信号处理方面研究成果比较突出，特别是非线性损伤均衡算法和基于人工智能的数字信号处理技术成果丰富，但是，这些算法复杂度高，在实用性上还需要优化，降低复杂度。国内在高带宽器件设计方面能力严重缺乏，在新型编码原始理论上创新不足。目前高速数据中心光互连单通道从 100Gbit/s 向 200Gbit/s 演变，除了高带宽器件的发展，高谱效率编码和高效率均衡技术起到的作用越来越大，本书将针对这些问题展开研究。

1.2.2 高速接入网研究现状

（1）国外研究现状

为了满足未来用户接入网对容量的需求，国外工业界和高校在调制格式、数字信号处理和高速相干 PON 等方面展开了研究。

在调制格式方面，对光双二进制（Optical Duobinary，ODB）、电双二进制（Electrical Duobinary，EDB）、NRZ、PAM4、DMT 和 CAP 等调制格式展开了对比研究。2014 年，美国贝尔实验室演示了基于 ODB、EDB 和 NRZ 格式的具有 64 个用户的 40Gbit/s 时分复用-无源光网络（Time Division Multiplexing-Passive Optical Network，TDM-PON），在 C 波段传输 26km SSMF，25Gbit/s 雪崩光电二极管（Avalanche Photodiode，APD）接收机可以实现 31dB 光功率预算，在此系统中，NRZ 性能要优于 EDB 和 ODB[56-57]；2016 年，美国贝尔实验室演示了基于 10Gbit/s 器件的对称 25Gbit/s TDM-PON，在 C 波段传输 20km SSMF 后实现了 31.5dB 光功率预算，下行连续传输采用 PAM4，上行突发传输采用 NRZ[58-59]；2017 年，美国贝尔实验室演示了基于功率加载 DMT 的对称 40Gbit/s PON，在 C 波段传输 10km 实现了 23dB 功率预算[60]；2017 年，德国 ADVA 光网络提出了一种新型时钟恢复算法和偏微分编解码多带 CAP 方案，实验演示了使用 10Gbit/s 级收发机实现 40Gbit/(s·λ)长距离 PON，传输 80km 和 90km SSMF 后分别实现了 33dB 和 29dB 的链路功率预算[61-62]。

在数字信号处理方面，2016 年，ADVA 光网络演示了第一个实时端到端对称 40Gbit/s PAM4 接入网实验，发射端 DSP 包括符号映射和数字预均衡，接收端 DSP 包括时钟恢复和 FFE/判决反馈均衡器（Decision-Feedback Equalizer，DFE）；下行链路使用 EDFA 和 APD 接收机，传输 10km 和 20km SSMF 后功率预算分别为 26.5dB 和 24.5dB；上行链路使用 EDFA 作为预放大器和 PIN 接收机，传输 10km 和 20km 的 SSMF 上行链路实现高达 27dB 和 25dB 的链路功率预算[63-64]。2019 年，美国诺基亚贝尔实验室提出在光线路终端（Optical Line Terminal，OLT）接收机侧使用神经网络（Neural Network，NN）均衡器，避免在用户侧进行复杂处理，基于该 NN 均衡器实验演示了 C 波段 50Gbit/s NRZ 和 92Gbit/s PAM4 TDM-PON[65]。

在相干 PON 传输方面，2017 年美国贝尔实验室演示了一个下行 50Gbit/s NRZ 与上行 25Gbit/s NRZ 非对称 TDM-PON，下行接收机为 APD，上行接收机是基于 3×3 光纤分路器和 PD 的简化相干接收机，可以实现 40dB 光功率预算[66-67]；2016 年，日本三菱提出了新型的具有放大自发辐射补偿功能的自动增益管理 EDFA，实验演示了实时具有简单 DSP 的相干 100Gbit/s 波分复用无源光网络（Wavelength Division Multiplexing-Passive Optical Network，WDM-PON），可以支持 8 个用户单元传输 80km SSMF，实现 39.1dB 的功率预算[68-69]；2019 年，德国卡尔斯鲁厄理工学院提出了一种无色相干 TDM-PON 体系结构，该体系结构使用梳状激光器作为 OLT 中的本地振荡器，实验表明两种不同类型的梳状激光器在−25dBm 接收光功率下，可以实现 600GHz 和 1THz 宽带宽上无色相干接收[70]；2019 年，韩国高等科学技术学院利用 RSOAs 在环回配置的相干 WDM-PON 中演示了上行 28Gbit/s QPSK 信号 80km 传输[71]；2015 年，意大利圣安娜高等学院使用非偏振相干接收机实时演示了 1.25Gbit/s 幅移键控（Amplitude Shift Keying，ASK）-PON，无须使用 ADC 和 DSP，可以实现−51dBm 的接收灵敏度和 52dB 的动态范围[72]。

（2）国内研究现状

上海交通大学、北京邮电大学、华中科技大学、复旦大学、上海大学等高校团队和中兴通讯股份有限公司、华为、中国电信集团有限公司等企业，对 PON 展开了研究，取得一系列优秀成果。

上海交通大学，Xue 等[73-74]提出了一种支持色散的光学均衡方案用于降低 FFE 和 Volterra 算法的复杂性，使用 3dB 带宽 6GHz 的 DML 和 APD 在 O 波段实验演示了 50Gbit/s PAM4 TDM-PON 传输 25km SSMF；Yi 等[75-76]提出了基于 NN 的均衡器，使用商用 20Gbit/s 级光电器件演示了 100Gbit/(s·λ) IMDD PON，33GBaud PAM8 实现了 30dB 的损耗预算，结果表明基于 NN 的均衡器在线性情况下具有与 FFE 和 VNLE（Volterra NLE）相同的性能，但在强烈的非线性情况下优于它们；2018 年，Zhang 等[77-78]在 O 波段中演示了基于 10Gbit/s 级 DML 和 PD 的 50Gbit/(s·λ) PAM4 TDM-PON，具有下行链路预补偿和上行链路后均衡功能，在光网络单元（Optical Network Unit，ONU）中没有任何 DSP 的情况下，实现了 29dB 的光功率预算。2018 年，华中科技大学 Li 等[79]提出了一种支持 1000 个 ONU 的双向相干超密集时分/波分复用无源光网络方案，使用基于现场可编程门阵列（Field Programmable Gate Array，FPGA）的实时收发机实验性地演示了该方案，10Gbit/s 双偏振 QPSK 信号传输 40km SSMF 实现了 30dB 链路功率预算。2018 年，北京邮电大学 Tang 等[80]提出了一种基于带循环卷积的快速频域均衡和低复杂度 MLSD 均衡器抵抗带宽限制和色散，在 C 波段无色散补偿成功演示了 50Gbit/s PAM4 PON 传输 20km SSMF，实现高达 33.2dB 的功率预算。2019 年，上海大学 Li 等[81]使用 25Gbit/s 级光电器件和 OLT 侧 SOA 放大器演示了 50Gbit/s NRZ 对称 TDM-PON，下行链路和上行链路分别实现了 34.97dB 和 33.76dB 光功率预算。2017 年，华为 Tao 等[82]分别通过实验演示了 O 波段基于 PAM4/DMT 调制的 50Gbit/(s·λ) TDM-PON，通过使用 DSP 和 10Gbit/s 级光电器件，在下行传输 20km SSMF 接收灵敏度达到 −20dBm/−18dBm；2019 年，Tao 等[83]基于 40GHz EML 和 25GHz APD 及简单 DSP，实验研究了 50Gbit/s NRZ-OOK 信号的色散容限，在 1342nm 传输 20km SSMF 的情况下满足 29dB 功率预算。

复旦大学团队在 2017 年使用集中式 DSP 和低复杂度 10Gbit/s 接收机，通过实验演示了 C 波段 50Gbit/(s·λ)和 64Gbit/(s·λ) PAM4 TDM-PON 下行传输 20km SSMF 的情况下实现了 31dB 和 29dB 链路功率预算[84]；2018 年，Zhang 等[85]通过使用 DSP 和 SOA，在 O 波段上实验性地研究了对称的 50Gbit/(s·λ) PAM4 TDM-PON，下行采用 APD 接收机，上行采用 SOA+PIN 接收机，上下行均可以实现超过 29dB 的功率预算；2018 年，Zhang 等[86]演示了采用实时 FPGA 处理的 26.20546GBaud PAM4 信号的突发模式全数字时钟和数据恢复，使用自由运行的 ADC，基于平方定时恢复算法，使用 32 个符号实现了时钟恢复；同年，Zhang 等[87]针对与功率相关的非均匀噪声分布的 APD 或 SOA 接收机，提出了一种增强的 PAM4 调制和检测方案，从而提高了 50Gbit/(s·λ) PON 的接收机灵敏度；2018 年，Zhang 等[88]首次实验演示了 C 波段基于对相位不敏感的简单外差相干探测单波长 100Gbit/s TDM-PON，传输 20km 和 40km SSMF 分别实现了 36.5dB 和 34dB 的链路功率预算；2019 年，Zhang 等[89-90]使用 10Gbit/s 级 DML 和 SOA 前置放大器，首次实验演示了 O 波段 100Gbit/(s·λ) PAM4 TDM-PON 下行传输 50km SSMF，实现了 29dB 的功率预算，这一成果作为 OFC 2019 PDP 进行了大会报告；2019 年，Zhang 等[91-92]使用 Nyquist 脉冲整形和强度调制外差相干检测，首次实验演示了 C 波段单波长 200Gbit/s PDM-PAM4 PON，在 20km SSMF 光纤传输后实现了超过 29dB 的功率预算，这一成果作为 OFC 2019 Top Score Paper 进行了大会报告。

从国内外光接入网研究现状可以看到，随着中国 5G 商用和国内接入网市场需求的推动，国内接入网研究的部分成果已处于国际领先水平。但是也需要看到，国外高校研究所和工业界研究结合非常紧密，国内部分研究仅限于学术研究，在实用性上还有不小差距。随着新兴业务和 5G 商用推动，50Gbit/s PON 标准正在讨论中，100Gbit/s 相干 PON 也是研究热点。随着传输速率的增加，器件带宽受到限制，导致多种线性和非线性损伤愈发严重，先进调制格式和高效数字信号处理技术可以提高系统传输性能。本书围绕带宽受限器件和相干技术展开高速 PON 研究工作。

1.3 本书的结构安排

本书主要针对高速短距离光纤传输系统的先进数字信号处理技术展开研究，短距离光通信链路由于部署规模大，对成本和器件集成尺寸比较敏感，因此 IMDD 仍主导着短距离市场。随着数据中心和接入网流量的增加，系统中的带宽限制、光纤传输损伤和光电器件非线性损伤等给短距离传输带来的影响也愈发严重。高速中短距离光传输与光接入系统目前正处于升级换代、速率提升的阶段。本书紧跟当前研究热点和行业标准，围绕高速光互连和宽带光接入系统的先进数字信号处理技术展开。在高速光互连中，对先进调制格式、在器件带宽受限情况下的先进算法、概率整形技术等进行了介绍；在宽带光接入系统中，介绍了接入网标准的演进及基于带宽受限器件接入网系统。本书理论分析和实验研究并重，介绍了一系列前沿性、开拓性和有深度的研究工作，可以为下一代工业界标准制定提供有价值的参考，具有重要的理论意义和工程应用价值。主要内容安排如下。

第 1 章围绕本书的研究背景和当前研究现状展开。首先介绍了高速短距离光纤通信的研究背景与意义，以及高速数据中心光互连和接入网的国内外研究现状和趋势，然后概述了本书内容安排。

第 2 章主要围绕高速短距离光纤传输系统基础及其关键问题展开。首先，针对高速短距离光纤传输系统架构，从光发射机、光接收机、光纤信道、光放大器、先进调制格式和数字信号均衡技术等方面进行了介绍。其次，综述了高速短距离光纤传输系统面临的关键问题，介绍了系统带宽受限问题，推导了光纤传输损伤模型和 IMDD 系统模型，阐述了 MZM 和 DML 非线性损伤产生的机理。最后，综述了目前解决高速短距离光纤传输系统中关键问题的主流方法，先进数字信号处理技术和新型编码调制可以有效提升系统性能。本章对短距离光通信系统中关键问题和解决方法的总结，为后续展开采用低成本器件实现高速短距离传输研究提供了方向和指导。

第 3 章主要围绕基于带宽受限器件的数据中心光互连系统研究展开。在数据中心光互连研究进展中，首先介绍了三大类数据中心光互连网络，即数据中心内光互连、城域网数据中心间光互连和广域网数据中心间光互连；接着介绍了以太网标准的演变和光模块的发展。面向下一代大容量数据中心光互连的需求，需要考虑器件的低功耗、高可靠性、低成本和技术是否易实现，这也是本书研究的方向。为了使用已经部署的带宽受限的商用器件实现更高速率的传输，提出了一种发射端和接收端联合均衡算法。基于该算法，在 C 波段基于带宽受限的 10Gbit/s 级 DML 首次通过实验验证了 100Gbit/s PAM4 和 PAM8 信号 IMDD 传输。接着，基于 10Gbit/s 级 DML 发射机和 15Gbit/s PIN-TIA 接收机演示了 50Gbit/s 和 56Gbit/s PAM4 传输 120km SSMF。通过该实验验证了基于带宽受限器件和级联 SOA 辅助的方案可行性，结合低复杂度 DSP，可以满足 80～120km 数据中心光互连的需求。

第 4 章主要围绕基于高阶 PAM 的数据中心光互连非线性研究展开。首先针对短距光通信中查找表算法复杂度较高的问题，尤其对于高阶 PAM 调制信号，首次提出了一种基于改进查找表的高阶 PAM 非线性预失真技术，在基本不降低算法性能的前提下，降低查找表的复杂度。通过基于改进查找表的 PAM8 IMDD 系统传输实验验证，与经典的查找表算法相比，对系统性能提升相近，但是改进查找表方法码型的数量减少了一半，在发射端所需要的计算机物理内存和索引复杂度都有极大幅度的降低。接下来为了解决 DML 自身啁啾效应引起的电平抖动导致的难以判决的问题，提出了一种具有噪声的基于密度空间的聚类（Density-Based Spatial Clustering of Applications with Noise，DBSCAN）算法的高阶 PAM 非线性判决技术，以提高电平判决准确性，而无须使用任何非线性处理算法。对于基于带宽受限器件的数据中心光互连系统，高阶 PAM 有着更高的频谱效率，但是，高阶 PAM 信号对噪声更敏感，受到的非线性损伤要高于 PAM4，本书对这一问题的探索研究具有前瞻性意义。

第 5 章主要围绕基于概率整形的 200Gbit/s+数据中心内光互连系统研究展开。在概率整形技术研究中，首先介绍了概率整形技术的基本原理，介绍了概率幅度整形（Probabilistic Amplitude Shaping，PAS）架构；然后给出了广义互信息（Generalized Mutual Information，GMI）和归一化广义互信息（Normalized Generalized Mutual Information，NGMI）表达式推导，以代替前向纠错（Forward Error Correction，FEC）门限实现更高精度预测 post-FEC 误码率，并且对 GMI 和 NGMI 进行了数值模拟。针对基于概率整形技术的高阶 PAM 数据中心内光互连，首次提出了基于硬限幅的概率整形时域数字预均衡方案。基于该方案，首次验证了利用单个 EML 实现单通道 260Gbit/s PS-PAM8 信号传输 1km NZ DSF；接着，本章分析了超高速信号 SOA 大信号增益模型，实验验证了在 O 波段基于 SOA 和 PS 实现了单通道 280Gbit/s PS-PAM8 传输 10km SSMF，这是当前最高最长距离传输纪录；最后，综合提出的改进查找表、概率整形、时域数字预均衡和硬限幅技术等联合均衡技术，首次实验实现了单信道 350Gbit/s PS-PAM16 数据中心内光互连。本章通过广泛的实验演示了基于概率整形技术的高阶 PAM 信号实现单通道超过 200Gbit/s 的数据中心光互连，使 PS-PAM 成为多通道实现 800GbE 或 1.6TbE 数据中心内光互连有潜力的可选方案。

第 6 章主要围绕基于带宽受限器件的无源光网络传输系统研究展开。在 PON 研究进展中，首先回顾了 ITU-T 和 IEEE 的 PON 标准化进程；然后，介绍了不同 PON 标准中最关键的波长规划问题；最后，总结了近 5 年使用 10Gbit/s 发射机的 IMDD 传输实验，从应用场景、调制格式、发射机、色散容限和高效 DSP 5 个方面介绍了 PON 发展的关键技术和发展趋势。针对基于受限器件的 PON 传输系统，首次通过使用 10Gbit/s 发射机和 SOA 使能的接收机，实验研究了基于 PAM4 调制的 O 波段 100G-TDM-PON 的下行传输，数值模拟分析了 50GBaud PAM4 信号传输 20km G.652 光纤时的色散容限；PAM4 调制格式与 DMT 和相干方案相比，有着最低的功率损耗。然后，首次在同一光纤链路中研究了基于带宽受限器件的 50G-PON 对称传输，通过实验对比了 PAM4、DMT 和 CAP 3 种先进调制格式在上下行链路中的性能，分析了它们的接收灵敏度、功率预算、色散容限和 DSP 复杂度。最后，首次实验研究了基于带宽受限器件的对称 50G-PON 上行突发传输，采用基于数字滤波平方定时突发时钟数据恢复（Burst Clock Data Recovery，BCDR）算法，成功在上行链路中传输了 50Gbit/s PAM4 信号。

第 7 章主要围绕基于强度调制相干检测的 200G-PON 传输系统研究展开。针对当前零差相干 PON 系统中光收发机和数字信号处理算法复杂的问题，提出了一种基于 MZM 的强度调制外差相干检测 PAM4 PON 的方案。首先，介绍了该方案中强度调制、外差相干探测和数字信号处理算法的基本原理。在发射端采用 MZM 强度调制避免了使用成本较高的 IQ 调制器；在接收端，在每个极化的外差相干检测中仅需要一个平衡光电探测器和一个模数转换器，简化了相干接收机。由于调制的信号是PAM4信号，与16QAM信号相比，载波相位估计算法更简单。通过使用优化的Nyquist脉冲整形，收发机带宽可以降低在50GHz范围内。然后，通过实验首次验证了200Gbit/(s·λ)偏振分复用PAM4外差相干检测PON系统，最大链路功率预算可以达到32.5dB，信号光和本振光之间频率偏移10GHz时只带来1dB的功率代价。最后，通过仿真分析了激光器线宽对载波相位估计算法复杂度和容忍性的影响，在不牺牲系统性能的前提下，如果用线宽小于100MHz的DFB激光器来代替外腔激光器（External Cavity Laser，ECL），系统的总成本将会进一步降低。提出的基于强度调制和相干探测的方案展示了低成本实现200Gbit/s相干PON的可行性。

第8章主要介绍OFDM和DFT-S OFDM调制格式、信号均衡技术及编码技术的研究工作。首先介绍了光纤通信中一种新的除权预均衡技术。其次介绍和理论推导了光纤系统中的独立单边带生成技术和色散预补偿技术。然后针对光纤通信中的双边带独立信号的非线性串扰问题，我们首次提出了一种新的非线性串扰消除算法，解决了低成本不完美IQ函数的DD-MZM引入的非线性串扰问题。接下来针对大容量光纤系统的进一步需求以及光电器件的带宽受限问题，我们提出了概率编码OFDM技术在直接调制直接检测（以下简称直调直检）系统中的应用，解决在当前调制阶数下信噪比有所冗余，但又不足以升阶的问题，进一步提高频谱效率。我们通过实验实现了基于PS-256QAM、PS-1024QAM和截断PS-16384QAM的光纤直调直检传输平台，并相对应地实现了净速率128.82Gbit/(s·λ)（5km）、28.95Gbit/(s·λ)（40km）和112Gbit/(s·λ)（2.4km）的传输。据我们所知，该实验结果是当时第一个在直调直检系统中使用如此高阶的PS-QAM OFDM信号。该实验也证明了概率编码在短距离传输的可行性和其非线性鲁棒性，考虑低成本要求，固定概率分布的PS可能会是一种最佳选择。

第9章着重介绍DMT调制格式在低成本短距离IMDD系统中的应用。介绍了DMT中的关键技术，包括DFT-S的预编码技术和自适应比特功率加载（Adaptive Bit Power Loading，ABPL）技术。为了进一步提升传输速率，可以采用高阶QAM格式，本章研究了4个波长的WDM 20GHz 64QAM DMT和128QAM DMT在基于10Gbit/s类型器件IMDD系统内的传输效果。为下一代基于DMT的400Gbit/s短距离低成本光互连的研究提供了有利依据。在120Gbit/s的IMDD系统内具体比较了预均衡DFT-S DMT和ABL-DMT的性能。

第10章针对城域网中现有传输的瓶颈因素——非线性损伤，提出了基于神经网络的信道均衡技术。为了对多种神经网络技术进行横向比较，我们分别通过多层感知机（Multilayer Perceptron，MLP）、函数链接神经网络（Functional Link Neural Network，FLANN）、循环神经网络（Recurrent Neural Network，RNN）和深度神经网络（Deep Neural Network，DNN）实现了非线性补偿。我们通过实验实现了基于神经网络均衡器的城域网光纤直接检查传输系统，实现了基于DNN的400km 112Gbit/(s·λ) PAM4传输和基于MLP、FLANN和RNN的320km传输。综合考虑性能与计算复杂度，FLANN有着最好的性价比。针对光纤通信中的CAP复数信号的IQ不平衡问题，首次提出了一种新的级联复数信号实虚部非线性串扰消除算法，解决了中长距离光纤传输引入的非线性导致的IQ不平衡问题。我们通过实验实现了基于中长距CAP信号的光纤大容量传输系统平台，并成功实现了单波长112Gbit/s 480km的传输，相较于其他均衡算法接收灵敏度提高了超过3dB，极大地提高了CAP信号在直接检测系统下的传输容量和传输距离。

第11章对比了PAM8、CAP64和DFT-S OFDM 64QAM这3种调制格式在接入网低成本带宽受限系统下的性能。我们对3种色散预补偿技术和两种调制器进行了比较。在色散预补偿技术与DCF的比较中，我们发现DCF虽然不需要额外的DSP开销，但无法完美匹配实际使用的光纤，所以在性能上劣于色散预补偿技术。而使用SSB技术，则在DD-MZM和IQ调制器中有着截然不同的结果。同时由于DD-MZM不完美的IQ函数，其无论背靠背还是光纤传输性能都劣于IQ调制器。根据我们的分析，我们认为使用IQ调制器和色散预补偿技术能够很好地在城域网直接检测系统中立足。

第12章对带宽不受限情况下直调直检城域网中的PAM4、CAP16和DFT-S OFDM 16QAM格式进行了详细的分析和比较。我们通过实验实现了一个480km的100Gbit/s传输光纤直调直检系统，针对3种色散补偿技术和两种调制器进行了深入的探究，并同时实现了3种调制格式在480km下100Gbit/s的传输。

第13章对信号–信号间拍频干扰产生的原理进行了阐述，并且对基于发送端非线性预处理的无信号–信号间拍频干扰方案进行分析讨论。我们介绍了针对信号间拍频干扰消除的数字信号处理算法的几个主要方法，包括迭代消除法、多级线性化滤波器、Volterra均衡器以及KK接收机等。我们对各种算法的计算复杂度进行了模拟比较。我们的研究表明，采用基于发射端非线性预处理的无信号间拍频干扰方案、修正的KK接收机以及基于相位调制的无信号间拍频干扰方案等，能够有效降低系统的计算复杂度。

第14章研究用于接入网和城域网的40Gbit/s具有成本效益的发射机。该40Gbit/s发射机包括一个标准的直接调制DFB激光器和一个后续的光学滤波器。该发射机较大的色散容限是通过线性调频控制实现的，该线性调频控制通过相消比特在相邻比特之间的相位相关性消除“0”比特的功率，同时提高消光比。本章对DFB激光器的线性调频模型和光学滤波器的最佳参数进行了数值分析。实验验证了在20km SSMF上没有啁啾管理的42.8Gbit/s传输和集中式光WDM-PON系统。我们还实现了100m渐变折射率塑料光纤（Graded Index-Plastic Optical Fiber，GI-POF）的传输。此外，本章还研究了240km SSMF在城域网中的应用。

第15章从矢量光束的偏振特性角度出发，详细介绍了矢量模式的基本特性与产生方式，简单阐述了矢量波束的应用前景。从模式复用理论出发，对少模光纤中的模式传播理论进行研究与利用，对矢量模式的特性与其在少模光纤中复用传输的原理进行了简要介绍。实验验证了超1.6Tbit/s的WDM MDM在低成本IMDD架构的20m短距离板间光互连传输的通信系统。在采用非线性补偿方案的WDM MDM通信系统中，基于3种模式和4种波长的波分复用技术系统中，净速率为1.84Tbit/s的PAM6信号在传输20m的OM2光纤后成功做到误码率低于3.8×10^{-3}。实验结果表明，我们提出的结合 MDM 和 WDM 的 PAM 通信方案是未来 1.6Tbit/s 短距离板间光数据中心互联的有竞争力的备选方案。

参考文献

[1] Cisco annual Internet report (2018–2023) white paper[R]. 2020.

[2] Bandwidth needs in core and aggregation nodes in the optical transport network[S]. 2020.

[3] CHEN X, CHANDRASEKHAR S, RANDEL S, et al. All-electronic 100-GHz bandwidth digital-to-analog converter generating PAM signals up to 190 GBaud[J]. Journal of Lightwave Technology, 2017, 35(3): 411-417.

[4] VERBIST J, VERPLAETSE M, SRIVINASAN S A, et al. First real-time 100-Gbit/s NRZ-OOK transmission over 2km with a silicon photonic electro-absorption modulator[C]//Proceedings of 2017 Optical Fiber Communications Conference and Exhibition(OFC). Piscataway: IEEE Press, 2017: 1-3.

[5] WOLF S, ZWICKEL H, HARTMANN W, et al. Silicon-organic hybrid (SOH) Mach-Zehnder modulators for 100 Gbit/s on-off keying[J]. Scientific Reports, 2018(8): 2598.

[6] HÖESSBACHER C, JOSTEN A, BÄEUERLE B, et al. Plasmonic modulator with >170 GHz bandwidth demonstrated at 100 GBd NRZ[J]. Optics Express, 2017, 25(3): 1762-1768.

[7] LANGE S, WOLF S, LUTZ J, et al. 100 GBd intensity modulation and direct detection with an InP-based monolithic DFB laser Mach-Zehnder modulator[J]. Journal of Lightwave Technology, 2018, 36(1): 97-102.

[8] OGISO Y, WAKITA H, NAGATANI M, et al. Ultra-high bandwidth InP IQ modulator co-assembled with driver IC for beyond 100GBd CDM[C]//Proceedings of 2018 Optical Fiber Communications Conference and Exposition(OFC).Piscataway: IEEE Press, 2018: 1-3.

[9] MARDOYAN H, JORGE F, OZOLINS O, et al. 204GBaud on-off keying transmitter for inter-data center communications[C]//Proceedings of Optical Fiber Communication Conference Postdeadline Papers. Washington, D.C.: OSA, 2018: Th4A. 4.

[10] ZHANG L, HONG X Z, PANG X D, et al. Nonlinearity-aware 200 Gbit/s DMT transmission for C-band short-reach optical interconnects with a single packaged electro-absorption modulated laser[J]. Optics Letters, 2018, 43(2): 182-185.

[11] YAMAZAKI H, NAGATANI M, HAMAOKA F, et al. Discrete multitone transmission at net data rate of 250Gbit/susing digital-preprocessed analog-multiplexed DAC with halved clock frequency and suppressed image[J]. Journal of Lightwave Technology, 2017, 35(7): 1300-1306.

[12] YAMAZAKI H, NAGATANI M, WAKITA H, et al. IMDD transmission at net data rate of 333 Gbit/s using over-100GHz-bandwidth analog multiplexer and Mach-Zehnder modulator[J]. Journal of Lightwave Technology, 2019, 37(8): 1772-1778.

[13] HU Q, CHAGNON M, SCHUH K, et al. IM/DD beyond bandwidth limitation for data center optical interconnects[J]. Journal of Lightwave Technology, 2019, 37(19): 4940-4946.

[14] ERIKSSON T A, CHAGNON M, BUCHALI F, et al. 56 Gbaud probabilistically shaped PAM8 for data center interconnects[C]//Proceedings of 2017 European Conference on Optical Communication (ECOC). Piscataway: IEEE Press, 2017: 1-3.

[15] YAMAZAKI H, NAKAMURA M, KOBAYASHI T, et al. Net-400-Gbit/s PS-PAM transmission using integrated AMUX-MZM[J]. Optics Express, 2019, 27(18): 25544.

[16] HOANG T M, SOWAILEM M Y S, ZHUGE Q, et al. Single wavelength 480 Gbit/s direct detection over 80km SSMF enabled by Stokes vector Kramers Kronig transceiver[J]. Optics Express, 2017, 25(26): 33534.
[17] CHAGNON M, PLANT D V. 504 and 462 Gbit/s direct detect transceiver for single carrier short-reach data center applications[C]//Proceedings of Optical Fiber Communication Conference. Washington, D.C.: OSA, 2017: 1-3.
[18] HOANG T, SOWAILEM M, OSMAN M, et al. 280-Gbit/s 320-km transmission of polarization-division multiplexed QAM-PAM with stokes vector receiver[C]//Proceedings of Optical Fiber Communication Conference and Exhibition (OFC). Washington, D.C.: OSA, 2017: 1-3.
[19] REZA A G, RHEE J K K. Nonlinear equalizer based on neural networks for PAM-4 signal transmission using DML[J]. IEEE Photonics Technology Letters, 2018, 30(15): 1416-1419.
[20] MASUDA A, YAMAMOTO S, TANIGUCHI H, et al. 255- Gbit/s PAM-8 transmission under 20-GHz bandwidth limitation using NL-MLSE based on Volterra filter[C]//Proceedings of 2019 Optical Fiber Communications Conference and Exhibition(OFC). Piscataway: IEEE Press, 2019: 1-3.
[21] VARUGHESE S, GARON D A, MELGAR A, et al. Accelerating TDECQ assessments using convolutional neural networks[C]//Proceedings of 2020 Optical Fiber Communications Conference and Exhibition(OFC).Piscataway: IEEE Press, 2020: 1-3.
[22] PRODANIUC C, STOJANOVIC N, XIE C S, et al. 3-Dimensional PAM-8 modulation for 200 Gbit/s/lambda optical systems[J]. Optics Communications, 2019, 435: 1-4.
[23] STOJANOVIC N, PRODANIUC C, ZHANG L, et al. 210/225 Gbit/s PAM-6 transmission with BER below KP4-FEC/EFEC and at least 14 dB link budget[C]//Proceedings of 2018 European Conference on Optical Communication (ECOC). Piscataway: IEEE Press, 2018: 1-3.
[24] ZHANG L, WEI J L, STOJANOVIC N, et al. Beyond 200-Gbit/s DMT transmission over 2-km SMF based on a low-cost architecture with single-wavelength, single-DAC/ADC and single-PD[C]//Proceedings of 2018 European Conference on Optical Communication (ECOC). Piscataway:IEEE Press, 2018: 1-3.
[25] ZHANG F, ZHU Y X, YANG F, et al. Up to single lane 200G optical interconnects with silicon photonic modulator[C]//Proceedings of 2019 Optical Fiber Communications Conference and Exhibition (OFC). Piscataway: IEEE Press, 2019: 1-3.
[26] ZHU Y X, ZHANG F, YANG F, et al. Toward single lane 200G optical interconnects with silicon photonic modulator[J]. Journal of Lightwave Technology, 2020, 38(1): 67-74.
[27] ZHU Y X, ZOU K H, CHEN Z Y, et al. 224 Gbit/s optical carrier-assisted Nyquist 16-QAM half-cycle single-sideband direct detection transmission over 160 km SSMF[J]. Journal of Lightwave Technology, 2017, 35(9): 1557-1565.
[28] ZHU Y X, ZOU K H, ZHANG F. C-band 112 Gbit/s Nyquist single sideband direct detection transmission over 960 km SSMF[J]. IEEE Photonics Technology Letters, 2017, 29(8): 651-654.
[29] ZOU K H, ZHU Y X, ZHANG F, et al. Spectrally efficient terabit optical transmission with Nyquist 64-QAM half-cycle subcarrier modulation and direct detection[J]. Optics Letters, 2016, 41(12): 2767-2770.
[30] ZHOU S W, LI X, YI L L, et al. Transmission of 2 × 56 Gbit/s PAM-4 signal over 100 km SSMF using 18 GHz DMLs[J]. Optics Letters, 2016, 41(8): 1805-1808.
[31] GAO F, ZHOU S W, LI X, et al. 2 × 64Gbit/s PAM-4 transmission over 70 km SSMF using O-band 18G-class directly modulated lasers (DMLs)[J]. Optics Express, 2017, 25(7): 7230-7237.
[32] LI D, DENG L, YE Y, et al. 4 × 96 Gbit/s PAM8 for short-reach applications employing low-cost DML without pre-equalization[C]//Proceedings of Optical Fiber Communication Conference (OFC) 2019. Washington, D.C.: OSA, 2019: 1-3.

[33] LI D, DENG L, YE Y, et al. Amplifier-free 4 × 96 Gbit/s PAM8 transmission enabled by modified Volterra equalizer for short-reach applications using directly modulated lasers[J]. Optics Express, 2019, 27(13): 17927-17939.
[34] WAN Z Q, LI J Q, SHU L, et al. Nonlinear equalization based on pruned artificial neural networks for 112-Gbit/s SSB-PAM4 transmission over 80-km SSMF[J]. Optics Express, 2018, 26(8): 10631-10642.
[35] SHU L, LI J Q, WAN Z Q, et al. Single-photodiode 112-Gbit/s 16-QAM transmission over 960-km SSMF enabled by Kramers-Kronig detection and sparse I/Q Volterra filter[J]. Optics Express, 2018, 26(19): 24564-24576.
[36] FU Y, KONG D M, BI M H, et al. Computationally efficient 104 Gbit/s PWL-Volterra equalized 2D-TCM-PAM8 in dispersion unmanaged DML-DD system[J]. Optics Express, 2020, 28(5): 7070-7079.
[37] FU Y, KONG D M, XIN H Y, et al. Piecewise linear equalizer for DML based PAM-4 signal transmission over a dispersion uncompensated link[J]. Journal of Lightwave Technology, 2020, 38(3): 654-660.
[38] AN S H, ZHU Q M, LI J C, et al. 112-Gbit/s SSB 16-QAM signal transmission over 120-km SMF with direct detection using a MIMO-ANN nonlinear equalizer[J]. Optics Express, 2019, 27(9): 12794-12805.
[39] ZOU D D, LI F, LI Z B, et al. 100G PAM-6 and PAM-8 signal transmission enabled by pre-chirping for 10-km intra-DCI utilizing MZM in C-band[J]. Journal of Lightwave Technology, 2020, 38(13): 3445-3453.
[40] LI F, ZOU D D, SUI Q, et al. Optical amplifier-free 100 Gbit/s/Lamda PAM transmission and reception in O-band over 40km SMF with 10-G class DML[C]//Proceedings of 2019 Optical Fiber Communications Conference and Exhibition (OFC). Piscataway: IEEE Press, 2019: 1-3.
[41] LI Z B, WANG W, ZOU D D, et al. DFT spread spectrally efficient frequency division multiplexing for IM-DD transmission in C-band[J]. Journal of Lightwave Technology, 2020, 38(13): 3526-3532.
[42] YU J J, ZHANG J W, CHIEN H C, et al. 56 Gbit/s chirp-managed symbol transmission with low-cost, 10-G class LD for 400G intra-data center interconnection[C]//Proceedings of Optical Fiber Communication Conference. Washington,D.C.:OSA, 2017: W4D. 2.
[43] ZHANG J W, YU J J, CHIEN H C. EML-based IM/DD 400G (4 × 112.5-Gbit/s) PAM-4 over 80 km SSMF based on linear pre-equalization and nonlinear LUT pre-distortion for inter-DCI applications[C]//Proceedings of 2017 Optical Fiber Communications Conference and Exhibition (OFC). Piscataway: IEEE Press, 2017: 1-3.
[44] SHI J Y, ZHOU Y J, XU Y M, et al. 200-Gbit/s DFT-S OFDM using DD-MZM-based twin-SSB with a MIMO-Volterra equalizer[J]. IEEE Photonics Technology Letters, 2017, 29(14): 1183-1186.
[45] ZHANG J W, YU J J, SHI J Y, et al. Digital dispersion pre-compensation and nonlinearity impairments pre- and post-processing for C-band 400G PAM-4 transmission over SSMF based on direct-detection[C]// Proceedings of 2017 European Conference on Optical Communication (ECOC). Piscataway: IEEE Press, 2017: 1-3.
[46] SHI J Y, ZHANG J W, ZHOU Y J, et al. Transmission performance comparison for 100-Gbit/s PAM-4, CAP-16, and DFT-S OFDM with direct detection[J]. Journal of Lightwave Technology, 2017, 35(23): 5127-5133.
[47] SHI J Y, ZHANG J W, CHI N, et al. Comparison of 100G PAM-8, CAP-64 and DFT-S OFDM with a bandwidth-limited direct-detection receiver[J]. Optics Express, 2017, 25(26): 32254.
[48] ZHANG J W, SHI J Y, YU J J. The best modulation format for 100G short-reach and metro networks: DMT, PAM-4, CAP, or duobinary?[C]//SPIE OPTO. Proc SPIE 10560, Metro and Data Center Optical Networks and Short-Reach Links,SanFrancisco,California, USA. 2018, 10560: 1056002.
[49] SHI J Y, ZHANG J W, CHI N, et al. Probabilistically shaped 1024-QAM OFDM transmission in an IM-DD

system[C]//Proceedings of Optical Fiber Communication Conference. Washington, D.C.: OSA, 2018: W2A. 44.
[50] SHI J Y, ZHANG J W, LI X Y, et al. 112 Gbit/(s·λ) CAP signals transmission over 480 km in IM-DD system[C]//Proceedings of Optical Fiber Communication Conference. Washington, D.C.: OSA, 2018: 1-3.
[51] SHI J Y, ZHOU Y J, ZHANG J W, et al. Enhanced performance utilizing joint processing algorithm for CAP signals[J]. Journal of Lightwave Technology, 2018, 36(16): 3169-3175.
[52] ZHANG J, YU J J, ZHAO L, et al. Demonstration of 260-Gbit/s single-lane EML-based PS-PAM-8 IM/DD for datacenter interconnects[C]//Proceedings of 2019 Optical Fiber Communications Conference and Exhibition (OFC). Piscataway: IEEE Press, 2019: 1-3.
[53] ZHOU Y J, YU J J, WEI Y R, et al. 160 Gbit/s 256QAM transmission in a 25 GHz grid using Kramers-Kronig detection[C]//Proceedings of 2019 Optical Fiber Communications Conference and Exhibition(OFC).Piscataway: IEEE Press, 2019: 1-3.
[54] ZHOU Y J, YU J J, WEI Y R, et al. Four-channel WDM 640 Gbit/s 256 QAM transmission utilizing Kramers-Kronig receiver[J]. Journal of Lightwave Technology, 2019, 37(21): 5466-5473.
[55] WANG K H, ZHANG J, ZHAO M M, et al. High-speed PS-PAM8 transmission in a four-lane IM/DD system using SOA at O-band for 800G DCI[J]. IEEE Photonics Technology Letters, 2020, 32(6): 293-296.
[56] VAN VEEN D, HOUTSMA V, GNAUCK A, et al. 40-Gbit/s TDM-PON over 42 km with 64-way power split using a binary direct detection receiver[C]//Proceedings of 2014 The European Conference on Optical Communication (ECOC). Piscataway: IEEE Press, 2014: 1-3
[57] HOUTSMA V, VAN VEEN D, GNAUCK A, et al. APD-based duobinary direct detection receivers for 40 Gbit/s TDM-PON[C]//Proceedings of Optical Fiber Communication Conference. Washington, D.C.: OSA, 2015: Th4H. 1.
[58] VAN VEEN D T, HOUTSMA V E. Symmetrical 25-Gbit/s TDM-PON with 31.5-dB optical power budget using only off-the-shelf 10-Gbit/s optical components[J]. Journal of Lightwave Technology, 2016, 34(7): 1636-1642.
[59] HOUTSMA V, VAN VEEN D. Demonstration of symmetrical 25 Gbit/s TDM-PON with 31.5 dB optical power budget using only 10 Gbit/s optical components[C]//Proceedings of 2015 European Conference on Optical Communication (ECOC). Piscataway: IEEE Press, 2015: 1-3.
[60] QIN C, HOUTSMA V, VAN VEEN D, et al. 40 Gbit/s PON with 23 dB power budget using 10 Gbit/s optics and DMT[C]//Proceedings of Optical Fiber Communication Conference. Washington, D.C.: OSA, 2017: M3H.5.
[61] WEI J L, GIACOUMIDIS E. Multi-band CAP for next-generation optical access networks using 10-G optics[J]. Journal of Lightwave Technology, 2018, 36(2): 551-559.
[62] WEI J L. DSP-based multi-band schemes for high speed next generation optical access networks[C]//Proceedings of Optical Fiber Communication Conference. Washington, D.C.: OSA, 2017: M3H. 3.
[63] WEI J L, EISELT N, GRIESSER H, et al. Demonstration of the first real-time end-to-end 40-Gbit/s PAM-4 for next-generation access applications using 10-Gbit/s transmitter[J]. Journal of Lightwave Technology, 2016, 34(7): 1628-1635.
[64] WEI J L, EISELT N, GRIESSER H, et al. First demonstration of real-time end-to-end 40 Gbit/s PAM-4 system using 10-G transmitter for next generation access applications[C]//Proceedings of 2015 European Conference on Optical Communication (ECOC). Piscataway: IEEE Press, 2015: 1-3.
[65] HOUTSMA V, CHOU E, VAN VEEN D. 92 and 50 Gbit/s TDM-PON using neural network enabled receiver equalization specialized for PON[C]//Proceedings of 2019 Optical Fiber Communications Conference and Exhibition (OFC). Piscataway: IEEE Press, 2019: 1-3.
[66] VAN V D, HOUTSMA V. Bi-directional 25G/50G TDM-PON with extended power budget using 25G APD

and coherent amplification[C]//Proceedings of Optical Fiber Communication Conference PostdeadlinePapers. Washington, D.C.: OSA, 2017: Th5A. 4.

[67] HOUTSMA V, VAN VEEN D. Bi-directional 25G/50G TDM-PON with extended power budget using 25G APD and coherent detection[J]. Journal of Lightwave Technology, 2018, 36(1): 122-127.

[68] SUZUKI N, YOSHIMA S, MIURA H, et al. Demonstration of 100-Gbit/(s·λ)-based coherent WDM-PON system using new AGC EDFA based upstream preamplifier and optically superimposed AMCC function[J]. Journal of Lightwave Technology, 2017, 35(8): 1415-1421.

[69] SUZUKI N, MIURA H, UTO K. Demonstration of 100 Gbit/(s·λ)-based coherent PON system using new automatic gain controlled EDFA with ASE compensation function for upstream[C]//Proceedings of ECOC 2016; 42nd European Conference on Optical Communication. VDE2016: 1-3.

[70] ADIB M M H, KEMAL J N, FÜLLNER C, et al. Colorless coherent passive optical network using a frequency comb local oscillator[C]//Proceedings of 2019 Optical Fiber Communications Conference and Exhibition (OFC). Piscataway: IEEE Press, 2019: 1-3.

[71] KIM D, KIM B G, BO T W, et al. 80-km reach 28-Gbit/(s·λ) RSOA-based coherent WDM PON using dither-frequency-tuning SBS suppression technique[C]//Proceedings of Optical Fiber Communication Conference (OFC)2019. Washington, D.C.: OSA, 2019: Th3F. 6.

[72] ARTIGLIA M, PRESI M, BOTTONI F, et al. Polarization-independent coherent real-time analog receiver for PON access systems[J]. Journal of Lightwave Technology, 2016, 34(8): 2027-2033.

[73] XUE L, YI L L, LI P X, et al. 50-Gbit/s TDM-PON based on 10G-class devices by optics-simplified DSP[C]//Proceedings of Optical Fiber Communication Conference. Washington, D.C.: OSA, 2018: M2B. 4.

[74] XUE L, YI L L, HU W S, et al. Optics-simplified DSP for 50 Gbit/s PON downstream transmission using 10Gbit/s optical devices[J]. Journal of Lightwave Technology, 2020, 38(3): 583-589.

[75] YI L L, LI P X, LIAO T, et al. 100 Gbit/(s·λ) IM-DD PON using 20G-class optical devices by machine learning based equalization[C]//Proceedings of 2018 European Conferenceon Optical Communication (ECOC). Piscataway: IEEE Press, 2018: 1-3.

[76] YI L L, LIAO T, HUANG L Y, et al. Machine learning for 100 Gbit/(s·λ) passive optical network[J]. Journal of Lightwave Technology, 2019, 37(6): 1621-1630.

[77] ZHANG K, ZHUGE Q, XIN H Y, et al. Demonstration of 50Gbit/(s·λ) symmetric PAM4 TDM-PON with 10G-class optics and DSP-free ONUs in the O-band[C]//Proceedings of Optical Fiber Communication Conference. Washington, D.C.: OSA, 2018: 1-3.

[78] ZHANG K, ZHUGE Q, XIN H Y, et al. Design and analysis of high-speed optical access networks in the O-band with DSP-free ONUs and low-bandwidth optics[J]. Optics Express, 2018, 26(21): 27873.

[79] LI J, ZENG T, MENG L H, et al. Real-time bidirectional coherent ultra-dense TWDM-PON for 1000 ONUs[J]. Optics Express, 2018, 26(18): 22976-22984.

[80] TANG X Z, QIAO Y J, ZHOU J, et al. Equalization scheme of C-band PAM4 signal for optical amplified 50-Gbit/s PON[J]. Optics Express, 2018, 26(25): 33418-33427.

[81] LI C C, CHEN J, LI Z X, et al. Demonstration of symmetrical 50-Gbit/s TDM-PON in O-band supporting over 33-dB link budget with OLT-side amplification[J]. Optics Express, 2019, 27(13): 18343-18350.

[82] TAO M H, ZHOU L, ZENG H Y, et al. 50-Gbit/(s·λ) TDM-PON based on 10GDML and 10GAPD supporting PR10 link loss budget after 20-km downstream transmission in the O-band[C]//Proceedings of Optical Fiber Communication Conference. Washington, D.C.: OSA, 2017: Tu3G. 2.

[83] TAO M H, ZHENG J Y, DONG X L, et al. Improved dispersion tolerance for 50G-PON downstream transmission via receiver-side equalization[C]//Proceedings of 2019 Optical Fiber Communications Conference

and Exhibition(OFC).Piscataway: IEEE Press, 2019: 1-3.

[84] ZHANG J W, YU J J, SHI J Y, et al. 64-Gbit/s/λ downstream transmission for PAM-4 TDM-PON with centralized DSP and 10G low-complexity receiver in C-band[C]//Proceedings of 2017 European Conference on Optical Communication (ECOC). Piscataway: IEEE Press, 2017: 1-3.

[85] ZHANG J W, WEY J S, YU J J, et al. Symmetrical 50-Gbit/(s·λ) PAM-4 TDM-PON in O-band with DSP and semiconductor optical amplifier supporting PR-30 link loss budget[C]//Proceedings of Optical Fiber Communication Conference. Washington, D.C.: OSA, 2018: M1B. 4.

[86] ZHANG J W, XIAO X, YU J J, et al. Real-time FPGA demonstration of PAM-4 burst-mode all-digital clock and data recovery for single wavelength 50G PON application[C]//Proceedings of 2018 Optical Fiber Communications Conference and Exposition (OFC). Piscataway: IEEE Press, 2018: 1-3.

[87] ZHANG J W, WEY J S, SHI J Y, et al. Experimental demonstration of unequally spaced PAM-4 signal to improve receiver sensitivity for 50-Gbit/s PON with power-dependent noise distribution[C]//Proceedings of 2018 Optical Fiber Communications Conference and Exposition (OFC). Piscataway: IEEE Press, 2018: 1-3.

[88] ZHANG J W, WEY J S, SHI J Y, et al. Single-wavelength 100-Gbit/s PAM-4 TDM-PON achieving over 32-dB power budget using simplified and phase insensitive coherent detection[C]//Proceedings of 2018 European Conference on Optical Communication (ECOC). Piscataway: IEEE Press, 2018: 1-3.

[89] ZHANG J, YU J J, CHIEN H, et al. Demonstration of 100-Gbit/(s·λ) PAM-4 TDM-PON supporting 29-dB power budget with 50-km reach using 10G-class O-band DML transmitters[C]//Proceedings of Optical Fiber Communication Conference Postdeadline Papers 2019. Washington, D.C.: OSA, 2019: Th4C. 3.

[90] ZHANG J, YU J J, WEY J S, et al. SOA pre-amplified 100 Gbit/(s·λ) PAM-4 TDM-PON downstream transmission using 10 Gbit/s O-band transmitters[J]. Journal of Lightwave Technology, 2020, 38(2): 185-193.

[91] ZHANG J, YU J J, WANG K H, et al. 200-Gbit/(s·λ) PDM-PAM-4 PON with 29-dB power budget based on heterodyne coherent detection[C]//Proceedings of Optical Fiber Communication Conference (OFC) 2019. Washington, D.C.: OSA, 2019: Th3F. 1.

[92] ZHANG J, YU J J, LI X Y, et al. 200 Gbit/(s·λ) PDM-PAM-4 PON system based on intensity modulation and coherent detection[J]. Journal of Optical Communications and Networking, 2019, 12(1): A1.

第2章
高速短距离光纤传输系统基础及其关键问题

2.1 引言

在过去的几十年中，TDM-PON 的成功取决于已经成熟的商用光电器件技术。这些技术首先是由长距离传输市场推动的，降低成本后，这些光电器件被城域网市场采用，进一步推动了器件产量增多和技术逐渐成熟，从而使其能够被低成本 PON 采用。当前，数据中心商用光模块已逐渐从 100GE 接口升级到 400GE，50Gbit/s 的器件也逐渐商用，随着产量的增加和技术的成熟，成本也会逐渐降低，50Gbit/s 器件也会促进未来高速 50G-PON 的发展[1]。此外，数据中心互联和接入网除了通用光电器件的商用，数字信号处理也获得了长足发展，这也是当前研究热点。

本章主要介绍了高速短距离光纤传输系统基本组成架构及关键问题，首先，针对高速短距离光纤传输系统基础，从光发射机、光接收机、光纤信道、光放大器、先进调制格式和数字信号均衡技术等方面进行了介绍。其次，综述了高速短距离光纤传输系统面临的关键问题，介绍了系统带宽受限问题，推导了光纤传输损伤模型和 IMDD 系统色散和平方律探测引起的功率衰落模型，阐述了 MZM 和 DML 非线性损伤产生的机理。最后，综述了目前解决高速短距离光纤通信系统中关键问题的主流方法。

2.2 高速短距离光纤传输系统的基本组成架构

高速短距离光纤传输系统两种应用场景如图 2-1 所示，一是面向运营商 DCI 应用，主要特点是点对点光纤链路，传输距离通常低于 100km；二是面向用户 PON 应用，主要特点是点对多点光纤链路，通用传输距离是 20km，长距离 PON（Long Reach-PON，LR-PON）传输距离会增加到 100km。随着数据中心光互连市场的成熟，25Gbit/s 和 50Gbit/s 器件逐渐商用，成本在未来也会降低。但是，数据中心里的光电器件还不能直接应用在 PON 的 OLT 和 ONU 中。与 DCI 中点对点光纤链路相比，PON 分路器的插入损耗要求发射机具有更高的发射功率，接收机要有更高的灵敏度，以满足链路功率预算。此外，PON 上行传输必须在突发模式下运行，ONU 要满足非常低的价格，才能部署到用户家中。在 PON 实验系统中，通常采用可变光衰减器模拟分光器损耗。为了方便分析 DCI 和 PON 传输系统，我们采用同一个组成架构介绍，最大的区别在于链路功率预算分析。

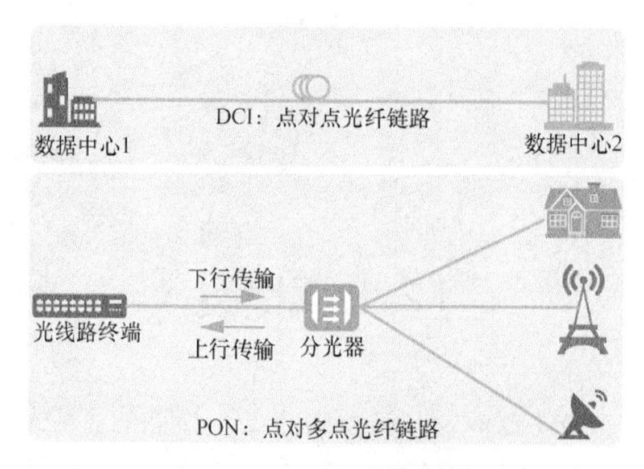

图 2-1　高速短距离光纤传输系统两种应用场景

目前，相干技术尚未能够将成本差距缩小到可承受的范围以内，因此强度调制和直接检测方案仍主导着 DCI 和 PON 市场。基于 IMDD 的高速短距离光纤传输系统基本组成架构如图 2-2 所示，本节主要从光发射机、光接收机、光纤信道、光放大器、先进调制格式和数字信号均衡技术等方面展开介绍。

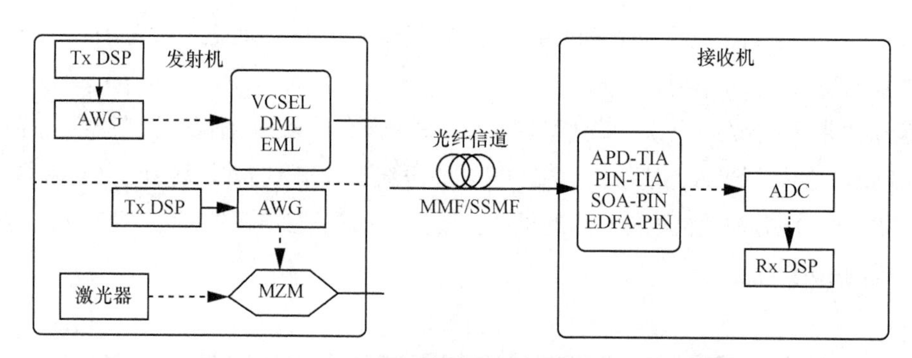

图 2-2　基于 IMDD 的高速短距离光纤传输系统基本组成架构

2.2.1　光发射机

自从光通信系统商用以来，电光和光电转换器件，尤其是光电调制器，一直是光纤通信系统链路端到端信道带宽的瓶颈。这主要是因为设计宽带宽光电器件的同时需要保持较低的噪声水平，这对器件的制造和封装工艺是非常大的挑战。这需要在材料工艺、设计、制造和封装等多个不同领域都取得进步。近些年来，宽带宽器件的设计和制造取得了很大的进展，这也极大地增加了光纤通信系统的信道容量。但是，当前宽带宽器件还未有成熟的市场和生态系统，成本也相对高昂。因此，利用已经部署的商用光电器件结合高效的 DSP 也是当前的研究热点。本节重点介绍 4 种常用的器件：垂直腔表面发射激光器（Vertical-Cavity Surface-Emitting Semiconductor Laser，VCSEL）、DML、EML 和 MZM。

目前，大多数商业短距离（< 300m）数据中心内光互连均采用 GaAs 850nm 多模（Multimode，MM）VCSEL 结合多模光纤（Multimode Fiber，MMF）的方案[2]。使用该方案可以实现超过 30GHz 的 3dB 调制带宽，并且功耗不到 100fJ/bit。基于 VCSEL 和 MMF 方案的传输速率和传输距离主要受到模式色散的限制，不同的横向模式在 MMF 中以不同的传播速度传播，从而导致接收机端出现严重的码间干扰（Intersymbol Interference，ISI）。模式色散对系统性能的影响取决于从 VCSEL 源发射的横向模数，可以通过少模或单模操作减小或消除模式色散。单模（Simple Module，SM）VCSEL 与 MM VCSEL 的技术相比，它可以在更长的距离上支持高频谱效率传输。但是，主要缺点是 SM VCSEL 通常输出功率有限，并且需要更复杂的光学对准。为了支持未来的超大规模数据中心以及 500m 和更长的光互连，需要部署 SSMF。面向数据中心间光互连和用户接入网较长传输距离，VCSEL 显然不能满足要求，本文不再对其展开分析和讨论。

DML 使用调制信号直接驱动激光偏置电流可以发射较高的输出功率，并且被认为比外部调制解决方案具有更高的功率和成本效益。此外，DML 的紧凑性还有助于与其他设备集成。这些优点使 DML 适用于对成本敏感的数据中心和接入网。但是，有限的调制带宽限制了高速数据传输。最近，已报道了几种用于增强 DML 调制带宽的新颖技术，包括多量子阱（Multiple Quantum Well，MQW）激光器设计、多段激光器设计和注入锁定技术[3-5]。O 波段 55GHz 带宽 DML 如图 2-3 所示，MATSOI 等[6]通过多段激光器设计了波长 1300nm、具有 55GHz 调制带宽的 DML，利用该 DML 实验验证了单信道 112Gbit/s PAM4 传输 2.2km SSMF，而不需要任何离线 DSP 均衡算法。此外，结合高效 DSP 技术，使用已经部署的商业低成本 10Gbit/s 级 DML 实现了单通道 100Gbit/s 传输 45km SMF[7]。这些结果表明了 DML 在支持高速率传输的巨大潜力。除了带宽限制，基于 DML 的 IMDD 系统的另一个问题是 DML 固有的啁啾效应会拓宽频谱。相应地，可以通过光学和 DSP 技术解决啁啾效应问题并提高传输性能。

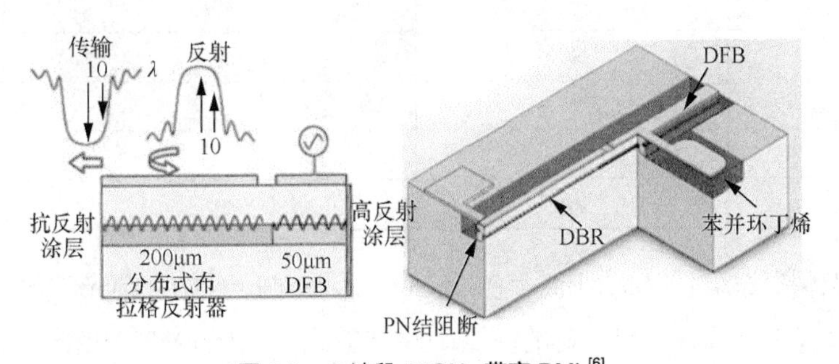

图 2-3　O 波段 55GHz 带宽 DML[6]

用于 IMDD 光通信的外部调制器类型是 MZM，它通过 Mach-Zehnder 干涉结构将两个相位调制器相结合实现强度调制。为了支持具有高级调制格式的高速传输，对高性能和小型 MZM 的需求不断增长。商业铌酸锂（$LiNbO_3$）MZM 已被用于 100Gbit/s 传输。但是，这些商用组件通常被包装到大型模块中，导致产品价格昂贵又耗电，从而阻碍了它们在客户端侧光接口（如可插拔光收发模块）的使用。为了解决以上问题，以低成本制造基于 InP 的 MZM，可以用小尺寸进行单片集成。另一个有吸引力的方案是基于硅光子（SiP）的 MZM，可以使用与半导体行业兼容的晶圆级技术制造。TW-MZM 显微镜结构如图 2-4 所示，TW-MZM 的每个臂都包含一个 1.5mm 长的相位调制器，该器件的 3dB 带宽有 22.5GHz，北京大学利用该器件结合高效 DSP 实现了 192Gbit/s（96GBaud）PAM4 和 200Gbit/s（80GBaud）PAM6 信号传输 1km SSMF[8-9]。但是基于 InP 和 SiP 的 MZM 还处于发展初级阶段，离大规模工业生产和商用还有差距。DML、MZM 和 EML 对比见表 2-1，MZM 的电光调制效率最低，所需驱动射频（Radio Frequency，RF）最高，但是 MZM 可以进行强度调制和相位调制，可以产生单边带信号用来抵抗色散影响。

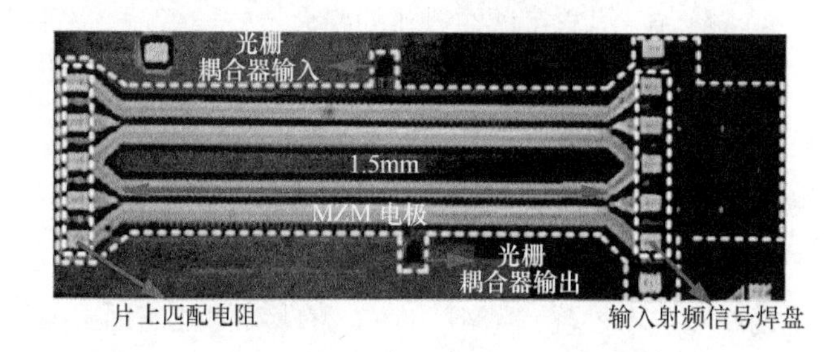

图 2-4　TW-MZM 显微镜结构[8-9]

表 2-1　DML、MZM 和 EML 对比

参数	DML	MZM	EML
电光转换效率	高	低	中
驱动 RF 功率	低	高	低
啁啾	高	低	中
工作波长	1310nm/1550nm	1310nm/1550nm	1310nm/1550nm
光纤	SSMF	SSMF	SSMF
波长可调谐性	小	大	小
带宽	低	高	高
成本	低	中	高
封装尺寸	小	大	小
调制方式	强度	强度/相位	强度

集成有半导体激光器的 EML 已商用在 10Gbit/s 和 25Gbit/s 相应的光收发模块中。与 DML 相比，EML 在带宽方面通常具有更好的性能；另一方面，与外部 MZM 相比，EML 通常具有更

小的尺寸、更低的驱动电压，但是成本较高。文献[10]使用 25GHz 带宽的 EAM 实现 100Gbit/s 速率传输 2km SSMF。丹麦技术大学设计的 DFB 激光器 TWEAM 封装结构和显微镜结构如图 2-5 所示，可以实现超过 100GHz 的带宽[11]。使用该器件，在实时传输系统中验证了 100Gbit/s NRZ-OOK 信号，而不需要使用任何前置或后置信号处理算法。

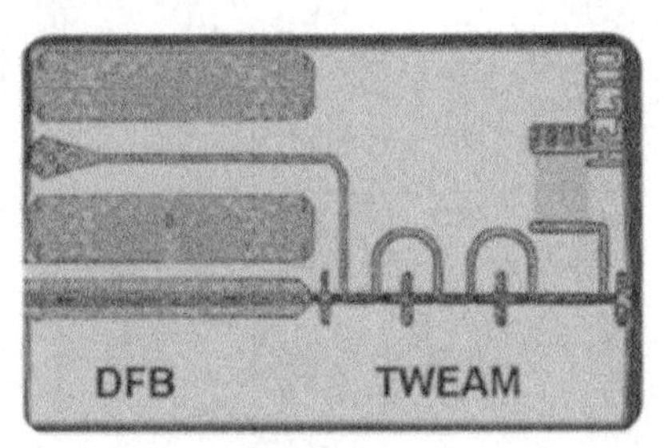

图 2-5　DFB 激光器 TWEAM 封装结构和显微镜结构[11]

在 PON 中，需要考虑链路功率预算，发射机需要有较高的发射功率，考虑用户对成本更为敏感、高速率传输和光纤色散影响，O 波段 DML 是最佳选择。相对 PON 而言，数据中心光互连可以容忍较高成本，高带宽的 EML 或 MZM 可以满足当前单信道 100Gbit/s 和未来单信道 200Gbit/s 需求。

2.2.2　光接收机

高速短距离光纤传输系统基本组成架构如图 2-2 所示，在接收端有几种性能不同的接收机。由于 APD 的响应度比 PIN 二极管高得多，APD 是有潜力实现低成本、高接收灵敏度和长距离传输的器件。但是，长期以来，缺少用于高速传输的高带宽 APD[12]。2016 年，Huang 等[13]使用高带宽 Ge/Si APD 在 1310nm 演示了 25Gbit/s NRZ 信号，实现了创纪录的−23.5dBm 灵敏度（误码率（Bit Error Ratio，BER）=2×10^{-4}）。由于它可以很容易地与其他硅光器件集成，因此该 Ge/Si APD 是有前景的器件，可用于未来的高速数据中心互联。2017 年，Zhong 等[14]在 O 波段使用 25Gbit/s EML 和 Ge/Si APD，56Gbit/s PAM4 信号无放大传输 60km SSMF。多种接收方案性能对比如图 2-6 所示。APD 与 PIN-PD 接收灵敏度对比[14]如图 2-6（a）所示，可以看到在 7% HD-FEC 门限，APD 接收机接收灵敏度为−20dBm，PD 接收机接收灵敏度为−13dBm，APD 接收灵敏度比 PIN-PD 提升了 7dBm。未来在短距离传输市场高带宽和高响应度的 APD 需求会越来越大。不同高速接收机传输速率与灵敏度对比[15]如图 2-6（b）所示，APD-TIA 接收机（与跨阻放大器封装在一起的 APD）由于具有高灵敏度而被广泛用于 2.5Gbit/s 和 10Gbit/s 传输，已验证 25Gbit/s 的 APD 具有−23dBm 的灵敏度。当前用于 40Gbit/s 速率的雪崩材料仍遭受低电离系数比的困扰，增益和带宽较低。另外一种方案，可以使用 40Gbit/s PIN-TIA 接收机，但其灵敏度为−12.5dBm，使用受到限制。此外，接收端光学预放大是一种提高灵敏度的解决方案。使用包括 EDFA 模块和单行载流子 PIN 的接收机，实现了 40Gbit/s 的传输速率达到−28dBm 的灵敏度（BER = 10^{-9}）[15]。但是，EDFA 占用空间大且接收机成本过高，不适用于接入网和短距离应用。Caillaud 等[15]传输 40Gbit/s 时使用 SOA 模块和 PIN-TIA 模块可以达到−23dBm 的高灵敏度（BER=10^{-9}）。为了减小尺寸和降低成本，Caillaud 等[15]演示了单片集成式 SOA-PIN-TIA 接收机，该接收机在 40Gbit/s 速率时接收灵敏度为−17.2dBm（BER = 10^{-9}）。但是，此接收机仅在 TE 极化下运行，这对于电信网络中的应用没有实际意义。

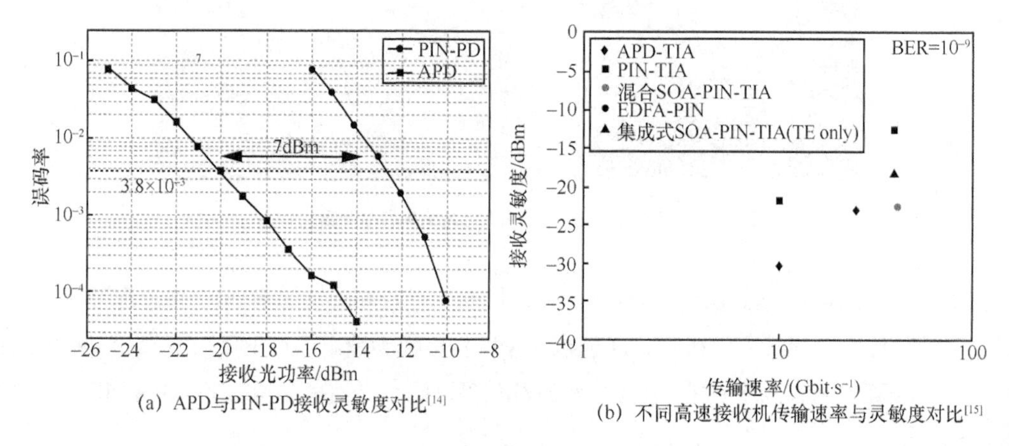

(a) APD与PIN-PD接收灵敏度对比[14]

(b) 不同高速接收机传输速率与灵敏度对比[15]

图 2-6 多种接收方案性能对比

Caillaud 等[15]最近展示了一种集成的基于 SOA-PIN 芯片的接收机，其具有低偏振相关增益（Polarization Dependent Gain，PDG）。集成半导体光放大器接收机如图 2-7 所示。SOA-PIN 芯片结构如图 2-7（a）所示，该芯片使用了掩埋异质结构 SOA 和在半绝缘 InP 衬底上制成的 PIN PD。其中，SOA 和 PIN 通过无源波导链接，该无源波导包括掩埋部分和平面部分。SOA-PIN-TIA 接收机集成封装示意图如图 2-7（b）所示，该模块具有 44A/W 的响应度、低于 2dB 的偏振相关损耗、8.5dB 的噪声系数和 3dB 35GHz 带宽。使用该器件，实现了传输 25Gbit/s 和 40Gbit/s NRZ 分别为−23dBm 和−21dBm 创纪录的接收灵敏度。我们可以注意到 SOA-PIN-TIA 接收机可以进行小尺寸单片集成，如集成可插拔光接收模块，非常适合数据中心和接入网客户端侧光接口使用。

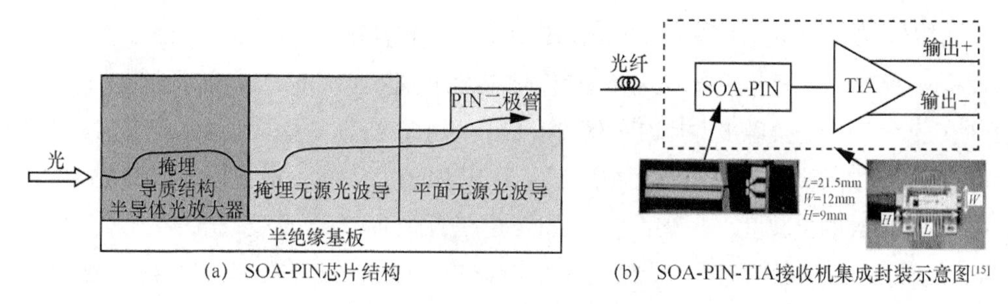

(a) SOA-PIN芯片结构

(b) SOA-PIN-TIA接收机集成封装示意图[15]

图 2-7 集成半导体光放大器接收机

2.2.3 光纤信道

当前，世界上大部分的长途语音和数据流量是通过光纤电缆传输的。与使用电脉冲传输信息的传统铜缆不同，光纤通过光编码的数据传输。根据不同的标准，可以将光纤分为不同的类别。一种方法是将光纤分为单模光纤（Single Mode Fiber，SMF）和多模光纤（MMF）。MMF 具有相对较大的纤芯直径（62.5μm），这导致了多种空间模式的传播，SMF 和 MMF 对比如图 2-8 所示。较大的芯层直径更容易捕获来自光发射机的光，连接比较简单易实现，从而降低了光源成本。但是，由于核心材料的频率相关特性，多种模式的传播表现出不同的群速度和不同的群时延，从而导致了传输过程中的模式分散。因此，在长距离上，最快和最慢模式之间可能会产生大量时延，这最终会限制带宽能力。尽管存在固有的局限性，MMF 仍可用于短距离通信，其衰减系数约为 3.5dB/km，在 850nm 处的典型带宽-距离乘积为 500MHz·km，每根光纤的传输速率可达 10Gbit/s，距离可至 300m。SMF 的纤芯直径在 8～10.5μm，这有助于传输单个模式。与 MMF 相比，SMF 由于没有模式色散，每个光脉冲的保真度可以维持更长的距离。因此，SMF 更适合长距离系统。低损耗阶跃折射率二氧化硅 SMF（即 SSMF）是在世界范围内最常见的部署光纤型号。国际电信联盟（ITU）在 G.652 建议书中对 SMF 物理规格进行了标准化[16]。在 MMF 中使用了一些低成本光源，如工作在 850nm 和 1310nm 波长的发光二极管（Light Emitting Diode，LED）和 VCSEL。SMF 通常使用激光或激光二极管作为光源，常用的 SSMF 波长为 1310nm 和 1550nm。

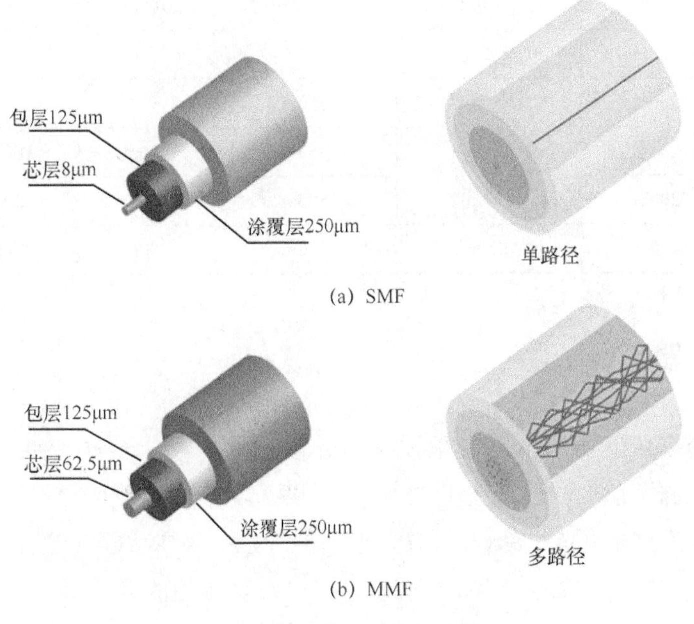

图 2-8 SMF 和 MMF 对比

当前以太网标准中，SMF 与 MMF 不同标准传输光纤距离对比见表 2-2。过去，由于 SMF 的成本高昂，MMF 在数据中心中被大量地部署。但是，随着技术的发展，SMF 和 MMF 收发机之间的成本差异已极大缩小。几年前部署 MMF OM1/OM2 光纤的许多数据中心运营商现在意识到，早期的 MMF 不能支持更高的传输速率，如 40GbE 和 100GbE。因此，一些 MMF 用户被驱动使用下一代 OM3 和 OM4 光纤，以支持基于标准的 40GbE 和 100GbE 接口。但是，MMF 的物理限制意味着，随着数据流量的增长和光互连速度的提高，连接之间的距离必须减小。实际上，在大多数情况下，当前部署的 MMF 无法在与低速信号相同的距离上支持较高的速度。在 MMF 传输中，唯一的选择是并行部署更多光纤以支持更多流量。因此，尽管 MMF 已被广泛成功地使用了数代，但其局限性变得更加严重。以前，由于与 MMF 相比，SMF 需要的可插拔光学器件的成本高，运营商不愿在数据中心部署 SMF。但是，随着技术的进步和发展，SMF 可插拔光学器件的成本得到极大程度的降低。目前，基于 Fabry-Perot 边缘发射单模激光器的收发机在价格和功耗上可与 VCSEL（多模）收发机相媲美。此外，在 MMF 引入容量与距离折中的情况下，SMF 消除了网络带宽的限制。这使运营商可以利用更高比特率的接口和波分复用（Wavelength Division Multiplexing，WDM）技术，将光纤设备可以支持更长距离的业务量增加 3 个数量级。所有这些因素使 SMF 成为数据中心光互连的优先选择。

表 2-2　SMF 与 MMF 不同标准传输光纤距离对比

光纤类型		光纤距离					
		Fast Ethernet 100BASE-FX	1Gbit/s Ethernet 1000BASE-SX	1Gbit/s Ethernet 1000BASE-LX	10Gbit/s BASE-SR	40Gbit/s BASE SR4	100Gbit/s BASE SR10
SMF	OS2	200m	5000m	5000m	10km	—	—
MMF	OM1	200m	275m	550m	—	—	—
	OM2	200m	550m	550m	—	—	—
	OM3	200m	550m	550m	300m	100m	100m
	OM4	200m	550m	550m	400m	150m	150m
	OM5	200m	550m	550m	300m	400m	400m

2.2.4　光放大器

光纤中的固有衰减会导致光功率传输损耗，从而限制了信号在光纤中的传输距离。为了补偿信号在光纤中的衰减，可以在光纤传输系统中采用在线光学放大提高传输信号的功率。光放大的主要优点是避免了通过光电光转换（O-E-O）进行信号再生。光放大器与电信号再生器相比，对传输速率和信号调制格式不敏感、可以同时放大多个 WDM 通道的信号，而且使用光放大器的系统可以更容易地升级。光纤链路中光放大器位于不同位置的方案如图 2-9 所示，在发射机端，可以作为功率放大器提供足够高的发射功率；作为光线路放大器可以补偿部署光纤中的损耗；在接收机端，可以作为前置放大器（预放大器）提高光电探测器接收灵敏度。

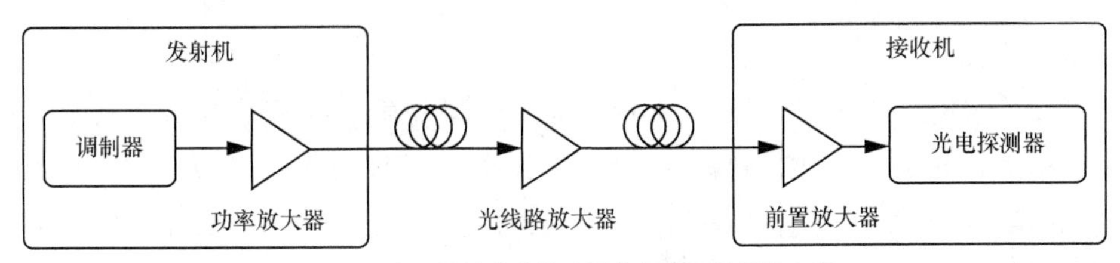

图 2-9　光纤链路中光放大器位于不同位置的方案

DCI 和 PON 光纤链路小于 20km 时，通常不考虑光放大方案，可以选择 APD 提升接收灵敏度。20～80km 的 DCI 光纤链路连接需要采用光放大。SOA、C 波段 EDFA 和 Raman 对比见表 2-3。EDFA 是应用最为广泛的光纤放大器，可在 C 波段和 L 波段提供 30～70nm 带宽的光学放大窗口，并且增益高、噪声系数低、适用于长距离传输；但是 EDFA 尺寸较大，不能与其他半导体器件集成。光纤拉曼放大器（Fiber Raman Amplifier，FRA）也是一种相对成熟的光放大器。在 FRA 中，受激拉曼散射（Stimulated Raman Scattering，SRS）导致光信号被放大。通常，FRA 可以分为集中式拉曼放大器（Lumped Raman Amplifier，LRA）和分布式拉曼放大器（Distributed Raman Amplifier，DRA）：LRA 的光纤增益介质通常在 10km 以内，需要更高的泵浦功率，通常需要几瓦到十几瓦，才能产生 40dB 甚至更高的增益，主要用于放大 EDFA 无法满足的波长；DRA 的光纤增益介质通常比 LRA 长，通常长达数十千米，而泵浦源功率则低至数百毫瓦，主要用于密集型光波复用通信系统，辅助 EDFA 以改善系统性能、抑制非线性效应、降低信号的入射功率、提高信噪比和在线放大；但是，FRA 需要高的泵浦功率和复杂的增益控制，模块昂贵，也不能与其他半导体器件集成。在短距离光纤系统中，SOA 最大的优势是可以集成光学器件，小尺寸和低功耗使系统具有较高的器件密度，从而降低了安装和运营成本，完全满足 DCI 和 PON 的需求。SOA 的增益带宽与当前的 C+L 波段 EDFA 放大方案相比，传输带宽可以大致扩展 50%。综上所述，SOA 在短距离光纤传输系统中是最有竞争力的方案。

表 2-3　SOA、C 波段 EDFA 和 Raman 对比

参数	SOA	C 波段 EDFA	Raman
波长/nm	1280～1650	1530～1560	1280～1650
增益/dB	> 30	> 40	> 25
偏振敏感性	是	否	否
噪声系数	8	5	−1
尺寸	紧凑	机架式	散装模块
成本	低	中	高

2.2.5 先进调制格式

（1）频谱比较

在过去二十多年的光纤通信系统中，NRZ-OOK 调制格式因为信号产生简单，一直是非常重要的选择。NRZ-OOK 是一种二进制调制格式，其中，每个符号以最小或最大幅度状态进行传输。NRZ 直接使用二进制数据流进行传输而无须编码，并且在接收机处，一个简单的比较器足以检测振幅状态并解码信息位。在 NRZ 中，器件的线性度不是问题，因为器件仅使用两个幅度电平，并且可以使用具有非线性传递函数的 RF 放大器或调制器。但是，NRZ 的主要缺点是频谱效率低，这是因为每个符号都携带单个信息位。为了能满足 50Gbit/s 的传输要求，NRZ 需要 50GHz 带宽的光电器件，即使考虑 Nyquist NRZ 信号，也至少需要 25GHz 带宽的光电器件。PAM4 和 EDB 是最简单的多级幅度调制格式，与 NRZ-OOK 比较，带宽效率有成倍的提升。EDB 是一种部分响应信号传输技术，通过使一个符号扩展到相邻符号中，在信号中引入受控的 ISI。通过允许可控的 ISI，符号持续时间更长，因此频谱变得更窄。降低的频谱可以提高频谱效率、提高对信道失真的容忍度。双二进制（Duobinary，DB）编码通过将信号与该信号的时延相加完成，可以使用时延加法器实现，NRZ-EDB 信号经过时延相加后则具有 3 个幅度电平。PAM4 调制格式具有 4 个不同的幅度电平，每个 PAM4 符号可以携带 2bit 信息，频谱效率可以提升两倍。如果再考虑 Nyquist PAM4（Ny-PAM4）信号，带宽可以进一步降低。

与多幅度的 PAM 调制相比较，QAM 信号因为有幅度和相位二维信息可以调制，频谱效率得到极大程度的提高。但是 QAM 信号是复数信号，不能直接应用在基于强度调制器的光纤传输系统中。DMT 调制格式可以认为是 OFDM 的特殊变体，是利用 Hermitian 对称性和快速傅里叶逆变换（Inverse Fast Fourier Transform，IFFT）的特性创建的实值信号，信号频谱被划分为正交子载波。DMT 是 OFDM 的一种有效的实现方式，可以用于 IMDD 场景以及响应变化缓慢的信道。DMT 具有系统简单和成本低的优点，已被用作在双绞线上运行的 x 数字用户线（xDSL）系统的标准。DMT 对于 IMDD 光纤传输系统是一种有吸引力的解决方案，因为它具有 OFDM 的许多优点，同时又不需要相干检测，具有很高的频谱效率，可以在光接入网中实现高速率传输。Tao 等[17]通过基于 10Gbit/s DML 和 10Gbit/s APD 在 O 波段实现了 50Gbit/(s·λ) TDM-PON，传输 20km 光纤可以获得 26dB 的链路功率预算。CAP 调制格式是 QAM 的一个变形，与副载波调制（Sub-Carrier Modulation，SCM）和 OFDM 相比，CAP 不需要电的复数实数转换器件、不需要复杂的混频器，也不需要射频源或 IQ 调制器，具有低功耗和低成本的优点，在数字用户线中有着广泛的使用。与多电平的 PAM 信号相比，CAP 可以通过正交的整形滤波器实现信号的多维调制。CAP 在大容量和高频谱效率的短距离光接入网络中已被广泛地研究。Wei 等[18-19]使用 10Gbit/s 级别的收发机实现了 40Gbit/s 多带 CAP 长距离 PON，成功传输 80km SSMF，链路功率预算可以达到 33dB。在实现 50Gbit/s PON 的传输系统中，DMT 和 CAP 均采用了 16QAM。

采用不同调制格式实现 50Gbit/s 速率的频谱对比如图 2-10 所示，PAM4 和双二进制信号只需要 NRZ（没有使用 Nyquist 处理）一半的带宽。PAM4 的 25GBaud 是 NRZ 达到相同速率所需带宽的一半，这意味着所需的电子器件速率降低一半，从而容易实现，并降低了功耗。对于 Ny-PAM4 信号，通过改变滚降因子，所需的带宽可以进一步降低，当滚降因子为 0 时，只需要 12.5GHz 带宽，当然 ISI 也会非常严重。在滚降因子为 0.3 时，Ny-PAM4 信号需要的带宽为 25×(1+0.3)/2=16.25GHz。对于多维调制格式，DMT-16QAM 传输 50Gbit/s 需要 12.5GHz 带宽；CAP-16QAM 考虑载波中频在 12.5×0.55 =6.875GHz，所需带宽为 13.75GHz。对于实现基于带宽受限器件的 50Gbit/s 传输系统，DMT 和 CAP 调制格式需要的带宽最小。此外，还需要综合考虑器件成本、DSP 复杂度、色散容限和功率损耗等，将在后续章节展开讨论。

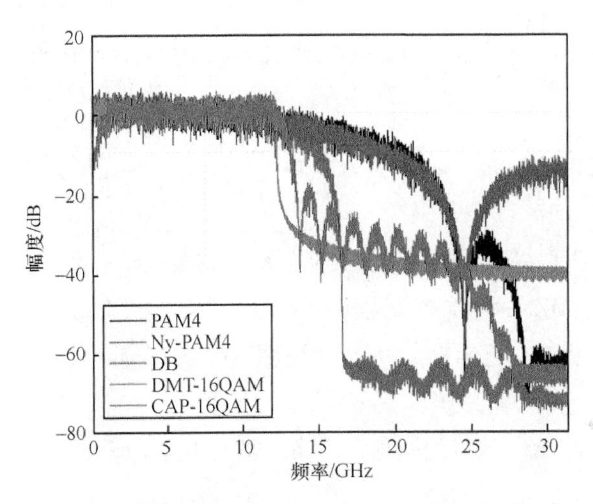

图 2-10　采用不同调制格式实现 50Gbit/s 速率的频谱对比

（2）PAPR 比较

在基于带宽受限器件的短距离传输系统中，由于发射机和接收机带宽有限，高速率信号的带宽超过器件带宽会带来高频信号损伤，导致的滤波效应会引起严重的 ISI。在 IMDD 方案中，信号的幅度容易超过器件的线性工作区域，从而带来信号的非线性损伤。采用不同调制格式实现 50Gbit/s 速率的 PAPR 对比如图 2-11 所示，通过互补累积分布函数（Complement Cumulative Distribution Function，CCDF）与 PAPR 的关系可以看出，对于单载波调制信号，双二进制、PAM4 和 Ny-PAM4 有着比较低的 PAPR。需要注意的是，在比较中没有使用数字预均衡技术，如果使用数字预均衡技术，单载波调制格式的 PAPR 也会增加。对于多载波调制信号，DMT-16QAM 有着最高的 PAPR，与 OFDM 调制信号相似，当信号的瞬时功率过大时，光调制器和电放大器会工作在非线性区域，引起信号的非线性失真。当然，如果考虑 DFT-S DMT，PAPR 会降低，但是复杂度会增加。最后，CAP-16QAM 信号的 PAPR 介于单载波和多载波之间，是非常具有潜力的调制方式。

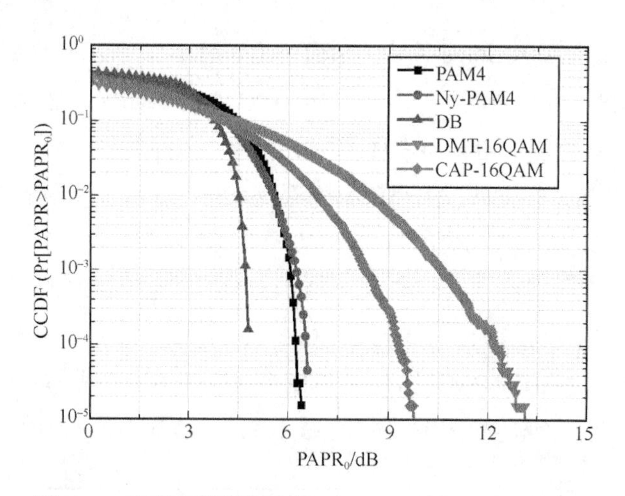

图 2-11　采用不同调制格式实现 50Gbit/s 速率的 PAPR 对比

2.2.6　数字信号均衡技术

在短距离传输系统中，最重要的传输损伤是发射机和接收机带宽限制引起的滤波效应导致的严重码间干扰，DML、MZM 和 SOA 等器件非线性失真，以及光纤色散和直接探测相互作用导致的频率选择性衰落。因此，近年来，学者针对短距离光纤传输研究了各种基于数字信号处理的均衡技术。

FFE 和 DFE 是用于 PAM 信号的两种常用均衡器。FFE 是一种广泛用于补偿线性损伤的均衡器，FFE 结构[20]如图 2-12 所示。

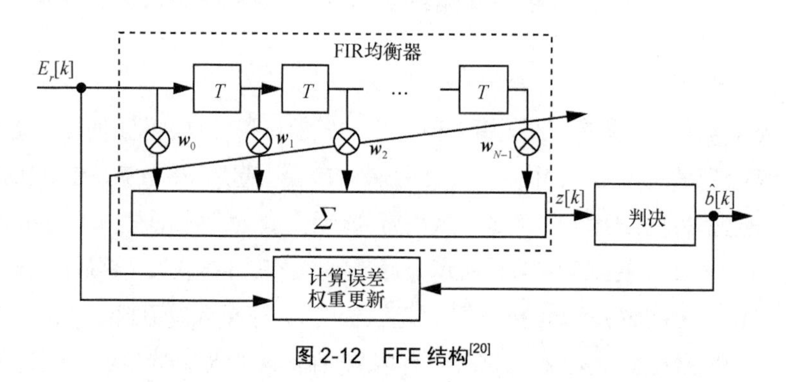

图 2-12　FFE 结构[20]

FFE 的输出可以表示为

$$z[k]=\sum_{i=0}^{N-1}w_iE_r[(k-i)T]=\boldsymbol{w}\cdot\boldsymbol{E}_r^{\mathrm{T}}[k] \tag{2-1}$$

其中，$z[k]$ 是均衡器输出，$\boldsymbol{w}=[w_0,w_1,w_2,\cdots,w_{N-1}]$ 是抽头数向量，N 是抽头数，接收信号矩阵为 $\boldsymbol{E}_r[k]=[E_r(kT),E_r((k-1)T),\cdots,E_r((k-N+1))T)]$。抽头数权重可以通过几种不同的算法进行调

整，如判决导引最小均方（Decision-Directed Least Mean Square，DD-LMS）算法或递归最小二乘（Recursive Least-Squares，RLS）法。以 DD-LMS 为例，误差函数和的代价函数分别表示为

$$\varepsilon[k]=\hat{b}[k]-z[k] \tag{2-2}$$

$$g(\boldsymbol{w})=\{\varepsilon[k]\}^2=\{\hat{b}[k]-\boldsymbol{w}\cdot\boldsymbol{E}_r^{\mathrm{T}}[k]\}^2 \tag{2-3}$$

使用随机梯度下降的迭代方法获得代价函数最小时最佳滤波器参数。假设从 k_0T 开始迭代，第 $(n+1)$ 次更新抽头数权重可以表示为

$$\boldsymbol{w}_{n+1}=\boldsymbol{w}_n+\mu\frac{\partial g}{\partial \boldsymbol{w}}\Big|\boldsymbol{w}_n=\boldsymbol{w}_n+\mu\varepsilon[k_0+n]\boldsymbol{E}_r[k_0+n] \tag{2-4}$$

其中，μ 是迭代步长。FFE 可以以符号速率采样或更高的速率运行。在带宽受限的系统中，FFE 增强了高频信号分量并使 ISI 最小化。但是，FFE 会增强高频噪声，这在调制动态范围有限的情况下可能会降低整体性能。可以采用 DFE 解决 FFE 的这种缺点，利用判决后符号最小化代价函数。

DFE 均衡器结构[20]如图 2-13 所示。

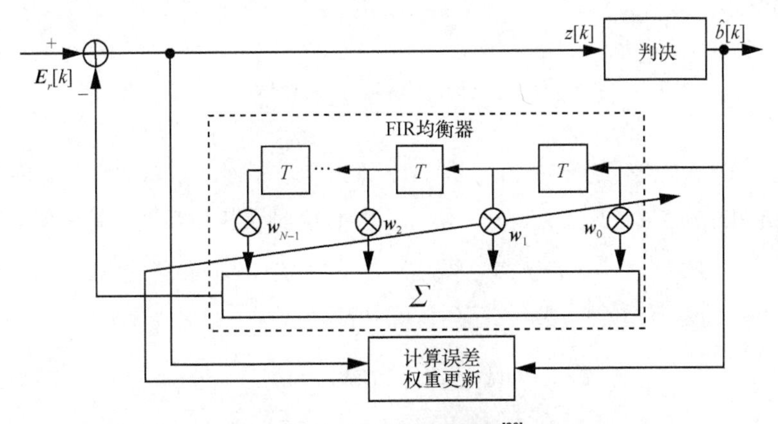

图 2-13 DFE 均衡器结构[20]

与 FFE 不同，DFE 在计算误差时输入包含判决后的符号 $\hat{b}[k]$，DFE 通常每个符号一个采样。此时，由 DFE 输出的补偿信号表示为

$$z[k]=\boldsymbol{E}_r[kT]-\sum_{i=0}^{N-1}\boldsymbol{w}_i\hat{b}[k-i] \tag{2-5}$$

采用 DD-LMS 从 k_0T 开始迭代，第 $(n+1)$ 次更新抽头数权重可以表示为

$$\boldsymbol{w}_{n+1}=\boldsymbol{w}_n+\mu\varepsilon[k_0+n]\boldsymbol{Z}[k_0+n] \tag{2-6}$$

其中，$\boldsymbol{Z}[n]=[z[n],z[n-1],\cdots,z[n-(N-1)]]$，$\varepsilon[n]=\hat{b}[n]-z[n]$。FFE 结构简单，不会带来反馈时延，但在均衡频谱零点时无效；DFE 可以成功在频谱零点达到均衡，但可能会使系统变得不稳定，并且会带来误差传播问题。因此，使用 FFE 和 DFE 联合均衡是最佳选择。此外，一些基于常规

FFE/DFE 的改进型均衡器被提出，如时钟恢复 FFE、强度调制 FFE/强度调制 DFE、直接检测-超 Nyquist 和 VNLE（Volterra NLE）等，以缓解各种损伤提升系统传输性能。以上这些均衡方法都在接收机侧进行后均衡。

Tomlinson-Harashima 预编码（THP）于 20 世纪 70 年代初首次被提出，它是 DFE 的替代方法，能有效处理 ISI 问题。与 DFE 相比，THP 不会出现误差传播[21]，被应用于 IMDD 传输系统发射机侧进行预补偿均衡。THP 均衡器结构如图 2-14 所示。

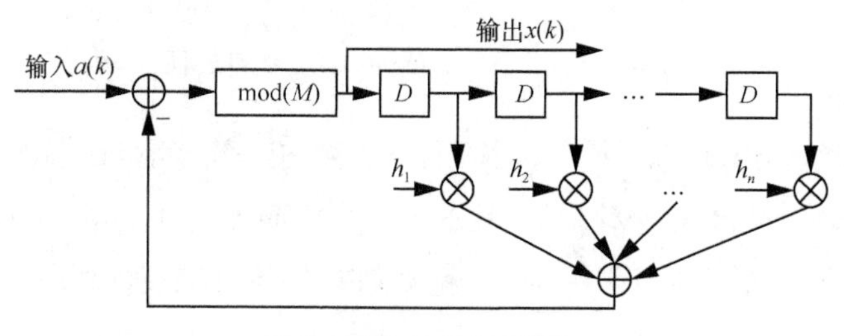

图 2-14　THP 均衡器结构

THP 预编码序列表示为

$$x(k)=a(k)+d(k)-\sum_{i=1}^{n}h_i\cdot x(k-i) \tag{2-7}$$

其中，$a(k)$ 是 THP 输入信号序列；$x(k)$ 是 THP 输出信号序列；$d(k)$ 是预编码序列，由 $x(k)$ 进行模运算且限定在$[-M/2, M/2]$；$[h_1 \quad h_2 \quad \cdots \quad h_n]$是 THP 抽头权重系数，其根据信道传输函数获得。THP 需要较高的发射功率，这被称为预编码损耗。此外，均衡后在接收机侧的接收序列不再是原始数据序列，而是所谓的扩展数据序列，可以表示为

$$y(k)=a(k)+d(k)+n(k) \tag{2-8}$$

其中，$n(k)$ 是加性白高斯噪声（Additive White Gaussian Noise，AWGN）。在使用与发送机相同的模运算的情况下，扩展数据序列可以恢复原始数据序列。

近年来，基于机器学习（Machine Learning，ML）的均衡技术，如基于支持向量机（Support Vector Machine，SVM）和 NN（包括 ANN、DNN、CNN 等）的均衡算法被提出，以消除 IMDD 系统中的非线性失真，并在短距离 IMDD 系统进行了实验验证。与传统的 FFE/DFE 相比，这些先进的均衡器均表现出更优秀的性能，但是代价是复杂度较高，在实际应用中会受到硬件和功耗限制。

2.3　高速短距离光纤传输系统面临的关键问题与解决方案

基于第 2.2 节介绍的高速短距离光纤传输系统基本组成架构和当前主流发展技术，本节主要

介绍传输系统面临的一些挑战。高速短距离光纤传输系统面临的关键问题如图 2-15 所示，对于数据中心点对点传输系统，收发机中带宽受限的器件限制了系统传输速率，光纤带来的色散和功率衰减限制了传输距离和接收灵敏度；对于 PON 点到多点传输系统，带宽受限和光纤影响与数据中心互联相同，更重要的是，还会受到分光器带来的分路损耗影响，会严重影响光纤链路功率预算，同时，还需要考虑上行突发模式。下面从系统带宽受限、光纤传输损伤和光电器件非线性损伤 3 个方面介绍系统面临的关键问题。

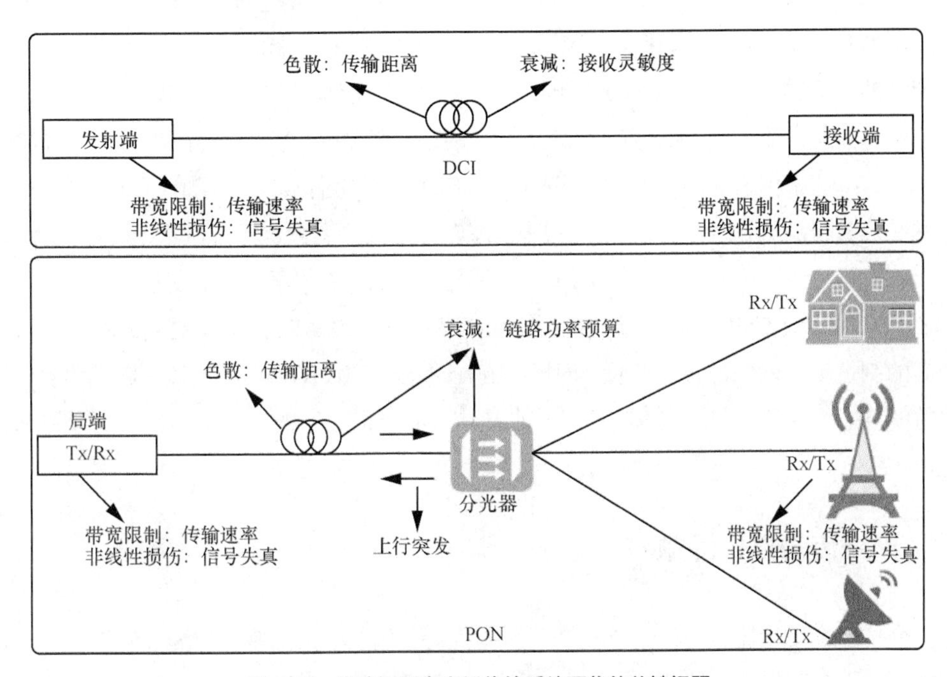

图 2-15　高速短距离光纤传输系统面临的关键问题

2.3.1　系统带宽受限问题

在发射机中采用光调制器通过直接调制或外部调制实现光调制，并在接收机中进行光到电信号转换。调制器和光电检测器由于带宽有限，会引起 ISI 和系统性能下降，这决定了系统可以达到的最大速率。DCI 和 PON 中的带宽关键器件通常是发射机的电子驱动器电路和调制器以及接收机中的 PD 和 TIA。此外，在实验室搭建的系统中通常会使用任意波形发生器（Arbitrary Waveform Generator，AWG）或 DAC 用离线 DSP 控制产生基带信号，AWG 或 DAC 带宽通常也会受到限制，在接收端使用实时采样示波器 ADC 采集离线数据，ADC 带宽同样会受限。DCI 和 PON 已经部署、商用了大量器件，如果继续使用已经部署的器件实现更高速率的传输，会极大地降低部署成本。用低带宽商用器件结合高效 DSP 实现传输速率的升级，这也是当前在 DCI 和 PON 中比较热门的研究，涌现出了很多新型 DSP 技术和传输纪录。

信息中的符号以波特率按顺序传输，其中，一个波特等于每秒一个符号。如果信道带宽受到限制，就像施加了低通滤波器一样，则符号脉冲会随时间扩展或分散。经过带宽受限的器件，低通滤波效应后的接收信号可以表示为[22]

$$y_k = R_k + \sum_{\substack{n=0 \\ n \neq k}}^{\infty} R_n x_{k-n} + v_k \tag{2-9}$$

其中，x_k 和 y_k 分别是在第 k 个采样点的输入和输出信号，第一项 R_k 表示接收到的理想信息符号，第二项表示 ISI，第三项 v_k 是在第 k 个采样点的 AWGN。必须确保信号脉冲之间的最小间隔，以避免连续脉冲之间的 ISI。根据 Nyquist 准则，只要信道的带宽超过 $1/(2T)$，以 $R=1/T$ 的调制速率传送信息符号就可以不引起 ISI，其中，T 是符号周期。优化的滤波器可用于确保在没有 ISI 的情况下以 Nyquist 速率传输脉冲，但是对于接入系统而言成本过高。在实际的 NRZ 系统中，限制 ISI 所需的最佳接收器带宽为 2/3 传输波特率，或者等于在不受热噪声限制情况下系统的波特率。

在光收发机中，带宽限制是发射机的调制带宽和接收机的频率响应引起的。用于发射机的高带宽 MZM、DML 或 EML，以及用于接收机的高带宽 PIN 或 APD，成本更高、功耗更大，需要开发稳健的制造工艺确保足够的产量。同样，电驱动器和 TIA 电路需要设计足够的带宽，以便满足高比特率要求。因此，在低成本的低带宽系统中，高频谱效率的先进调制格式可以用来传输更高的速率。

2.3.2 光纤传输损伤问题

与其他传输介质相比，光纤具有几个明显的优势，包括极大的带宽容量、低损耗、链路高可靠性、抗外部电磁干扰。但是，光通过光纤的传播会受到一些限制，随着传输距离的增加，这些限制变得更加明显。光纤传输损伤可分为 3 类：线性、非线性和噪声。这些损伤会在光纤中累积，并且这些过程之间的任何相互作用都可能导致确定性（可预测）或随机性（随机）结果。线性损伤主要包括衰减（或损耗）、色散（Chromatic Dispersion，CD）、偏振模色散（Polarization Mode Dispersion，PMD）和相邻信道串扰。光纤中非线性损伤的主要来源是 Kerr 非线性，包括自相位调制（Self-Phase Modulation，SPM）、交叉相位调制和四波混频（Four-Wave Mixing，FWM）；非弹性散射过程包括 SRS 和受激布里渊散射（Simulated Brillouin Scattering，SBS）。对于短距离 DCI 和 PON 光纤传输系统中的应用，光纤非线性影响可以忽略，主要受到光纤衰减和色散的影响。色散和功率衰减会导致传输距离受限。

当光束通过光纤传播时，沿着光纤在长度 L 处的传播信号功率 $P(L)$ 可以表示为

$$P(L) = P(0)\mathrm{e}^{-\alpha L} \tag{2-10}$$

其中，$P(0)$ 是输入光功率，α 是衰减系数。由于指数相关性，α 的单位通常用 dB/km 表示，则与线性衰减系数的关系为

$$\alpha_{\text{dB}} = -\frac{10}{L}\lg\left[\frac{P(L)}{P(0)}\right] \simeq 4.343\alpha \qquad (2\text{-}11)$$

由于石英玻璃的固有特性，光纤衰减既有内在原因，又有材料杂质和制造工艺引起的外在因素。固有衰减包括材料吸收和瑞利散射，外在材料吸收是制造过程中二氧化硅引入杂质引起的。在 O 波段中，光纤衰减略高于 C 波段。根据 G.652 建议，O 波段的衰减必须低于 0.4dB/km，而 C 波段的衰减必须低于 0.35dB/km。当前 SSMF 衰减值都较小，G.652.D SMF 在 1550nm 处的衰减为 0.18dB/km，在 1310nm 处的衰减为 0.33dB/km。对于 DCI，在所有 400Gbit/s 标准中，其传播距离均小于 10km，传输损耗对总体链路预算影响很小。例如，400GBASE-FR8 传输 2km SMF 的总链路功率预算为 7.4dB，假设衰减为 0.5dB/km，则光纤衰减仅占 1dB。对于 DCI 和 PON 在 O 波段传输 20km SMF，光纤损耗可达 10dB，通常需要光放大器放大以提升链路功率预算。

在光通信系统中，色散是依赖于信号波长和传播模式的群速度。当光脉冲沿着光纤传播时，色散通常会导致光脉冲变宽。脉冲展宽会导致 ISI，引起信号失真，限制了数据速率和传输光纤链路的长度。在 MMF 中，光脉冲可能包含多个模式，模式色散导致脉冲展宽和信号劣化。由于成本低廉且易于连接，对于短距离应用而言，MMF 仍然是首选。在这些应用中，传输链路的长度有限，通常小于 300m，总体模式色散较低。SMF 因为芯径较小，脉冲传播仅限于单模。折射率 $n(w)$ 具有频率依赖性，光脉冲在光纤传播过程中会展宽，这种特性使得光脉冲的不同光谱以稍微不同的群速度 υ_{g} 沿光纤传播。色散的数值可以通过相对群时延 τ_{g} 的导数确定，表示如下

$$D = \frac{\mathrm{d}\tau_{\text{g}}}{\mathrm{d}\lambda} = \frac{\mathrm{d}}{\mathrm{d}\lambda}\left(\frac{L}{\upsilon_{\text{g}}}\right) \qquad (2\text{-}12)$$

其中，λ 是真空中波长，相对群时延 τ_{g} 是光脉冲中各个波长以群速度传播距离 L 所用的时间，群速度 υ_{g} 表示脉冲包络的传播速度，D 的单位是 ps/nm。

根据定义，当 $\upsilon_{\text{g}}^{-1} = \mathrm{d}\beta / \mathrm{d}\omega$ 时，其中，$\beta(\omega)$ 是与频率相关的传播常数，则式（2-12）可以写为

$$D = L\frac{\mathrm{d}}{\mathrm{d}\lambda}\left(\frac{\mathrm{d}\beta}{\mathrm{d}\omega}\right) = -\frac{2\pi cL}{\lambda^2}\frac{\mathrm{d}}{\mathrm{d}\omega}\left(\frac{\mathrm{d}\beta}{\mathrm{d}\omega}\right) = -\frac{2\pi cL}{\lambda^2}\cdot\beta_2 \qquad (2\text{-}13)$$

其中，$\beta_2 = \mathrm{d}^2\beta / \mathrm{d}\omega^2$ 是群速度色散（Group Velocity Dispersion，GVD）常数。在光纤通信系统中，为了方便使用，定义了色散常数 D_λ，单位为 ps/(nm·km)，可以表示为

$$D_\lambda = \frac{\mathrm{d}}{\mathrm{d}\lambda}\left(\frac{\mathrm{d}\beta}{\mathrm{d}\omega}\right) = \frac{\mathrm{d}}{\mathrm{d}\lambda}\left(\frac{1}{\upsilon_{\text{g}}}\right) = -\frac{2\pi c}{\lambda^2}\cdot\beta_2 \qquad (2\text{-}14)$$

在实际使用中，光纤色散常数 D_λ 通常表示为

$$D_\lambda = \frac{S_0}{4}\left(\lambda - \frac{\lambda_0^4}{\lambda^3}\right) \qquad (2\text{-}15)$$

其中，S_0 表示色散斜率，$S_0=\mathrm{d}D_\lambda / \mathrm{d}\lambda$，决定高阶色散效应；$\lambda_0$ 是零色散波长。对于 SSMF，λ_0 位于 1310nm 附近，S_0 近似为 0.092ps/(nm²·km)。

对于 SSMF，ITU-T G.652 光纤色散系数如图 2-16 所示，给出了 1270～1630nm 范围内色散上限和下限[16]。当波特率增加时，色散是在 C 波段 SMF 传输时最严重的损害之一，因为当符号周期减小时，相同的脉冲展宽量会导致严重 ISI，从而限制了信号在不使用色散补偿技术的情况下可以传输的最远距离。在 O 波段色散值较低，从而可以避免色散补偿。对于 400GBASE-FR8 标准（2km SMF），第一个 WDM 通道中心波长为 1373.54 nm，色散在最坏的情况下为−9.85ps/nm，在这种情况下可以完全忽略色散。对于单波长 50G-PON 波长规划，ITU-T Q2/15 决定采用 1342±2nm 的 25Gbit/s 以太网无源光网络（Ethernet Passive Optical Network，EPON）DW1（Downstream 1）作为下行传输波长。上行波长遵循类似于 50G-EPON 标准的“或”兼容规划。对于 10Gbit/s 和 25Gbit/s 的上行传输，分别指定了 1300±10nm 的 US1（Upstream 1）和 1270±10nm 的 US2 与 10Gbit/s 对称、非对称 PON 和 GPON、EPON 兼容。对于上行 25Gbit/s，还允许使用 US1 的窄带频谱（1300±2nm）。

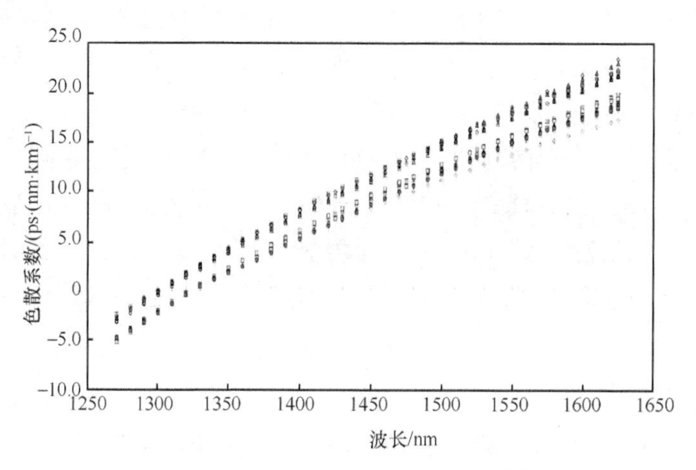

图 2-16　ITU-T G.652 光纤色散系数[16]

2.3.3　光电器件非线性损伤问题

由于结构简单和低成本的优势，IMDD 与 PAM 的结合是短距离传输系统的一种有吸引力的解决方案。但是，双边带（Double Side Band，DSB）信号会受到色散和平方律探测引起的功率衰落，限制了可实现的传输容量和传输距离。此外，IMDD 系统中 DML、EML、MZM 和 SOA 等器件工作在非线性区域，导致信号失真，从而降低了系统性能。本节主要介绍 IMDD 系统模型及各种器件非线性损伤问题。

（1）IMDD 系统模型

假设 IMDD 系统中电驱动信号的电流为 $I_{\mathrm{Tx}}(t)$，经过光调制器后，光功率为[21]

$$P_{\mathrm{Tx}} = P_{\mathrm{o}} + \xi P_{\mathrm{Tx}}(t) \tag{2-16}$$

其中，P_{o} 是平均光功率，ξ 是电光转换效率因子。P_{Tx} 对应的发射光信号可以表示为

$$E_{\mathrm{Tx}}(t)=\sqrt{P_{\mathrm{Tx}}(t)}=\sqrt{P_{\mathrm{o}}}\sqrt{1+\xi P_{\mathrm{Tx}}(t)/P_{\mathrm{o}}} \tag{2-17}$$

令 $x(t)=\xi P_{\mathrm{Tx}}(t)/P_{\mathrm{o}}$，则函数方程可以简化为 $E_{\mathrm{Tx}}(t)=\sqrt{P_{\mathrm{o}}}\sqrt{1+x(t)}$，其中，$|x(t)|<1$。调制信号的载波信号功率比（Carrier to Signal Power Ratio，CSPR）由 $x(t)=\xi P_{\mathrm{Tx}}(t)/P_{\mathrm{o}}$ 决定。用泰勒级数表达式，$E_{\mathrm{Tx}}(t)$ 可以进一步改写为

$$\begin{gathered}E_{\mathrm{Tx}}(t)=\sqrt{P_{\mathrm{o}}}(1+\frac{1}{2}x(t)+\sum_{n=2}^{\infty}a_n x(t)^n)\\ a_n=(-1)^{n-1}(2n-3)!/(2^{2n-2}(n-2)!n!),n=2,3,4,\cdots\end{gathered} \tag{2-18}$$

其中，a_n 是单调递减的泰勒级数系数，a_1=1/2。

经过光纤传输后，假设色散复数时域传输函数为 $H_{\mathrm{CD}}(t)$，则接收信号可以表示为

$$E_{\mathrm{Rx}}(t)=E_{\mathrm{Tx}}(t)\otimes H_{\mathrm{CD}}(t)=\sqrt{P_{\mathrm{o}}}\left(1+\frac{1}{2}x(t)\otimes H_{\mathrm{CD}}(t)+\sum_{n=2}^{\infty}a_n x(t)^n\otimes H_{\mathrm{CD}}(t)\right) \tag{2-19}$$

接收光功率可以表示为

$$\begin{aligned}P_{\mathrm{Rx}}(t)=|E_{\mathrm{Rx}}(t)|^2=P_{\mathrm{o}}\Bigg\{&\underbrace{1}_{\text{直流分量}}+\underbrace{x(t)\otimes R\{H_{\mathrm{CD}}(t)\}}_{\text{线性损伤}}+\underbrace{2\sum_{n=2}^{\infty}a_n x(t)^n\otimes R\{H_{\mathrm{CD}}(t)\}+}_{\text{非线性损伤}}\\ &\underbrace{\frac{1}{2}x(t)\otimes H_{\mathrm{CD}}(t)+\sum_{n=2}^{\infty}a_n x(t)^n\otimes H_{\mathrm{CD}}(t)}_{\text{SSBI}}\Bigg\}\end{aligned} \tag{2-20}$$

其中，$R\{\cdot\}$ 是取实数部分。第一项是直流偏移分量，通常可以用直流阻断器（DC-Block）去除。第二项包含了有效信号，同时也反映了色散导致的周期性功率衰落效应。色散传输函数在频域中可以表示为

$$H_{\mathrm{CD}}(f)=f(H_{\mathrm{CD}}(t))=\cos^2(2\pi^2\beta_2 Lf^2) \tag{2-21}$$

其中，当 $2\pi^2\beta_2 Lf^2-\pi/2$ 是 π 的整数倍时，周期性功率衰落就会发生。因此，为了进一步研究色散功率衰落损伤，式（2-22）给出了第二项的时域分析，经过采样和表达式展开后，该项可以表示为

$$x(t)\otimes R\{H_{\mathrm{CD}}(t)\}|_{t=kT}=\underbrace{x(kT)}_{\text{理想信号}}+\underbrace{\sum_{m=-\infty}^{\infty}R\{H_{\mathrm{CD}}(mT)\}x(kT-mT)}_{\text{功率衰落引起的ISI}}=\underbrace{x[k]}_{\text{理想信号}}+\underbrace{\sum_{m=-\infty}^{\infty}R\{H_{\mathrm{CD}}[m]\}x[k-m]}_{\text{功率衰落引起的ISI}} \tag{2-22}$$

其中，k 表示符号索引，T 是符号持续时间，m 是非零整数。式（2-22）分为理想信号和功率衰落引起的 ISI。可以看到，功率衰落引起的 ISI 仅包含相邻符号加权相加，因此是线性损伤。除了第二项线性损伤，在第三项和第四项信号中包含非线性损伤，第三项是施加电流的接收光功率幂级数，第四项为信号间拍频干扰（Signal-Signal Beat Interference，SSBI）。由于引入了色散 $H_{\mathrm{CD}}(t)$，高阶干扰是记忆性的，较长的传输距离将导致更严重的非线性失真[23]。因此，IMDD 系统中信号损伤包括两部分：一是一阶线性干扰，会引起周期性功率衰减；二是

由接收光功率幂级数和 SSBI 组成的二阶和更高阶干扰，是非线性干扰。为了提高系统传输性能，在 DSP 处理时，需要考虑一阶和高阶干扰。

为了更好地展示色散和直接检测引起的功率周期性衰落，28GBaud PAM4 信号传输不同光纤长度时幅度响应和脉冲响应[23]如图 2-17 所示，假设发射和接收滤波器的脉冲响应是一个正弦函数，以符号速率进行理想采样，并且使用 DC-Block 去除直流（Direct Current，DC）分量。$H(f)$ 包括发射和接收滤波器的总幅度响应，而 $H_C(f)$ 是光纤的幅度响应。从幅度响应可以看到，随着传输距离从 15km 增加到 50km 和 100km，频谱中下陷为 0 的数量分别从 1 个增加到 2 个和 3 个。此外，在高频率陷波出现的可能性更大，高速传输的信号更易受到功率周期性衰减的影响。从脉冲响应可以看出，随着传输距离的增加，累积色散的记忆性影响越大，ISI 变得越严重，限制了传输距离。

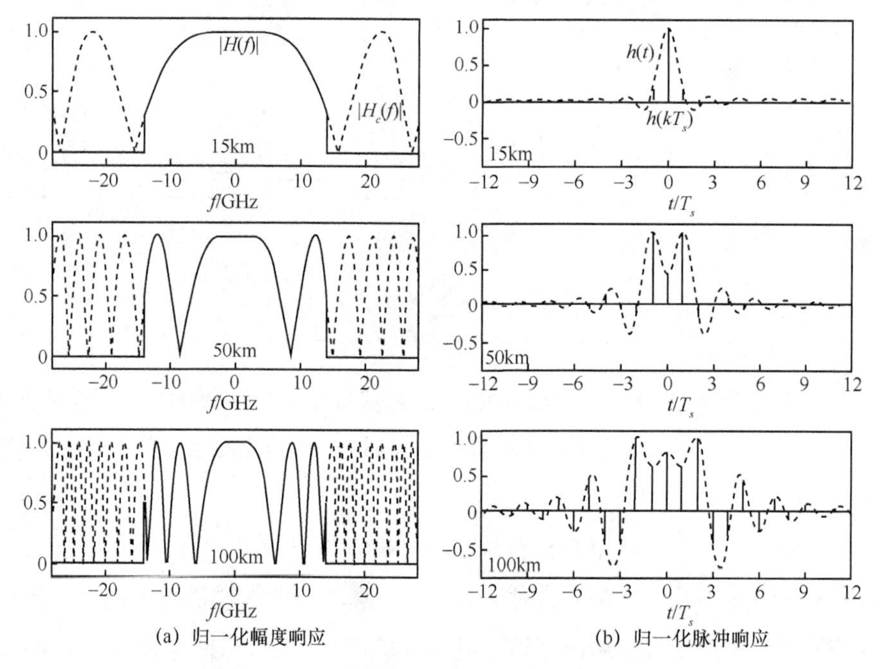

图 2-17　28GBaud PAM4 信号传输不同光纤长度时幅度响应和脉冲响应[23]

（2）DML 非线性损伤

基于半导体激光器的直接强度调制是一种产生光调制信号的重要方式，因为它不需要其他外部调制器。调制流过有源区电流可以实现对载流子密度的调制，进而实现调制增益。但是，载流子密度还会调制有源区的折射率，从而引起信号相位的调制。偏置电流引起的折射率变化会调制空腔的光学长度，从而导致共振模式在频率上来回移动，即啁啾。单频激光器的啁啾可以表示为

$$\Delta\nu(t) \simeq -\frac{\alpha}{4\pi}\left(\frac{\mathrm{d}}{\mathrm{d}t}\ln P(t)+\kappa P(t)\right) \tag{2-23}$$

其中，$\Delta\nu(t)$ 是瞬时频率偏差，α 是有源区材料的线宽增强因子，κ 是绝热啁啾系数，$P(t)$ 是激光输出功率。从式（2-23）可以看到，DML 有瞬态啁啾和绝热啁啾两种啁啾机制。式（2-23）中的第一项与输出功率对数的导数成正比，与激光结构无关，称为瞬态啁啾，强度状态转换期间会导致严重的啁啾。第二种是绝热啁啾，与光输出功率成正比且与结构有关，它会在光波形中高功率和低功率星座点之间产生波长偏移。

瞬态啁啾表现为信号在具有不同强度的符号之间的信号转换过程中的突然相位变化，例如，调制的“0”和“1”。当注入电流突然增加时，载流子密度在光输出增加之前就重新增加，以在腔体内重新建立平衡。载流子密度的暂时跳变导致活性区域的折射率暂时降低，结果缩短了激光腔的光程长度，并且导致了信号蓝移（即朝向较短波长偏移）。类似地，注入电流的减小会降低载流子密度（短暂降至平衡值以下），并且会导致波长红移，从而降低信号频率。另外，绝热啁啾是在符号传输期间半导体腔的光学长度的变化导致的具有不同强度的符号之间的频率间隙。作为稳态条件的结果，它取决于调制信号的偏置点和峰–峰值偏移，与频率无关。瞬态啁啾和绝热啁啾在一定程度上可以通过改变 DML 的偏置电流得到控制。25Gbit/s OOK 在不同 DML 偏置电流时的波形如图 2-18 所示，当偏置电流较小时，瞬态啁啾和绝热啁啾都比较严重。偏置电流的增加会明显地抑制瞬态啁啾，从而使绝热啁啾占优势，并且与调制信号幅度保持线性关系。

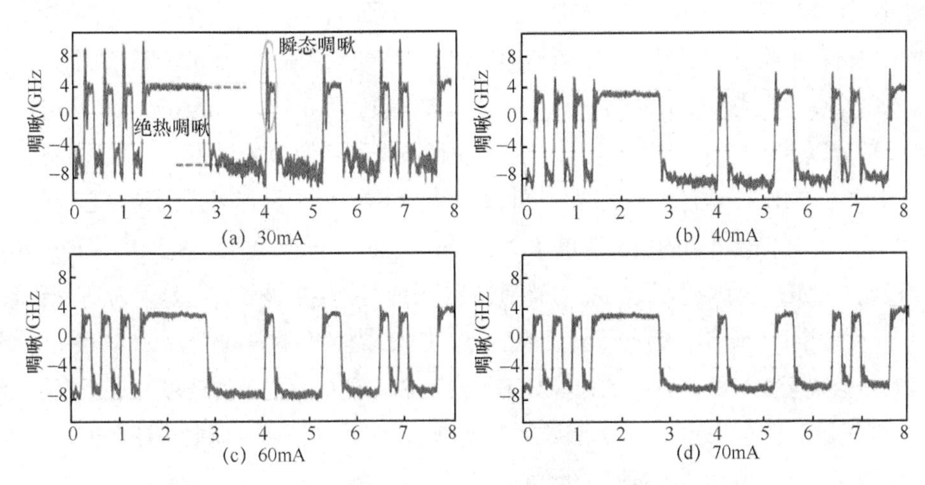

图 2-18　25Gbit/s OOK 在不同 DML 偏置电流时的波形

对于 DML 的强度调制应用，频率啁啾加宽了激光器的调制频谱，当光信号通过光纤传输时，瞬态啁啾与色散相互作用使信号失真，因此，需要尽量避免瞬态啁啾。但是，DML 工作在远高于阈值的缺点是光信号消光比（Extinction Ratio，ER）减小，导致接收灵敏度下降。DML 发射机在不同偏置电流时工作区域示意图如图 2-19 所示，DML 偏置电流接近阈值时调制的 ER 较高，但会产生瞬态啁啾，这严重限制了传输光纤后恢复信号的质量；DML 偏置电流高于阈值，调制光信号不能获得令人满意的消光比，但是具有抑制瞬态啁啾的优点。特别是对高阶 PAM 瞬态啁啾影响更为严重。综上所述，在使用 DML 时，需要在消光比和偏置电流之间进行权衡。在实际的传输实验中通过优化系统最佳误码率寻找最合适的偏置电流。

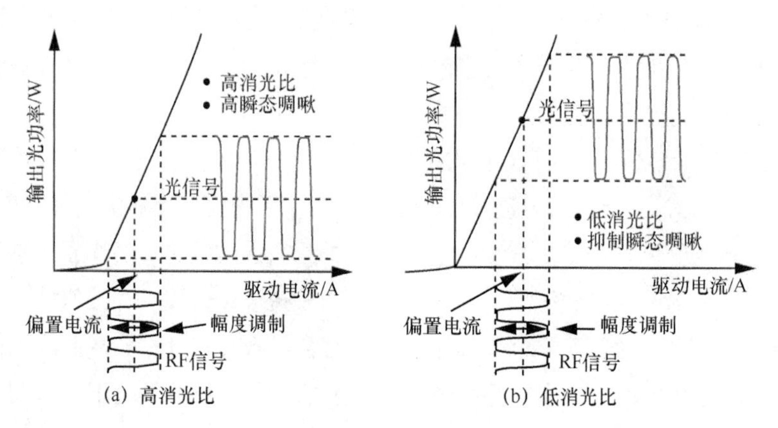

图 2-19　DML 发射机在不同偏置电流时工作区域示意图

（3）EML 非线性损伤

EML 集成了 DFB 激光器与 EAM 的光子集成器件。EML 由 DFB 激光器实现光源功能，由 EAM 实现高速调制功能。EAM 主要基于量子限制 Stark 效应，在量子阱结构中，未施加电场时，光子能量小于带隙，光场通过材料不被吸收；当施加外场后，能级结构发生倾斜，等效的带隙降低，入射光被材料吸收。改变外场的强度就可以调制输出光场的强度。EML 部分通常具有与 DML 相同的器件结构，在连续波（Continuous Wave，CW）条件下工作，并且将输入电压开/关信号施加到 EAM 部分以生成光输出信号。因此，激光属性本身不会像 DML 中那样通过调制过程改变。与 DML 相比，EML 在具有更高速度和更长距离传输的应用中具有优势，因为它的色散较小。EML 主要应用于电信应用中的更高速度（≥25Gbit/s，40Gbit/s）和更长的距离（10～40km）。与 DML 相比，EML 具有较小的色散，在高速操作下具有稳定的波长，这是因为到激光部分的注入电流（输入信号）未调制，因此不会发生变化。EML 的频率响应取决于 EAM 部分中的电容，而不像 DML 取决于激光器部分中的弛豫频率，这可以实现更高的工作速度，甚至超过 40GHz。EML 中的消光是由吸收引起的，因为吸收系数随施加到 EAM 区域的调制电压的变化而变化，并且 ER 随着电压输入（开/关电信号）的增加而变高。

与 NRZ 相比，直流消光比（Direct Current Extinction Ratio，DCER）曲线的线性度对 PAM4 的重要性较高，DCER 曲线与眼图之间的关系[24]如图 2-20 所示。当具有线性 DCER 曲线的 EAM 工作时，眼图张开将在 4 个信号电平上对称，因此具有更好的发射色散眼图闭合四相（Transmitter Dispersion Eye Closure Quaternary，TDECQ）；相反，当具有非线性 DCER 曲线的 EAM 工作时，级别 0 和 1 之间的差异由于非线性而变得比其他级别小，此时眼图是不对称的，因此 TDECQ 会更糟。总谐波畸变率（Total Harmonic Distortion，THD）代表实际 DCER 曲线与其线性近似值之间的差异，是评估 PAM4 性能的关键指标。理想的线性 DCER 曲线在驱动电压范围内的 THD 为 0。先进的 DSP 技术可以用来解决 EAM 非线性损伤，提升系统传输性能。对于非制冷操作，DCER 在低温下的另一个问题是吸收光谱的温度依赖性大于激光光谱的温度依赖性。通常，由于吸收光谱和激光波长之间差异的变化，温度升高时，DCER 曲线会变得陡峭。因此，与高温相比，低温下动态运行时的消光比较小。为了在整个工作温度范围内获得高消光比，需要优化调制器长度。

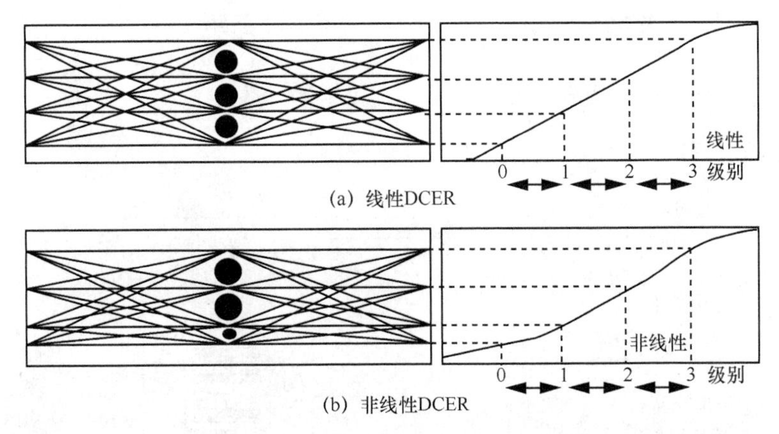

图 2-20　DCER 曲线与眼图之间的关系[24]

在 EAM 中，外加电场的作用使得吸收系数发生改变。材料结构中吸收系数的任何改变都会引起相位的改变，这种现象在强度调制中就引起了啁啾，因此，强度调制总是伴随着相位调制并产生相应的频率啁啾。啁啾会使在光纤中传输的光脉冲由于色散效应发生展宽。尽管利用外调制产生的啁啾要比利用激光器直接调制产生的啁啾小得多，但啁啾仍然是长距离、高速率通信系统的限制因素之一。从性能上看，EML 各方面的性能（如器件带宽、啁啾效应、消光比、眼图、抖动、传输距离等）都优于 DML。DML 的优势在于体积小、成本低、功耗小。基于此，DML 更适用于数据中心的应用，而 EML 适用于电信级的应用。

（4）MZM 非线性损伤

MZM 是最广泛使用的外部调制器。它由 Ernst Mach 和 Ludwig Zehnder 在 1891 年提出。MZM 由两个 3dB 耦合器和两个等长波的互连波导组成。MZM 的两个波导通常由电光材料制成，如铌酸锂（$LiNbO_3$），此外，砷化镓（GaAs）和磷化铟（InP）也用于制造 MZM。在电光材料中，折射率取决于所施加的电场。因此，电信号可以改变晶体的折射率，从而改变在波导中传播的光速。选择适当的电压电平，来自两个波导的信号通过第二个 3dB 耦合器的组合可以实现相长干涉或相消干涉。

可以将施加到 MZM 的调制电压分为恒定偏置 υ_B 和随时间变化的调制 $\upsilon_m(t)$ 。此外，如果调制信号为正弦波，则驱动电压可以描述为

$$\upsilon(t)=\upsilon_B+\upsilon_m(t)=\varepsilon V_\pi+\alpha V_\pi\cos(2\pi ft) \tag{2-24}$$

其中，V_π 是半波电压，即实现π相移所需要的电压；ε 是归一化调制偏置点；α 是归一化驱动电压；f 是调制频率。MZM 的输出强度可以表示为

$$P_{\text{out}}(t)=\frac{P_{\text{in}}(t)T_{\text{ff}}}{2}(1+\cos(\pi[\varepsilon+\alpha\cos(2\pi ft)])) \tag{2-25}$$

其中，T_{ff} 是偏置在最大传输时的调制器的固有光纤间损耗，该曲线是周期为 $2V_\pi$ 的周期函数。当 ε=1/2 和 α=1/2 时，MZM 光强和光场调制曲线如图 2-21 所示。

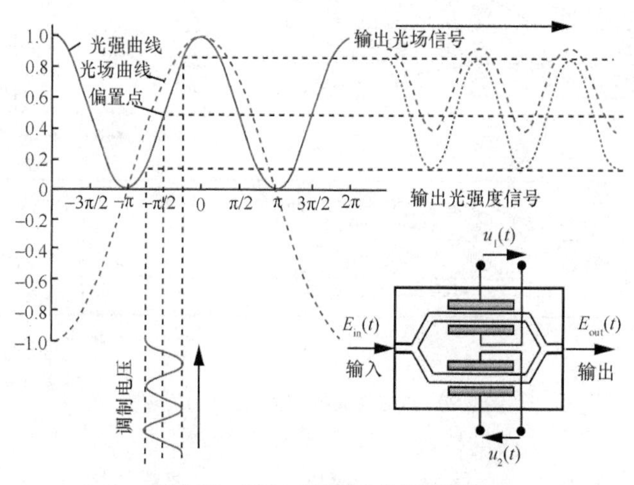

图 2-21 MZM 光强和光场调制曲线

调制幅度较小并工作在正交偏置点处的 MZM 的调制曲线是准线性的，此时输入和输出可以表示为

$$\frac{P_{\text{out}}(t)}{P_{\text{in}}(t)}=\frac{T_{\text{ff}}}{2}(1+\pi\alpha\cos(2\pi ft))=\frac{T_{\text{ff}}}{2}\left(1+\frac{\pi\upsilon_m(t)}{V_\pi}\right) \tag{2-26}$$

基于式（2-26），调制器的斜率可以定义为

$$l_m=\frac{\mathrm{d}P_{\text{out}}(t)}{\mathrm{d}\upsilon_m(t)}=\frac{T_{\text{ff}}P_{\text{in}}(t)\pi}{2V_\pi} \tag{2-27}$$

通过式（2-27），可以看到调制器斜率与 V_π 成反比。

MZM 强度传递函数如图 2-22 所示，它可以分为两个区域：线性区域和非线性区域。如果输入电压摆幅较小，则可以认为 MZM 在线性区域中工作；当输入电压摆幅增大但仍小于 V_π 时，将出现信号非线性失真。尤其是传输高阶 PAM 信号，会导致高阶电平严重的非线性损伤。当前有几种方法能够避免这种非线性失真：一是降低摆幅电压，使 MZM 工作在中心线性区域避免这种失真，但这会消耗大量的光功率；二是在数字域中使用反正弦函数对驱动信号进行预失真，但这种方法失去了 DAC 的有效分辨率；随着 DSP 技术的发展，可以使用查找表（Look Up Table，LUT）进行数字预失真。

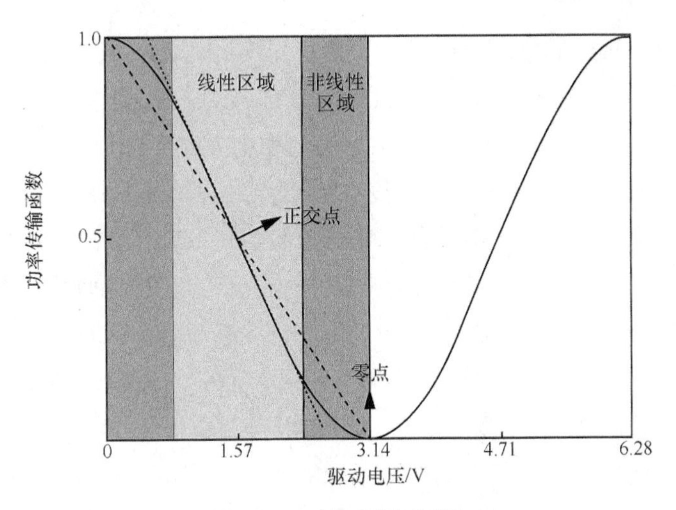

图 2-22　MZM 强度传递函数

2.3.4　高速短距离光纤传输系统中关键问题的解决方法

上文介绍了高速短距离光纤传输系统基本组成架构，与长距离光纤传输不同，短距离光通信链路由于部署规模大，对成本和器件集成尺寸比较敏感，IMDD 仍主导着短距离市场。随着数据中心和接入网流量的增加，系统中的带宽限制、光纤传输损伤和光电器件非线性损伤等对短距离传输带来的影响也愈发严重，当前的研究热点也是围绕以上问题展开。

对于数据中心光互连和 PON，需要尽量避免使用高性能成本高的器件，例如，低线宽 ECL、铌酸锂外调制器、热电冷却（Thermo Electric Cooling，TEC）、本地振荡器（Local Oscillator，LO）和全相干接收机。如果继续使用已经部署的器件实现更高速率的传输，系统带宽会受到 DAC、光调制器、电放大器、光电探测器和 ADC 等器件带宽的限制。当传输信号的带宽超过器件带宽时，受限的系统会有严重的滤波效应，信号的高频部分频谱会压缩，从而产生 ISI。时域数字预均衡技术可以利用接收信号线性均衡器稳定收敛后有限冲击响应的反函数对数据进行预处理，可以大大提高信号的 CSPR，从而缓解带宽限制带来的影响。另外，使用根升余弦滤波器实现 Nyquist 脉冲整形可以降低 ISI 和压缩频谱带宽，减少对器件带宽的需求。此外，高频谱效率的先进调制格式也是研究的热点，如 PAM4、CAP、DMT 和高阶 PAM 调制，频谱效率可以获得提升，从而降低带宽限制。但是，先进调制格式也会带来复杂度和功耗的增加。近年来，概率整形（Probabilistic Shaping，PS）技术在整个光传输研究界引起了很多关注，与常规调制格式相比，PS 可以提供自适应的整形增益，并且可以通过基于 Maxwell-Boltzmann 分布调整整形因子灵活地调整数据速率。目前，大多数概率整形研究工作主要集中在大容量、长距离的相干光纤传输系统中。

光纤传输中的损伤主要是功率损耗和色散，数据中心内部互联（< 20km）可以不考虑光放大，

数据中心间互联（20～80km）和光接入网需要考虑光纤功率损耗。数据中心之间的互联应用传输距离可以长达 80km。O 波段的衰减很大（0.35dB/km），缺乏良好的 O 波段放大器，可以采用低衰减 C 波段和成熟 EDFA 方案。EDFA 由于占用空间大和接收机成本过高，不适用于接入网和短距离应用。芯片集成的 SOA-PIN-TIA 接收机尺寸较小，可以集成可插拔光接收模块，非常适合数据中心和接入网客户端侧光接口使用，是未来短距离传输市场最有潜力的解决方案。但是，对于长距离的 IMDD 系统，主要挑战是直接检测后色散引起的功率周期性选择衰落。一方面可以在传输系统中使用色散补偿光纤（Dispersion Compensating Fiber，DCF）补偿光纤色散。但是，DCF 通常体积大、不灵活，会增加系统部署和升级成本。另一方面，可以使用复杂 IQ 调制器或 DD-MZM 进行预色散补偿对抗色散。但是，调制器成本过高、光纤链路部署和升级不灵活，此外，预色散补偿使信号 PAPR 变高，导致系统性能下降。NZ DSF 具有比 SSMF 低得多的色散，但是，SSMF 成本低廉，在当前的研究活动和部署中占主导地位。在解决光纤链路功率损耗和色散时，需要综合考虑系统的性能和成本。

短距离传输系统中，DML、EML、MZM 和 SOA 等低成本器件工作在非线性区域会导致信号失真。因此，近年来，学者针对短距离光纤传输非线性损伤研究了各种基于数字信号处理的均衡技术。FFE/DFE 或带有较少抽头数改进的 FFE/DFE 方法（如 CR-FFE、ID-FFE/ID-DFE 等）已在数据中心和接入网中得到了广泛的研究。但是，FFE/DFE 的误差传播会降低算法性能，特别是在信号具有强烈的非线性损伤时。而且，FFE/DFE 需要训练序列获得均衡器系数，这将增加系统额外开销。基于 Volterra 均衡器或相关改进型算法被提出，以减少 DML 啁啾和色散之间相互作用产生的非线性损伤。此外，基于机器学习的均衡技术，如基于支持向量机、人工神经网络、深度神经网络和卷积神经网络等均衡算法被提出，并在短距离传输系统进行了实验验证。与传统低复杂度均衡器相比，基于机器学习的均衡器表现出更优秀的性能，但是代价是高时延、高复杂度和高功耗，也存在容易过度拟合的问题。

综上所述，可以看到当前高速短距离光纤传输系统主要面临系统带宽受限、光纤传输损伤和光电器件非线性损伤等问题。本书针对这些关键问题，在数据中心光互连中，对带宽受限、高阶 PAM 非线性损伤和概率整形超 200Gbit/s 传输等展开研究；在 PON 中，对基于带宽受限器件的 PON 传输系统和基于强度调制相干检测的 200G-PON 传输系统展开研究，实验验证采用低成本器件实现高速短距传输的可行性。

2.4 小结

在云计算、多媒体服务和交互式游戏等快速发展推动下，短距离光通信对带宽的需求日益增长，运营商数据中心和用户接入网的传输容量急速增加。目前，相干技术尚未能够将成本差距缩小到可承受的范围以内，因此强度调制和直接检测方案仍主导着 DCI 和 PON 市场。本章主要介绍了高速短距离光纤传输系统基础及关键问题，首先，针对高速短距离光纤传输系统架构，从光发射机、光接收机、光纤信道、光放大器、先进调制格式和数字信号均衡技术等方面进行了介绍。光发射机中比较了 DML、MZM 和 EML 等调制器的性能，在光接收机中对比了 APD、PIN、EDFA-PIN 和 SOA-PIN-TIA 等的接收灵敏度；其次，介绍了当前以太网标准中 SMF 与 MMF 传输距离标准，针对调制格式 NRZ、EDB、PAM4、DMT 和 CAP 比较了频谱效率和 PAPR；然后，介绍了经典 FFE/DFE 和当前热点 THP 均衡技术；再次，综述了高速短距离光纤传输系统面临的关键问题，介绍了系统带宽受限问题，推导了光纤传输损伤模型和 IMDD 系统模型，阐述了 MZM 和 DML 非线性损伤产生的机理；最后，综述了目前解决高速短距离光纤通信系统中关键问题的主流方法。本章对短距离光通信系统中关键问题和解决方法的总结，为展开后续采用低成本器件实现高速短距离传输研究提供了方向和指导。

参考文献

[1] HARSTEAD E, VAN VEEN D, HOUTSMA V, et al. Technology roadmap for time-division multiplexed passive optical networks (TDM PONs)[J]. Journal of Lightwave Technology, 2019, 37(2): 657-664.

[2] PANG X D, OZOLINS O, LIN R, et al. 200 Gb/s/Lane IM/DD technologies for short reach optical interconnects[J]. Journal of Lightwave Technology, 2020, 38(2): 492-503.

[3] WEISSER S, LARKINS E C, CZOTSCHER K, et al. Damping-limited modulation bandwidths up to 40 GHz in undoped short-cavity In/sub 0.35/Ga/sub 0.65/As-GaAs multiple-quantum-well lasers[J]. IEEE Photonics Technology Letters, 1996, 8(5): 608-610.

[4] KJEBON O, SCHATZ R, LOURDUDOSS S, et al. 30 GHz direct modulation bandwidth in detuned loaded InGaAsP DBR lasers at 1.55/spl mu/m wavelength[J]. Electronics Letters, 1997, 33(6): 488.

[5] LAU E K, ZHAO X X, SUNG H K, et al. Strong optical injection-locked semiconductor lasers demonstrating > 100-GHz resonance frequencies and 80-GHz intrinsic bandwidths[J]. Optics Express, 2008, 16(9): 6609.

[6] MATSUI Y, SCHATZ R, PHAM T, et al. 55 GHz bandwidth distributed reflector laser[J]. Journal of Lightwave Technology, 2017, 35(3): 397-403.

[7] ZHANG J, YU J J, LI X Y, et al. Demonstration of 100-Gb/s/λ PAM-4 transmission over 45- km SSMF using one 10G-class DML in the C-band[C]//Proceedings of Optical Fiber Communication Conference (OFC)2019.Washington,D.C.: OSA, 2019: Tu2F. 1.

[8] STOJANOVIC N, PRODANIUC C, ZHANG L, et al. 210/225 Gbit/s PAM-6 transmission with BER below KP4-FEC/EFEC and at least 14 dB link budget[C]//Proceedings of 2018 European Conference on Optical Communication (ECOC). Piscataway: IEEE Press, 2018: 1-3.

[9] ZHANG L, WEI J L, STOJANOVIC N, et al. Beyond 200-Gb/s DMT transmission over 2-km SMF based on a low-cost architecture with single-wavelength, single-DAC/ADC and single-PD[C]//Proceedings of 2018 European Conference on Optical Communication (ECOC). Piscataway: IEEE Press, 2018: 1-3.

[10] ZHONG K P, ZHOU X, HUO J H, et al. Amplifier-less transmission of single channel 112Gbit/s PAM4 signal over 40km using 25G EML and APD at O band[C]//Proceedings of 2017 European Conference on Optical Communication (ECOC). Piscataway: IEEE Press, 2017: 1-3.

[11] DERKSEN R H, WESTERGREN U, CHACINSKI M, et al. Cost-efficient high-speed components for 100 gigabit Ethernet transmission on one wavelength only: results of the HECTO project[J]. IEEE Communications Magazine, 2013, 51(5): 136-144.

[12] NADA M, HOSHI T, KANAZAWA S, et al. 56-Gbit/s 40-km optical-amplifier-less transmission with NRZ format using high-speed avalanche photodiodes[C]//Proceedings of Optical Fiber Communication Conference. Washington, D.C.: OSA, 2016: Tu2D. 1.

[13] HUANG M Y, CAI P F, LI S, et al. Breakthrough of 25Gb/s germanium on silicon avalanche photodiode[C]// Proceedings of Optical Fiber Communication Conference. Washington, D.C.: OSA, 2016: Tu2D. 2.

[14] ZHONG K P, ZHOU X, WANG Y G, et al. Amplifier-less transmission of 56Gbit/s PAM4 over 60km using 25 Gb/s EML and APD[C]//Proceedings of Optical Fiber Communication Conference. Washington, D.C.: OSA, 2017: Tu2D. 1.

[15] CAILLAUD C, CHANCLOU P, BLACHE F, et al. Integrated SOA-PIN detector for high-speed short reach applications[J]. Journal of Lightwave Technology, 2015, 33(8): 1596-1601.

[16] ITU-T. Characteristics of a single-mode optical fibre and cable, recommendation G.652, sec. 6.1[EB]. 2016.

[17] TAO M H, ZHOU L, ZENG H Y, et al. 50-Gb/s/λ TDM-PON based on 10GDML and 10GAPD supporting PR10 link loss budget after 20-km downstream transmission in the O-band[C]//Proceedings of Optical Fiber Communication Conference. Washington, D.C.: OSA, 2017: Tu3G. 2.

[18] WEI J L, GIACOUMIDIS E. Multi-band CAP for next-generation optical access networks using 10-G Optics[J]. Journal of Lightwave Technology, 2018, 36(2): 551-559.

[19] WEI J L. DSP-based multi-band schemes for high speed next generation optical access networks[C]// Proceedings of Optical Fiber Communication Conference. Washington, D.C.: OSA, 2017: M3H. 3.

[20] ZHONG K P, ZHOU X, HUO J H, et al. Digital signal processing for short-reach optical communications: a review of current technologies and future trends[J]. Journal of Lightwave Technology, 2018, 36(2): 377-400.

[21] XIN H Y, ZHANG K, KONG D M, et al. Nonlinear Tomlinson-Harashima precoding for direct-detected double sideband PAM-4 transmission without dispersion compensation[J]. Optics Express, 2019, 27(14): 19156-19167.

[22] ZHOU H, LI Y, LIU Y, et al. Recent advances in equalization technologies for short-reach optical links based on PAM4 modulation: a review[J]. Applied Sciences, 2019, 9(11): 2342.

[23] RATH R, CLAUSEN D, OHLENDORF S, et al. Tomlinson–Harashima precoding for dispersion uncompensated PAM-4 transmission with direct-detection[J]. Journal of Lightwave Technology, 2017, 35(18): 3909-3917.

[24] NAKAI Y, NAKANISHI A, YAMAGUCHI Y, et al. Uncooled operation of 53-GBd PAM4 (106-Gb/s) EA/DFB lasers with extremely low drive voltage with 0.9 Vpp[J]. Journal of Lightwave Technology, 2019, 37(7): 1658-1662.

第3章

基于带宽受限器件的数据中心光互连系统

3.1 引言

近年来，针对短距离传输系统中线性和非线性损伤，各种基于DSP的均衡技术被提出。文献[1]提出了一种改进的FFE/DFE的强度辅助均衡器，在C波段中使用带宽为16.8GHz的DML在43km SSMF上传输56Gbit/s PAM4信号。文献[2]提出一种稀疏Volterra滤波均衡器，在O波段实验验证了基于18GHz DML在70km SSMF上传输64Gbit/s PAM4信号。文献[3]在C波段使用16.8GHz DML进行预编码和最大似然序列估计（Maximum Likelihood Sequence Estimation，MLSE），100Gbit/s PAM4信号成功传输15km SSMF。使用一个带宽22GHz的O波段DML，结合FFE/DFE均衡，成功实现单波长112Gbit/s Nyquist PAM4信号传输40km SSMF[4]。经典的FFE/DFE或相关改进的低复杂度方法已在数据中心内或数据中心间光互连中得到了广泛的研究。

本章基于带宽受限器件的数据中心光互连系统展开了研究。在数据中心光互连研究进展中，首先介绍了数据中心内光互连、城域网数据中心间光互连和广域网数据中心间光互连不同的传输距离和技术特点；接着介绍了以太网标准的演变和光模块的发展，以及目前IEEE最高速率400Gbit/s以太网标准IEEE 802.3bs-2017，总结了与400Gbit/s以太网物理层光纤相关的规范。为了使用已经部署的带宽受限的商用器件实现更高速率的传输，提出了一种发射端和接收端联合均衡方案，基于级联多模算法（Cascaded Multi-Modulus Algorithm，CMMA）和Volterra滤波器的联合非线性均衡技术可以减少DML啁啾和色散之间相互作用产生的非线性损伤。基于提出的方案，在C波段首次通过实验验证了基于带宽受限的10Gbit/s级DML实现100Gbit/s PAM4和PAM8信号IMDD传输。接下来，介绍了基于级联SOA的IMDD数学模型，使用10Gbit/s级DML发射机和15Gbit/s PIN-TIA接收机，在O波段首次通过实验验证了基于级联SOA的120km数据中心间光互连传输。

3.2 数据中心光互连研究进展

3.2.1 数据中心光互连网络

依据短距离光通信系统不同的传输距离、技术特点和面临的挑战，数据中心光互连网络可以分为三大类：数据中心内光互连、城域网数据中心间光互连和广域网数据中心间光互连[5]。

（1）数据中心内光互连

当前，数据中心内部几乎所有的连接是光纤连接，用于将一台服务器连接到数据中心内的另一台服务器，包括服务器到交换机和交换机到交换机的连接。由于距离短、数量大，数据中心内部的连接要求与广域网、城域网和接入网中使用的要求不同。数据中心内部的大多数光纤长度范围在几米到几百米之间，其中，很大一部分不到 100m。在数据中心互联的所有细分市场中，300m 以下的连接有最大的市场，它们主要由 VCSEL 发送机和 MMF 主导。不同建筑物之间需要用一些较长距离光纤，连接限制最长为 2km，需要使用单模光学器件。对于数据中心内光互连，成本和密度是主要考虑因素。目前，大多数光收发机是可插拔模块。

（2）城域网数据中心间光互连

城域网对数据中心间光互连的要求与电信运营商城域网的要求不同。城市中需要一些数据中心进行数据备份和冗余恢复，超级数据中心也可以由分布在城市内的几个小型数据中心组成。传输链路的时延导致城域网数据中心光互连的传输距离受到限制，通常小于 80km，部署大容量点对点传输系统可简化网络，数据中心光互连网络如图 3-1 所示[5]。链路大多是点对点的，因此网络中的可重构光分插复用器（Reconfigurable Optical Add Drop Multiplexer，ROADM）很少用到。20km 长度对于 MMF 而言模式色散影响严重，因此默认选择 SSMF。20km 长度范围仍然比较短，使用光放大器并不是最好的选择。因此，接收灵敏度是系统优化的重要参数。高带宽 APD 等高级光电二极管可实现比传统 PIN 更低的接收灵敏度值。此外，由于色散效应随波特率增加和距离的变长而增加，并且直接检测消除了信号相位信息并使系统呈非线性，因此色散效应需要通过新型调制信号和 DSP 技术解决。作为可选方案，O 波段的色散效应最小，可以用来解决色散问题。对于 20～80km 的连接，可以接受光放大，直接检测接收机仍然比全相干接收机更有竞争力。当然，O 波段传输系统可以避免色散补偿。此外，随着全相干收发机变得越来越便宜、小巧、省电，城域网数据中心间光互连在不久的将来可能会采用全相干收发机。

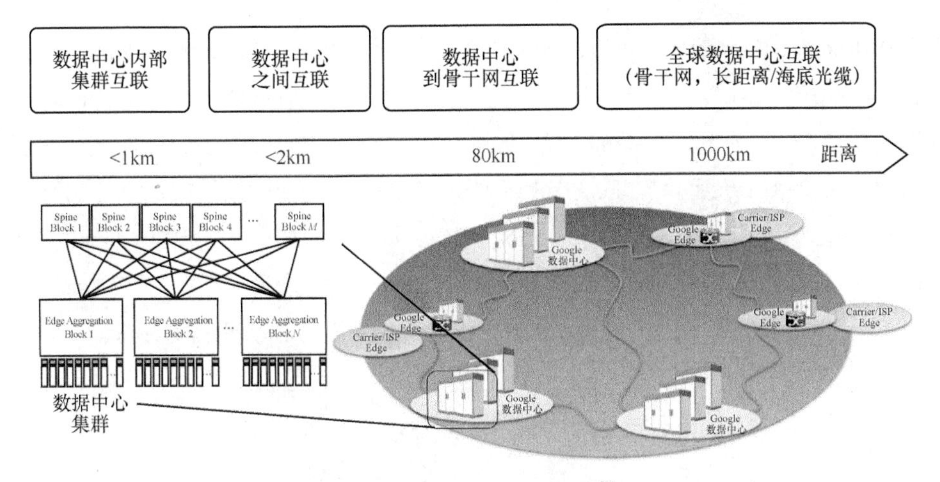

图 3-1　数据中心光互连网络[5]

（3）广域网数据中心间光互连

广域网数据中心间光互连使用长距离光传输技术，通常传输距离需要达到数百千米甚至上万千米。长距离传输技术的优势主要是解决光纤中功率衰减、色散和非线性损伤问题，目的是避免信号电再生，在单根光纤中实现最远距离和最大容量传输。如今，广域网数据中心间光互连占主导地位的是单信道 100Gbit/s 相干探测技术。使用灵活栅格技术可使 C 波段传输速率达 12Tbit/s。由于 10Gbit/s 中色散管理技术和 100Gbit/s 数字相干探测技术没有牺牲传输距离，光传输系统中单信道速率从 2.5Gbit/s 增加到 10Gbit/s 和 100Gbit/s，频谱效率分别增加了 4 倍和 40 倍。如今，100Gbit/s 相干传输系统使用极化频分复用正交相移键控调制格式。高阶调制格式如 16QAM 和 64QAM 可以进一步增加频谱效率和光纤容量。许多技术可以用来扩大 400Gbit/s 传输系统的覆盖范围，如编码调制、拉曼放大、低损耗和低非线性光纤、先进的 DSP 技术等。本书主要讨论短距离光纤传输系统，因此对上述技术不做详细讨论。

3.2.2　以太网标准

在数据中心内部，大多数连接基于明确定义的标准。最常见的标准是 Ethernet、Fiber Channel 和 InfiniBand。通常，这些标准之间的主要区别在于应用场景不同：InfiniBand 标准主要用于高性能计算，Fiber Channel 用于存储，Ethernet 用于 IP 流量。差异主要在于更高的网络层，而在物理层中，标准是相似的。最近，即使在以太网标准使用场景之外，以太网标准的采用也在稳步增长。

以太网标准接口数据速率的演变[6]如图 3-2 所示。最早的标准发布于 1983 年，使用单根铜同轴电缆，数据速率为 10Mbit/s。此后，线路速率呈指数级增长，直至 2017 年年底发布的最新 400Gbit/s 标准。与此同时，技术的不断发展使得光收发模块的尺寸逐渐减小。需要注意的是，光模块功耗与其外形尺寸面积成正比，这也意味着随着光模块尺寸的减小，功耗也在降低。例如，第一个 100GBASE-LR4 接口在 10km SSMF 上实现 100Gbit/s 的数据速率传输，使用的外形封装可插拔模块（Centum Form-factor Pluggable，CFP）尺寸为 82mm×13.6mm×144.8mm，最大功耗为 20W。当前，100GBASE-LR4 收发机使用四通道小型可插拔模块（Quad Small Form-factor Pluggable 28，QSFP28）尺寸为 71.78mm×8.50mm×18.35mm，功耗为 4W。收发机通常通过标准尺寸插入。不同光模块外形对比如图 3-3 所示[6]。在低于（或等于）1Gbit/s 速率下，接口主要使用 RJ45 接口的铜双绞线电缆；在速率高于 1Gbit/s（最高 100Gbit/s）时，则使用小型可插拔模块（Small Form-factor Pluggable，SFP）的不同改进型。然后，对于高速接口，小型可插拔双密度模块（SFP-Double Density，SFP-DD）和四通道小型可插拔双密度模块的外形尺寸比 SFP 稍大，功耗也就更高。

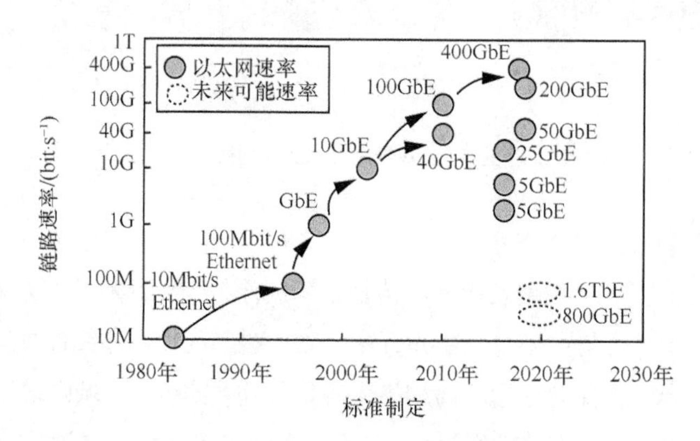

图 3-2 以太网标准接口数据速率的演变[6]

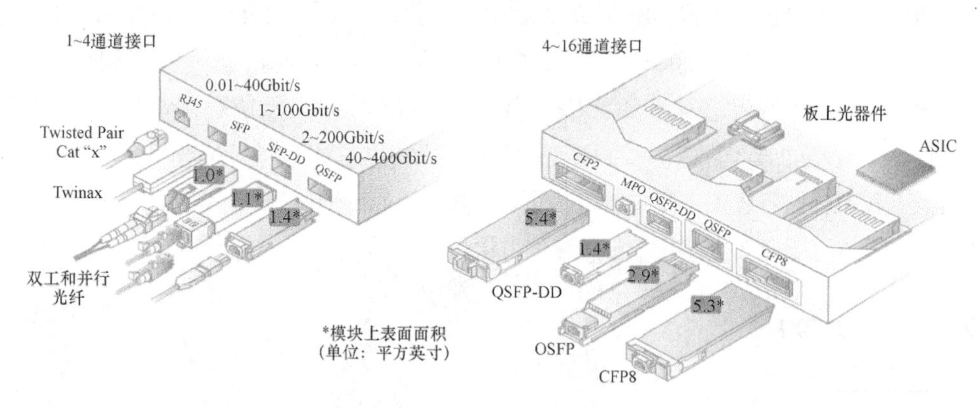

图 3-3 不同光模块外形对比[6]

2017 年 12 月，IEEE 完成了 400Gbit/s 以太网标准化，发布了 IEEE 802.3bs-2017，定义了 200Gbit/s（200GBASE）和 400Gbit/s（400GBASE）若干标准[7]。400Gbit/s 以太网光纤物理层规范见表 3-1。传输距离的标准分为：短距离（Short Reach，SR）最多支持 100m MMF 链路，数据中心距离（Datacenter Reach，DR）最多支持 500m SSMF 链路，光纤距离（Fiber Reach，FR）可达 2km SSMF 链路，长距离（Long Reach，LR）可达 10km SSMF 链路。所有标准使用并行通道达到 400Gbit/s，如使用多个光纤媒介（SR16 和 DR4）或波分复用（FR8 和 LR8）。除 SR16 外，PAM4 调制格式用于提高频谱效率并减少并行线路的数量。尽管如此，长距离标准仍需要八路并行通道，这也带来了复杂度和成本的提升。从信号处理的角度来看，最具挑战性的标准是更长距离的标准（FR8 和 LR8），因为它们必须处理更严格的功率预算，从架构的角度来看，除了功率预算，这两个标准是相同的。

表 3-1 400Gbit/s 以太网光纤物理层规范

不同标准名称	光纤类型	WDM 通道	符号速率/GBaud	调制格式	光纤长度/km
400GBASE-SR16	16×MMF	1	26.5625	NRZ	0.1
400GBASE-DR4	4×SMF	1	53.125	PAM4	0.5
400GBASE-FR8	1×SMF	8	26.5625	PAM4	2
400GBASE-LR8	1×SMF	8	26.5625	PAM4	10

对于 100Gbit/s 以太网，IEEE 标准化了两种不同的 FEC 编码：KR4 和 KP4，其中，KR4 是 RS（Reed-Solomon）(528,514) 码，专门针对 NRZ 调制；而 KP4 是功能更强大的 RS（544,514），并且是针对 PAM4 调制的。对于 400Gbit/s，IEEE 采用了 KP4 码。在光发射模块激光器方面，有 DML 和 EML 两种方案，其中，DML 结构简单、体积小且易于集成、功耗低，但是器件带宽受限且技术实现难度较高；EML 比较成熟，性能稳定、带宽较宽，但体积较大且成本高；除此之外，基于硅光器件的方案也一直是目前热点研究领域，有可能会成为有潜力的方案。面向下一代大容量数据中心光互连的需求，需要考虑低功耗、高可靠性、低成本和技术易实现等方面。

3.3 基于带宽受限器件的100Gbit/s数据中心光互连传输实验

基于 DML 的 IMDD 传输系统主要有两类传输损伤：啁啾和色散之间相互作用的非线性损伤以及光电器件的带宽限制带来的线性损伤。研究者已经提出了各种先进的数字信号处理算法处理这两类限制。FFE/DFE 或带有较少抽头的改进的 FFE/DFE 方法已在数据中心互联中得到了广泛的研究。但是，FFE/DFE 的误差传播会降低算法性能，特别是在信号具有强烈的非线性损伤时。而且，FFE/DFE 需要训练序列获得均衡器系数，这将增加系统额外开销，因此不太适用于敏捷高速的数据中心网络。文献[8]提出了一种新颖的恒模算法（Constant Module Algorithm，CMA），用于在不使用训练序列的情况下补偿静态色散和时变 PMD。该盲均衡器可以在 PAM2（OOK）光纤传输系统中使用恒定幅度自动找到最佳抽头数，但不适用于高阶 PAM-*N* 光通信系统。此外，大多数先前的研究集中在 C 频段基于 10Gbit/s 级 DML 的 50Gbit/s 或 56Gbit/s PAM4 信号传输。由于光电器件的带宽限制和非线性损伤，实现单通道 100Gbit/s 传输非常困难。本节通过实验验证了在 C 波段基于 10Gbit/s DML 的 100Gbit/s PAM4 和 PAM8 信号 IMDD 传输。其中，光电器件的带宽受限通过发射机端的 Nyquist 脉冲整形和凯泽（Kaiser）窗口滤波技术降低；使用光学滤波器的光学残留边带（Vestigial Side Band，VSB）调制可以减轻在 C 波段传输时色散和直接检测带来的频率选择性功率衰减。此外，在接收机端使用基于 CMMA 和 Volterra 滤波器联合非线性均衡技术减少 DML 啁啾和色散之间相互作用产生的非线性损伤。本节首先分析了发射端和接收端联合均衡技术的原理，接着给出了实验演示系统和 DSP 流程，最后讨论了实验优化参数及 PAM4 和 PAM8 信号的传输性能。

3.3.1 联合均衡算法原理

（1）Nyquist 脉冲整形和 Kaiser 窗口重采样

发射端离线 DSP 流程如图 3-4 所示。首先，将数据流格雷码映射成长度为 2^{15} 的 PAM-N 符号，然后过采样为每个符号两个采样（2sps）。因 DAC 和 DML 带宽的限制而产生的滤波效果会导致 ISI 并限制基带信号带宽，使用具有最佳滚降因子系数的根升余弦（Raise Roof Cosine，RRC）滤波器实现 Nyquist 脉冲整形并同时降低 ISI。图 3-4（a）是给定抽头数（512）下，具有不同滚降系数 α 的 RRC 滤波器的频率响应。减小 α 可以减小基带信号带宽，但是也会带来码间干扰，需要将 α 和系统性能进行优化。接下来，使用 Kaiser 窗口滤波器将符号序列重采样为 1sps，可以避免频率混叠[9-11]，可以表示为

$$w[n]=\begin{cases}\dfrac{I_0\left[\beta\sqrt{1-\left(\frac{2n}{N-1}-1\right)^2}\right]}{I_0[\beta]},0\leqslant n\leqslant N-1\\0,n>N-1\end{cases}\tag{3-1}$$

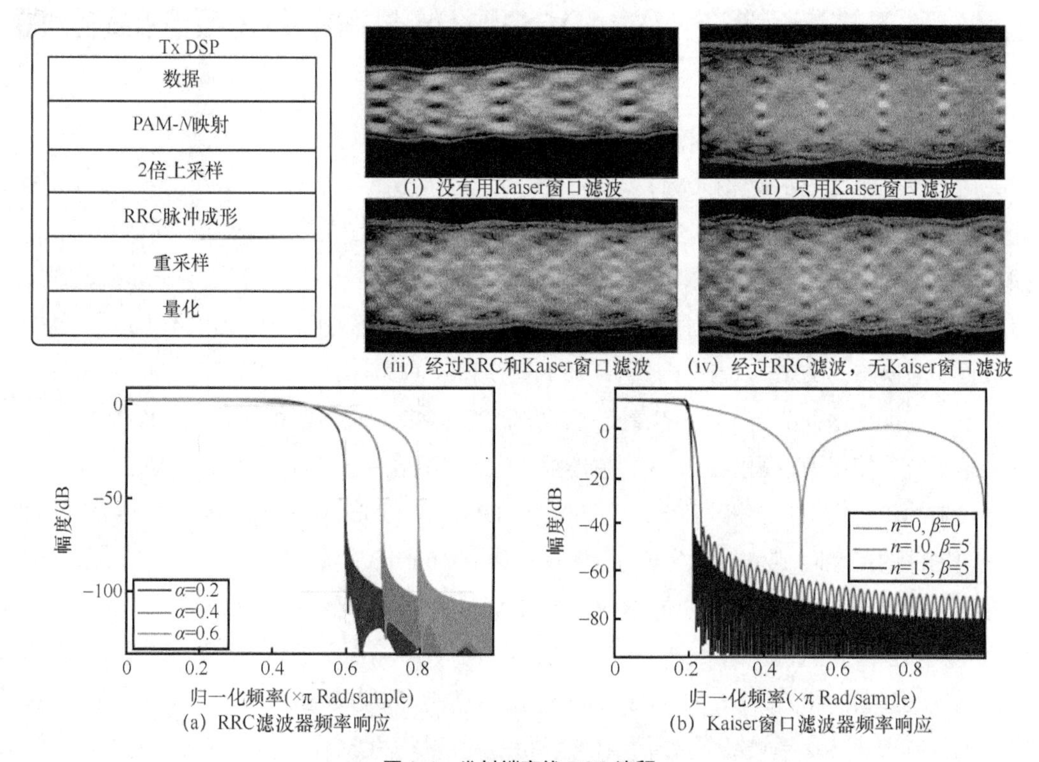

图 3-4 发射端离线 DSP 流程

其中，I_0是第一类改进的零阶 Bessel 函数，N 是窗口的长度，β 是确定主瓣和旁瓣宽度的整形参数。带有不同窗口长度和整形参数的 Kaiser 窗口滤波器频率响应如图 3-4（b）所示。β 的增加可以减小旁瓣的幅度并增加主瓣的能量集中。增加窗口的长度可以获得更高的重采样精度，但是需要更长的计算时间。在我们的传输实验中选择了 $n = 10$ 和 $\beta= 5$。最后，在将符号序列加载到 DAC 之前，以 8 位（−128～127）进行量化后加载到 DAC 产生基带电信号。

此外，图 3-4 的插图给出了经过不同 DSP 处理后的 50GBaud PAM4 电信号眼图，分辨率为（10ps/div，50mV/div）。插图（i）和插图（ii）分别是没有用和只用 Kaiser 窗口滤波器后 DAC 输出的 PAM4 信号电眼图，经过 Kaiser 窗口滤波器信号频谱压缩，引入码间干扰，眼图与 PAM4 双二进制相似，可以观察到多级眼图。插图（iii）和插图（iv）分别是在进行 RRC 窗口滤波之后具有和不具有 Kaiser 窗口滤波的电眼图，使用 Kaiser 窗口滤波后电眼图更清晰可见。

（2）基于 CMMA 和 Volterra 滤波器的联合非线性均衡技术

接收端离线 DSP 流程如图 3-5 所示，首先使用匹配的 Kaiser 窗口滤波器将采集的离线数据重采样为 1sps，然后应用平方时钟恢复算法从数据中消除时序偏移和抖动；接着，采用提出的联合非线性均衡算法，使用基于 1sps CMMA 和 1sps Volterra 滤波器的联合均衡算法减少非线性损伤。

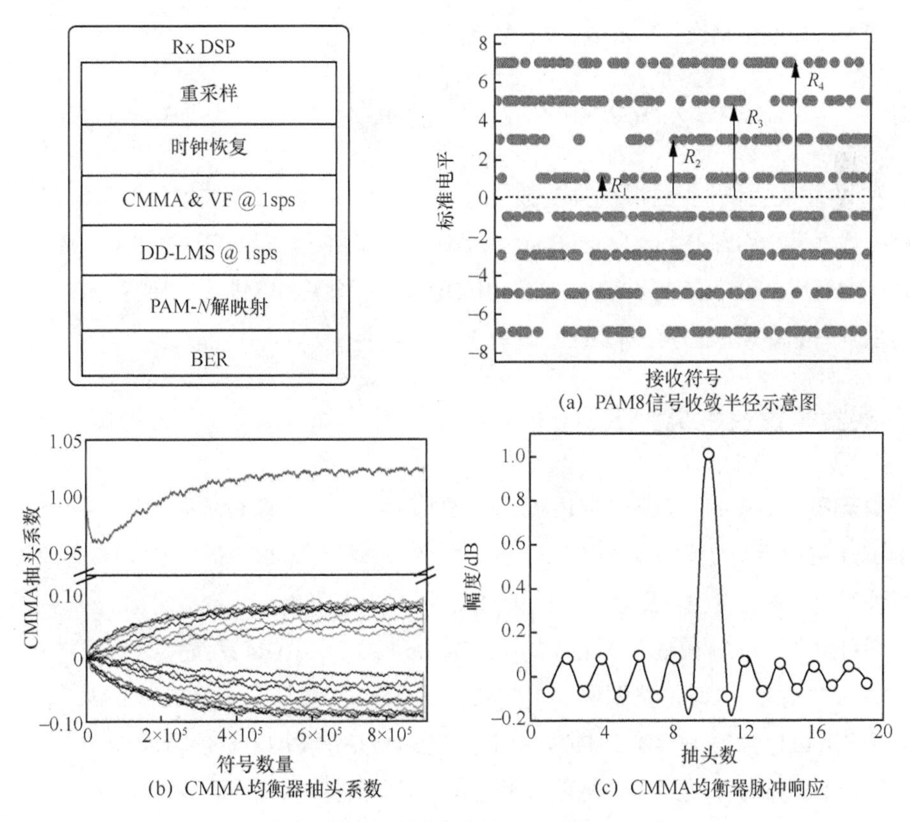

图 3-5　接收端离线 DSP 流程

CMMA 盲均衡器的抽头数可以表示为

$$w(n+1) = w(n) + \mu\varepsilon M(n)X^*(n) \tag{3-2}$$

其中，μ 是滤波器收敛步长，误差函数可以写成

$$\varepsilon = A_k - \left|A_{k-1} - \cdots \left|A_2 - \left|A_1 - |y(n)|\right|\right|\right| \tag{3-3}$$

改进的抽头数可以表示为

$$M(n) = \text{sign}(A_{k-1} - \cdots \left|A_2 - \left|A_1 - y(n)\right|\right| \cdots \text{sign}(A_1 - |y(n)|))\text{sign}(y(n)) \tag{3-4}$$

其中，$A_1 = (R_1 + R_2)/2$，$A_2 = (R_3 - R_2)/2$，…，$A_{k-1} = (R_k - R_{k-2})/2$，$A_k = (R_k - R_{k-1})/2$ ，其中，$R_1, R_2, \cdots, R_k$ 是 PAM-*N* 信号对称电平的半径。图 3-5（a）显示了 PAM8 信号的收敛半径示意图，8 个电平幅度具有 4 个对称半径。同样，PAM4 对称电平幅度有两个半径。与 CMA 相比，CMMA 通过使用多个级联常数模式计算输出误差，以确保在理想条件下高阶 PAM-*N* 信号的滤波器误差值仍为 0。

以 PAM4 信号为例，图 3-5（b）给出了经过 10Gbit/s DML 后 50GBaud PAM4 均衡后的 CMMA 抽头数，经过大约 5×10^5 个符号之后，抽头数收敛。CMMA 均衡器收敛后的有限冲激响应（Finite Impulse Response，FIR）如图 3-5（c）所示。然后，基于二阶 Volterra 级数的 Volterra 滤波器被用来进一步补偿非线性损伤。Volterra 滤波器可以表示为

$$y(n) = \sum_{k_1=0}^{N_1-1} w_{k_1}(n)x(n-k_1) + \sum_{k_1=0}^{N_2-1}\sum_{k_2=k_1}^{N_2-1} w_{k_1k_2}(n)x(n-k_1)x(n-k_2) \tag{3-5}$$

其中，N_1 和 N_2 是线性和非线性项的抽头数。w_{k_1} 和 $w_{k_1k_2}$ 是 Volterra 滤波器权重系数，可以分别使用训练序列根据最小均方（Least Mean Square，LMS）误差函数进行更新。经过 CMMA 和 Volterra 滤波器联合均衡后，可以在最终判决之前使用 DD-LMS 均衡，以进一步补偿信道响应。最后，可以基于恢复的 PAM-*N* 信号在解调之后计算 BER。

3.3.2 实验装置及系统参数

基于 C 频段 10Gbit/s 级 DML 的 PAM-*N* IMDD 传输系统实验设置如图 3-6 所示。在发射机端，PAM4 或 PAM8 驱动信号由 DAC（Fujitsu）产生，其采样率为 80GSa/s，3dB 模拟带宽为 20GHz。但是，时钟泄漏总是会发生在高速 DAC 和 ADC 中[12]。

在文献[13]中，Li 等在基于 MZM 的 112Gbit/s PAM4 IMDD 系统中提出了一种自适应陷波滤波器算法抑制 DAC 时钟泄漏引起的窄带干扰，结果表明，误码率在 3.8×10^{-3} 门限的情况下，接收灵敏度可提高约 1.3dB。在本实验中，来自 DAC 的 PAM-*N* 信号通过一个宽带 40GHz 的平衡−不平衡（Balun）转换器，将差分信号组合为单端信号，从而成功抑制 DAC 在频率为 20GHz 时的时钟泄漏，以避免光电探测器后在接收信号中的窄带干扰。单端信号由 3dB 衰减

器（Attenuator，ATT）衰减，再由 25dB 电放大器（Electric Amplifier，EA）放大，使放大器工作在线性区域减少非线性损伤的影响。然后，再驱动 10Gbit/s 级别商用的 DML，中心波长为 1540.02nm，3dB 带宽为 13GHz，工作在室温（25°C）环境下。实验平台的参数测试结果如图 3-7（a）显示了分辨率为 0.02nm 在有和没有时钟泄漏的情况下测量的光谱。可以看到 Balun 器件的使用可以有效消除时钟泄漏，从而抑制时钟泄漏引起的窄带干扰。如图 3-6 所示的调制的光信号经过 0～80km SSMF 传输后，我们考虑并比较了两种不同的实验情形：情形一仅使用 EDFA；情形二使用一个两级 EDFA，并在其中间加一个通带为 0.3nm 的可调谐光滤波器（Tunable Optical Filter，TOF）。光纤在 1550nm 处的平均损耗为 0.2dB/km。使用该 OTF 滤波生成 VSB 信号，以减轻双边带和直接检测导致的频率选择功率衰减，从而增加色散容限。然后，滤波后的光信号通过可变光衰减器（Variable Optical Attenuator，VOA）调整接收的光功率以进行灵敏度测量。在接收机端，信号由带宽为 50GHz 的 PD 检测并由一个带宽为 60GHz 的电放大器放大。最后，由带宽为 62GHz 的实时 160GSa/s 示波器采集数据，并由离线 DSP 处理。

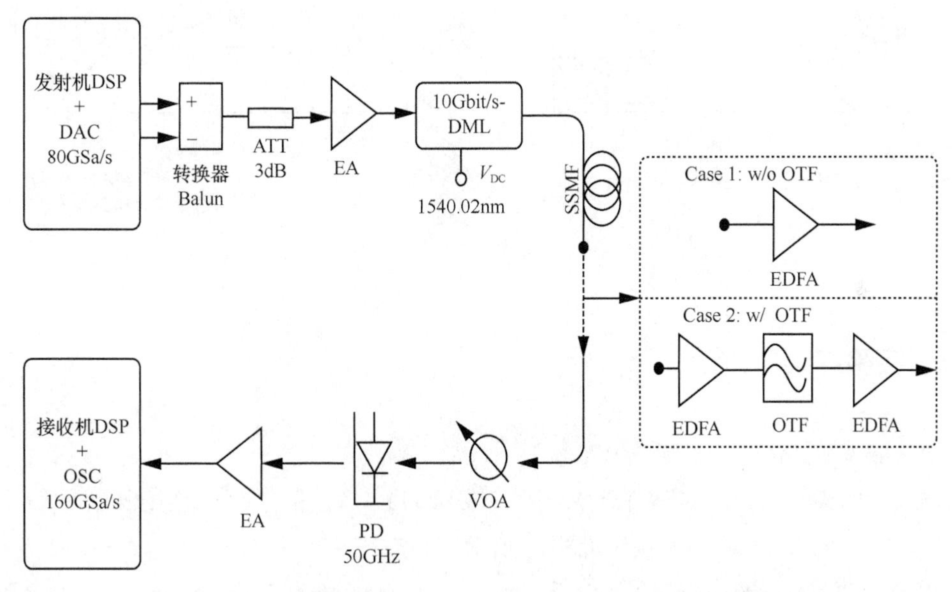

图 3-6　基于 C 频段 10Gbit/s 级 DML 的 PAM-*N* IMDD 传输系统实验设置

图 3-7（b）给出了 DML 的实测功率–电流–电压（P-I-V）曲线，实验采用的 DML 门限电流约为 20mA，功率曲线线性度并不是很好。我们还测量了不带光滤波 50GBaud PAM4 ER 与驱动电流的关系，如图 3-7（c）所示。DML 较高的输出功率可以帮助抑制瞬态啁啾并提高器件带宽，但也会降低 ER。对于本实验中的 50GBaud PAM4 信号，最佳驱动电流、光功率和 ER 分别为 100mA、6.6dBm 和 1.15。此外，ER 在实验中需要针对不同的 PAM-*N* 传输速率和光纤距离进行优化。

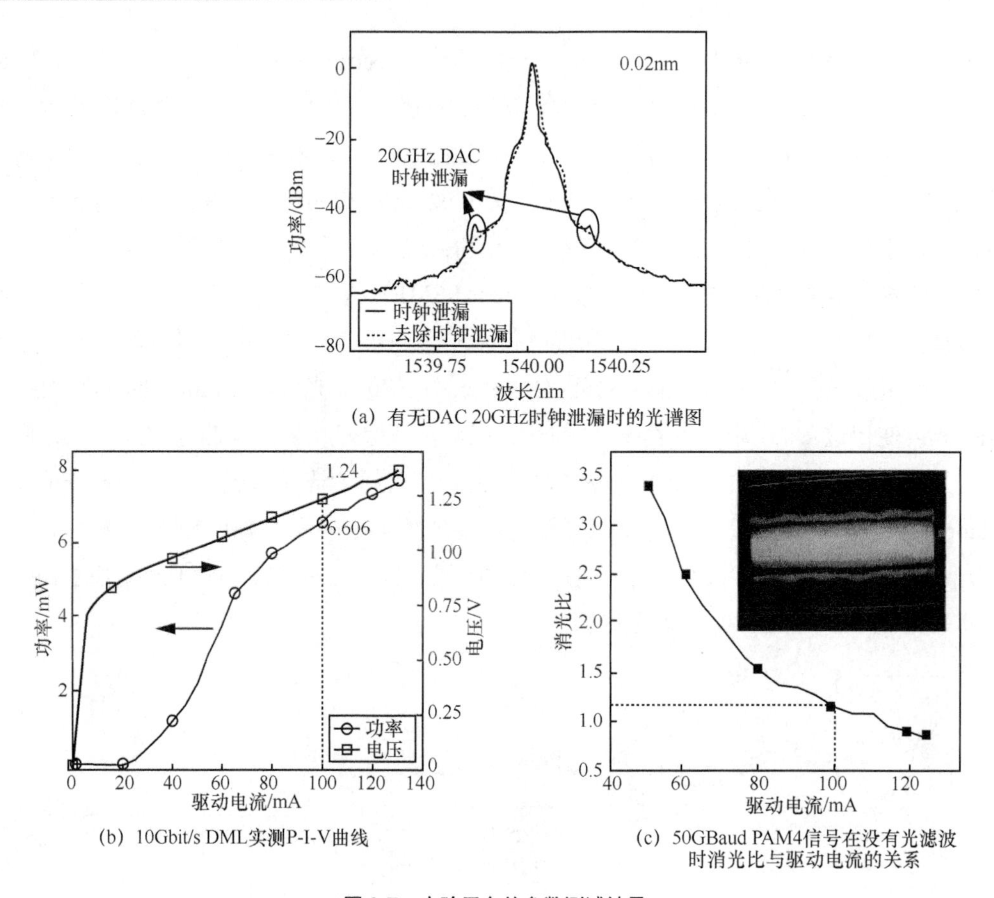

(a) 有无DAC 20GHz时钟泄漏时的光谱图

(b) 10Gbit/s DML实测P-I-V曲线

(c) 50GBaud PAM4信号在没有光滤波时消光比与驱动电流的关系

图 3-7 实验平台的参数测试结果

3.3.3 实验结果与讨论

（1）实验参数优化

在进行传输实验之前，首先以在背靠背时 50GBaud PAM4 信号为例，优化根升余弦的滚降因子参数和均衡器抽头数，实验参数优化如图 3-8 所示。通常，信号带宽被限制在 $R_B\cdot(1+\alpha)/2$ 之内，其中，R_B 是符号速率，α 是滚降因子。对于 100Gbit/s PAM4 信号，$R_B = 25\text{GHz}$，当 α 从 0 到 1 变化时，信号带宽可以在 25GHz 到 50GHz 之间变化。图 3-8（a）给出了接收光功率 4dBm 时误码率与滚降因子系数的关系，我们可以看到，系统性能在滚降因子为 0 时开始恶化，此时信号具有最小的带宽，但是 ISI 非常严重。当 Nyquist 脉冲整形滚降因子为 0.4 时，最大带宽为 25×(1 + 0.4)= 35GHz，系统具有最佳的误码率性能。接下来，在接收光功率为 2dBm 时，我们测试了只经过 FFE/DFE 和 CMMA 均衡时误码率与抽头数的关系，如图 3-8（b）所示，可以观察到，FFE/DFE 没有任何效果，这是因为非线性损伤和系统带宽限制会导致严重的误差传播。然而，CMMA 均衡器随着抽头数的增加，误码率不断降低，但也维持在较高的水平，需要 Volterra 滤波器进一步均衡。值得注意的是，FFE/DFE 和 CMMA 的主要目的是预收敛数据以用于 Volterra 滤波器处理，因此抽头数都比较小。图 3-8 中的插图（i）～插图（iv）分别是经过 19 抽头数 FFE/DFE 和 19 抽头数 CMMA 均衡后的 PAM4 符号和眼图。我们可以观察到，经过 FFE/DFE 均衡器预处理的 50GBaud PAM4 信号完全不能预收敛，信号串扰和抖动还存在；经过 CMMA 均衡器预处理的 PAM4 信号可以预收敛，只不过码间干扰比较严重，需要 Volterra 滤波器进一步均衡处理。

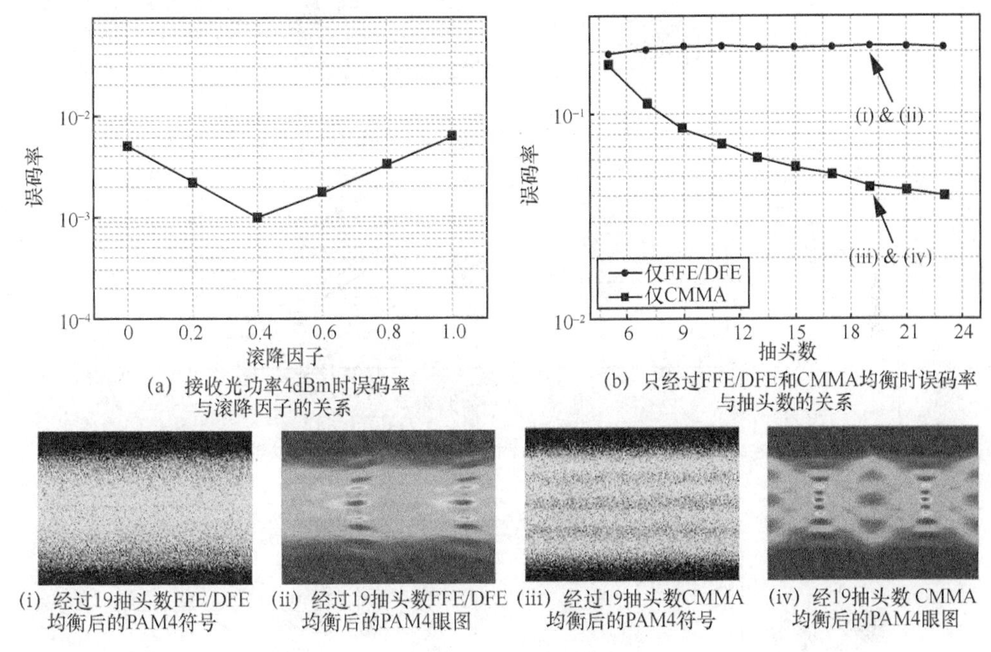

图 3-8　实验参数优化

为了优化 DSP 的参数，我们进一步研究了在不同均衡器条件下的误码率性能，在背靠背接收光功率 2dBm 时误码率与不同均衡器抽头数之间的关系如图 3-9 所示，只用 19 抽头数 FFE/DFE 均衡后误码率为 0.2，而 19 抽头数 CMMA 均衡后的误码率约为 0.04。由于 FFE/DFE 和 CMMA 的主要目的是预收敛数据，因此使用了较小的抽头数，误码率相对较高。我们将 CMMA、Volterra 滤波器线性项、DD-LMS 的抽头数分别固定为 19、189 和 189，通过改变 Volterra 滤波器非线性抽头数来看对系统性能的影响。可以看到，随着 Volterra 滤波器非线性项抽头数不断增加，所有均衡都会提升系统性能，并且 CMMA 和 Volterra 滤波器的联合均衡性能要明显优于 FFE/DFE 和 Volterra 滤波器的联合均衡。DD-LMS 的使用会进一步降低误码率。当非线性抽头数为 389 时，可以获得最佳的系统性能。作为验证性实验，选择了均衡器较大抽头数以确保系统具有最佳性能。

（2）PAM4 传输实验结果

基于前面已经优化的系统参数和 DSP 参数，我们首先测试了第一种情形：没有光滤波的 PAM4 传输的性能，即 DSB 信号。在接收光功率为 4dBm 时，不同光纤距离下没有滤波 PAM4 误码率与传输速率的关系如图 3-10 所示。考虑 7% HD-FEC（3.8×10^{-3}）门限，80Gbit/s（40GBaud）PAM4

不同的传输距离均能达到门限以下；对于 50GBaud PAM4，传输 10km 和 20km 后均能达到门限。需要特别注意的是，107.5Gbit/s（53.75GBaud）PAM4 在背靠背和传输 10km SSMF 后，也能达到 7% HD-FEC 门限。据我们所知，对于基于 C 波段 10Gbit/s 级 DML 的单通道 IMDD 系统，这是最高的数据速率。

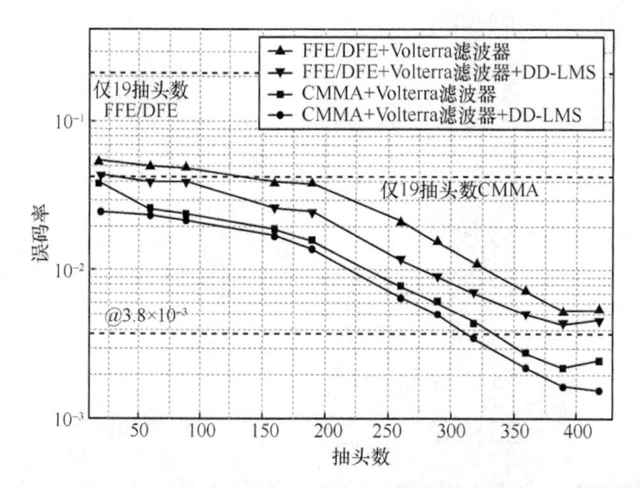

图 3-9　在背靠背接收光功率 2dBm 时误码率与不同均衡器抽头数之间的关系

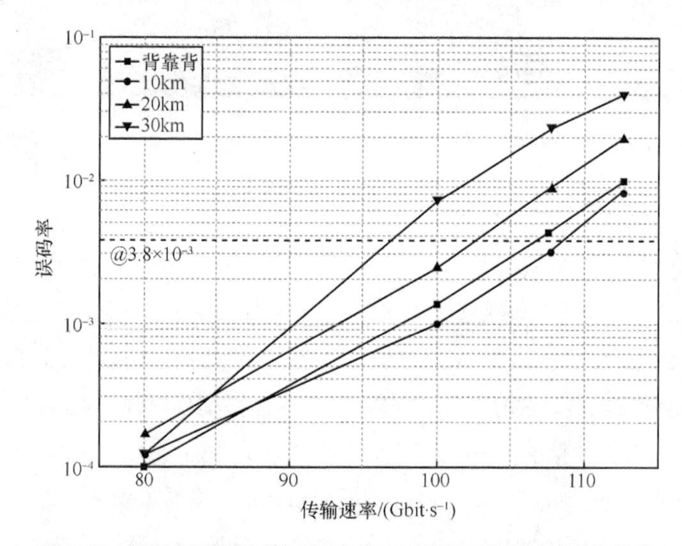

图 3-10　不同光纤距离下没有滤波 PAM4 误码率与传输速率的关系

接着，我们测试了不同光纤距离没有光滤波时 100Gbit/s PAM4 信号误码率与接收光功率的关系，如图 3-11 所示，可以观察到，误码率在 7% HD-FEC 门限、没有经过任何色散补偿的情况下，100Gbit/s PAM4 可以传输 10km 和 20km 光纤，两者的接收灵敏度代价为 2dB。但是，在 7% HD-FEC 门限下无法实现 30km 的传输。插图（i）和插图（ii）分别显示了在接收光功率为 2dBm 时传输 20km SSMF 后恢复的 100Gbit/s PAM4 符号和眼图。

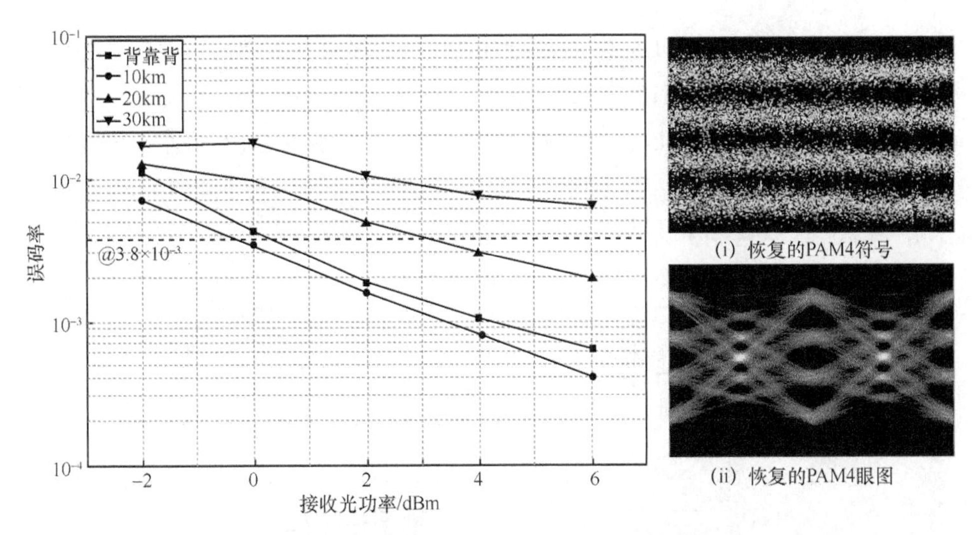

图 3-11　不同光纤距离没有光滤波时 100Gbit/s PAM4 信号误码率与接收光功率的关系

为了清晰地看到有无光滤波器对信号频谱的影响，不同情形的光谱图和接收信号电谱图如图 3-12 所示。图 3-12（a）给出了在 0.02nm 分辨率下测量的有无光滤波器的 PAM4 的光谱图，可以看到，没有经过滤波器的 100Gbit/s PAM4 光谱是一个双边带信号，经过可调谐光滤波器之后的光谱是一个 VSB 信号。需要注意的是，实验中所用的可调谐光滤波器是手动调整，最佳滤波位置依据系统最优误码率进行优化。图 3-12（b）给出了不同情况下接收到的 100Gbit/s PAM4 信号电谱图。我们可以观察到，在背靠背时，接收信号的电带宽约为 25GHz，信号可以恢复。在没有经过光滤波器时，传输 45km SSMF 后，双边带信号的色散和直接检测会导致频率选择性衰落，特别是对高频区域影响更为严重。另外，信号本身由于受到带宽限制的影响，高频区域衰减严重，因此 C 波段双边带 PAM4 严重限制了速率和光纤传输长度。经过光滤波器后，100Gbit/s PAM4 传输 45km SSMF 后，VSB 信号频率选择性衰落可以克服，没有频谱下陷。

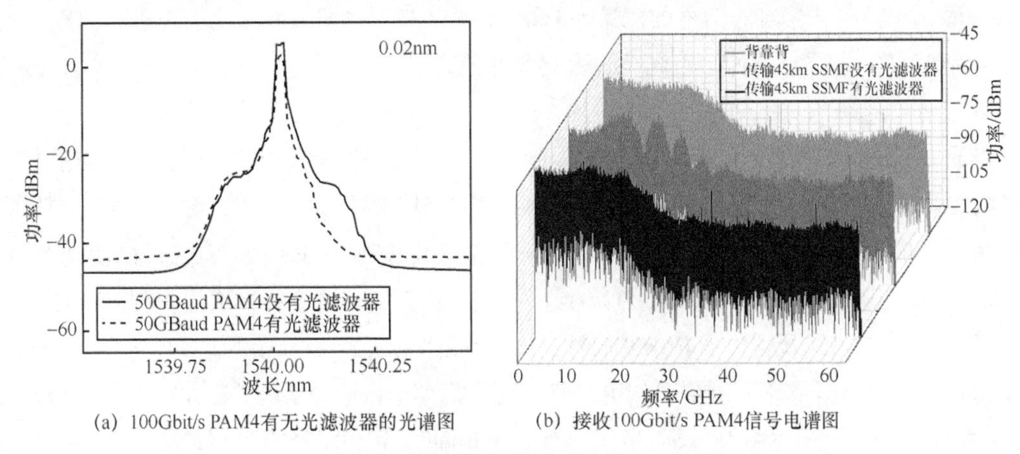

图 3-12　不同情形的光谱图和接收信号电谱图

接着，我们测试了100Gbit/s PAM4传输45km SSMF后有无光滤波器时误码率与接收光功率的关系，如图3-13所示。在7% HD-FEC门限下，使用光滤波器的100Gbit/s残留边带PAM4可以将传输距离从20km增加到45km。图3-13中的插图（i）和插图（ii）分别是传输45km SSMF后在接收光功率0dBm下恢复PAM4的眼图和电平幅度统计图。PAM4恢复后的眼图非常清晰，4个电平幅度近似高斯分布。

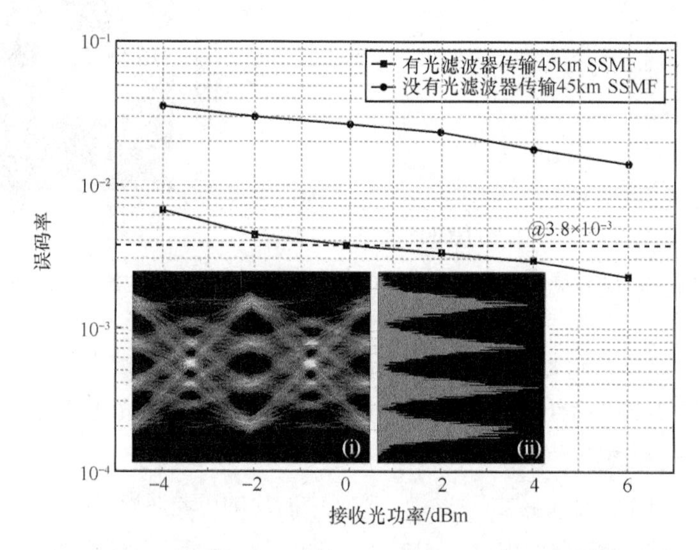

图3-13 100Gbit/s PAM4传输45km SSMF后有无光滤波器时误码率与接收光功率的关系

最后，我们测试了不同传输速率PAM4信号传输80km SSMF后误码率与接收光功率的关系，如图3-14所示。在7% HD-FEC门限下，使用光滤波器的80Gbit/s残留边带PAM4可以传输80km SSMF；90Gbit/s和100Gbit/s残留边带PAM4都不能传输80km SSMF。在实验中，为了能传输更远光纤距离，EDFA的功率不断增加，这也导致了放大器自发辐射（Amplifier Spontaneous Emission，ASE）噪声增加，信号的信噪比下降；此外，信号本身受到带宽限制和C波段非线性损伤影响也比较大，严重限制了信号速率和传输距离。

（3）PAM8传输实验结果

对于一个带宽受限的IMDD系统，高阶PAM信号有更高的频谱效率，需要更小的带宽，但是对线性度要求更高。为了进一步测试系统性能和均衡算法性能，在有无光滤波器两种情况下进一步测试了PAM8传输的性能，优化的DML偏置电流为103mA。PAM8传输实验结果如图3-15所示，图3-15（a）给出了在0.02nm分辨率下测量的33.75GBaud PAM8有无光滤波器时的光谱图，可以看到双边带和残留边带PAM8信号。固定接收光功率为4dBm，测试了背靠背、传输1km和10km SSMF情况下没有光滤波器时PAM8信号误码率与传输速率的关系如图3-15（b）所示。可以看到，在背靠背和传输1km后，75Gbit/s（25GBaud）和101.25Gbit/s（33.75GBaud）PAM8信号低于7% HD-FEC门限；但是，如果不进行光滤波就无法在10km SSMF上传输。这也说明了，PAM8 虽然频谱效率更高但需要的线性度要高于 PAM4，对系统损伤更为敏感，并没有带来系统性能的提升。

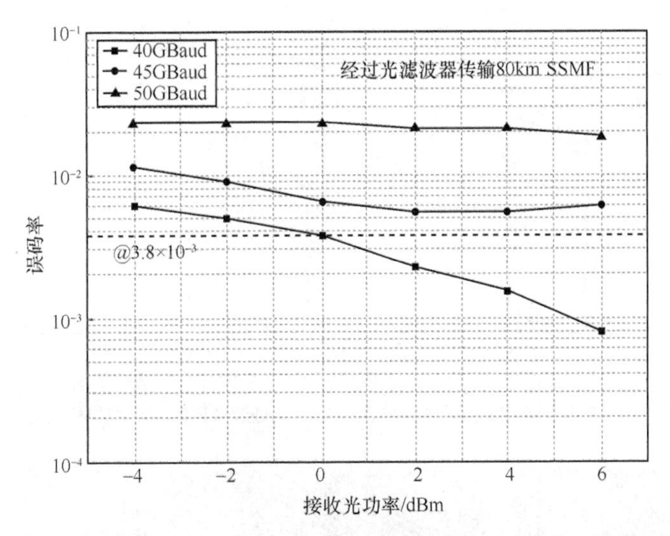

图 3-14　不同传输速率 PAM4 信号传输 80km SSMF 后误码率与接收光功率的关系

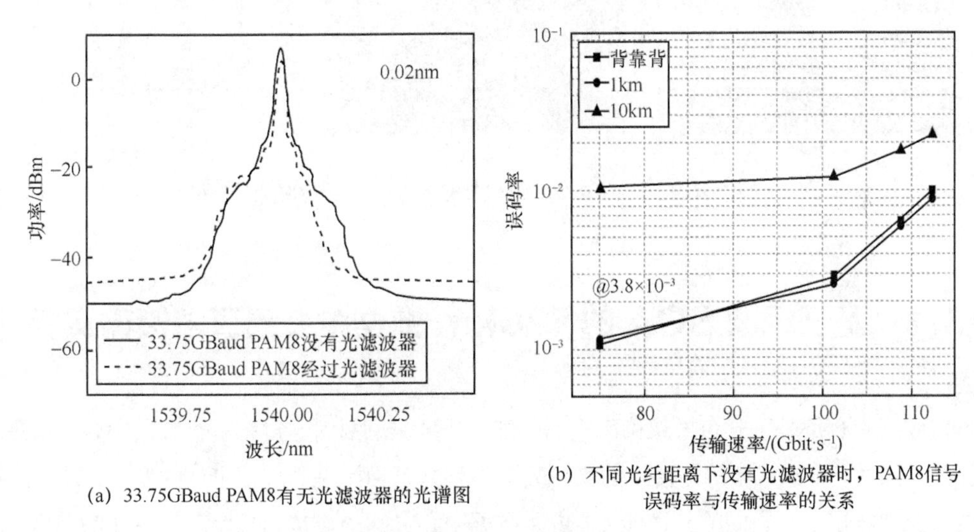

(a) 33.75GBaud PAM8有无光滤波器的光谱图

(b) 不同光纤距离下没有光滤波器时，PAM8信号误码率与传输速率的关系

图 3-15　PAM8 传输实验结果

101.25Gbit/s PAM8 传输 10km SSMF 有无光滤波器时误码率与接收光功率的关系如图 3-16 所示。在 7% HD-FEC 门限下，101.25Gbit/s 残留边带 PAM8 可以实现 10km SSMF 传输。在接收光功率 4dBm 时传输 10km SSMF 后，恢复的 101.25Gbit/s PAM8 信号的符号、眼图和幅度分布统计如图 3-17 所示。可以看到，PAM8 信号的 8 个电平经过基于 CMMA 和 Volterra 滤波器的联合非线性均衡算法处理后能很好地恢复，眼图可以看到清晰的眼睛，8 个幅度分布近似高斯分布。CMMA 盲均衡对于高阶 PAM 信号恢复非常有效。

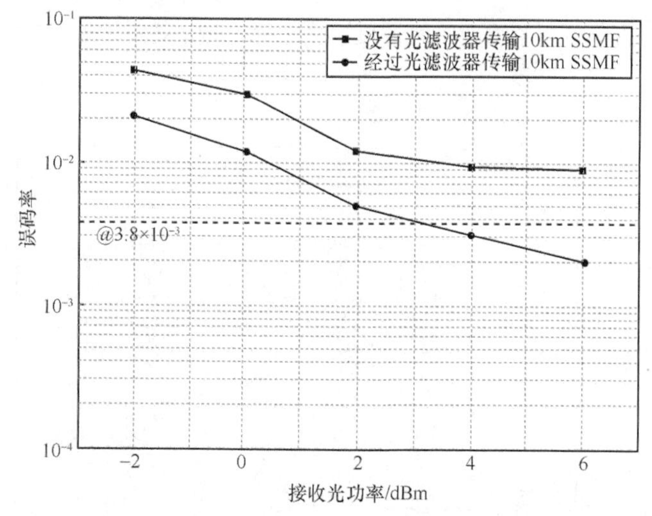

图 3-16　101.25Gbit/s PAM8 传输 10km SSMF 有无光滤波器时误码率与接收光功率的关系

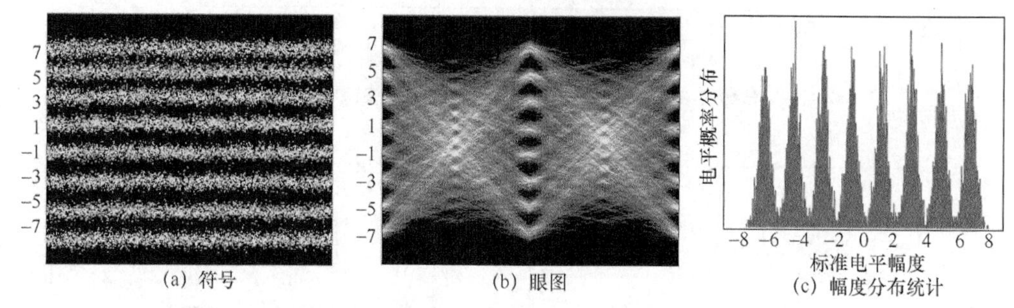

(a) 符号　(b) 眼图　(c) 幅度分布统计

图 3-17　恢复的 101.25Gbit/s PAM8 信号的符号、眼图和幅度分布统计

3.4　基于级联 SOA 的 120km 数据中心光互连传输实验

当前数据中心是基于分布式架构而来的，在一个区域范围内通常有多个数据中心，以提供可扩展性和冗余性。分布式架构与传统的大型数据中心体系相比是一种根本性的变化，并且是推动市场需求面向数据中心之间的高速连接。由于数据中心之间的连接与长距离光纤通信相似，因此可以采用标准商用的相干方案。但是，数据中心之间的高速连接在时延、成本和功耗等方面要求更高，相干方案变得不可行。

城域网数据中心间光互连示意图如图 3-18 所示，通常，数据中心之间的光纤链路长度为 10～80km。短于 40km 的光纤链路可以采用与数据中心内光互连相同的调制格式和体系架构；对于 40～80km 的距离，光接收光功率预算不够，需要进行光放大和考虑色散补偿。SOA 由一个电子泵浦的毫米尺度的有源波导组成，是一种提供泵浦增益的可集成器件，其可以应用在多跨段中继传输系统，是替代光线路放大器、功率放大器和预放大器的潜在方案。SOA 可以集成到光子集成电路中，小尺寸和低功耗使系统具有较高的器件密度。此外，也可以将 SOA 集成到 ROADM，既可以补偿链路损伤，又可以提供波长路由和数据交换。本节通过实验验证了基于级联 SOA 的 120km 数据中心光互连传输系统，首先介绍了级联 SOA 模型，接着介绍了实验装置及系统参数，最后讨论了实验结果。

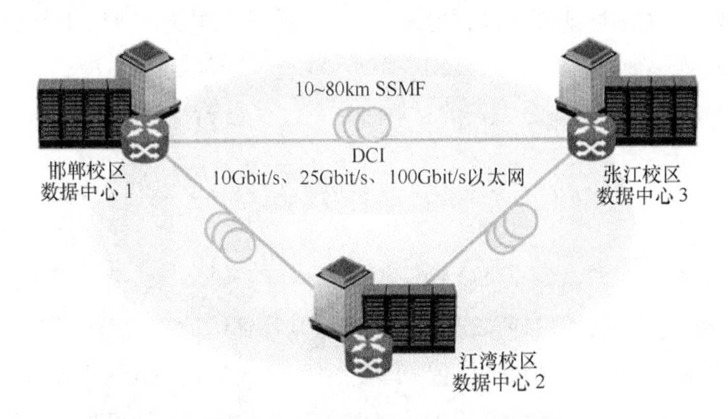

图 3-18 城域网数据中心间光互连示意图

3.4.1 级联 SOA 模型

基于级联 SOA 的多光纤跨段 IMDD 传输系统模型如图 3-19 所示，在每个光纤跨段终端都使用一个在线 SOA 进行光放大。

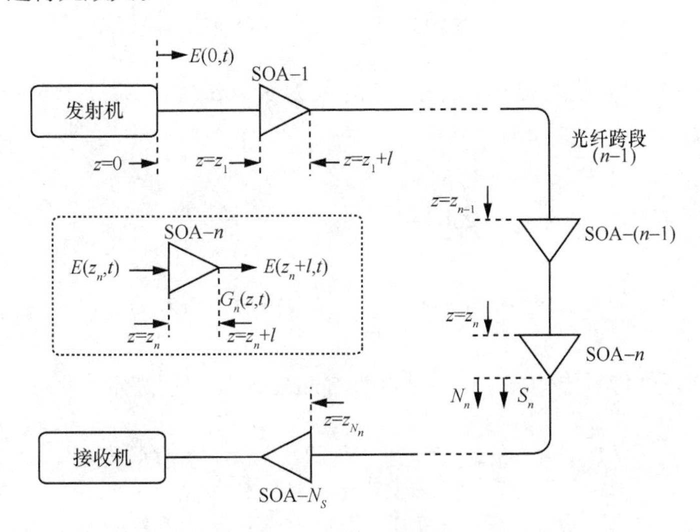

图 3-19 基于级联 SOA 的多光纤跨段 IMDD 系统传输模型

假设发射机端等效基带信号为

$$E(0,t)=\sum_{k}a_k A_k(0,t)+\sum_{k,s\neq 0}a_{k,s}A_{k,s}(0,t-\delta T_s)\exp[-\mathrm{i}\Omega_s t+\mathrm{i}\phi_s(0)] \tag{3-6}$$

其中，$A_k(z,t)=A_0(z,t-kT)$。假设在系统中传输的信号脉冲整形均为理想的 Nyquist 脉冲，滚降因子系数均为 0，则传输的能量可以表示为

$$\varepsilon=\int_{-\infty}^{+\infty}\left|A_0(0,t)\right|^2\mathrm{d}t \tag{3-7}$$

假设所有跨段的 SOA 性能都相同，在第 n 个光纤跨段终端放置有第 n 个 SOA，SOA 的波导空间坐标从 $z=z_n$ 扩展到 $z=z_n+l$，其中，l 是 SOA 波导的长度。在 SOA 波导内部，当 $z_n\leqslant z\leqslant z_n+l$ 时，第 n 个 SOA 放大器的材料增益系数 $G_n(z,t)$ 满足以下方程

$$\tau_{\mathrm{c}}\partial_t G_n(z,t)=G_{\mathrm{o}}-G_n(z,t)-G_n(z,t)\frac{\left|E(z,t)\right|^2}{P_{\mathrm{sat}}} \tag{3-8}$$

其中，τ_{c} 是 SOA 载流子寿命，G_{o} 是 SOA 小信号积分增益系数，P_{sat} 是 SOA 饱和功率。式（3-8）右侧的第一项是小信号增益，第二项激发电子从导带弛豫到达价带，第三项模拟新光子受激发射对增益的影响：沿着 SOA 波导的每个位置 z 以及时间 t，入射光子通过诱发较高能级（导带）到较低能级（价带）的跃迁触发受激发射新相干光子，这个过程以消耗导带为代价向输入信号提供光学增益。第 n 个 SOA 放大器的输入场函数为 $E(z_n,t)$，在波导中，$z_n\leqslant z\leqslant z_n+l$，控制场传播的偏微分方程可以表示为

$$\partial_z E(z,t)=\frac{1}{2}(1-i\alpha_{\mathrm{H}})G_n(z,t)E(z,t) \tag{3-9}$$

其中，α_{H} 是 SOA 线宽增强因子。第 n 个 SOA 放大器的积分增益系数 $g_n(t)$ 可以表示为

$$g_n(t)=\int_{z_n}^{z_n+l}\mathrm{d}zG_n(z,t) \tag{3-10}$$

相似地，第 n 个 SOA 放大器的小信号增益定义为 $g_{\mathrm{o}}=G_{\mathrm{o}}l$。则第 n 个 SOA 放大器的输入输出方程可以表示为

$$\tau_{\mathrm{c}}\frac{\mathrm{d}}{\mathrm{d}t}g_n(t)=g_{\mathrm{o}}-g_n(t)-\frac{\left|E(z_n,t)\right|^2}{\mathrm{e}^{g_n(t)}-1} \tag{3-11}$$

$$E(z_n+l,t)=\exp\left\{\frac{1}{2}(1-i\alpha_{\mathrm{H}})g_n(t)\right\}E(z_n,t) \tag{3-12}$$

在每个光纤跨段中信号传输模型通过非线性 Schrödinger 方程表示为

$$\partial_z E(z,t)=-\frac{\alpha}{2}E(z,t)-i\frac{\beta_2}{2}\partial_t^2 E(z,t)+i\gamma\left|E(z,t)\right|^2 E(z,t) \tag{3-13}$$

其中，α 是光纤损耗常数，β_2 是光纤群速度色散常数，γ 是光纤 Kerr 非线性常数。综合以上方程，我们可以用一个偏微分方程描述信号从 $z=0$ 到 $z=zN_S$ 的传输函数

$$\partial_z E(z,t)=\frac{1}{2}(1-i\alpha_H)G(z,t)E(z,t)-\frac{\alpha}{2}E(z,t)-i\frac{\beta_2}{2}\partial_t^2 E(z,t)+i\gamma\left|E(z,t)\right|^2 E(z,t)+n(z,t) \tag{3-14}$$

其中，$n(z,t)$ 是 SOA 中的 ASE 噪声，是一个循环对称的零均值复高斯随机变量。

3.4.2　实验装置及系统参数

基于带宽受限器件和级联 SOA 的数据中心间光互连传输系统实验装置如图 3-20 所示。在发射端（Tx），发射机由 AWG、25GHz 带宽的 EA 和 10Gbit/s 的 DML 组成。信号由程序控制的 AWG 产生，该 AWG 具有 25GHz 的 3dB 模拟带宽，工作在 64GSa/s 的采样率下，然后基带电信号由 25GHz EA 进行放大，输出放大基带信号直接驱动一个 10Gbit/s 级商用 DML，该 DML 中心波长为 1299.16nm。由于 SOA 对偏振态敏感，DML 输出的光信号用偏振控制器（Polarization Controller，PC）进行控制，使输出光信号功率最大。在实验中，每个光纤跨段长度为 40km SSMF，其在 1310nm 处的平均损耗为 0.33dB/km。在每个跨段终端，由 SOA 模块进行光放大。每个 SOA 模块由一个光隔离器（Isolator，ISO）、SOA 和 PC 组成，光隔离器用于避免 SOA 带来的光反射，PC 用来控制输出光功率最大。实验中，分别测试了背靠背、传输 40km、传输 80km 和传输 120km SSMF 性能。在接收端（Rx），接收机由 VOA、TOF 和 PIN-TIA 组成。VOA 可以调整接收光功率，以进行接收灵敏度测量。在 PIN-TIA 直接探测之前，使用了 TOF 对带外噪声进行滤波，用于抑制 ASE 噪声。系统中 PIN-TIA 光带宽为 15GHz，电带宽为 11GHz。经过 PIN-TIA 探测之后，用带宽为 33GHz 的 100GSa/s 实时示波器采集数据，并由离线 DSP 处理。实验系统主要包括 3 个 40km SSMF 跨段和 SOA 放大模块。

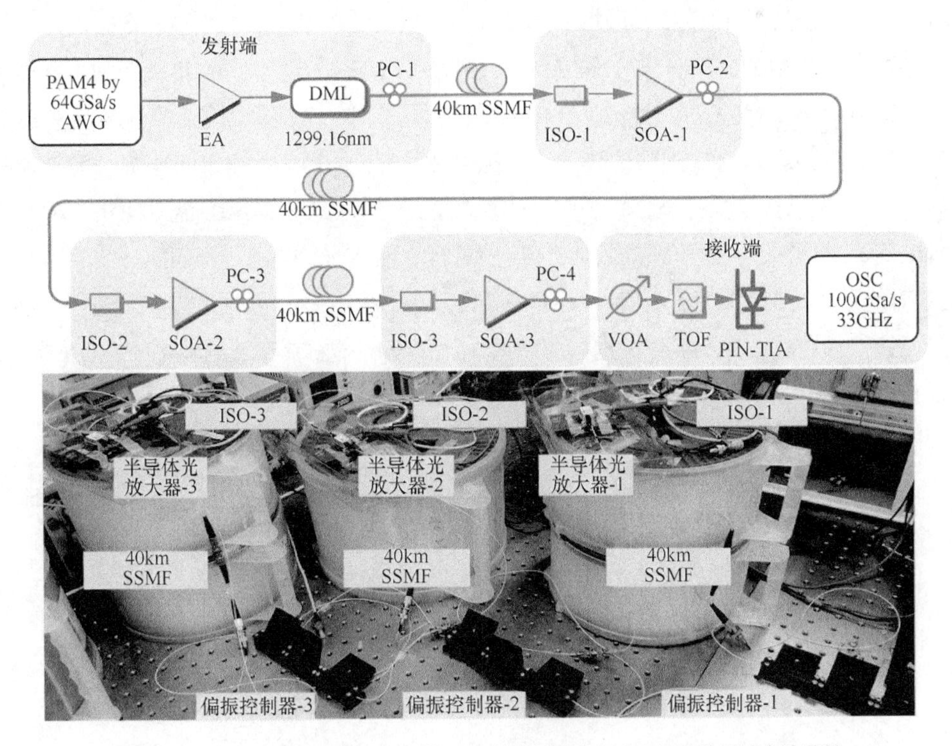

图 3-20　基于带宽受限器件和级联 SOA 的数据中心间光互连传输系统实验装置

实验平台的参数测试结果如图 3-21 所示，实验中使用的 10Gbit/s 商用 DML 功率–电流–电压（P-I-V）曲线如图 3-21（a）所示，门限电流约为 12mA，我们可以看到该 DML 的线性度非常好。在图 3-21（b）中，我们测试了 DML 不同驱动电流的情况下收发机的带宽，随着驱动电流的增加，系统的带宽逐渐增加。由于 DML 的调制机制，较高的输出功率可帮助抑制瞬态啁啾并增强器件带宽，但会降低消光比。在此传输系统中，我们依据系统误码率性能进行了参数优化，DML 的最佳驱动电流和光输出功率分别为 65mA 和 9.6dBm，此时，DML 的 3dB 带宽约为 17GHz。

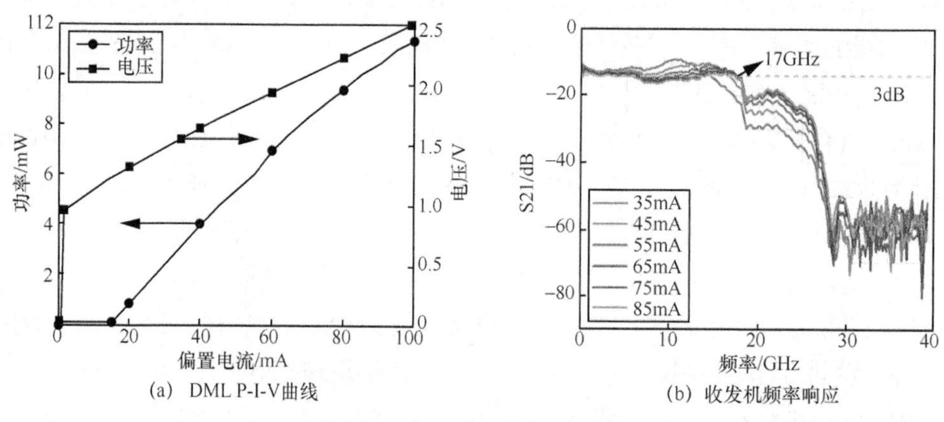

(a) DML P-I-V曲线　(b) 收发机频率响应

图 3-21　实验平台的参数测试结果

实验系统中，发射端和接收端离线 DSP 流程如图 3-22 所示。本实验分别测试了 25GBaud 和 28GBaud PAM4 信号，并比较了不同均衡算法处理时的传输性能。在发射端，数据比特流格雷码映射为长度 2^{15} 的 PAM4 信号；在实验系统中使用的 AWG 采样率为 64GSa/s，为了获得实验所需速率的 PAM4 信号，首先对信号进行 2 倍上采样，再采用一个滚降因子为 1 的根升余弦滤波器对 PAM4 信号进行滤波，目的是去掉信号旁瓣影响和 ISI；最后，使用 Kaiser 窗口滤波器将符号序列重新采样匹配 AWG 采样率，数据归一化后加载到 AWG 产生实验所需速率的 PAM4 信号。在接收端，示波器采集的信号首先经过归一化后进行 2 倍重采样，用一个匹配滤波器去除带外噪声；接着对信号进行时钟恢复，以消除数据中的时序偏移和抖动；再对采样数据进行数字信号处理均衡；最后对恢复的 PAM4 数据进行解映射，计算误码率。本实验比较了 19 抽头数 CMMA 和 19 抽头数 VNLE 两种均衡算法的性能。

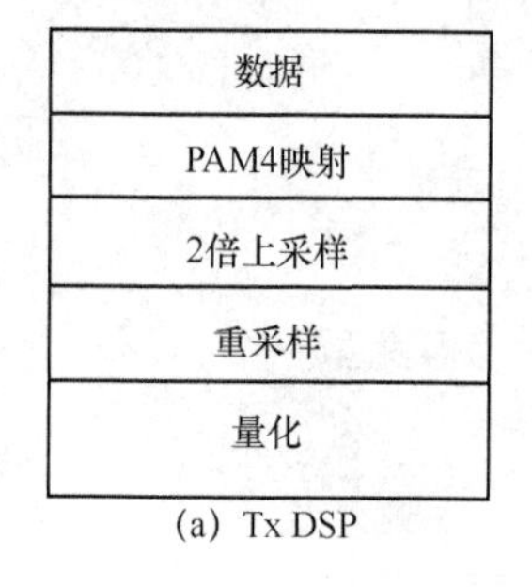

(a) Tx DSP

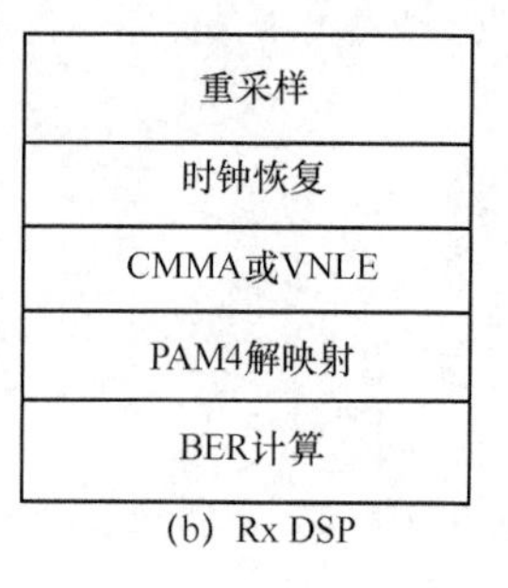

(b) Rx DSP

图 3-22　发射端和接收端离线 DSP 流程

3.4.3　实验结果与讨论

在传统的数据中心光互连实验中，由于没有使用光放大器，研究者通常通过接收灵敏度评价一个系统的性能。本实验使用了级联 SOA，与长距离光纤通信系统相似，需要通过光信噪比（Optical Signal Noise Ratio，OSNR）评估系统性能。在测试背靠背时，为了对照比较，需要加一个 SOA 进行测试，实验中使用的所有 SOA 都一致。背靠背时，需要用另外一个 VOA 模拟链路损耗再进行 OSNR 测量。背靠背时不同 SOA 偏置电流 50Gbit/s 和 56Gbit/s PAM4 传输误码率与 OSNR 的关系如图 3-23 所示。首先，如图 3-23（a）所示，当 SOA 偏置电流为 140mA 时，在 7% HD-FEC（3.8×10^{-3}）门限时，50Gbit/s 和 56Gbit/s VNLE 均衡算法性能均优于 CMMA 均衡方法，特别是对高速率 56Gbit/s 提升更明显；还可以看到使用 CMMA 存在误码平层。接着，测试了 SOA 偏置电流为 180mA 时的性能，如图 3-23（b）所示，在 3.8×10^{-3} 门限时，50Gbit/s 和 56Gbit/s PAM4 的 OSNR 要比 140mA 时均变小约 2dB。使用 180mA 时，SOA 输出功率虽然可以变大，但是较高的驱动电流会引起较高的 ASE 噪声，通常用光学滤波器抑制 ASE 噪声。使用 140mA 可获得约 2dB 的 OSNR 提升，在实验中 SOA 偏置电流要根据系统的性能进行优化。

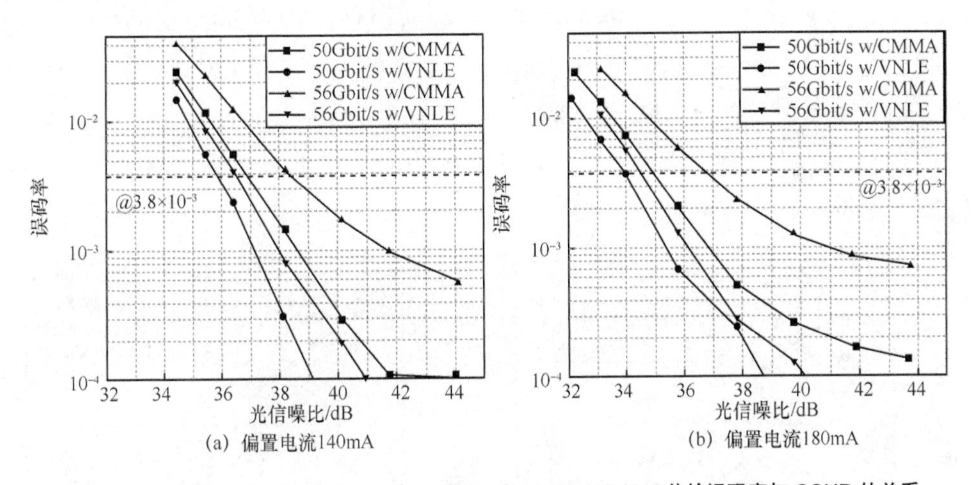

图 3-23　背靠背时不同 SOA 偏置电流 50Gbit/s 和 56Gbit/s PAM4 传输误码率与 OSNR 的关系

接着，我们测试了传输一个跨段 40km SSMF 后 50Gbit/s 和 56Gbit/s PAM4 传输误码率与 OSNR 的关系，如图 3-24 所示，SOA-1 的偏置电流设置为 140mA。与背靠背传输比较，在 3.8×10^{-3} 门限时，50Gbit/s 和 56Gbit/s PAM4 传输 40km 时 OSNR 损失代价约为 1dB。在实验系统中使用的 DML 波长为 1299.16nm，虽然色散比较小接近零色散，但是 40km SSMF 累积色散还是会产生影响。此外，也可以看到 VNLE 提升性能要优于 CMMA，对 56Gbit/s PAM4 提升更明显。

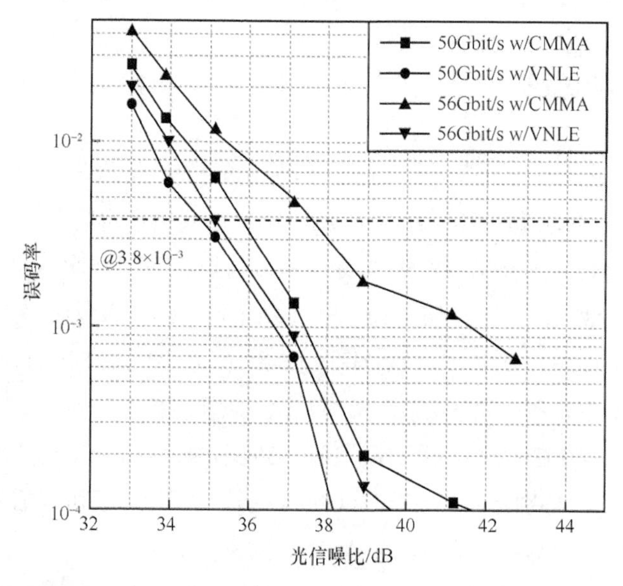

图 3-24 传输一个跨段 40km SSMF 后 50Gbit/s 和 56Gbit/s PAM4 传输误码率与 OSNR 的关系

传输两个跨段 80km SSMF 后不同 SOA 偏置电流下 50Gbit/s 和 56Gbit/s PAM4 传输误码率与 OSNR 的关系如图 3-25 所示。首先，在 SOA-1 和 SOA-2 均为 140mA 时，与传输 40km 比较，在 3.8×10^{-3} 门限下，50Gbit/s 和 56Gbit/s PAM4 传输 80km 时 OSNR 损失代价约为 1dB。此外，我们可以看到，对于 50Gbit/s PAM4，VNLE 比 CMMA 有 1.5dB 性能提升；对于 56Gbit/s PAM4，VNLE 比 CMMA 有约 3dB 性能提升。接着，测试了 SOA-1 和 SOA-2 均为 150mA 时传输 80km SSMF，与 140mA 相比，由于 ASE 噪声也同时被放大，此时对性能提升非常小。

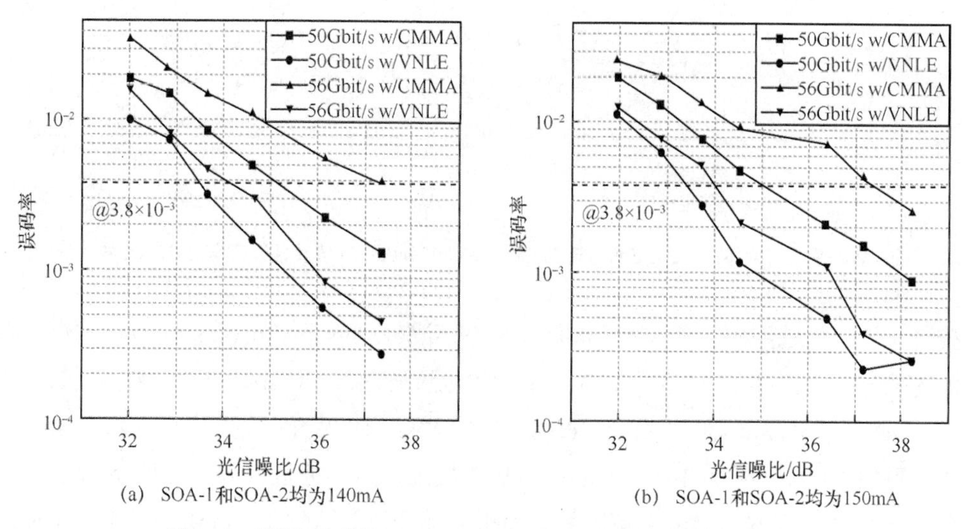

(a) SOA-1和SOA-2均为140mA　(b) SOA-1和SOA-2均为150mA

图 3-25 传输两个跨段 80km SSMF 后不同 SOA 偏置电流下 50Gbit/s 和 56Gbit/s PAM4 传输误码率与 OSNR 的关系

最后，传输3个跨段120km SSMF后50Gbit/s和56Gbit/s PAM4传输误码率与OSNR的关系如图3-26所示，SOA-1、SOA-2和SOA-3偏置电流均为160mA。我们可以看到，传输120km SSMF后，50Gbit/s和56Gbit/s PAM4均达不到7% HD-FEC门限。O波段光纤损耗比较大，经过级联SOA放大后ASE噪声也逐渐累积，此外120km SSMF累积色散影响也比较大。如果考虑20% SD-FEC（2×10^{-2}）门限，50Gbit/s和56Gbit/s PAM4经过VNLE均衡后都可以低于该门限，但是CMMA均衡后均达不到该门限。此外，在图3-26中，我们还给出了传输40km和80km后50Gbit/s和56Gbit/s PAM4经过VNLE均衡后的比较，可以看到，传输80km后，50Gbit/s PAM4 OSNR损失代价约为2dB，56Gbit/s PAM4 OSNR损失代价约为1dB。

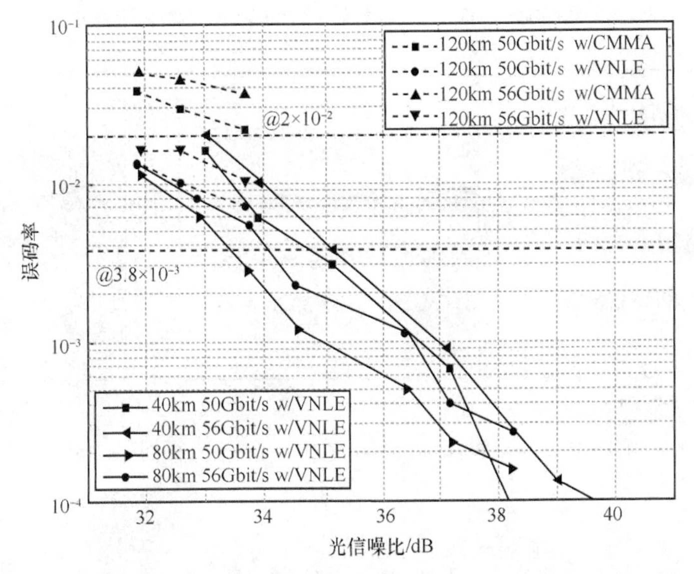

图3-26 传输3个跨段120km SSMF后50Gbit/s和56Gbit/s PAM4传输误码率与OSNR的关系

56Gbit/s PAM4信号在背靠背和传输不同光纤距离后的光谱图如图3-27所示，分辨率为0.02nm。调制后的DML光谱变宽并显示出不对称性，这可能是DML的线性调频引起的频移。此外，我们可以看到传输40km、80km和120km SSMF后信号的有效功率明显减少。经过光纤传输后，中心波长有轻微的漂移，这可能是级联SOA非线性引起。传输40km、80km和120km SSMF后恢复的56Gbit/s PAM4符号如图3-28所示，对应的误码率分别为4.2×10^{-4}、3.2×10^{-3}和1.9×10^{-2}。传输一个SOA或级联两个SOA，VNLE可以缓解SOA引起的码型效应。但是传输120km SSMF后，恢复的PAM4信号不再对称，级联3个SOA引起的码型效应比较严重，特别是对于高电平，这主要是因为传输级联3个SOA后OSNR较差，ASE噪声影响比较大。

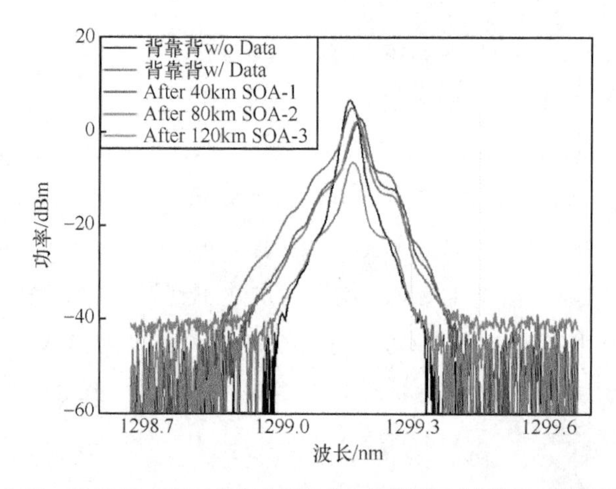

图 3-27　56Gbit/s PAM4 信号在背靠背和传输不同光纤距离后的光谱图

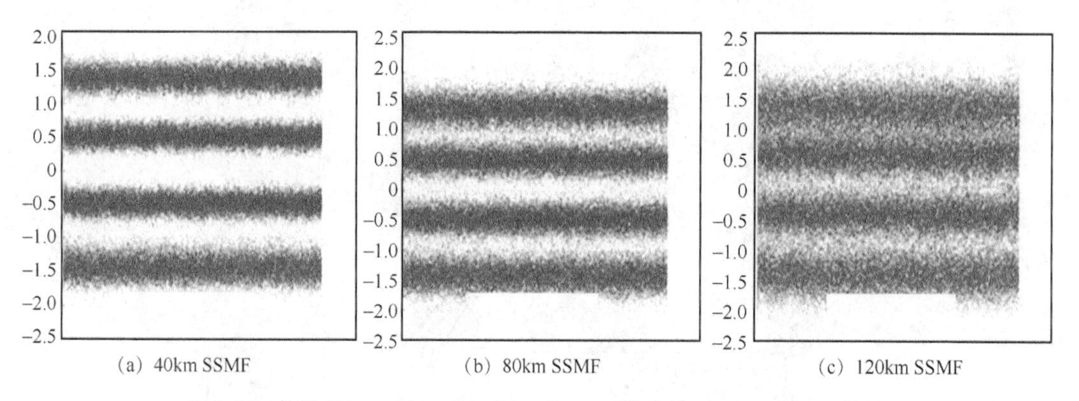

图 3-28　传输 40km、80km 和 120km SSMF 后恢复的 56Gbit/s PAM4 符号

3.5　小结

在数据中心光互连研究进展中，首先介绍了依据短距离光通信系统不同的传输距离和技术特点，把数据中心光互连网络分为三大类：数据中心内光互连、城域网数据中心间光互连和广域网数据中心间光互连；接着介绍了以太网标准的演变和光模块的发展，以及目前 IEEE 最高速率 400Gbit/s 以太网标准 IEEE 802.3bs-2017，总结了与 400Gbit/s 以太网物理层光纤相关的规范。面向下一代大容量数据中心光互连的需求，需要考虑器件的低功耗、高可靠性、低成本和技术是否易实现，这也是本书研究的方向。为了使用已经部署的带宽受限的商用器件实现更高速率的传输，提出了一种发射机端和接收机端联合均衡的算法：发射机端光电器件的受限带宽通过 Nyquist 脉冲整形和 Kaiser 窗口滤波技术降低；通过使用光学滤波器的光学 VSB 调制减弱在 C 波段传输时色散和直接检测带来的频率选择性功率衰减；在接收机端使用基于 CMMA 和 Volterra 滤波器的联合非线性均衡技术减少 DML 啁啾和色散之间相互作用产生的非线性损伤。在 C 波段，基于带

宽受限的 10Gbit/s 级 DML 通过实验验证了 100Gbit/s PAM4 和 PAM8 信号 IMDD 传输。实验结果表明，在 7% HD-FEC 门限下，使用光滤波的 100Gbit/s 残留边带 PAM4 可以将传输距离从 20km 增加到 45km；101.25Gbit/s 残留边带 PAM8 可以实现 10km SSMF 传输。针对 40～80km 的传输距离，光接收光功率预算不够，需要进行光放大和考虑色散补偿。使用宽带宽的级联 SOA，与当前的 C + L 波段 EDFA 放大方案相比，传输带宽可以扩展 50%。SOA 可以集成到光子集成电路中，小尺寸和低功耗使系统具有较高的器件密度，从而降低了安装和运营成本。建立了基于级联 SOA 的 IMDD 数学模型，验证了方案可行性。在 O 波段，使用 10Gbit/s 级 DML 发射机和 15Gbit/s PIN-TIA 接收机，通过实验验证了基于级联 SOA 的 120km 数据中心间光互连传输。结果表明，传输 80km SSMF 后，50Gbit/s 和 56Gbit/s PAM4 均达到 HD-FEC 门限；传输 120km SSMF 后，50Gbit/s 和 56Gbit/s PAM4 均达到软判决前向纠错（Soft Decision Forward Error Correction，SD-FEC）门限。以上实验验证了基于带宽受限器件和级联 SOA 辅助的方案可行性，结合低复杂度 DSP，可以满足 80～120km 数据中心间光互连的需求。

参考文献

[1] ZHANG K, ZHUGE Q, XIN H Y, et al. Intensity directed equalizer for the mitigation of DML chirp induced distortion in dispersion-unmanaged C-band PAM transmission[J]. Optics Express, 2017, 25(23): 28123.

[2] GAO F, ZHOU S W, LI X, et al. 2 × 64 Gb/s PAM-4 transmission over 70 km SSMF using O-band 18G-class directly modulated lasers (DMLs)[J]. Optics Express, 2017, 25(7): 7230-7237.

[3] XIN H Y, ZHANG K, ZHUGE Q B, et al. Transmission of 100Gb/s PAM4 signals over 15km dispersion-unmanaged SSMF using a directly modulated laser in C-band[C]//Proceedings of 2018 European Conference on Optical Communication (ECOC). Piscataway: IEEE Press, 2018: 1-3.

[4] WANG W Y, ZHAO P C, ZHANG Z K, et al. First demonstration of 112 Gb/s PAM-4 amplifier-free transmission over a record reach of 40 km using 1.3 μm directly modulated laser[C]//Proceedings of Optical Fiber Communication Conference Postdeadline Papers. Washington, D.C.: OSA, 2018: Th4B. 8.

[5] XIE C J. Datacenter optical interconnects: requirements and challenges[C]//Proceedings of 2017 IEEE Optical Interconnects Conference. Piscataway: IEEE Press, 2017: 37-38.

[6] Ethernet Alliance, 2019 roadmap[R]. 2019.

[7] IEEE 802.3bs-2017[R]. 2019.

[8] DAI F F. Electronic equalizations for optical fiber dispersion compensation[J]. Optical Engineering, 2007, 46: 035006.

[9] SHI J Y, ZHOU Y J, XU Y M, et al. 200-Gb/s DFT-S OFDM using DD-MZM-based twin-SSB with a MIMO-Volterra equalizer[J]. IEEE Photonics Technology Letters, 2017, 29(14): 1183-1186.

[10] ZHANG J W, YU J J, SHI J Y, et al. Digital dispersion pre-compensation and nonlinearity impairments pre- and post-processing for C-band 400G PAM-4 transmission over SSMF based on direct-detection[C]// Proceedings of 2017 European Conference on Optical Communication (ECOC). Piscataway: IEEE Press, 2017: 1-3.

[11] SHI J Y, ZHANG J W, ZHOU Y J, et al. Transmission performance comparison for 100-Gb/s PAM-4, CAP-16, and DFT-S OFDM with direct detection[J]. Journal of Lightwave Technology, 2017, 35(23): 5127-5133.

[12] ZHU Y J, PENG W R, CUI Y, et al. Comparative digital mitigations of DAC clock tone leakage in a single-carrier 400G system[C]//Proceedings of 2015 Optical Fiber Communications Conference and Exhibition (OFC). Piscataway: IEEE Press, 2015: 1-3.

[13] LI F, ZOU D, DING L, et al. 100 Gbit/s PAM4 signal transmission and reception for 2-km interconnect with adaptive notch filter for narrowband interference[J]. Optics Express, 2018, 26(18): 24066-24074.

第4章

基于高阶 PAM 的数据中心光互连非线性研究

|4.1 引言|

为了应对新时代更高的数据传输速率的要求，在商用器件带宽基本不变的背景下，通常采用高阶 PAM，它有着更高的频谱效率，能实现较高的传输速率。但是，高阶 PAM 信号对噪声更敏感，受到非线性损伤的影响要高于 PAM4。研究人员提出采用不同的 DSP 算法或者结合机器学习以解决高阶 PAM 信号的非线性限制。其中，Volterra 均衡器是一种实用的 DSP 算法，通常可用于带宽受限的系统中对抗线性和非线性损伤。但是，Volterra 均衡器的性能会受到与电平相关的均衡效应现象的限制，特别是在低光信噪比的情况下。因此，文献[1]提出了一种具有多组抽头数的抽头数决定导向的 Volterra 均衡器，根据均衡之前输入符号的判定结果选择最佳抽头数集，通过这种方式，可以有效克服与电平有关的均衡效应。利用该算法，在具有 10dB 带宽 17.5GHz 的 IMDD 系统中成功传输了 180Gbit/s PAM8 信号，与传统的 Volterra 均衡器相比，该算法的复杂度降低了 50%以上。此外，近年来，机器学习作为一种全新的信号处理技术成功解决了光通信系统中非线性损伤和各种信道参数的准确估计问题。文献[2]提出了一种基于 ANN 的 NLE，用来弱化 DML 的啁啾非线性和系统带宽的限制。该方法从接收信号中学习非线性损伤的各种特征，并建立概率模型补偿或量化损伤。以上两种方法在接收端都需要很高的计算复杂度。作为替代方案，学者提出了一种在发射端进行简单处理的 LUT 预失真的非线性补偿方案，并在 PAM4 系统中进行了实验验证。

本章着重对基于高阶 PAM 的数据中心光互连非线性进行了研究。首先是高阶 PAM 信号，在应用 LUT 算法时，LUT 查询的模式数量呈几何数目增加，大大增加了算法查询的复杂度，当调制格式为 PAM16 时，算法几乎不能应用。为了解决这一问题，我们提出了一种改进的 LUT 算法，通过实验观察，我们注意到 PAM8 高阶的符号（±5, ±7）比低阶的符号（±1, ±3）更容易受到光电器件非线性损伤的影响。因此，一种只考虑 PAM8 高阶符号（±5, ±7）的 LUT 预失真算法被提出，并经过了实验验证，实验结果表明，改进的 LUT 算法和传统的算法相比对系统性能的提升相当，但是查询的复杂度会减少一半。接下来，针对 DML 的固有啁啾影响生成的光载波抖动并导致信号失真，从而降低传输速率和信号电平判决精度，我们提出了一种具有噪声的基于密度空间的聚类（Density Based Spatial Clustering of Applications with Noise，DBSCAN）算法的电平判决技术，以提高电平判决的准确性，而无须使用任何非线性处理算法。

4.2 基于改进查找表的高阶 PAM 非线性预失真技术

在基于 EML 的 IMDD PAM4 传输系统中，我们已经验证了一种低复杂度的基于发射端的非线性 LUT 预失真方法[3]。该实验研究了 3 个符号和 5 个符号时 LUT 预失真的校正值，对应的模式分别是 4^3=64 个和 4^5=1024 个。LUT 预失真值的准确性取决于符号的模式数量，即可以通过使用具有较大 LUT 预失真值的较长模式获得较低的误码率。对于高阶 PAM 信号，如 PAM8 或 PAM16，其对噪声更为敏感，非线性损伤更为严重。当 LUT 符号数为 3 和 5 时，分别需要 8^3=512 和 8^5=32768 个模式或 16^3=4096 和 16^5=1048576 个模式。较长的模式将指数级增加计算复杂度，且不切实际，尽管可以获得更好的性能。降低 LUT 复杂度的相关研究是十分必要的，本节首先介绍了经典 LUT 算法的基本原理，接着提出了一种改进的降低 LUT 复杂度的方法，最后基于提出的方法进行了实验验证。

4.2.1 经典查找表的基本原理

经典的 LUT 预失真算法已经在多个课题组进行了实验验证[3]，在传输光纤之前，首先进行 LUT 预失真过程。为了获得良好的信道质量以进行 LUT 纠正过程，我们在背靠背情况下利用训练序列估计信道情况。经典 LUT 算法原理如图 4-1 所示，主要通过对比不同模式下发送数据序列和接收数据序列的差值，将数值经过多次平均后存放在 LUT 对应的索引中。一旦 LUT 中存在不同模式下的预失真校正值，它就可以被应用在发射端来进行非线性补偿，具有配置灵活的优点。

首先，在背靠背的情况下，发送具有一定长度的训练 PAM8 序列 $Y(k)\in\{\pm1, \pm3, \pm5, \pm7\}$。在接收端进行 DSP 处理后，接收数据序列为 $Y'(k)$，假设 LUT 预失真值考虑的符号数为 M，则总的模式数量为 8^M。训练序列长度的选取需要满足所有模式数量的要求。初始状态时的 LUT 预失真数据均为 0，计算时选取的滑动窗口长度为发送序列和接收序列中的 M 个符号，计算训练数据序列 $Y(k)$和接收数据序列 $Y'(k)$之间所有可能的差值 $e(k)$，并存放在 m 个索引地址中，如式（4-1）所示。

$$e(k)=Y'(k)-X(k) \tag{4-1}$$

接下来将 m 个索引表依据不同的模式进行分类，当索引表中的第 m 个模式与 LUT 中的某个模式 i 相同时，计数器自动计数加 1，并把相应的差值放到对应的 LUT 中，这一过程可以表示为

$$N(i)=N(i)+1 \tag{4-2}$$

$$\mathrm{LUT}(i)=\mathrm{LUT}(i)+e(k) \tag{4-3}$$

其中，$N(i)$表示放入 LUT 索引 i 中差值的数目，$\mathrm{LUT}(i)$是相同 LUT 索引 i 与差值 $e(k)$之和。最后，依据式（4-4）计算 LUT 索引 i 的 LUT 预失真校正值。

$$\mathrm{LUT\_}e(k)=\frac{\mathrm{LUT}(i)}{N(i)} \tag{4-4}$$

$\mathrm{LUT_}e(k)$即每个查找表索引 i 中的最终预失真值，可以被应用在发射端，用于发送测试数据序列的预失真，具体预失真过程可以表示为

$$X'(k)=X(k)-\mathrm{LUT\_}e(k) \tag{4-5}$$

当然，在实验验证中，查找表方法一般与其他算法联合使用，如在发射端联合 Nyquist 滤波和预均衡（Pre-Equalization，Pre-EQ）技术。

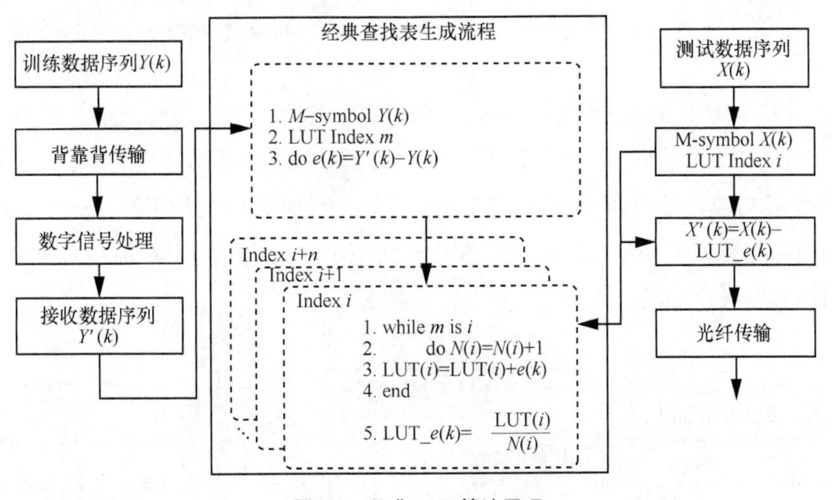

图 4-1　经典 LUT 算法原理

4.2.2　改进查找表的基本原理

LUT 预失真方法是一种计算较简单、映射较灵活的方案，可以有效补偿 PAM 信号受到的非线性损伤。但是，高阶 PAM 电平数的增加或数据符号序列的增加会带来模式数量的指数级增加。本节提出了一种改进的查找表（M-LUT）方法，以减少模式数量和计算复杂度。对于 PAM8 调制信号，在实验中，我们可以观察到高阶符号（±5，±7）比低阶符号（±1，±3）更容易受到光电器件非线性损伤的影响。因此，只考虑高阶符号（±5，±7）以生成查找表索引的方

法，可以减少一半的模式数量。M-LUT 和经典 LUT 不同符号数之间的模式数量对比如图 4-2 所示，经典 LUT 在 3 个和 5 个符号时分别有 512 和 32768 个模式。但是，使用相同的符号数时，M-LUT 分别只有 256 个和 16384 个模式。经过实验验证，与经典 LUT 相比，M-LUT 的数量减少一半，但是性能相近。

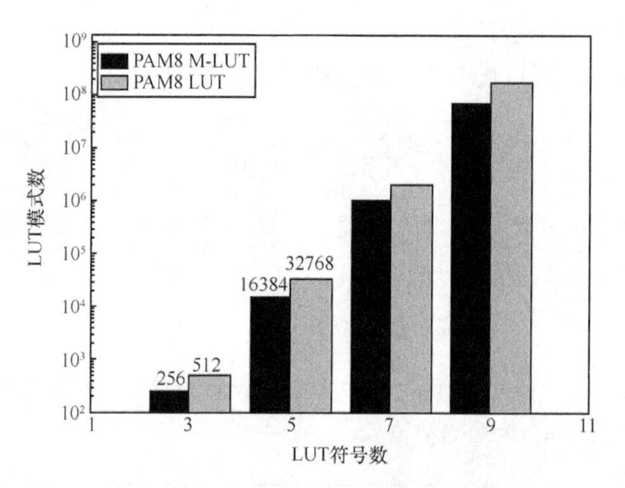

图 4-2　M-LUT 和经典 LUT 不同符号数之间的模式数量对比

M-LUT 算法原理如图 4-3 所示，首先，在背靠背的情况下，具有一定长度的 PAM8 训练序列 $Y(k)\in\{\pm1, \pm3, \pm5, \pm7\}$，计算训练数据序列 $Y(k)$和接收数据序列 $Y'(k)$之间的差值 $e(k)$，只考虑 M 个符号对应高阶符号（±5 或±7）的情况。因此，索引的数量减少一半，LUT 所需的计算机物理内存和计算复杂度都将极大地减少。接下来，数值平均后存储在查找表对应的索引中的过程同经典的方法一致。

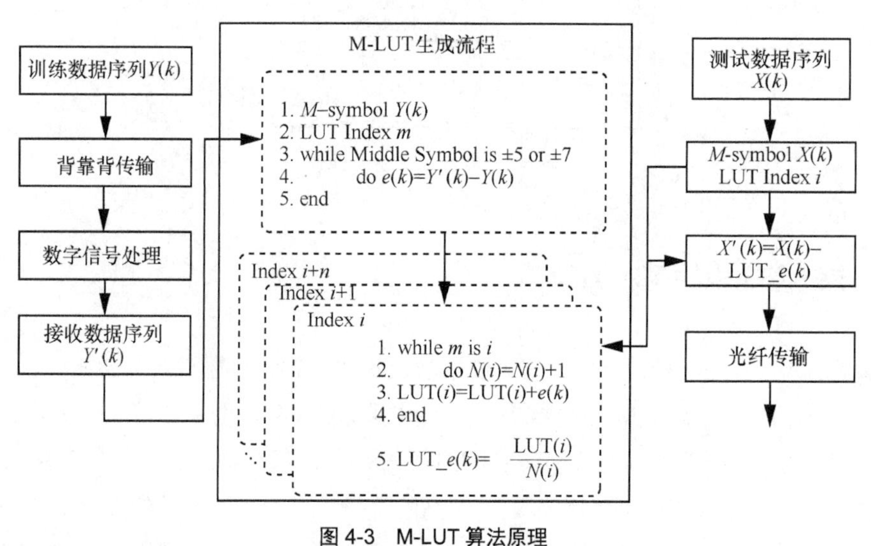

图 4-3　M-LUT 算法原理

4.2.3　基于 M-LUT 的 PAM8 IMDD 系统传输实验

1．基于 DML 的 PAM8 IMDD 传输系统

在 PAM8 传输实验之前，基于 DD-LMS FIR 的预均衡用于减弱器件带宽限制带来的损伤。预均衡实验原理如图 4-4 所示。其中，为了获得合理的 M-LUT 预失真校正值，首先在背靠背情况下根据训练序列执行预均衡处理，未经任何处理的训练序列传输到离线 DSP 进行处理。经过预收敛的 CMMA 均衡之后，自适应 DD-LMS 均衡器达到收敛状态，然后可以从 DD-LMS 滤波器的抽头数中计算出用于预均衡的 FIR。没有 M-LUT 和预均衡时，在背靠背的情况下，经过 CMMA 预收敛和 DD-LMS 均衡器的 PAM8 符号分别如图 4-4（a）和图 4-4（b）所示，此时对应的误码率分别为 2.27×10^{-3} 和 1.53×10^{-4}。CMMA 和 DD-LMS 均衡对于数据收敛显然很有效。在预均衡处理之后，再建立 M-LUT。我们也可以观察到 DML 固有的啁啾效应导致的电平抖动。

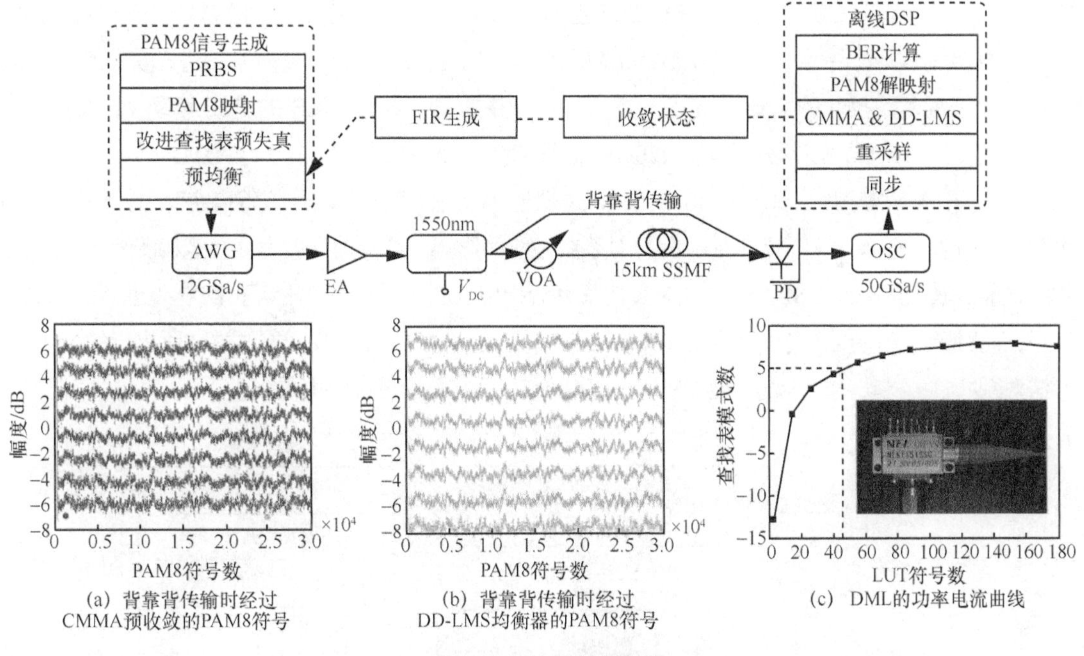

图 4-4　预均衡实验原理

在发射端，PAM8 信号是离线生成的，然后上传到具有 12GSa/s 最大采样率和 3.5GHz 3dB 带宽的 AWG。PAM8 信号生成模块包含以下流程：首先将伪随机二进制序列（Pseudo-Random Binary Sequence，PRBS）信号映射到 PAM8 符号，然后再进行非线性 M-LUT 预失真和 DD-LMS FIR 预均衡以减轻信道损伤。PRBS 的长度是 $2^{15}-1$。来自 AWG 的 2～7GBaud PAM8 信号由 6dB 衰减器衰减，目的是使信号工作在放大器的线性放大区域，然后再由具有 16dB 增益的 EA 放大。接着，PAM8 电信号直接调制在波长为 1550nm、带宽为 10GHz 的商用 DML（NEL，NLK1551SSC）

上。该 DML 偏置在−45mA，输出光功率约为 5.06dBm，如图 4-4（c）所示。实际上，此时 DML 在非线性区域驱动，并可能导致信号失真。通过 VOA 调整接收的光功率，以进行灵敏度测量。然后将调制光信号直接注入 15km 的 SSMF 中，插入损耗约为 3dB。经光纤链路传输之后，接收到的 PAM8 信号由 PD 进行检测，其中，PD 的 3dB 带宽为 15GHz。检测的电信号用具有 50GSa/s 采样率和 30GHz 带宽的示波器采样后，由离线 DSP 进行处理。首先，同步采样信号；重采样后，用 CMMA 均衡进行预收敛；为了进一步提高误码率性能，用 DD-LMS 均衡以减轻载波间干扰并实现精确判决；最后，对信号进行解映射，并计算 PAM8 信号的误码率。

2. 基于 MZM 的 PAM8 IMDD 传输系统

为了进一步验证 M-LUT 在高速传输下的性能，我们在背靠背情况下实验性地演示了 120Gbit/s 基于 MZM 的 PAM8 IMDD 传输。基于 MZM 的 PAM8 IMDD 传输系统实验装置和离线 DSP 如图 4-5 所示。在发射端，使用了具有 80GSa/s 最大采样率和 3dB 带宽 20GHz 的 DAC。PAM8 信号的产生：首先将 PRBS 信号映射到 PAM8 符号，仅通过经典 LUT 或 M-LUT 预失真处理 PAM8 传输的信号，以减轻信道损伤。由 DAC 产生的 40GBaud PAM8 电信号由具有 25dB 增益的 EA 放大，直接调制一个带宽为 32GHz 的 MZM。经 EDFA 之后，使用一个 VOA 进行灵敏度测量。在背靠背情况下，接收的 PAM8 光信号由 50GHz PD 检测。经过 27dB 的电放大器后，检测的信号由示波器进行采样，该示波器具有 120GSa/s 采样率和 45GHz 带宽。与基于 DML 的离线 DSP 处理过程不同，本实验应用了基于 LMS Volterra 滤波器进行预处理。考虑到计算复杂度，仅计算 Volterra 级数的一阶和二阶项。为了减少抽头编号对系统性能的影响，选择抽头数为 121 以确保系统具有较优的性能。其余的离线 DSP 处理与 DML 传输系统相似。图 4-5 的插图显示了 DSP 处理后的 PAM8 符号，此时，对应的接收光功率为 1.6dBm，误码率为 4.4×10^{-3}。此处我们主要关注所提出的 M-LUT 方法对系统性能的影响，因此其他 DSP 算法都工作在系统具有最优性能的条件下。

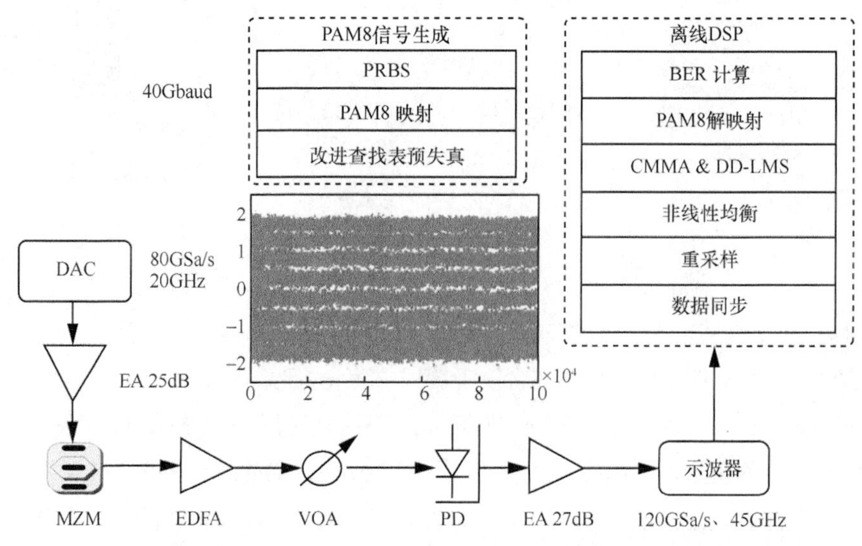

图 4-5 基于 MZM 的 PAM8 IMDD 传输系统实验装置和离线 DSP

3. 基于 DML 的 PAM8 IMDD 传输实验结果

DD-LMS 均衡器实验结果如图 4-6 所示。为了找到适合的预均衡（Pre-EQ）DD-LMS FIR 抽头数，仅在 CMMA 和 DD-LMS 均衡的情况下，图 4-6（a）显示了在背靠背情况和−2.19dBm 接收光功率（Received Optical Power，ROP）下，误码率与 DD-LMS FIR 抽头数的关系。我们可以观察到，随着抽头数的增加，误码率不断降低，当然，DD-LMS FIR 抽头数变多也会相应增加 DSP 的复杂度。当 DD-LMS FIR 抽头数为 99 时，误码率为 1.53×10^{-4}。图 4-6（b）显示了预均衡时在时域中的 DD-LMS FIR 抽头值。在传输实验中，使用了 99 抽头的 DD-LMS FIR，以确保系统具有最佳性能。图 4-6（c）和图 4-6（d）分别显示了预均衡前后接收端的自适应 DD-LMS FIR 的频率响应。DML 在非线性区域驱动，导致信号失真。因此，预均衡之前 DD-LMS FIR 的频率响应不是平滑的，如图 4-6（c）所示。通过在发射端应用从 DD-LMS 收敛状态生成的 FIR，经过预均衡之后，可以观察到相对平坦的信道响应，如图 4-6（d）所示，如果采用更大的抽头数，响应会更平坦。

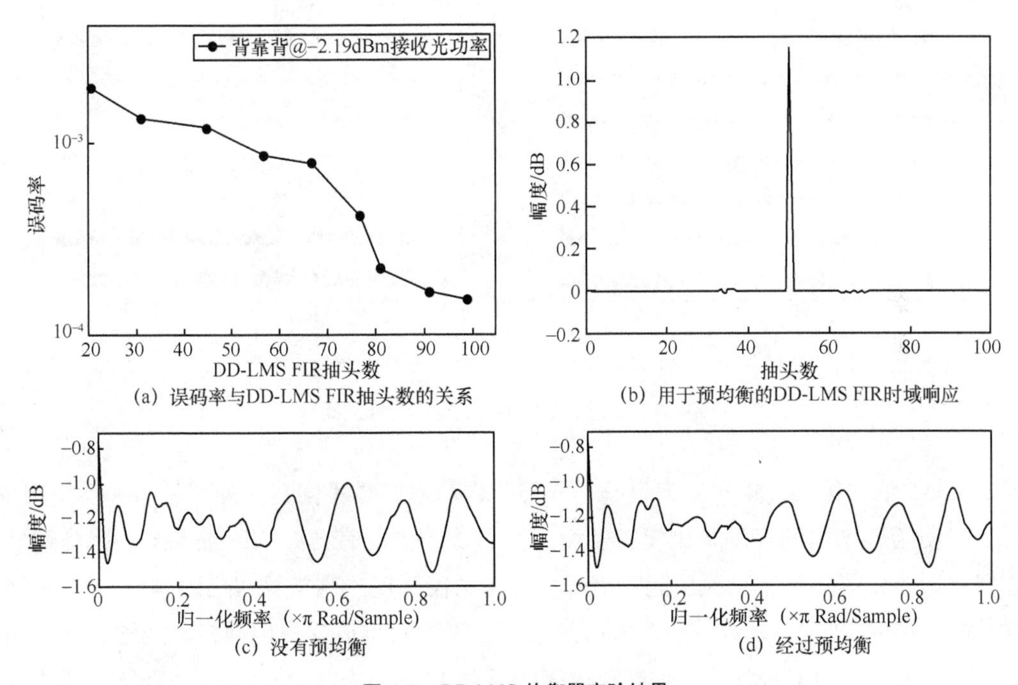

(a) 误码率与DD-LMS FIR抽头数的关系　(b) 用于预均衡的DD-LMS FIR时域响应

(c) 没有预均衡　(d) 经过预均衡

图 4-6 DD-LMS 均衡器实验结果

经典 LUT 和 M-LUT 实验结果对比如图 4-7 所示，图 4-7（a）和图 4-7（b）显示的分别是经典 LUT 和 M-LUT 在 3 个符号时的 LUT 预失真校正值，两种情况都是在发射端通过预均衡的训练序列生成的。使用 3 个符号的经典 PAM8 LUT 有 512 个模式，而改进后的 PAM8 LUT 只有 256 个模式。与经典 LUT 相比，M-LUT 模式的数量减少了一半。同时，在发射端索引所需的计算机物理内存和索引复杂度都得到了极大的降低。图 4-7（c）和图 4-7（d）分别显示了使用 3 个符号的经典 LUT 和 M-LUT 之后的 PAM8 符号。对于 PAM8 调制信号，高阶符号（±5，±7）比低阶符号（±1，±3）具有更高的失真校正值，因为高阶符号更容易受到非线性损伤的影响，如图 4-7（c）所示。低阶符号（±1，±3）受到的非线性损伤比较微弱，可以忽略，因此，M-LUT 仅考虑高阶符号（±5，±7）。考虑到计算复杂度，本实验只考虑了 3 个符号应用于经典 LUT 和 M-LUT 的传输实验。

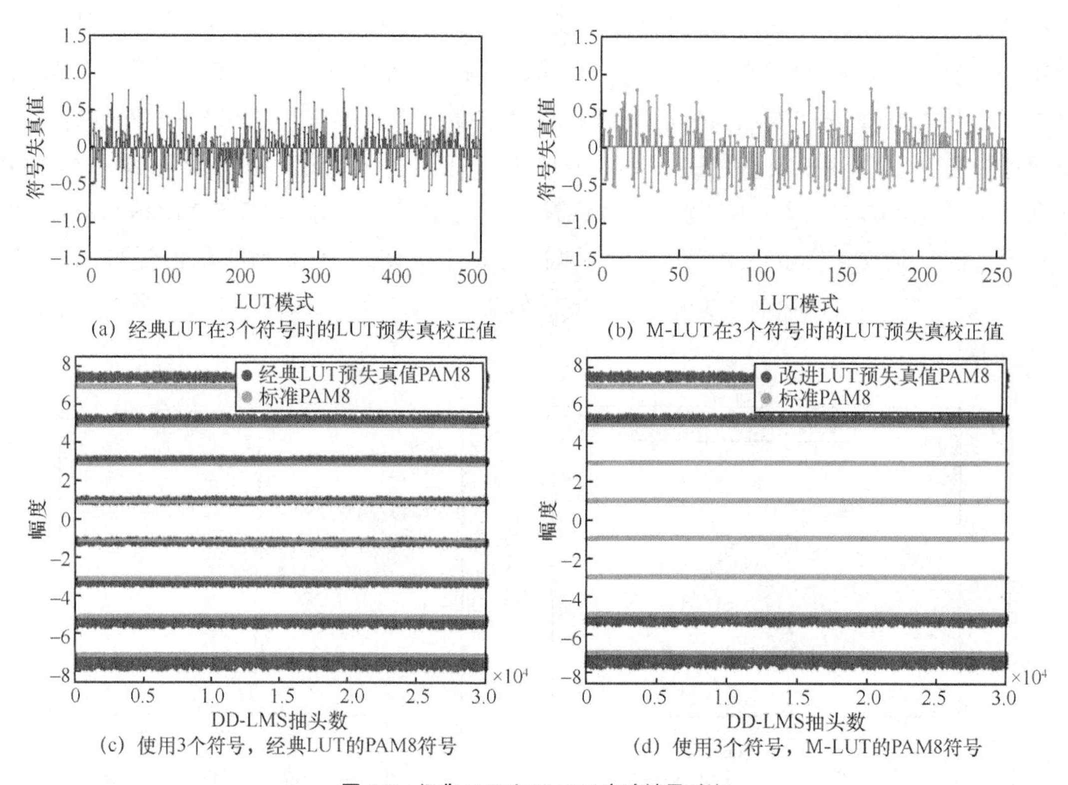

(a) 经典LUT在3个符号时的LUT预失真校正值　(b) M-LUT在3个符号时的LUT预失真校正值

(c) 使用3个符号，经典LUT的PAM8符号　(d) 使用3个符号，M-LUT的PAM8符号

图 4-7　经典 LUT 和 M-LUT 实验结果对比

2GBaud 信号传输 15km 后的误码率与接收光功率经过不同算法处理后的关系如图 4-8 所示，只使用预均衡的误码率比没有使用任何算法的情况有更好的改进，这是因为预均衡可以很好地改善器件带宽受限引起的信号损伤。与仅采用预均衡算法相比，M-LUT 和经典 LUT 与预均衡相结合可以进一步改善系统性能，因为其可以有效地减轻非线性失真。当采用带有预均衡的 M-LUT 时，与带有预均衡的经典 LUT 相比，PAM8 信号具有类似的改善效果。M-LUT（±1, ±3）符号是标准的 PAM8 值，保持不变，（±5, ±7）符号是预失真值。仅使用预均衡可获得约 0.5dB 的接收灵敏度提升，而通过采用 M-LUT 或经典 LUT 以及预均衡可以在误码率为 3.8×10^{-3} 的情况下获得约 1dB 的接收灵敏度提升。此外，在接收光功率为−5.19dBm 时，由于较小误码率产生的 LUT 预失真校正值更加准确，因此提升效果更加明显。图 4-8（a）和图 4-8（b）分别显示了经典 LUT 和 M-LUT 在接收光功率为−6.69dBm 时对应的 PAM8 符号。

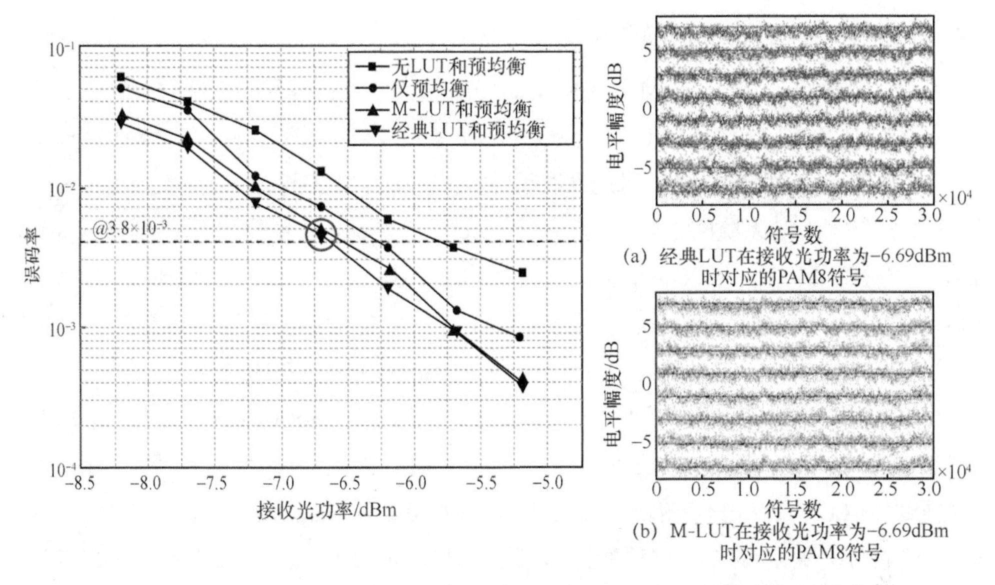

(a) 经典LUT在接收光功率为−6.69dBm时对应的PAM8符号

(b) M-LUT在接收光功率为−6.69dBm时对应的PAM8符号

图 4-8　2GBaud 信号传输 15km 后的误码率与接收光功率经过不同算法处理后的关系

通过使用不同的算法，在接收光功率为−5.19dBm、传输 15km 后，使用 DML 在不同波特率下的误码率性能如图 4-9 所示。从 2GBaud 到 7GBaud，只使用预均衡的误码率要优于不使用任何算法的误码率，M-LUT 和经典 LUT 以及分别与预均衡联合的改进效果是相似的。但是，M-LUT 模式数量只有经典 LUT 的一半，同样发射端的复杂度也会降低。在波特率为 2GBaud 且接收光功率为−5.19dBm 的情况下，改善效果最为明显，因为生成的波特率较低时的 LUT 预失真校正值更加精确。图 4-9（a）和图 4-9（b）分别是结合了预均衡的经典 LUT 和 M-LUT 在 2GBaud 的波特率下对应的 PAM8 符号。

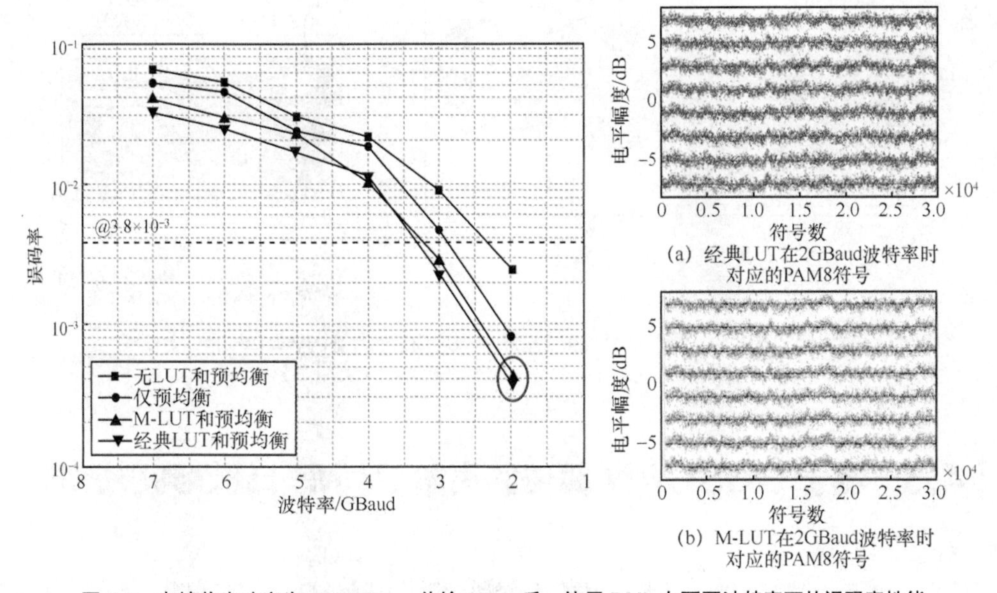

(a) 经典LUT在2GBaud波特率时对应的PAM8符号

(b) M-LUT在2GBaud波特率时对应的PAM8符号

图 4-9　在接收光功率为−5.19dBm、传输 15km 后，使用 DML 在不同波特率下的误码率性能

4. 基于 MZM 的 PAM8 IMDD 传输实验结果

在背靠背的情况下，基于 MZM 的 40GBaud PAM8 经过不同算法的处理后误码率性能对比如图 4-10 所示，可以发现，仅使用 M-LUT 和仅使用经典 LUT，误码率不能达到 3.8×10^{-3} 的 HD-FEC 阈值；仅使用 Volterra 滤波器均衡，系统性能明显提升；联合 LUT 和 Volterra 滤波器，系统的非线性损伤可以进一步改善，系统性能进一步提升；M-LUT + Volterra 滤波器或经典 LUT + Volterra 滤波器误码率的改进要优于仅使用 Volterra 滤波器的误码率，因为 LUT 可以更加有效地减轻非线性失真；当采用经典 LUT 时，PAM8 信号略优于采用 M-LUT 时的 PAM8 信号。在 40GBaud 的波特率、HD-FEC 阈值为 3.8×10^{-3} 的情况下，使用经典 LUT 可获得约 1.5dB 的接收灵敏度改善，而通过使用 M-LUT 可获得约 1dB 的接收灵敏度改善。对于 2～7GBaud 的基于 DML 的 PAM8 调制信号，高阶符号（±5，±7）比低阶符号（±1，±3）更容易受到非线性损伤的影响。如图 4-10 所示，与经典 LUT 相比，忽略低位符号的 M-LUT 具有差不多的改进。对于基于 MZM 的 40GBaud PAM8 调制信号，所有（±1，±3，±5，±7）符号均会遭受严重的非线性失真。因此，如图 4-10 所示，经典 LUT 比 M-LUT 有 0.5dB 的改善。当接收光功率为 1.6dBm 时，由于生成的 LUT 预失真校正值更加准确，因此改善效果更加明显。图 4-10（a）和图 4-10（b）分别显示了接收光功率为 1.6dBm 时，M-LUT 和经典 LUT 的 40GBaud PAM8 符号，误码率分别为 2×10^{-3} 和 8.6×10^{-4}，与图 4-5 相比，8 个电平明显分开。

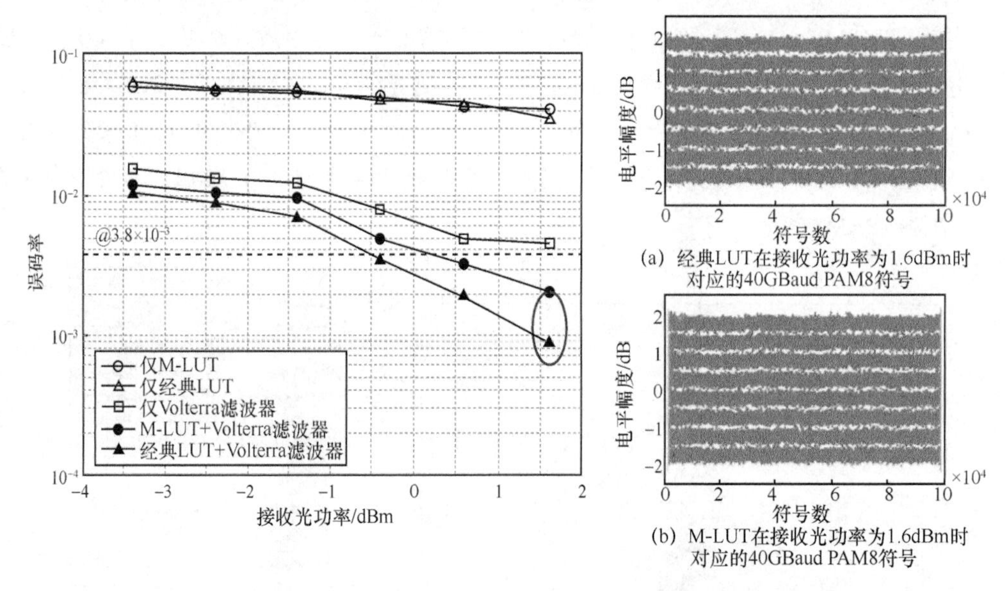

图 4-10 基于 MZM 的 40GBaud PAM8 经过不同算法的处理后误码率性能对比

4.3 基于 DBSCAN 算法的高阶 PAM 非线性判决技术

对于高速高阶 PAM 传输，有限的带宽以及光纤和光电器件的非线性损伤会严重限制传输距离以及可达到的容量。因此，补偿带宽限制和减轻系统的非线性至关重要。一些经典均衡算法，如 FFE/DFE 可以用来消除 ISI[4-6]，是目前研究的主流。此外，高复杂度的 Volterra 滤波器也用于补偿传输非线性失真。同时，近年来随着人工智能的飞速发展，机器学习在很多研究领域已成为最受欢迎的研究方向之一。在光传输领域，另一个研究重点是机器学习算法的应用。在各种模型和算法中，最受欢迎的选择之一是聚类算法，它在降低非线性损伤、调制格式识别、相位估计和数据检测中起着重要作用。为了解决 DML 自身啁啾效应引起的电平抖动导致的难以判决的问题，本节介绍一种基于密度聚类算法的高阶 PAM 电平判决方法，首先介绍 DBSCAN 算法的基本原理，接着介绍基于 DBSCAN 的高阶 PAM 判决算法基本原理，最后进行基于 DBSCAN 算法的 PAM8 IMDD 系统传输实验验证。

4.3.1 DBSCAN 算法的基本原理

DBSCAN 是一种最常见的聚类算法，是一种基于密度对噪声可区分的空间聚类算法。DBSCAN 算法可以找到数据中高密度（有较多相邻点）的区域进行分类，并可以辨识出位于低密度（相邻的点相隔得比较远）区域的数据，即噪声点。相比其他聚类算法，DBSCAN 算法不受聚类种类的限制，并且可以对任何形状的样本点进行聚类，也可以分辨出噪声点。

DBSCAN 算法有两个重要参数：邻域半径 ε 和最少点数 MinPts，当一个数据样本点在邻域半径范围内的样本点数量大于最少点数时，称之为高密度。根据样本点在邻域半径的分布不同，可以分为核心点、边界点和噪声点。DBSCAN 算法中的三类点如图 4-11 所示，核心点是邻域半径内数据样本点的数目大于或等于 MinPts 的点，MinPts 是定义核心点的阈值；边界点是不属于核心点但在核心点的邻域半径内的点；噪声点是既不属于核心点也不属于边界点的点。

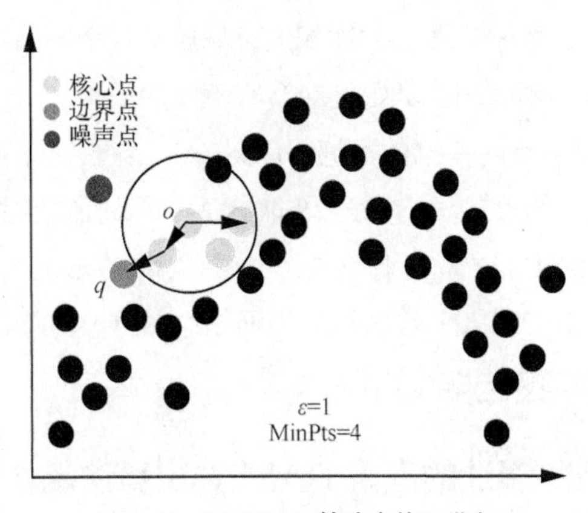

图 4-11　DBSCAN 算法中的三类点

DBSCAN 算法中数据点之间的关系如图 4-12 所示：如果对于某个核心点 P，点 Q 在 P 的邻域半径范围内，则 P 到 Q 称为密度直达；如果对于核心点 P，存在核心点 $P_1,P_2,\cdots,P_n$，且 P 到 P_1 为密度直达，P_1 到 P_2 为密度直达，…，$P_{(n-1)}$ 到 P_n 为密度直达，P_n 到 Q 密度直达，则 P 到 Q 称为密度可达；如果存在某个核心点S，满足S到P和Q都是密度可达，则P和Q称为密度相连。显然，密度相连的两个样本点属于相同的聚类簇；最后，如果某两点不属于密度相连，则称为非密度连接。

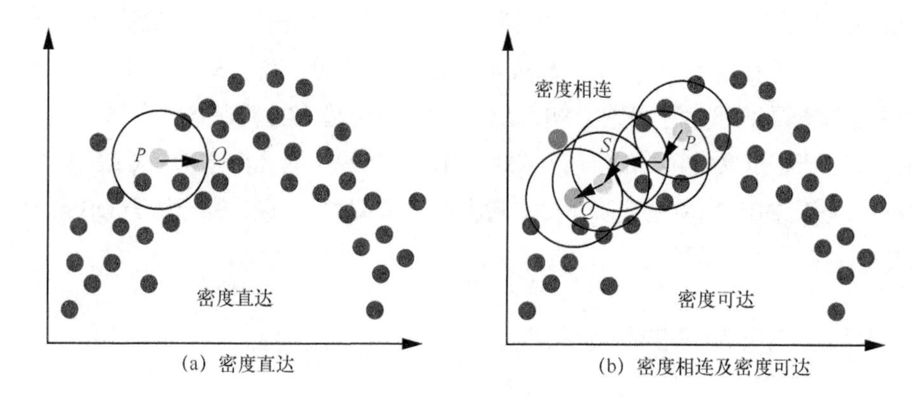

图 4-12 DBSCAN 算法中数据点之间的关系

经典的DBSCAN算法包含以下主要步骤。

（1）给定邻域半径ε和邻域半径内最少的数据样本点数MinPts。

（2）遍历所有数据样本点，找出所有满足邻域半径ε范围内核心点的集合。

（3）选择任意一个核心点，找出该核心点所有可以密度可达的数据样本点，并构成聚类簇。

（4）从没有查询的核心点集合中删除步骤（3）中找到的密度可达的数据样本点。

（5）从更新后的核心点集合中重复操作步骤（3）和步骤（4），直到所有核心点集合都被遍历。

与其他聚类算法相比较，DBSCAN 算法可以不受簇的种类数量的限制，可以应用在任意形状的簇类中，并能区别出噪声点。此外，DBSCAN 算法对数据样本点的顺序表现得不够敏感。但是，对于DBSCAN算法，处于边界点的样本点可能属于几个不同的密度相连的簇类，每次运行DBSCAN算法，边界点在不同的簇类中摆动会有不同的结果，所以这种不确定性是该算法面临的主要问题之一。如果样本点是高维的数据，DBSCAN 算法在计算样本的欧氏距离时就变得有些困难；如果数据样本点的密度差异比较大，选取合适的邻域半径ε和最少数据样本点数MinPts就比较困难，因此，应用的时候需要联合调整这个参数，不同参数的组合优化对结果影响比较大。把计算机科学领域的经典 DBCSCAN 算法引入光通信中，需要对算法做出新的改进，最大限度克服该算法的劣势，对参数的优化也需要重点考虑。

4.3.2 基于 DBSCAN 算法的高阶 PAM 判决算法基本原理

IMDD 系统因为具有简单的结构而被广泛应用在短距离光纤通信中。DML 由于其低功耗、小体积和高输出功率成为IMDD系统有吸引力的低成本解决方案。但是，对于DML，驱动电流会影响其有源区的光子密度，因此固有的啁啾会影响生成的光载波并导致信号失真，从而降低传输速率和信号判决的精度。目前，已经提出了几种常用的技术来抑制这些非线性失真[7-11]：在发射端，基于大信号速率方程的反函数，用 DSP 的方式产生一个近似的调制电流用于预补偿；在接收端，时域 Volterra 非线性均衡器用于后补偿，以减轻非线性失真。但是，它们需要高采样率的 DAC 或在计算中使用三阶 Volterra 级数。本节提出了一种基于 DBSCAN 的高阶 PAM 信号判决算法，在不使用其他非线性处理算法的情况下，提高电平判决的准确性。

基于 DML 的高阶 PAM 信号判决基本原理如图 4-13 所示。如图 4-13（a）所示，DML 的输出 PAM8 信号由于激光腔中的固有共振而失真，输出光功率和线性调频脉冲表现出阻尼的周期性弛豫振荡，特别是在图中的区域 I 和区域Ⅱ。与标准 PAM8 幅度{±1，±3，±5，±7}相比，每个符号中存在电平幅度的过冲和下冲。图 4-13（b）展示了使用传统判决方法对抖动电平的判决原理，该方法的判决电平是线性的。电平幅度由于过冲而超出判决门限，超过判决门限的信号被当作误码的数据，因此准确性将降低。通过图 4-13（b）可以看出，超过判决门限的部分数据明显地属于自己所在电平的区域，如果按照传统线性“一刀切”的判决门限方式进行判决就会导致误判，误码率会较差。PAM8 失真信号的上冲和下冲可以根据符号的密度分布进行分类判决。因此，根据密度进行分类的 DBSCAN 算法被用来解决这一问题。

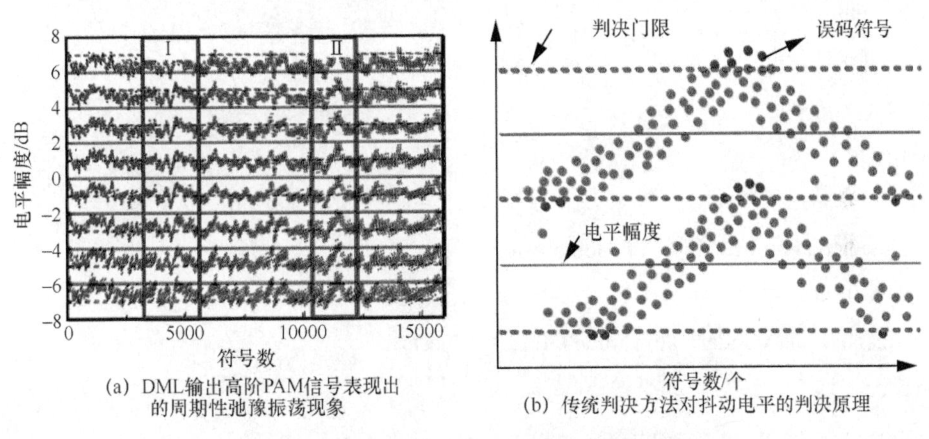

(a) DML输出高阶PAM信号表现出的周期性弛豫振荡现象　　(b) 传统判决方法对抖动电平的判决原理

图 4-13　基于 DML 的高阶 PAM 信号判决基本原理

基于密度的判决方法的主要思想就是根据邻域半径 ε 和邻域半径内的最少数据样本点数 MinPts 把每个电平符号分类到不同的聚类簇，最后再进行判决。基于 DBSCAN 的高阶 PAM 信号判决算法伪代码见算法 1。

算法 1　基于 DBSCAN 的高阶 PAM 信号判决算法伪代码

Algorithm DBSCAN_Decision (D, MinPts, ε)

Step 1　基于密度进行分类

D=D×Normalization_Factor

Divide dataset D into N subsets

C=0

```
for each subset D_N do
  for each point P in subset D_N do
     NeighborPts = Region_Query(P, ε)
     if Number of (NeighborPts) <MinPts then
        mark P as Noise_points
     else
        C=C+1
        for each point P' in NeighborPts do
           NeighborPts' = Region_Query(P', ε)
           if Number of (NeighborPts')> MinPts then
              NeighborPts = NeighborPts ∪ NeighborPts'
           else
              add P' to cluster C
           end if
        end for
     end if
  end for
end for
```

Step 2 判决

```
calculate actual amplitude C′ of each cluster C
for each C do
     decision via standard amplitude (±1, ±3, ±5, ±7)
end for
   for each point of Noise points do
     find the closest actual amplitude C′
     decision via standard amplitude (±1, ±3, ±5, ±7)
   end for
end Algorithm
```

具体可以分为以下两个步骤。

步骤 1：基于密度进行分类

首先给出归一化因子 Normaltization_Factor、邻域半径 ε 和邻域半径内的最少数据样本点数 MinPts，样本可以分为 N 个子集合。样本点数据通常通过数字示波器采集，再进行归一化处理，此时，数据样本点之间的距离计算精度较小，不利于分类处理，需要乘以某个归一化因子进行数据范围扩大后再方便分类。此外，计算的数据样本点可能过多，导致整个分类过程变得复杂，把数据样本点分为几个不同的子集合分别处理可以提高计算的速度。以上 4 个参数的选取会影响分类的结果，最终影响判决结果，需要对几个参数进行优化。接下来，找到数据样本点的核心点和噪声点，再对所有核心点进行遍历找到聚类簇。

步骤 2：判决

判决原理如图 4-14 所示，分为核心点和噪声点的判决。核心点和噪声点判决如图 4-14（a）所示，核心点已经分到不同的聚类簇中，如簇 1 和簇 2，首先可以通过平均值计算每个簇的真实幅度值（虚线），再与 PAM8 标准幅度{±1, ±3, ±5, ±7}（实线）比较进行判决，这样核心点就得到了判决；接下来是噪声点的判决，如 N1、N2 和 N3 点的判决，根据到真实幅度值的距离比较进行判决。基于密度的聚类簇如图 4-14（b）所示，最终所有点都得到判决，此时得到判决的区域是非线性的，在不使用非线性算法的情况下，能极大地提高判决准确度，降低误码率。

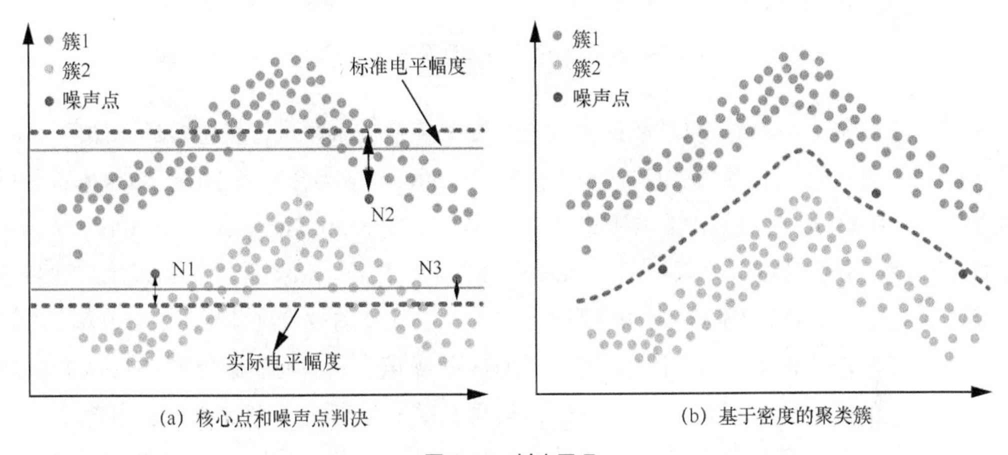

图 4-14　判决原理

4.3.3　基于 DBSCAN 算法的 PAM8 IMDD 系统传输实验

基于 DBSCAN 算法的 PAM8 IMDD 系统实验装置和离线 DSP 流程如图 4-15 所示。在发射端，20GBaud PAM8 信号由工作在 80GSa/s、3dB 带宽 20GHz 的 DAC 产生。PAM8 电信号直接调制带宽为 10GHz 的 DML，波长为 1543nm。在 PAM8 信号生成模块中，首先将格雷编码的数据映射到长度为 2^{14} 的 PAM8 符号中，然后重采样以匹配 DAC 的采样率，进行量化后，再加载到 DAC。VOA 用来调整进入光纤的光功率，进行接收灵敏度测量。然后将调制光信号直接注入 2km SSMF。经过光纤传输之后，接收端发送的 PAM8 信号直接由 PD 检测，该检测器具有 15GHz 的 3dB 带宽。信号由实时示波器采样，该示波器的采样率为 120GSa/s、带宽为 45GHz，将采集的数据进行离线处理。进行离线数字信号处理时，依次由 53 抽头的 CMMA 和 53 抽头的 DD-LMS 线性均衡器处理信号。图 4-15（a）和图 4-15（b）分别显示了在背靠背情况下经过 CMMA 和

DD-LMS 之后的 PAM8 符号，可以看出 PAM8 电平幅度的抖动。最后，对处理的信号进行解映射，根据不同的判决方法计算误码率并进行性能比较。

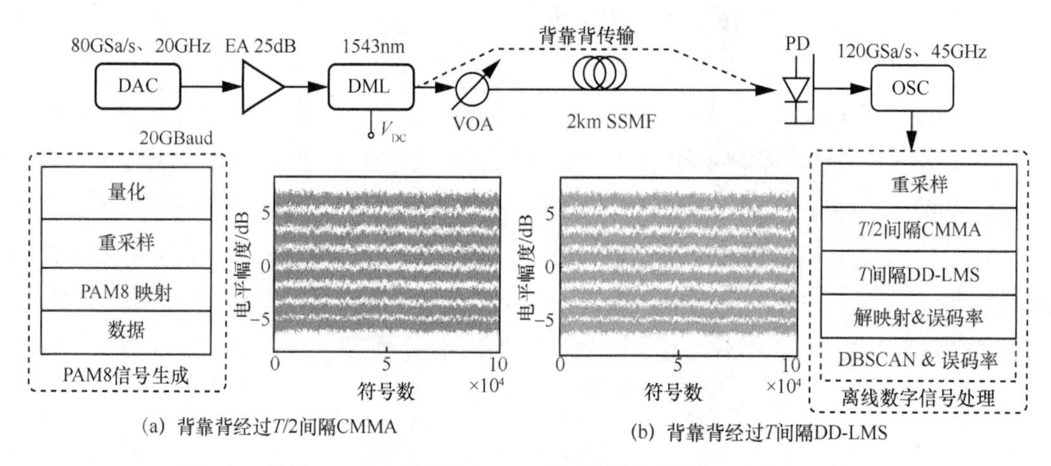

(a) 背靠背经过$T/2$间隔CMMA　　(b) 背靠背经过T间隔DD-LMS

图 4-15　基于 DBSCAN 算法的 PAM8 IMDD 系统实验装置和离线 DSP 流程

为了获得基于 DBSCAN 算法的最佳性能，要对算法的参数进行优化，具体如图 4-16 所示。该算法需要优化 4 项参数：归一化因子 Nor_Factor、子集合数目 Num_Subsets、邻域半径内的最少数据样本点数 MinPts 和邻域半径 ε。首先，在 Num_Subsets=4、MinPts=23、ε=215 的条件下，我们分析了归一化因子 Nor_Factor 对噪声点数目、聚类簇数目和误比特数目的影响。随着归一化因子 Nor_Factor 从 400 增加到 700，噪声点的数目逐渐增加，从 0 增加到 600 左右，这是因为较小的归一化因子能更准确地区分噪声点；同时，聚类簇数目从 8 增加到 21，因为较大的归一化因子能使聚类簇分类得更精确；最后，误比特数目逐渐降低后再逐渐增大，优化的最终目标是降低误比特数目，因此最优的归一化因子 Nor_Factor=520。接下来，在 Nor_Factor=520、MinPts=23、ε=215 的条件下，分析了子集合数目 Num_Subsets 对算法运行时间、噪声点数目和误比特数目的影响。随着子集合数目 Num_Subsets 从 2 增加到 14，算法运行时间从 35s 逐渐减小到 5s 左右，子集合数目越多，运行时间越短；噪声点的数目会增加，但是在 10 个子集合数目内增加不明显；误比特数目在 4～12 变化，在 4～10 个子集合数目内基本没有变化，综合考虑运行时间和误比特数目，最优的子集合数目为 Num_Subsets=4。

接着，在 Num_Subsets=4、Nor_Factor=520 和 ε=215 的情况下，分析了最少数据样本点数 MinPts 对噪声点数目、聚类簇数目和误比特数目的影响。可以观察到，以上 3 项指标都随着最少点数的增加而增加，综合考虑最小误比特率，最优的邻域半径内最少数据样本点数 MinPts=23。最后分析了邻域半径 ε 对噪声点数目、聚类簇数目和误比特数目的影响，在 Num_Subsets=4、Nor_Factor=520 和 MinPts=23 的条件下，随着邻域半径从 190 增加到 245，噪声点数目从 300 降低到 25，这是因为随着邻域半径的增加，噪声分类的精度在降低；聚类簇的数目从 20 降低到 8，即簇分类的精度也在降低，某些边界点相邻的区域无法进行区分；误比特率数目逐渐降低后再逐渐增大，因此最优的邻域半径 ε=215。综合以上分析，在基于 DBSCAN 算法的 PAM8 IMDD 系统传输实验中，最优参数为：Nor_Factor=520、Num_Subsets=4、MinPts=23、ε=215。

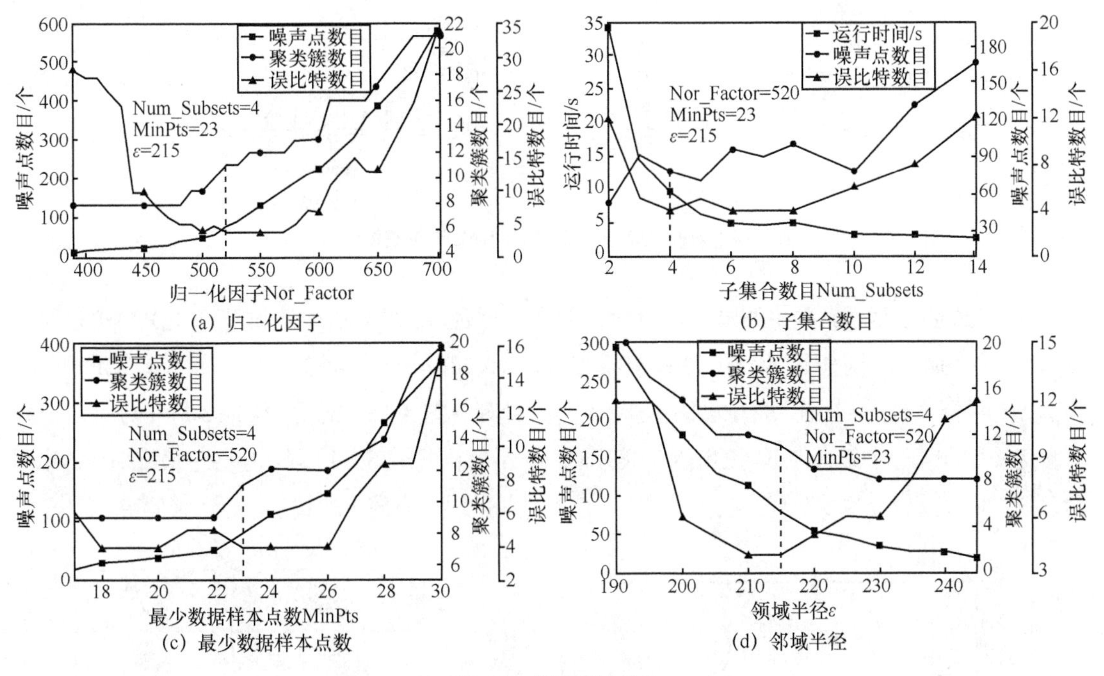

图 4-16　算法参数优化

基于 DBSCAN 算法的 PAM8 IMDD 系统传输实验结果如图 4-17（a）显示了在背靠背时误码率与接收光功率的关系，分别比较了不同算法在传统的标准电平判决方法和基于 DBSCAN 算法的性能。我们可以观察到，只使用 53 抽头的 CMMA 或 53 抽头的 DD-LMS 算法，或两者联合均衡的算法，误码率都在硬判决门限（HD-FEC，3.8×10^{-3}）以下，但误码性能不高，因为这些算法基本达到了传统标准电平判决方法的极限。在 CMMA 和 DD-LMS 联合均衡后，采用基于 DBSCAN 的非线性判决算法，误码率性能在硬判决门限基础上有约 1dB 的接收灵敏度的提升。图 4-17（b）展示了传输 2km SSMF 时误码率与接收光功率的关系，可以观察到，在 C 波段，20GBaud 高阶 PAM8 信号的传输性能受到非常大的影响，只使用 CMMA 或 DD-LMS 算法，误码率性能达不到硬判决门限。在 CMMA 和 DD-LMS 联合均衡后，传统的判决方法和采用基于 DBSCAN 的非线性判决算法，误码率性能都能达到硬判决门限以下，但是后者比前者有约 0.6dB 的接收灵敏度提升。在接收光功率比较高的情况下，基于 DBSCAN 的非线性判决算法比传统判决算法提升得更多，这是因为接收的 PAM8 电平信号的聚类簇和噪声点区分得更精确，而传统的方法已经达到判决的极限。

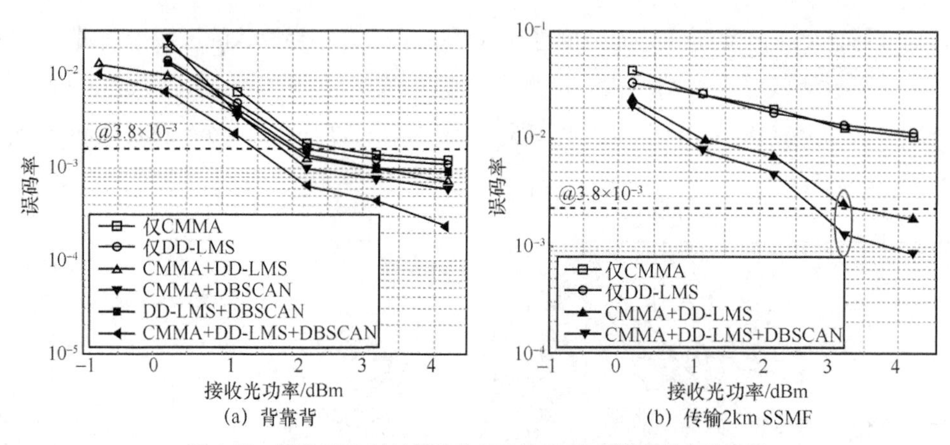

图 4-17 基于 DBSCAN 算法的 PAM8 IMDD 系统传输实验结果

为了能更直观地看到判决结果，基于 DBSCAN 的非线性判决方法在不同情况下的 PAM8 电平幅度示意图如图 4-18 所示。图 4-18（a）是接收光功率为 3.2dBm 时，与归一化因子相乘之后的电平示意图，电平幅度放大到比较大的范围用于聚类算法处理。图 4-18（b）和图 4-18（c）分别是把数据分为 2 个和 4 个子集合处理时的电平幅度示意图。最后，图 4-18（d）显示了经过最终判决的电平示意图，可以看到分为 8 个聚类簇和噪声点，此时判决的误码率为 1.3×10^{-3}，优于传统判决方法。

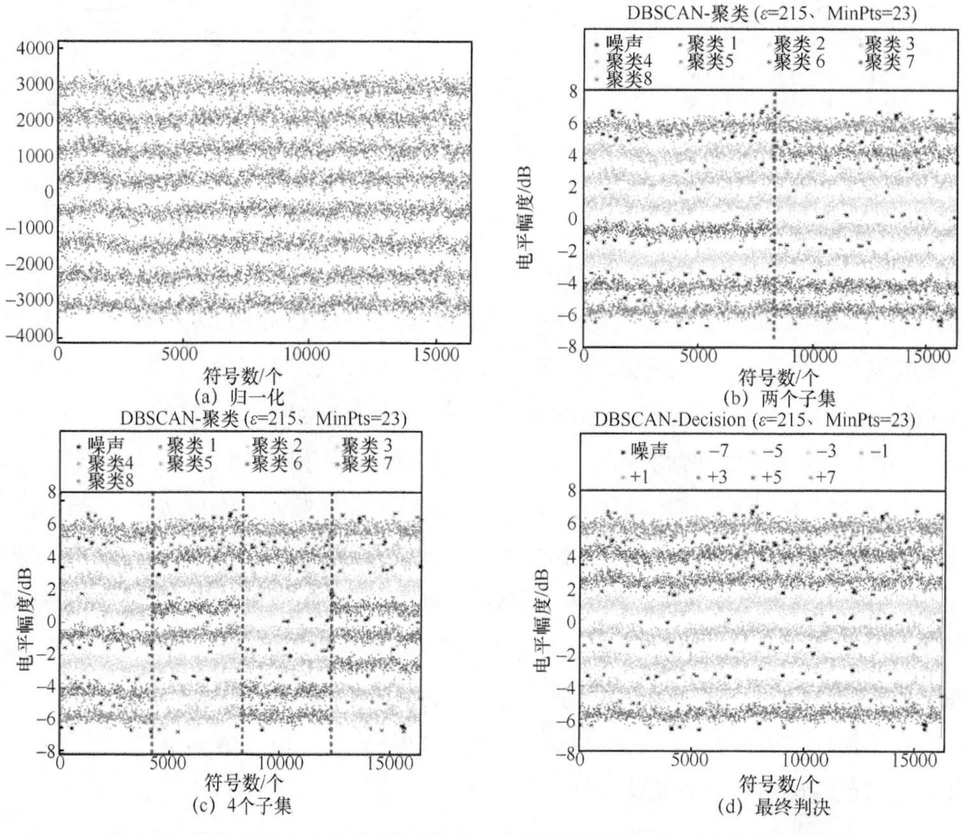

图 4-18 基于 DBSCAN 的非线性判决方法在不同情况下的 PAM8 电平幅度示意图

4.4 小结

本章首先针对短距离光通信中 LUT 算法复杂度较高的问题，尤其对于高阶 PAM 调制信号，LUT 的高复杂度限制了算法的应用，首次提出了一种基于 M-LUT 的高阶 PAM 非线性预失真技术，在基本不降低算法性能的前提下，降低 LUT 的复杂度。通过实验分析我们观察到，PAM8 信号高阶的符号（±5, ±7）比低阶的符号（±1, ±3）更容易受到光电器件带宽限制导致的非线性损伤的影响。一种只考虑 PAM8 高阶符号(±5, ±7)的 M-LUT 预失真算法被提出。通过基于 M-LUT 的 PAM8 IMDD 系统传输实验验证，M-LUT 算法与经典 LUT 算法相比，对系统性能提升相近，但是 M-LUT 算法的模式数量减少了一半，在发射端所需的计算机物理内存和索引复杂度都得到了极大程度的降低。接下来为了解决 DML 自身啁啾效应引起的电平抖动导致的难以判决的问题，提出了一种基于 DBSCAN 算法的非线性判决技术，以提高电平判决的准确性，而无须使用任何非线性处理算法。通过基于 DBSCAN 算法的 PAM8 IMDD 系统传输实验验证，采用基于 DBSCAN 的非线性判决算法，误码率性能在硬判决门限的接收灵敏度有约 1dB 的提升。对于基于带宽受限器件的数据中心光互连系统，高阶 PAM 有着更高的频谱效率，但是，高阶 PAM 信号对噪声更敏感，受到的非线性损伤要高于 PAM4，我们对这一问题的探索为高阶 PAM 的应用奠定了研究基础。

参考文献

[1] LI D, SONG H P, CHENG W, et al. 180 Gb/s PAM8 signal transmission in bandwidth-limited IMDD system enabled by tap coefficient decision directed Volterra equalizer[J]. IEEE Access, 2020(8): 19890-19899.

[2] REZA A G, RHEE J K K. Nonlinear equalizer based on neural networks for PAM-4 signal transmission using DML[J]. IEEE Photonics Technology Letters, 2018, 30(15): 1416-1419.

[3] ZHANG J W, YU J J, CHIEN H C. EML-based IM/DD 400G (4 × 112.5-Gbit/s) PAM-4 over 80 km SSMF based on linear pre-equalization and nonlinear LUT pre-distortion for inter-DCI applications[C]//Proceedings of 2017 Optical Fiber Communications Conference and Exhibition (OFC). Piscataway: IEEE Press, 2017: 1-3.

[4] MIAO X, BI M H, YU J S, et al. SVM-modified-FFE enabled chirp management for 10GDML-based 50Gb/s/λ PAM4 IM-DDPON[C]//Proceedings of Optical Fiber Communication Conference (OFC) 2019. Washington, D.C.: OSA, 2019: M2B. 5.

[5] WEI J L, GIACOUMIDIS E. Multi-band CAP for next-generation optical access networks using 10-G Optics[J]. Journal of Lightwave Technology, 2018, 36(2): 551-559.

[6] QIN C, HOUTSMA V, VAN VEEN D, et al. 40 Gb/s PON with 23 dB power budget using 10 Gb/s optics and DMT[C]//Proceedings of Optical Fiber Communication Conference. Washington, D.C.: OSA, 2017: M3H. 5.

[7] GAO F, ZHOU S W, LI X, et al. 2 × 64 Gb/s PAM-4 transmission over 70 km SSMF using O-band 18G-class

directly modulated lasers (DMLs)[J]. Optics Express, 2017, 25(7): 7230-7237.

[8] LI D, DENG L, YE Y, et al. 4 × 96 Gbit/s PAM8 for short-reach applications employing low-cost DML without pre-equalization[C]//Proceedings of Optical Fiber Communication Conference (OFC) 2019. Washington, D.C.: OSA, 2019: 1-3.

[9] LI D, DENG L, YE Y, et al. Amplifier-free 4 × 96 Gb/s PAM8 transmission enabled by modified Volterra equalizer for short-reach applications using directly modulated lasers[J]. Optics Express, 2019, 27(13): 17927-17939.

[10] KARAR A S, CARTLEDGE J C, HARLEY J, et al. Electronic pre-compensation for a 10.7-Gb/s system employing a directly modulated laser[J]. Journal of Lightwave Technology, 2011, 29(13): 2069-2076.

[11] GAO Y, CARTLEDGE J C, YAM S S H, et al. 112 Gb/s PAM-4 using a directly modulated laser with linear pre-compensation and nonlinear post-compensation[C]//Proceedings of ECOC 2016; 42nd European Conference on Optical Communication. [S.l.: s.n.], 2016: 1-3.

第 5 章

基于概率整形的 200Gbit/s+ 数据中心内光互连系统

5.1 引言

近年来，学者基于 PAM4 或 PAM8 调制格式，利用集成或分离的激光器和调制器，对一些单通道超过 200Gbit/s 的短距离光互连传输进行了实验验证[1−7]。在这些演示系统中，高效的数字信号处理技术被用于信号的恢复，包括数字预失真、数字预均衡、数字时钟恢复、FFE/DFE 和纠错能力很强的 SD-FEC。这些研究工作证明了通过复用单通道 200Gbit/s 实现四通道 800Gbit/s 甚至八通道 1.6Tbit/s 短距离光互连的可行性。同时，PS 技术在整个光传输研究界引起了很多关注。PS 的主要优势在于，与常规调制格式相比，PS 可以提供自适应的整形增益，并且可以通过基于麦克斯韦−玻尔兹曼（Maxwell-Boltzmann，MB）分布调整整形因子以灵活地调整数据速率[8]。目前，大多数 PS 研究工作主要集中在大容量、长距离的相干光纤传输系统中[9]。文献[10]首次展示了将概率整形技术应用于 IMDD 光传输系统，结果表明，与传统的常规 PAM4 信号相比，56GBaud PS-PAM8 信号可以实现更高的净比特率。但是，基于高阶 PAM-N 信号的 PS 技术实现数据中心内 200Gbit/s+光互连的研究还比较少。

本章针对基于概率整形的超过 200Gbit/s 的数据中心内光互连系统展开了研究。为了能利用目前的商用器件实现更高的传输速率，传输的调制信号会受到发射端器件、传输光纤链路和接收端器件的损伤，本章将针对这些问题展开研究。在与 PS 技术相关研究中，首先介绍了 PS 技术的基本原理，介绍了 PAS 架构；接着给出了 GMI 和 NGMI 理论推导，并对 GMI 和 NGMI 进行了数值模拟，等概率均匀分布 QAM 和概率整形 QAM 都能用 NGMI 作为可靠的 FEC 门限。提出了一种基于硬限幅的概率整形时域数字预均衡方法，采用 PS 技术提高系统的光信噪比；采用时域数字预均衡技术减小器件带宽限制带来的 ISI；最后采用硬限幅技术降低信号的 PAPR，提高系统的整体传输性能。通过搭建的基于概率整形技术的高阶 PAM 数据中心内光互连传输系统，我们首次验证了利用单个 EML 可实现单通道 260Gbit/s PS-PAM8 信号传输 1km NZDSF。接下来，我们分析了超高速信号 SOA 大信号增益模型，实验演示了在 O 波段基于 SOA 和 PS 实现单通道 280Gbit/s PS-PAM8 信号传输 10km SSMF。最后，综合提出的改进查找表、概率整形、时域数字预均衡和硬限幅等联合均衡技术，实验验证了单信道 350Gbit/s PS-PAM16 数据中心内光互连。传统等概率均匀分布的 PAM8 和 PAM16 信号速率是固定的，灵活调整高阶 PS-PAM16 信号的信源熵，可以实现速率自适应变化。概率整形的高阶 PAM 能很好地减缓带宽受限器件带来的损伤，得到更高的传输速率。

5.2 概率整形技术

对于复杂的 AWGN 信道，香农指出获得最大互信息的最佳信息源分布是复高斯分布。在这种情形下，最大互信息或信道容量通过香农极限公式计算：$C = B\text{lb}(1+S/N)$。从这个意义上讲，传统 QAM 调制格式的星座点均是数目有限且等概率分布的，星座点分布不是高斯分布。因此，传统的 QAM 调制格式不是最优分布，并且与香农极限也有差距。针对这种情况，具有“类高斯”分布的调制格式可以用来接近香农极限。可以通过对传统的星座点进行整形以接近香农极限。

在光纤传输系统中，已经用实验验证了采用多个环形星座点分布的几何整形（Geometric Shaping，GS）技术估计非线性光纤通道的香农极限。GS 技术是将复数平面中星座点的位置安排为近似高斯分布。但是，GS 在实用上存在一些缺点，阻碍了其商业化：对于任意信道情况，没有简单的寻找 GS 星座点最优分布的解决方案；GS 的不规则星座点会增加信号恢复的 DSP 复杂性；格雷码不容易使用，增加了将信号符号解映射到 SD-FEC 的复杂性。自 2015 年以来，星座点 PS 技术无论是在学术界还是工业界都引起了人们的广泛关注，PS 技术通过改变星座点出现的概率而不是改变星座点的位置接近高斯分布。与 GS 技术相比，PS 技术具有很多优势：改变单个参数就可以简单优化星座点的出现概率以匹配不同的信道条件；星座点还是基于传统的 QAM 星座点，相对位置没有发生变化，与经典的 DSP 算法可以保持一致，不用太多的改动且稳定；格雷码可以用于 SD-FEC 的符号解映射。此外，对在光纤通信系统中 GS 和 PS 结合的方式也进行了实验研究。结果表明，与只采用 PS 技术相比较，GS 和 PS 组合的方式带来的增益很小，在 0.1dB 以内，并且信道非线性影响比较大。本节首先介绍了 PS 技术的基本原理，包括 PAS 的结构以及 PS 系统的评价指标——GMI 和 NGMI 参数；接着介绍了 GMI 和 NGMI 数值模拟结果；最后给出了基于 PS 的高阶 PAM 传输仿真系统，验证其可行性。

5.2.1 概率整形技术的基本原理

3 种不同实现 PS 技术的架构[11]如图 5-1 所示。如图 5-1（a）所示，在发射端，先进行概率整形再进行 FEC，因为通常不对 FEC 奇偶校验位进行概率整形，这种结构的缺点是 FEC 会导致概率整形后的符号分布错乱失真。对于图 5-1（b）所示的结构，在发射端，先进行 FEC 再进行概率整形，这样在发射端不会引起符号分布的错乱失真。但是，在接收端，对错误接收的符号进行概率整形时会导致错误突发。如图 5-1（c）所示架构，使用 PS 和 FEC 交织的方式有效实现了逼近香农极限的性能，并且解决了前面两种结构长期存在的问题。在发射端 FEC 和 PS 并行体系结构实现解耦，它们可以独立优化并共同带来最佳性能。这种结构极大程度地简化了编码器和解码器的实现，并且可以使用现成的 SD-FEC，而不需要设计新的 SD-FEC。

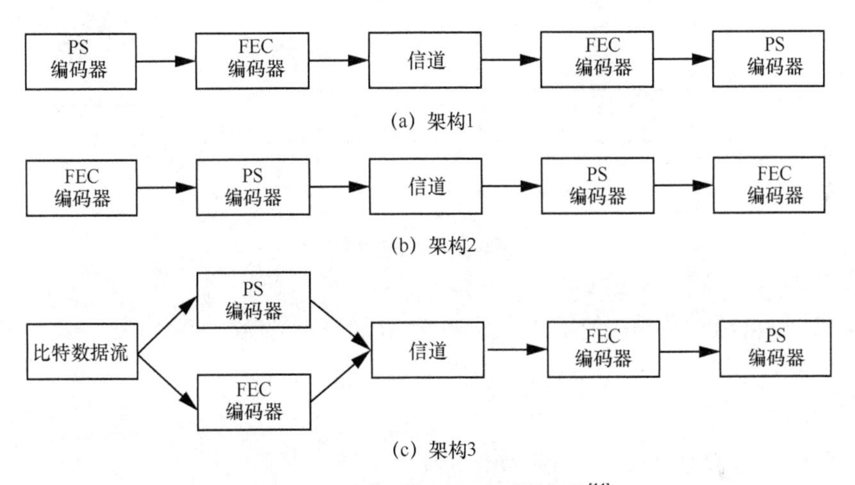

图 5-1 3 种不同实现 PS 技术的架构[11]

均匀分布的 M-QAM 可以通过可变 FEC 码率实现不同速率的自适应，作为一种替代方案，PS 可以与可变码率甚至固定码率 FEC 一起用于速率自适应。PAS 架构[8]如图 5-2 所示，通过独立整形基于 PAM-N 构建概率整形的 M-QAM（$M=N^2$）星座点。在 PAS 架构中执行速率自适应整形的功能模块是分布匹配器（Distribution Matcher，DM），它将均匀分布的输入信息比特数据流转换为按概率分布的 PAM 输出符号。分布匹配器只生成 PAM-N 符号的正值幅度，只有 PAM 符号的一半。用一个二进制常用的 FEC 编码器生成奇偶校验位，这些校验位均匀分布在{−1，+1}中。这里的 FEC 是常用的，并非特别设计，因此它不会影响信息位，分布匹配器经过 FEC 后输出的一半正值 PAM 幅度信息不变。然后，将一半正值 PAM 符号与用作符号位的奇偶校验位相乘构建对称 PAM-N 概率分布。最后，I 和 Q 分别通过独立 PAM-N 概率整形实现概率整形的 M-QAM 星座点。

光纤信道是有记忆信道，其中，最重要的作用是通过相干数字信号进行补偿（如色散）；自适应数字滤波器（如蝶形均衡器、相位恢复算法），只能部分消除其他线性和非线性记忆引起的损伤。忽略这些残存的信道记忆，通常将光纤信道所代表的 FEC 认为是无记忆 AWGN 辅助信道处理。因此，FEC 并非会利用接收信号中包含的所有信息。对于在实际光通信应用中最受关注的二进制 SD-FEC，最相关的信道度量是 GMI，用于比特交织编码调制（Bit Interleaved Coded Modulation，BICM）和比特度量解码（Bit Metric Decoding，BMD）[12−13]。由于假设的辅助 AWGN 信道和实际非 AWGN 信道之间可能不匹配，因此测得的 GMI 估算了可获得信息速率的下限。

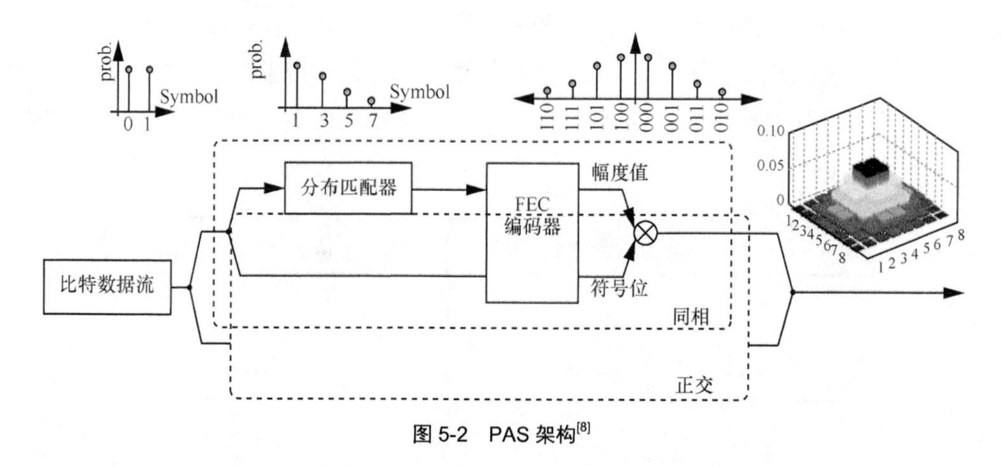

图 5-2　PAS 架构[8]

给定 χ 代表 M-QAM 星座点的集合，则 M-QAM 星座点的信源熵可以表示为

$$H(x) = H = -\sum_{x\in\chi} P_X(x)\mathrm{lb}P_X(x) \tag{5-1}$$

对于均匀分布的 M-QAM，信源熵为 m=lb M。

无记忆 AWGN 辅助信道的噪声方差为 σ^2，给定发送符号 x，接收信号 y 的概率分布可以表示为

$$q_{Y|X}(y\,|\,x) = \frac{1}{\sqrt{2\pi\sigma^2}}\cdot \mathrm{e}^{\frac{-|y-x|^2}{2\sigma^2}} \tag{5-2}$$

考虑 PAS 方案，可以把 PS-QAM 视为一种位度量不匹配解码的特殊 BICM，针对 PS 信号，测量可获得信息速率正确的标准是 GMI。考虑 BMD，GMI 可以通过式（5-3）进行估算。

$$\mathrm{GMI} = H + \frac{1}{N}\sum_{k=1}^{N}\sum_{i=1}^{m}\mathrm{lb}\frac{\sum_{x\in\chi_{b_{k,i}}} q_{Y|X}(y_k\,|\,x)P_X(x)}{\sum_{x\in\chi} q_{Y|X}(y_k\,|\,x)P_X(x)} \tag{5-3}$$

其中，y_k 是接收噪声信号的第 k 个符号，$q_{Y|X}$ 是辅助信号条件概率，$b_{k,i}$ 是第 k 个发送符号的第 i 个比特，$\chi_{b_{k,i}}$ 是 M-QAM 星座点中第 i 个比特 $b_{k,i}$ 的所有集合。GMI 通过理想的二进制 FEC 量化 BICM-AWGN 辅助信道中每个传输符号的最大信息比特数。一旦 GMI 被估计，均匀分布的 M-QAM 每个传输比特的最大信息比特数通过简单的归一化可以表示为

$$\mathrm{NGMI}=\mathrm{GMI}\,/\,m \tag{5-4}$$

对于概率整形的 M-QAM 星座点，给定 PAM-N 符号集 $\chi = \pm1, \pm3, \cdots, \pm(M-1)$，其中，某一

符号 $x \in \chi$ 出现的概率通过 Maxwell-Boltzmann（MB）分布产生，可以表示为

$$P_{X,\mathrm{PAM}}(\chi)=\frac{\mathrm{e}^{-vx^2}}{\sum\limits_{x' \in \chi_{\mathrm{PAM}}} \mathrm{e}^{-vx^2}} \tag{5-5}$$

其中，v 是速率参数，$v \geqslant 0$。考虑 PAM-N 的概率密度函数 $P_{X,\mathrm{PAM}}$，概率整形的 M-QAM 符号在 FEC 码率为 R_c 时携带的信息比特可以表示为

$$R_{\mathrm{PS}}=2H(P_{X,\mathrm{PAM}})-(1-R_c)m \tag{5-6}$$

其中，$H(P_{X,\mathrm{PAM}})$是 $P_{X,\mathrm{PAM}}$ 的熵。当码率 $R_c=1$，即没有编码和噪声时，PS 的 M-QAM 容量最大为 $R_{\mathrm{PS,max}}= 2H(P_{X,\mathrm{PAM}})$。我们可以通过控制 υ 调节信息速率 R_{PS}。通过以上分析，FEC 码率可以表示为

$$R_c=1-[2H(P_{X,\mathrm{PAM}})-R_{\mathrm{PS}}]/m \tag{5-7}$$

运用信息论的相关理论，用 NGMI 和 GMI 分别替代 R_c 和 R_{PS}，概率整形的 M-QAM AWGN 信道的 NGMI 可以表示为

$$\mathrm{NGMI}=1-[2H(P_X)-\mathrm{GMI}]/m \tag{5-8}$$

概率整形 M-QAM 的 GMI 是概率整形 PAM-N GMI 的两倍。

5.2.2　GMI 和 NGMI 数值模拟

在光通信系统中，经过 FEC 后典型的误码率小于 10^{-15}，远低于通过仿真或离线测试得到的范围。因此，需要从 FEC 之前（pre-FEC）不足的数据评估 FEC 之后（post-FEC）BER<10^{-15} 的可行性[12]。对于 HD-FEC，可以通过 FEC 门限实现，其可以定义为使用足够交织 FEC 无错误突发时所允许的最大 pre-FEC 误码率。例如，对于常用的 7% HD-FEC 门限，所对应无误码传输的上限 BER=3.8×10^{-3}。但是，在光纤通信中结合使用 SD-FEC 使得门限不准确。根据信息论，人们采用 MI、GMI 和 NGMI 代替 FEC 门限，以更高的精度预测 post-FEC 的误码率。均匀分布 QAM 调制格式不同的 FEC 门限如图 5-3 所示。在数值模拟中，利用 DVB-S.2 标准产生 LDPC 奇偶校验矩阵，块的长度为 64800，仿真采用 4/5 码率[8]。为了获得稳定的结果，每个点仿真了 10 帧数据，每个点仿真的总比特数为 324000～583200，仿真了等概率均匀分布的 16QAM、64QAM、256QAM、1024QAM 4 种不同的 QAM 调制。如图 5-3（a）和图 5-3（b）所示，SNR 和 GMI 可以用于不同的 FEC 和不同的 QAM 调制方案；但是，对于相同的 FEC 码率，有不同的 SD-FEC 门限，因此无法预测 FEC 的性能。由图 5-3（c）可以看出，对于相同的 FEC 码率，不同的调制格式有相同的 SD-FEC 门限。在这些信息论度量方法中，对于各种不同的星座点，NGMI 可以对 SD-FEC 的误码率做出最可靠的预测。

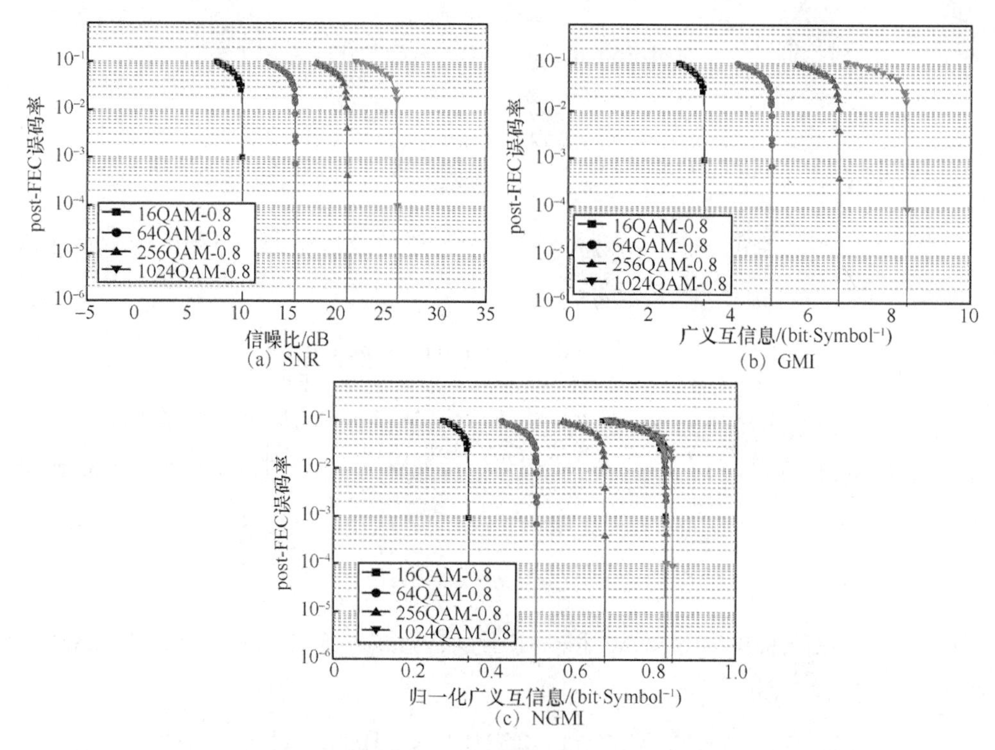

(a) SNR (b) GMI (c) NGMI

图 5-3 均匀分布 QAM 调制格式不同的 FEC 门限

第 5.2.1 节介绍了 PAS 结构和 MB 分布的基本原理。光通信系统传输高速信号会受到带宽有限器件导致的非线性限制，在不需要加大发射功率的条件下，PS 技术就可以获得高频谱效率、高传输容量。改变 MB 分布中的速率参数，不同星座点的概率分布也会得到改变。设定 MB 分布中的速率参数 υ=0，利用 PAS 方案可以获得相应的等概率均匀分布的 M-QAM 调制信号。PAS 产生的均匀分布的 64QAM 如图 5-4 所示，信源熵为 6bit/Symbol，单独的 I 或 Q 信源熵为 3bit/Symbol，I 或 Q 每个符号出现的概率均为 0.125。此外，我们也给出了 AWGN 信道 SNR = 16dB 时 64QAM 的星座点。调整 MB 分布中的速率参数可以获得具有不同信源熵的 PS-64QAM。设定 υ=0.10799，此时 PS-64QAM 的信源熵为 4.3bit/Symbol，则 I 或 Q 信源熵为 2.15bit/Symbol。PAS 产生的 PS-64QAM 如图 5-5 所示，I 或 Q 中每个符号出现的概率分别为{0.0019，0.0249，0.1403，0.03329，0.3329，0.1403，0.0249，0.0019}，同时也给出了 AWGN 信道 SNR = 16dB 时 I 和 Q 的 PS-PAM8 符号图及 PS-64QAM 的星座点。

与均匀分布 QAM 数值模拟相似，采用 DVB-S.2 标准产生 LDPC 奇偶校验矩阵，块的长度为 64800，采用 4/5 码率，其中，信息位的长度为 51840，校验位长度为 12960。为了获得稳定的结果，每个点仿真了 10 帧数据，每个点仿真的总比特数为 324000～583200，仿真了等概率均匀分布的 16QAM、64QAM、PS-64QAM 和截断概率整形 64QAM（TPS-64QAM）[13]。PS-64QAM 与 64QAM 相比较，当信息熵为 4.3bit/Symbol 时，其外围的星座点概率非常小，星座点数量比较少，但受非线性影响比较大，更容易出现误码率的升高，降低了系统的 SNR。为了解决这一问题，可以采用星座点截断技术，对概率比较低的外围点进行截断。PS-QAM 的 GMI 和 NGMI 数值模拟如图 5-6 所示。我们可以观察到，在 8～10dB SNR 范围内，PS-64QAM 和 TPS-64QAM 与香农极限之间的 SNR 代价只有 0.2dB。如图 5-6（b）所示，TPS-64QAM 和 PS-64QAM 都能达到 NGMI=0.8 的门限，对应 25%的 SD-FEC。以上 QAM 调制格式在不同信息论衡量标准下的数值模拟表明，等概率均匀分布的 QAM 和 PS-QAM 都能采用 NGMI 作为可靠的 FEC 门限。

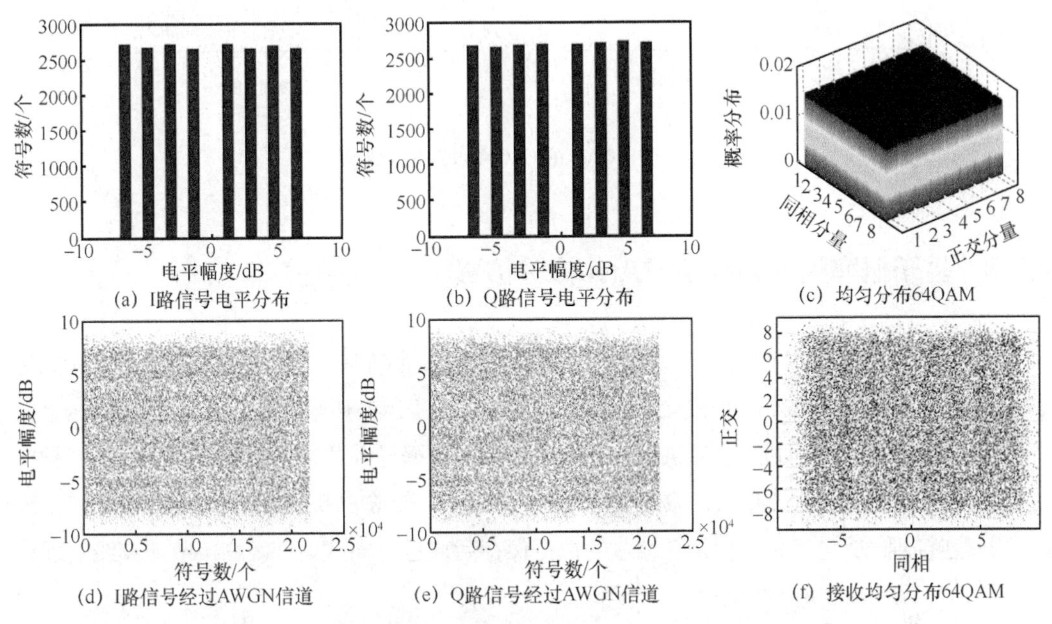

图 5-4　PAS 产生的均匀分布的 64QAM（6bit/Symbol，SNR =16dB）

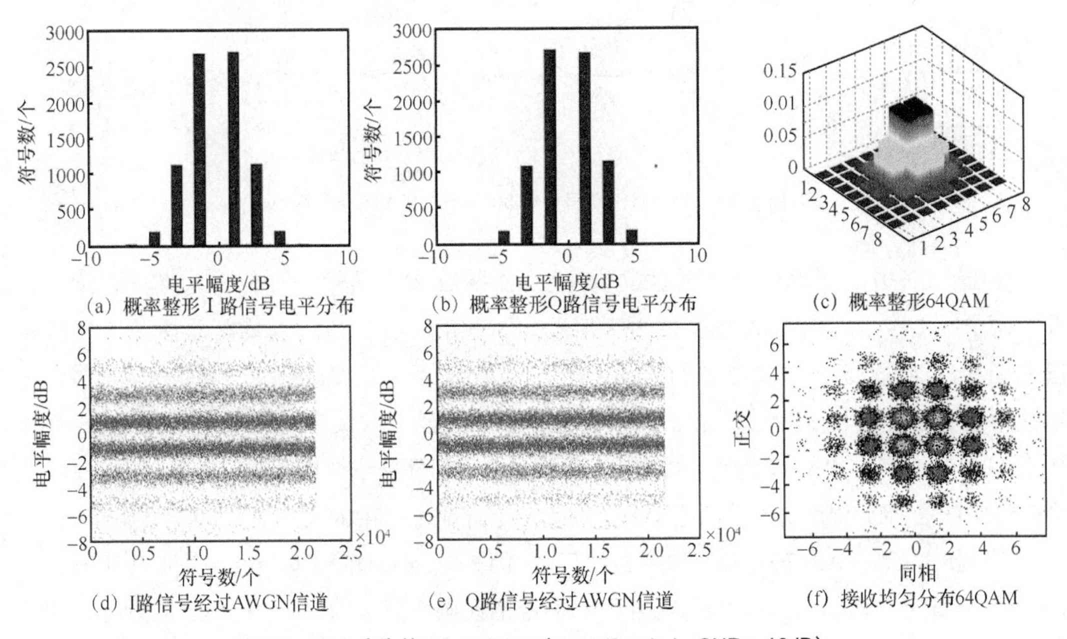

图 5-5　PAS 产生的 PS-64QAM（4.3bit/Symbol，SNR = 16dB）

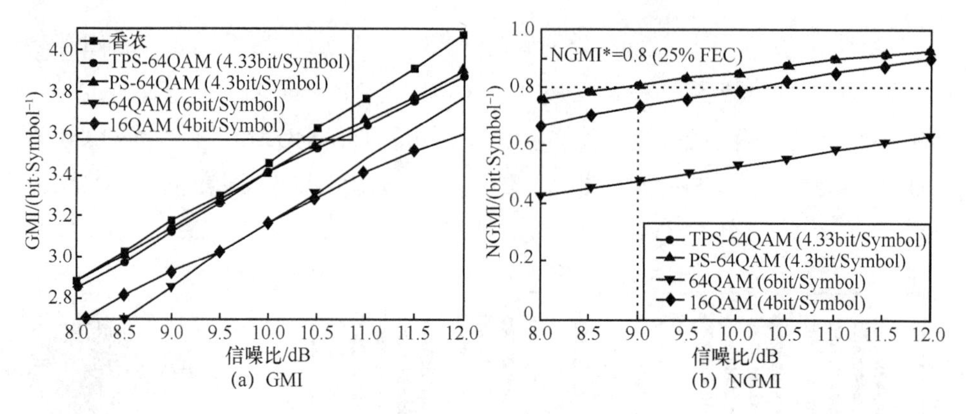

图 5-6 PS-QAM 的 GMI 和 NGMI 数值模拟

5.2.3 基于概率整形的高阶 PAM 传输仿真

为了验证基于概率整形的高阶 PAM 传输的可行性，我们首先进行了验证性仿真。搭建的 PS-PAM16 信号传输 300m SSMF VPI 仿真系统如图 5-7 所示。传输速率设定为 160Gbit/s。在发射端，PS-PAM16 信号通过 MATLAB 离线产生，再把数据导入仿真系统中，首先把数据转换为电信号，经过放大器驱动 MZM，激光器工作在 1550nm；传输 300m SSMF 后，在接收端，经过光衰减器连接到 PD 进行直接检测，接收的数据保存后再进行离线处理。在接收端离线处理算法中，只采用了 CMMA 均衡算法。

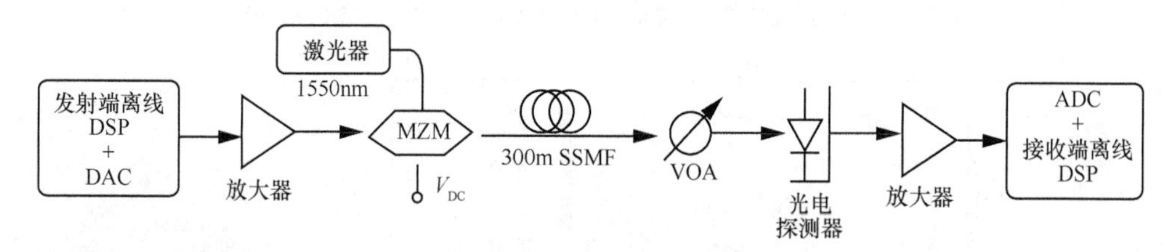

图 5-7 PS-PAM16 信号传输 300m SSMF VPI 仿真系统

在离线处理中，CMMA 均衡算法的参数为：抽头数 23，迭代步长 0.0001，迭代次数 7，选择了两个收敛半径。CMMA 均衡器更新情况如图 5-8 所示，CMMA 均衡器抽头数的收敛情况如图 5-8（a）所示，可以看出，CMMA 在迭代两次以后就已经收敛，再增加迭代次数，对系统性能已经没有提升，因此迭代次数可以优化。CMMA 稳定收敛后的 FIR 抽头数如图 5-8（b）所示。PS-PAM16 与 PAM4 调制格式相比，更容易受到器件非线性损伤的影响，信号的误码性能会变得比较差。CMMA 均衡算法基于多个收敛半径，对高阶 PAM 调制信号均衡非常有效。

不同状态下的 PAM 符号分布如图 5-9 所示。图 5-9（a）和图 5-9（b）分别给出了没有经过 CMMA 均衡的 PAM16 和 PS-PAM16 符号，对应的误码率分别为 0.1799 和 0.0829；图 5-9（c）和图 5-9（d）分别给出了经过 CMMA 均衡后的 PAM16 和 PS-PAM16 符号，对应的误码率分别为 0.0316 和 0.0092。高阶 PAM8、PAM16 调制格式的信号在 IMDD 系统中的性能会变得非常差，现有的均衡算法作用非常有限，PS 技术是非常有效的一种方式，通过减少高阶符号的数据、增加低阶符号的数据有效减小非线性损伤。

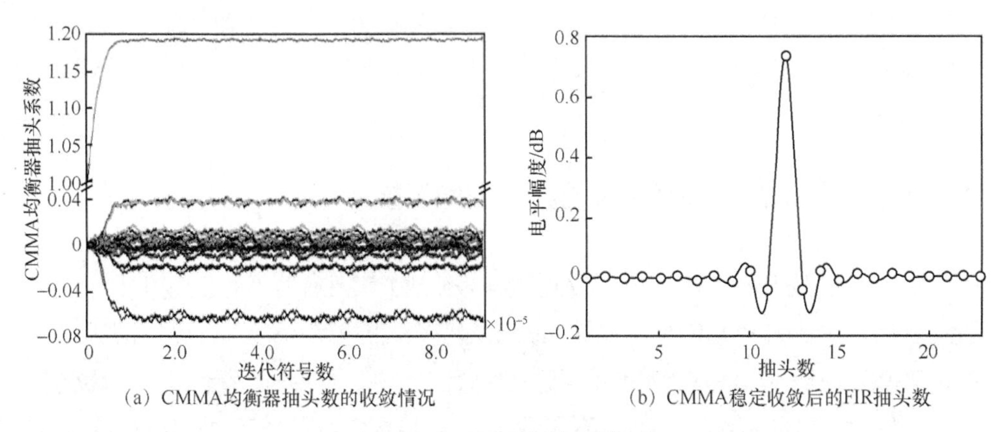

(a) CMMA均衡器抽头数的收敛情况　　(b) CMMA稳定收敛后的FIR抽头数

图 5-8　CMMA 均衡器更新情况

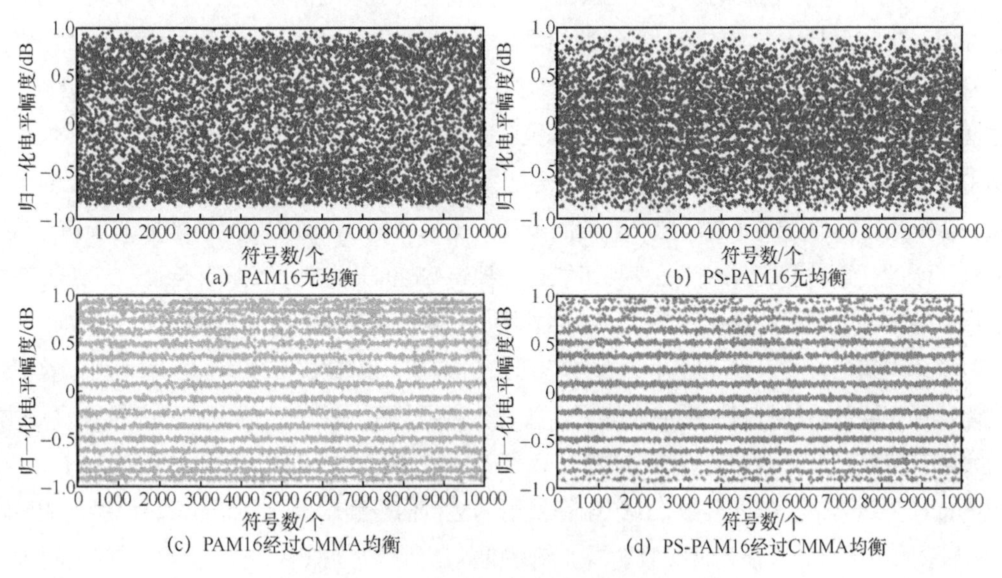

(a) PAM16无均衡　　(b) PS-PAM16无均衡

(c) PAM16经过CMMA均衡　　(d) PS-PAM16经过CMMA均衡

图 5-9　不同状态下的 PAM 符号分布

5.3　基于概率整形的 260Gbit/s PAM8 数据中心内光互连传输实验

本节首次提出了基于硬限幅的概率整形时域数字预均衡信号峰均比提升的方法，一方面采用概率整形技术获取更高的平均互信息，提高系统的 SNR；另一方面采用时域数字预均衡技术减小器件带宽限制带来的带宽滤波效应的影响；最后采用硬限幅技术降低信号的 PAPR，提高系统的整体传输性能。基于提出的方案，通过实验验证了利用单个 EML 实现单通道超过 100GBaud PAM4 和 PS-PAM8 信号传输 1km NZDSF。我们首次实现了单通道基于概率整形高阶 PAM 信号超过 200Gbit/s 的数据中心光互连，使其成为双通道实现 400Gbit/s 数据中心内光互连极具潜力的可选方案。

5.3.1 基于硬限幅的概率整形时域数字预均衡技术

随着高速 DAC 技术的发展，基于 DAC 的信号生成方案具有简单的配置和灵活的信号生成能力，近年来传输单通道 100Gbit/s 及 200Gbit/s 引起了人们的极大兴趣，并且得到了广泛的应用。使用 DAC 不仅可以通过软件方式实现不同调制格式信号的生成，还适用于在发射端进行数字预补偿或数字预均衡等 DSP 技术。目前，对于现有的商用 DAC，用于信号生成的带宽远小于采样率的一半，这意味着所生成的信号可能会遭受带宽限制所引起的信号失真。传输系统中的其他光电器件由于带宽限制和滤波效应，系统性能可能会因 ISI 导致的信号噪声和通道间串扰增强而降低。因此，当使用 DAC 产生高速信号时，通常在发射端进行数字预均衡。频域预均衡的方式是，通过使用已知的训练序列将信号通过快速傅里叶变换（Fast Fourier Transform，FFT）转换到频域得到 DAC 和其他光电器件的逆传递函数，再把频域的逆传递函数用到发射端进行产生信号的预均衡。频域预均衡的方式通常需要严格的同步和大量的测量，以避免由噪声造成的损伤；为了提高高频区域的测量精度，训练信号序列可能还需要特殊处理。此外，频域预均衡方式需要在接收端增加数字信号处理模块进行信道估计，额外增加了系统的复杂度。

时域预均衡的方式可以克服频域预均衡带来的限制[14]。时域数字预均衡技术利用接收信号线性均衡器稳定收敛后的有限冲激响应的反函数进行数据的预处理，可以大大提高信号的 CSPR，从而缓解带宽限制带来的影响。接收端的常用线性滤波器（如 CMA、CMMA 和 DD-LMS）收敛后的 FIR 抽头数为信道的逆函数，可以用在发射端进行信号预均衡，从而补偿系统链路的带宽限制。时域预均衡的方式不需要在接收端增加额外的数字信号处理模块，也不需要严格的符号同步，比频域预均衡方法的实现更为简单，更适于数据中心 200Gbit/s 光互连系统。

设发射端没有经过均衡的信号为 $X_N(t)$，整个带宽受限系统（包括 DAC、电信号驱动放大器和光调制器等）的信道响应为 $H(t)$，接收信号为 $Y_N(t)$，考虑系统中的噪声项为 $N(t)$，则系统的接收信号为

$$Y_N(t) = X_N(t)H_N(t) + N(t) \tag{5-9}$$

在接收端经过均衡器处理后的信号可以表示为

$$Z_N(t) = Y_N(t)F_N(t) = X_N(t)H_N(t)F_N(t) + N(t)F_N(t) \tag{5-10}$$

忽略系统中的噪声，则恢复的 $Z_N(t)$满足式（5-11）。

$$Z_N(t)=X_N(t)H_N(t)F_N(t)=X_N(t) \tag{5-11}$$

此时，均衡器收敛后的响应函数满足 $F_N(t)=H_N(t)^{-1}$，即均衡器收敛后的 FIR 抽头数为信道的逆函数。

在进行传输实验之前，我们分析了基于概率整形技术的高阶 PAM 信号的 PAPR。PAM4 和 PS-PAM8 信号的时域数字预均衡和硬限幅 PAPR 对比如图 5-10 所示。需要注意的是，为了公平比较，PS-PAM8 信源熵调整到 2bit/Symbol。首先，没有经过预均衡和硬限幅处理的 PAM4 和 PS-PAM8 信号具有较低的 PAPR；PAM4 和 PS-PAM8 只经过时域预均衡后，PAPR 会增加很多，PS-PAM8 的 PAPR 要比 PAM4 高。时域数字预均衡方法适用于带宽受限的信号。但是，我们发现，预均衡带来的缺点是信号的 PAPR 很高，特别是对于 PS-PAM8 信号，有可能超出电放大器和光调制器等光电器件的线性工作区间而导致信号非线性失真，因此系统性能会下降。

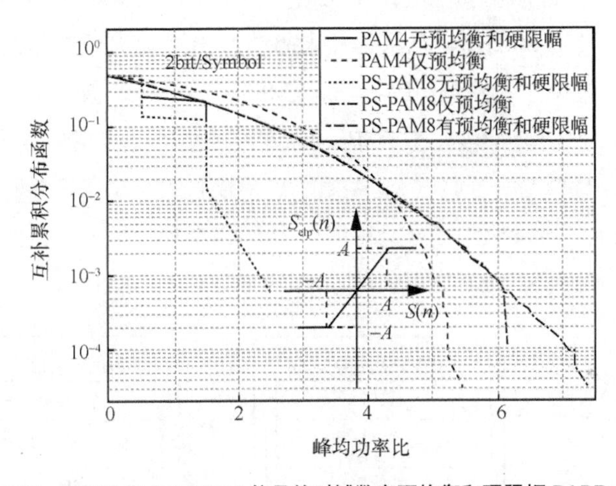

图 5-10　PAM4 和 PS-PAM8 信号的时域数字预均衡和硬限幅 PAPR 对比

采用硬限幅的方法可以有效降低 PAPR[15]，定义限幅率（Clipping Ratio，CR）为限幅幅度与信号的均方根之比，表示为

$$\mathrm{CR}=\frac{A}{\sqrt{E\left\{\left|S(n)\right|^2\right\}}} \tag{5-12}$$

其中，A 是限幅的幅度，$S(n)$为经过预均衡的 PAM 信号，$E\{\cdot\}$表示期望值。硬限幅过程可以表示为

$$S_{\mathrm{clp}}(n)=\begin{cases}A, & S(n)\geqslant A\\ S(n), & \left|S(n)\right|<A\\ -A, & S(n)\leqslant -A\end{cases} \tag{5-13}$$

$$\mathrm{PAPR}_{\mathrm{clp}}=10\lg\frac{\max\left\{\left|S_{\mathrm{clp}}(n)\right|^2\right\}}{E\left\{\left|S(n)\right|^2\right\}} \tag{5-14}$$

其中，$S_{clp}(n)$为限幅后的信号，$PAPR_{clp}$为限幅后的 PAPR。

在图 5-10 中，可以看出，经过硬限幅的 PS-PAM8 信号 PAPR，与经过预均衡的 PS-PAM8 相比，PAPR 降低。当然，限幅的比例也会影响系统的性能，因此需要进行参数优化，在后面将会进行详细讨论。

5.3.2 实验装置及系统参数

基于 EML 的单通道数据中心光互连实验系统装置图和离线 DSP 流程如图 5-11 所示。在发射端，采用离线 MATLAB 程序控制 106GSa/s BiCMOS DAC（模拟 3dB 合成带宽约为 40GHz）生成 106GBaud 电基带信号。一个 3dB 带宽 40GHz 的 EML 工作在 25°C（室内温度），最佳偏置点 $V=-2.54$V，激光二极管的最佳驱动电流为 80mA。来自 DAC 的 106GBaud PAM-N 符号先由 6dB 衰减器进行衰减，再由商用 60GHz 电放大器放大驱动 EML，衰减器的目的是使驱动电信号工作在放大器线性区域，以减少非线性损伤的影响。EML 在 1538nm 波长下，光纤耦合输出功率为 6.8dBm。然后，在 1km NZDSF 上传输 106GBaud 调制的光信号，平均色散系数为 6.4ps/(nm·km)。传输 1km NZDSF 后，调制光信号通过 VOA 用于调节接收的光功率以接收灵敏度测量。在接收端，一个 70GHz 的光电二极管检测信号，由另一个 60GHz 的 EA 放大，然后由实时示波器（带宽为 63GHz）采集并进行离线 DSP 处理。

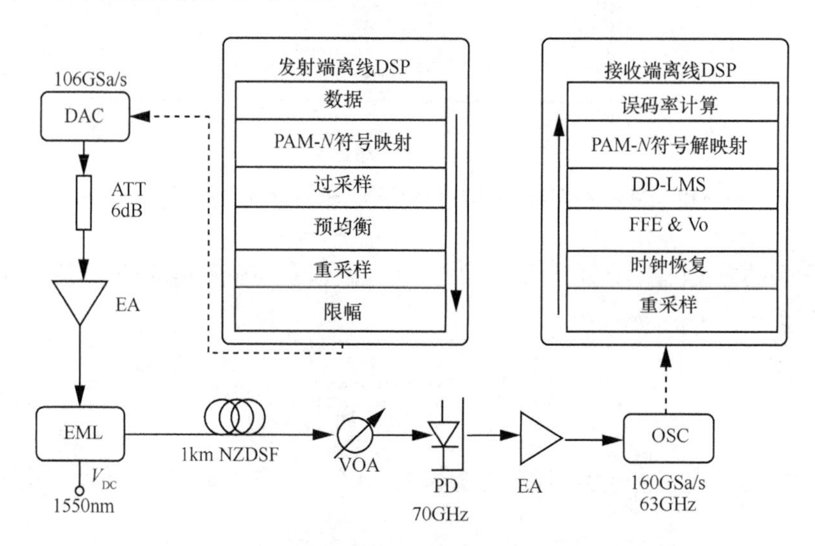

图 5-11 基于 EML 的单通道数据中心光互连实验系统装置图和离线 DSP 流程

在发射端离线 DSP 中，我们考虑并比较了等概率均匀分布的 PAM4 和概率整形的 PS-PAM8。对于 PAM4 信号，数据流直接映射为长度为 2^{15} 的格雷编码的常规 PAM4 符号；对于 PS-PAM8 信号，使用 MB 分布生成具有不同信源熵的 PS-PAM8 符号，并且也考虑了格雷码映射。PS-PAM8 符号的概率密度函数可以表示为

$$P(x_i;v)=\frac{1}{\sum\limits_{x\in M}\mathrm{e}^{-vx_k^{2}}}\mathrm{e}^{-vx_i^{2}} \tag{5-15}$$

其中，v 是调整 PS-PAM8 信源熵的整形参数，M 是所有 PAM8 符号的集合，$P(x_i;v)$ 是 PS-PAM8 符号的概率密度函数。改变整形因子可以生成具有不同信源熵的 PS-PAM8 符号。不同信源熵的 PS-PAM8 幅度概率密度分布如图 5-12 所示。图 5-12（a）和图 5-12（b）分别是等概率均匀分布的 PAM4 和 PAM8 符号的幅度概率密度分布，PAM4 的 4 个电平幅度概率均为 1/4，PAM8 的 8 个电平概率均为 1/8。图 5-12（c）、图 5-12（d）和图 5-12（e）给出了 3 种不同信源熵的 PS-PAM8 信号，其中，v = 0.1333 时，PS-PAM8 的信源熵为 2bit/Symbol，8 个电平幅度的概率分布为{6.00062×10^{-4}, 0.01471, 0.12412, 0.36057, 0.36057, 0.12412, 0.01471, 6.00062×10^{-4}}，可以看到，PS-PAM8 信源熵较小时，外围的高电平概率非常小，中间低电平的概率比较大；v = 0.09179 时，PS-PAM8 的信源熵为 2.265bit/Symbol，8 个电平幅度的概率分布为{0.00381, 0.03447, 0.14971, 0.31201, 0.31201, 0.14971, 0.03447, 0.00381}，随着整形参数的减小，信源熵会不断增加；当 v = 0.06914 时，PS-PAM8 的信源熵为 2.453bit/Symbol，8 个电平幅度的概率分布为{0.01005, 0.0528, 0.15962, 0.27753, 0.27753, 0.15962, 0.0528, 0.01005}。随着 PS-PAM8 信源熵的增加，PAM8 外围高电平出现的概率也变大了，即外围高电平数量增加。

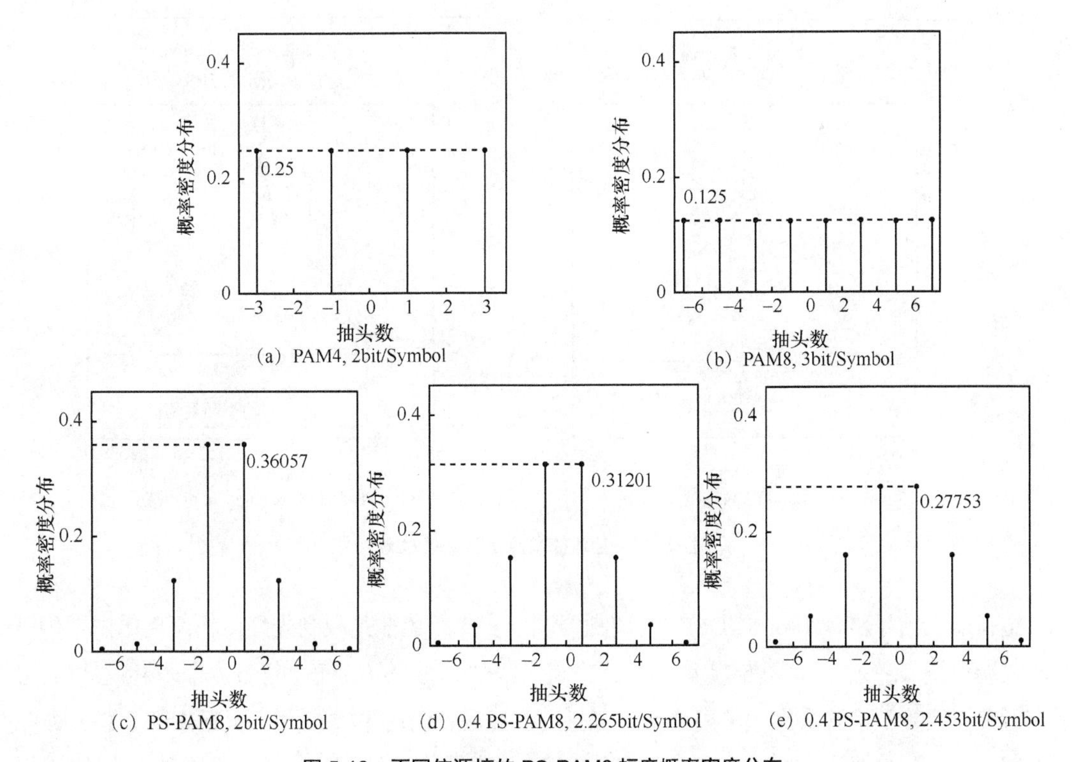

图 5-12　不同信源熵的 PS-PAM8 幅度概率密度分布

在发射端，PAM 符号映射之后，符号序列被上采样为每个符号两个采样。然后，基于来自接收机侧 FFE 的有限冲击响应的反函数，使用时域数字预均衡减少由带宽限制引起的 ISI。接下来，将数据序列重采样为每个符号一个采样，并以波特率采样速率将其加载到 DAC。在进行光纤传输测试之前，根据在背靠背情况下接收端 FFE 的传递函数估算预均衡 FIR。预均衡前后实验结果对比如图 5-13 所示。图 5-13（a）和图 5-13（b）分别给出了有、无时域数字预均衡的信道响应，没有经过数字预均衡的信号高频部分受到限制；经过数字预均衡处理后，信道响应变得比较平坦。图 5-13（c）和图 5-13（d）分别给出了 106GBaud PAM4 和 PS-PAM8（2bit/Symbol）信号光谱图，分辨率为 0.02nm。在图 5-13（c）中，我们可以看到，经过预均衡的信号 CSPR 会大大增加，相对直流分量比较大，信号有效功率会降低。因此用于预均衡的 FIR 和输出信号有效功率之间需要进行平衡优化。在图 5-13（d）中，我们还可以观察到，106GBaud PS-PAM8 信号经过预均衡后，CSPR 也会大大增加，再经过硬限幅后，CSPR 会降低，即信号有效功率会增加。当然，限幅比会影响系统的性能，也需要优化。

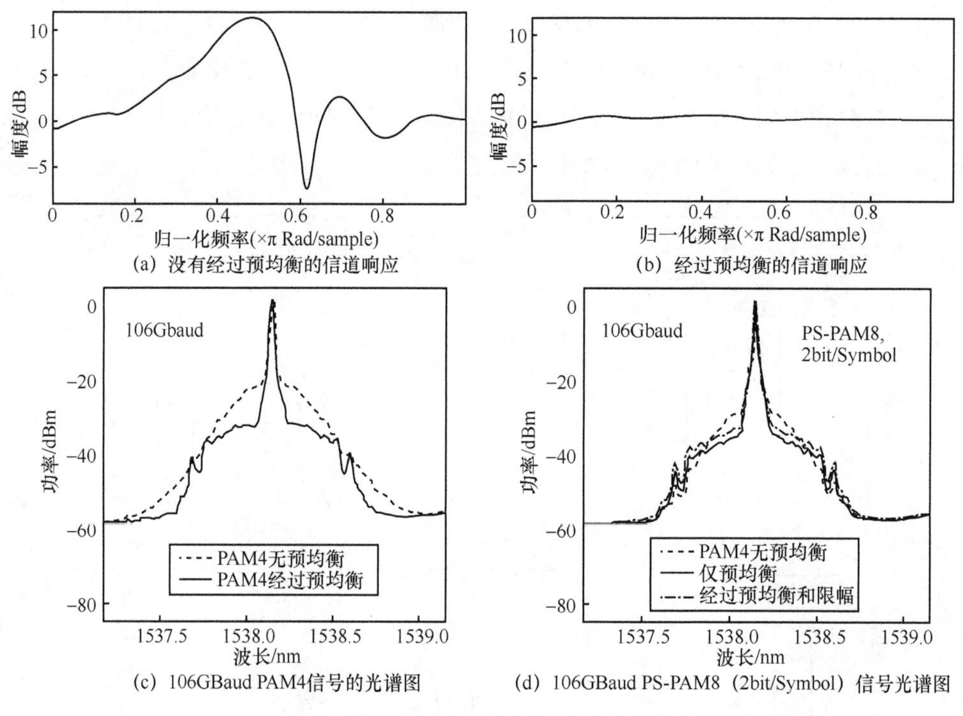

图 5-13　预均衡前后实验结果对比

超高速光信号传输 1km NZDSF 时，调制器调频和光纤色散是限制光纤传输距离的主要因素。在接收端离线 DSP 中，如图 5-11 所示，首先将离线数据重采样为每个符号两个采样，然后应用平方时钟恢复算法消除数据中的时序偏移和抖动。然后，使用 19 抽头 $T/2$ 间隔 FFE，189 抽头 T 间隔 Volterra 滤波器和 189 抽头 T 间隔 DD-LMS 均衡器恢复信号。最后，可以基于恢复的信号在 PAM-N 解调之后计算 BER。在进行实验测量之前，在背靠背情况下 FFE 抽头数稳定收敛后，经归一化和对称处理收敛抽头数用于时域数字预均衡的 FIR 滤波器。

5.3.3　实验结果与讨论

1）限幅比优化

在图 5-13（d）中，我们可以观察到，经过预均衡的 PS-PAM8 再进行硬限幅，信号的 CSPR 会变小，信号的有效功率会增加，系统性能会变好，CR 需要进行优化。在背靠背情况下接收光功率为 3dBm 时，100GBaud PS-PAM8（2bit/Symbol）信号 BER 和限幅符号数目与 CR 的关系如图 5-14 所示。可以观察到，BER 随着限幅比的增加先变小再增加。当限幅比较小时，虽然信号的有效功率变大，但被限幅的外围电平符号数目比较多，导致 BER 变差；相反，当 CR 较大时，被限幅的外围电平符号数目比较少，信号的有效功率较小，BER 也会变差，综上所述，最优的 CR 为 10。此外，当 CR 为 10 时，PS-PAM8 的限幅符号数目为 43，在最外层符号的比率为 43/215，对幅度概率密度分布影响比较小。当使用相同的限幅比时，100GBaud PAM4 信号的限幅符号数量为 0，因此 PAM4 在本光纤传输实验中不使用硬限幅。据我们所知，我们首次分析了基于 PS 技术的高阶 PAM 信号的 PAPR 和硬限幅方法，相关研究结果得到了业界正面引用和评价。

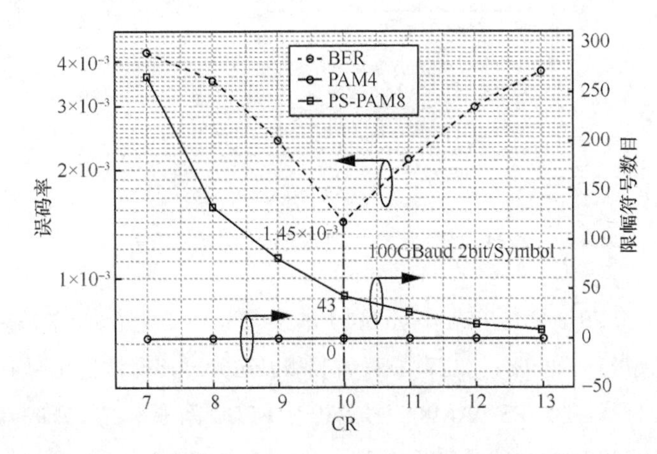

图 5-14　100GBaud PS-PAM8（2bit/Symbol）信号 BER 和限幅符号数目与 CR 的关系

2）传输结果

改变整形参数以生成具有 3 种不同信源熵的 PS-PAM8 符号：2bit/Symbol、2.265bit/Symbol 和 2.453bit/Symbol。在整个实验测试中，保持相同的总数据速率（熵×波特率），相应的 106GBaud PS-PAM8 总数据速率为 212Gbit/s、240Gbit/s 和 260Gbit/s。需要注意的问题是，第 5.2.1 节和第 5.2.2 节讨论的 GMI 和 NGMI 对 SD-FEC 的误码率有最可靠的预测。在目前的概率整形技术研究中，特别是在长距离相干通信系统中，NGMI 是学术界公认的评价标准，通常需要计算系统 FEC 开销和净速率。在概率整形技术中，有两种比较方式：一是采用相同的 FEC 开销比较净速率；二是比较总速率，但是 FEC 开销可能不同，目前概率整形技术中不同开销的 FEC 设计非常困难。

在数据中心光互连短距离传输中，现阶段概率整形技术研究较少，因此我们还是通过传统的误码率对实验结果进行比较评价，假设使用了高效 FEC 系统可以实现无误码传输，比较总的传输速率。

200Gbit/s PAM4 和 PS-PAM8（2bit/Symbol）的误码率与接收光功率的关系如图 5-15 所示。在背靠背情况下和 1km 光纤传输后，BER 均可以达到 3.8×10^{-3}（HD-FEC 门限为 7%）。在 HD-FEC 门限，将 200Gbit/s PS-PAM8 信号进行硬限幅，可以实现约 3dB 的接收灵敏度提高。此外，200Gbit/s PAM4 与硬限幅的 PS-PAM8 相比，在 HD-FEC 门限，PAM4 比 PS-PAM8 接收灵敏度高约 0.5dB。

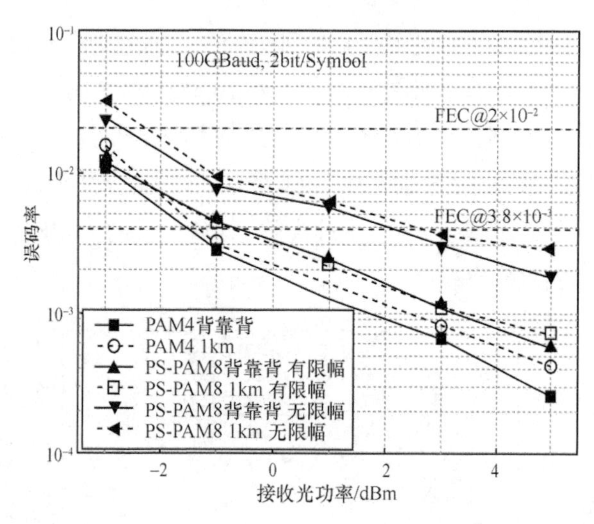

图 5-15　200Gbit/s PAM4 和 PS-PAM8（2bit/Symbol）的误码率与接收光功率的关系

212Gbit/s PAM4 和 PS-PAM8（2bit/Symbol）的误码率与接收光功率的关系如图 5-16 所示。1km NZDSF 光纤带色散影响非常小。在背靠背情况和 1km 光纤传输情况下，均可以在 7% HD-FEC 门限下恢复 PAM4 和硬限幅的 PS-PAM8 信号。在 HD-FEC 门限下，212Gbit/s PS-PAM8 信号使用硬限幅可以实现约 2dB 的接收灵敏度提升。在 HD-FEC 门限下，具有硬限幅的 212Gbit/s PS-PAM8 信号比 PAM4 信号接收灵敏度高约 1dB。此外，与 200Gbit/s 传输情况相比，在 HD-FEC 门限为 3.8×10^{-3} 和采用硬限幅的情况下，对于 212Gbit/s PAM4 和 PS-PAM8 信号，分别有 5.5dB 和 4dB 的接收光功率损失。在 20% SD-FEC（2×10^{-2}）门限下，将 212Gbit/s PS-PAM8 信号进行硬限幅，可以实现约 2dB 的接收灵敏度提高。在 SD-FEC 门限下，具有硬限幅的 PS-PAM8 信号与 PAM4 信号接收灵敏度基本一致。通过以上分析，在 200Gbit/s PAM4 和 PS-PAM8 传输时，PAM4 要优于 PS-PAM8，这是因为速率较低时，PAM4 信号有比较好的信噪比；在 212Gbit/s PAM4 和 PS-PAM8 传输时，PS-PAM8 要优于 PAM4，速率较高时，PS-PAM8 信号有比较好的信噪比。

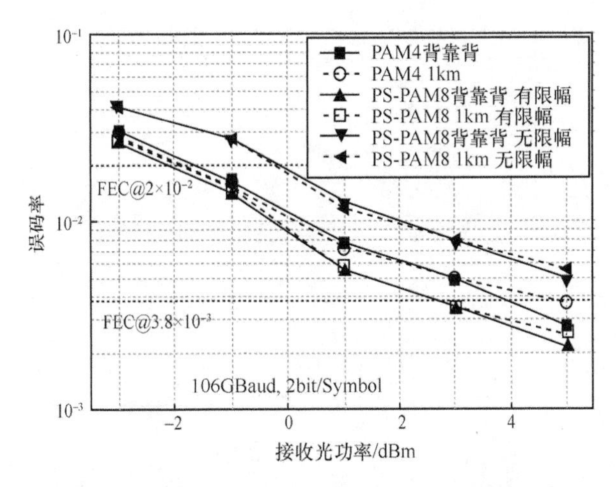

图 5-16　212Gbit/s PAM4 和 PS-PAM8（2bit/Symbol）的误码率与接收光功率的关系

在背靠背情况下，在 1km 光纤传输后，240Gbit/s PS-PAM8（2.265bit/Symbol）误码率与接收光功率的关系如图 5-17 所示，在 20% SD-FEC（2×10^{-2}）门限时，使用硬限幅的 PS-PAM8 信号可以实现大约 2dB 的接收灵敏度提高。最后，260Gbit/s PS-PAM8（2.4536bit/Symbol）的误码率与接收光功率的关系如图 5-18 所示，也可以成功实现 260Gbit/s 硬限幅 PS-PAM8（2.453bit/Symbol）传输超过 1km 光纤、BER 低于 2×10^{-2}。传输 1km NZDSF 光纤带色散影响非常小。在 20% SD-FEC 门限时，传输 240Gbit/s 比 260Gbit/s PS-PAM8 信号会有 4dB 的接收光功率损失。使用限幅可以使接收灵敏度提高 2dB 以上。硬限幅方法可以有效地增强预均衡之后的 PS 信号的系统性能。

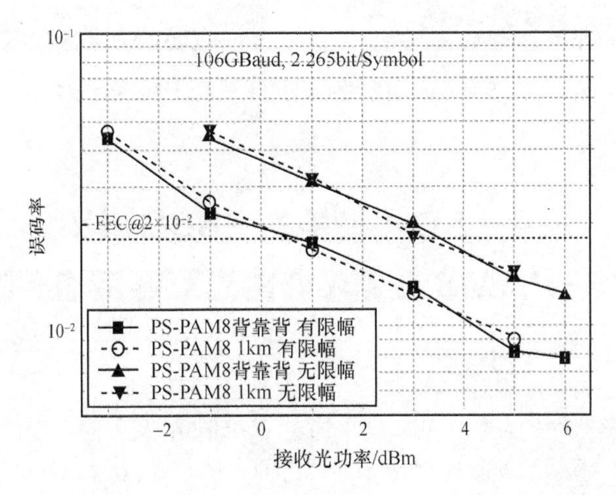

图 5-17　240Gbit/s PS-PAM8（2.265bit/Symbol）误码率与接收光功率的关系

不同 PAM 信号的恢复符号、眼图和幅度统计示意图如图 5-19 所示，在接收光功率为 5dBm 时所恢复的信号幅度统计图与 PS-PAM8 信号的概率密度函数一致，如图 5-12 所示，其信源熵为 2.453bit/Symbol。

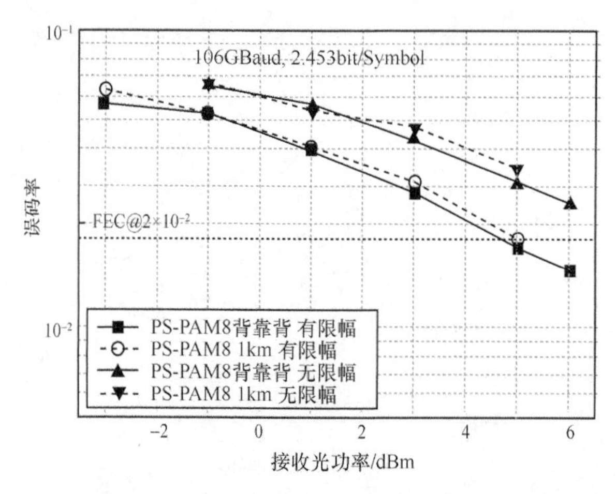

图 5-18　260Gbit/s PS-PAM8（2.453bit/Symbol）的误码率与接收光功率的关系

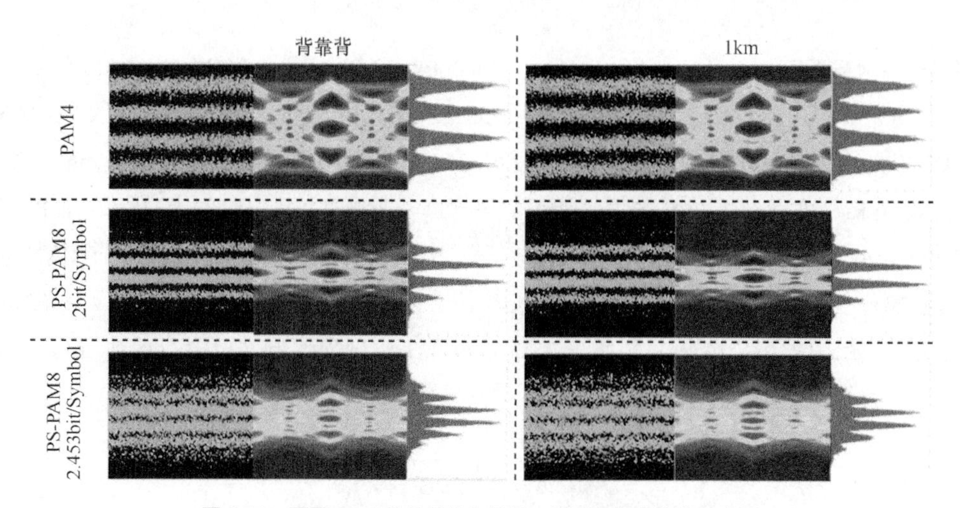

图 5-19　不同 PAM 信号的恢复符号、眼图和幅度统计示意图

5.4　SOA 使能的 280Gbit/s PS-PAM8 数据中心内光互连传输实验

高带宽电子和光学器件的发展，使实现单通道 200Gbit/s 及更高速率的传输成为可能，这可以大大减少所需的波长资源和光电器件数量[16]。最近，基于 PAM 和带有集成或分离的激光器和调制器的 DMT，单信道 200Gbit/s+的短距离传输实验已经被验证[1-7]。本节验证了在 O 波段基于 SOA 和 PS 的单通道 280Gbit/s PAM8 IMDD 传输 10km SSMF，这是据我们所知当前最高的传输纪录。首先，分析了超高速信号 SOA 小信号增益模型，接着给出了实验验证系统和 DSP 流程，最后，讨论了 SOA 优化参数及 SOA 位于不同位置的传输性能。

5.4.1　超高速信号的 SOA 大信号增益模型

SOA 的非线性响应已经在光再生、波长转换和光交换等许多领域中广泛研究和应用。线性 SOA 可能会成为有吸引力的 EDFA 替代品，与 EDFA 增益谱（通常为 30～70nm）相比，SOA 被认为是具有成本效益的器件，可提供更宽的增益谱（高达 100nm）。这也意味着与 EDFA 相比，需要的不同中心波长的 SOA 数量更少。虽然 EDFA 也可以使用，但是成本过高。此外，SOA 的增益谱可以集中在 1250～1600nm 的 10THz 窗口中的几乎任何波长处。

在 IMDD 传输系统中，对于 SOA 放大功能，非线性效应是相当有害的。人们使用小信号模型分析了一个饱和 SOA 的强度噪声抑制特性。但是，传输的数据调制幅度通常都是在大信号域，因此小信号模型不适用于分析比特码型抑制特性。基于高速信号的大信号模型，首先对 SOA 的饱和码型效应进行了数值分析。SOA 输出处的光信号可以由式（5-16）给出[17]。

$$P_{\text{out}}(t) = P_{\text{in}}(t)\exp[h(t)] \tag{5-16}$$

其中，$P_{\text{in}}(t)$是 SOA 输入脉冲功率，$h(t)$是 SOA 增益指数，定义为

$$h(t) = \int_0^L g(z,t)\mathrm{d}z \tag{5-17}$$

其中，$g(z,t)$和 L 分别是差分增益和 SOA 长度。$h(t)$也表示 SOA 的集成增益。我们可以给定输入脉冲的 $P_{\text{in}}(t)$，然后通过以下动态增益公式获得 $h(t)$，表示为

$$\frac{\mathrm{d}h(t)}{\mathrm{d}t} = \frac{g_0 L - h(t)}{\tau_{\text{c}}} - \frac{P_{\text{in}}(t)}{\tau_{\text{c}} P_{\text{sat}}}\left[\mathrm{e}^{h(t)-1}\right] \tag{5-18}$$

其中，τ_{c}是载流子寿命，g_0L 是不饱和放大器增益，$P_{\text{sat}}(t)$是 SOA 输出饱和功率。

在 IMDD 传输系统中，SOA 可以放在发射端或接收端。SOA 用在发射端可以增加发射机输出信号的功率，因此发射端的 SOA 放大器最关键的特性是高饱和输出功率。因为输入信号的偏振极化状态是已知的，所以在发射端 SOA 对偏振极化可能是敏感的。在设计集成 SOA 器件时，需要设计 SOA 输出大的饱和输出功率。在接收端的 SOA 作为预放大器可以放大进入光电探测器的输入功率，以提高接收灵敏度。但是，在满足高饱和输出功率的同时，需要尽量低的噪声系数。

不同饱和输出功率时 SOA 增益与输出功率的关系如图 5-20 所示，P_{sat} 参数定义为小信号增益降低 3dB 时的输出功率，P_{sat} 也是线性和非线性区域之间的边界。为了清楚观察输出饱和功率对高速信号的影响，对 100GBaud OOK 信号进行了仿真。插图（i）～插图（iii）显示了 100Gbit/s OOK 眼图，其中，P_{sat} 分别对应 12dBm、9dBm 和 0dBm。当 P_{sat} 在线性区域时，眼图正常，未观察到非线性失真。当输入的 OOK 信号的峰值功率超过输入的饱和功率时，将产生附加的码型效应。插图（ii）和插图（iii）显示了由码型效应导致的输出信号存在失真。具有较高输出饱和功率的 SOA 可以实现更好的线性度，并以最小的失真最大化其动态范围[18]。这验证了高阶 PAM 在高速 IMDD 短距离光互连应用中的可行性。

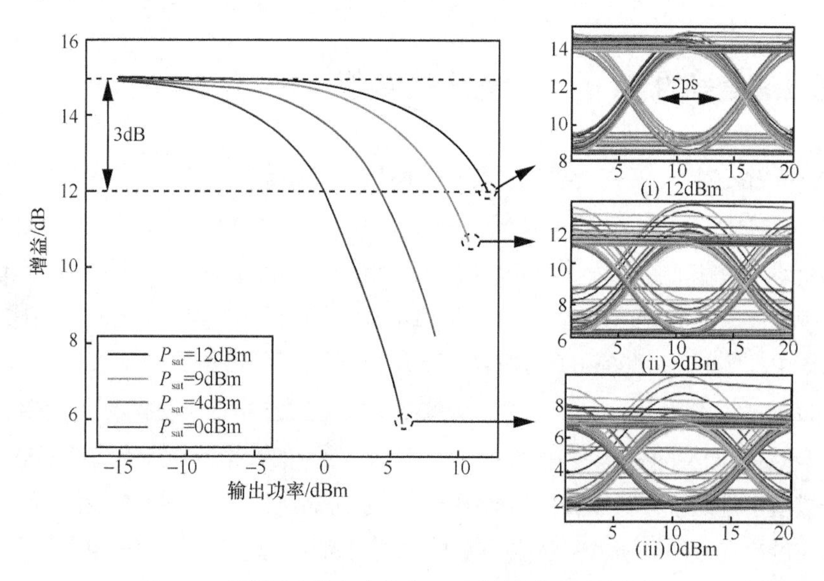

图 5-20 不同饱和输出功率时 SOA 增益与输出功率的关系

5.4.2 实验装置及系统参数

基于强度调制器的单通道数据中心光互连实验系统装置如图 5-21 所示。在发射端（Tx），发射机由具有 30dB 内部光隔离器且工作在 1310.96 nm 波长的 DFB、60GHz 带宽的 IM、65GHz 带宽的 EA 和高速 DAC 组成。100GBaud PAM-*N* 电驱动信号由 100GSa/s DAC（模拟带宽 35GHz）生成，然后在驱动 IM 之前由 EA 进行放大。IM 工作在正交点偏置点，激光输入光功率为 7.6dBm。在该实验系统中考虑了 3 种不同的传输情况：情况 1，带 SOA 但不传输光纤的背靠背情况；情况 2，在传输光纤之后，在接收端 SOA 用作前置放大器；情况 3，在发射端，SOA 用作功率放大器进行光纤传输，如图 5-21 所示。在 1310nm 波长处光纤平均损耗为 0.33dB/km。在进入光电探测器之前，使用 VOA 调整接收光功率以进行灵敏度测量和 SOA 性能测试。在接收端（Rx），信号由 70GHz PD 检测并由另一个 65GHz EA 放大，最后由带宽为 63GHz 的 160GSa/s 示波器采集，并由离线 DSP 处理。

发射端和接收端离线 DSP 流程如图 5-22 所示。在发射端离线 DSP 中，生成等概率均匀分布的 PAM4 和概率整形的 PS-PAM8。数据映射成长度为 2^{15} 的格雷编码常规 PAM4 符号；通过使用 MB 分布生成具有不同信源熵的 PS-PAM8 符号。在使用 19 抽头 FFE FIR 进行两次过采样和数字预均衡之后，将符号序列重采样为每个符号一个采样，并以波特率采样的方式加载到 DAC。预均衡的处理可能会导致更高的 PAPR，尤其是对于 PS-PAM8 信号，并且系统性能将会降低。因此，硬限幅方法用于降低 PAPR，在第 5.3.1 节中已经详细进行了介绍，不再赘述。在接收端离线 DSP 中，首先将采集的离线数据重采样为每个符号两个采样，然后应用平方时钟恢复算法消除数据中的时序偏移和抖动；之后，使用 19 抽头 *T*/2 间隔 FFE、189 抽头 *T* 间隔 Volterra 滤波器和 189 抽头 T 间隔 DD-LMS 均衡器恢复信号。为了减少抽头数目对系统性能的影响，选择了较大的抽头数以确保系统具有最佳性能。最后，恢复的 PAM-N 信号在解调之后计算 BER。在进行光纤传输测试之前，根据背靠背情况下 FFE 的传递函数估算 FFE FIR，用于发射端进行时域数字预均衡。

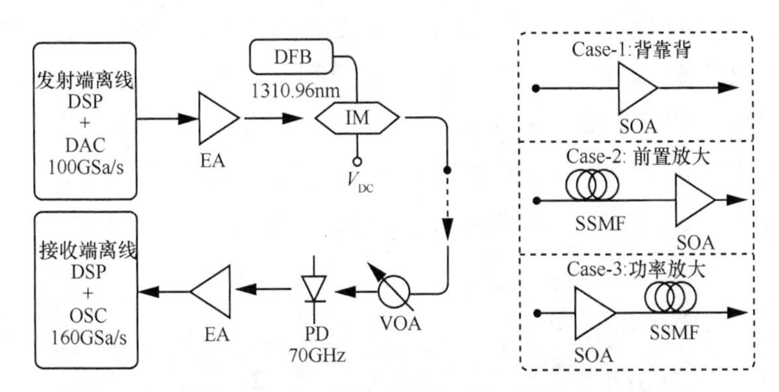

图 5-21　基于强度调制器的单通道数据中心光互连实验系统装置

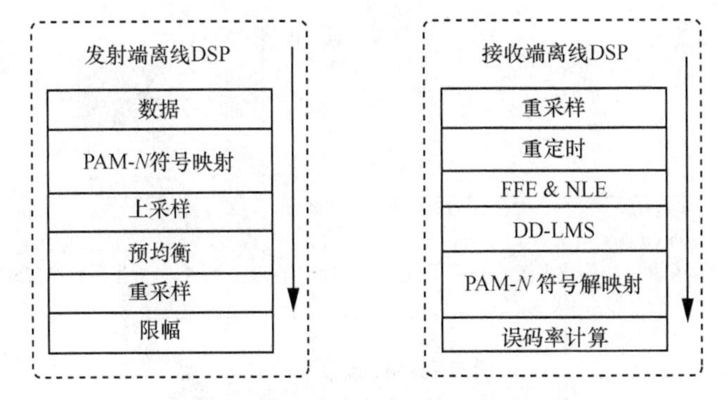

图 5-22　发射端和接收端离线 DSP 流程

5.4.3　实验结果与讨论

1）SOA 性能优化

为了进一步提高接收到的光功率灵敏度，使用 O 波段的 SOA 放大（发射端）或预放大（接收端）光功率。我们分析了第一种情形（Case-1）和第二种情形（Case-2）在 100GBaud PAM4 信号背靠背和传输 15km 光纤时 SOA 的性能。SOA 参数优化如图 5-23 所示。图 5-23（a）给出了背靠背和传输 15km 光纤时 SOA 增益和 SOA 偏置电流的关系。可以看到，两种情形均为 SOA 增益随着 SOA 偏置电流的增加而增加，偏置电流比较大时，增益逐渐变小。此外，15km 光纤传输之后作为前置放大器工作的 SOA 的增益要高于背靠背的情况，即小信号具有较高的 SOA 增益。图 5-23（b）显示了在第一种情形和第二种情形时，100GBaud PAM4 信号的误码率与 SOA 偏置电流的关系。对于较小的接收光功率，误码率性能对噪声更敏感。在噪声和非线性损伤之间需要作出权衡。然后，将 77mA 和 112mA 的 SOA 最优偏置电流分别用于背靠背和 15km 光纤传输。图 5-23（c）分别给出了 100GBaud PAM4 信号的 SOA 增益和 OSNR 与 SOA 的光输出功率的关系，SOA 偏置电流分别为 77mA 和 112mA。当光输出功率约为 2dBm 时，输入 PAM4 信号的峰值功率不会超过饱和输出功率，并且不会发生附加的码型效应。当光输出功率为 0dBm、偏置电流为 112mA 时，与 77mA 相比可获得 2dB SOA 增益。但是，与 112mA 相比，使用 77mA 可获得约 2dB 的 OSNR 改善，这是因为较高的驱动电流会引起 ASE。通常，光滤波器用于抑制 ASE 噪声。但是，在高比特率下，由于最小输入功率变大，信号和 ASE 的拍频噪声在没有光学滤波器的情况下占主导地位，因此，没有光滤波器的代价会降低。此外，可调谐滤光器会产生额外的插入损耗，并且尺寸较大不利于器件集成，因此该实验中不使用光滤波器。

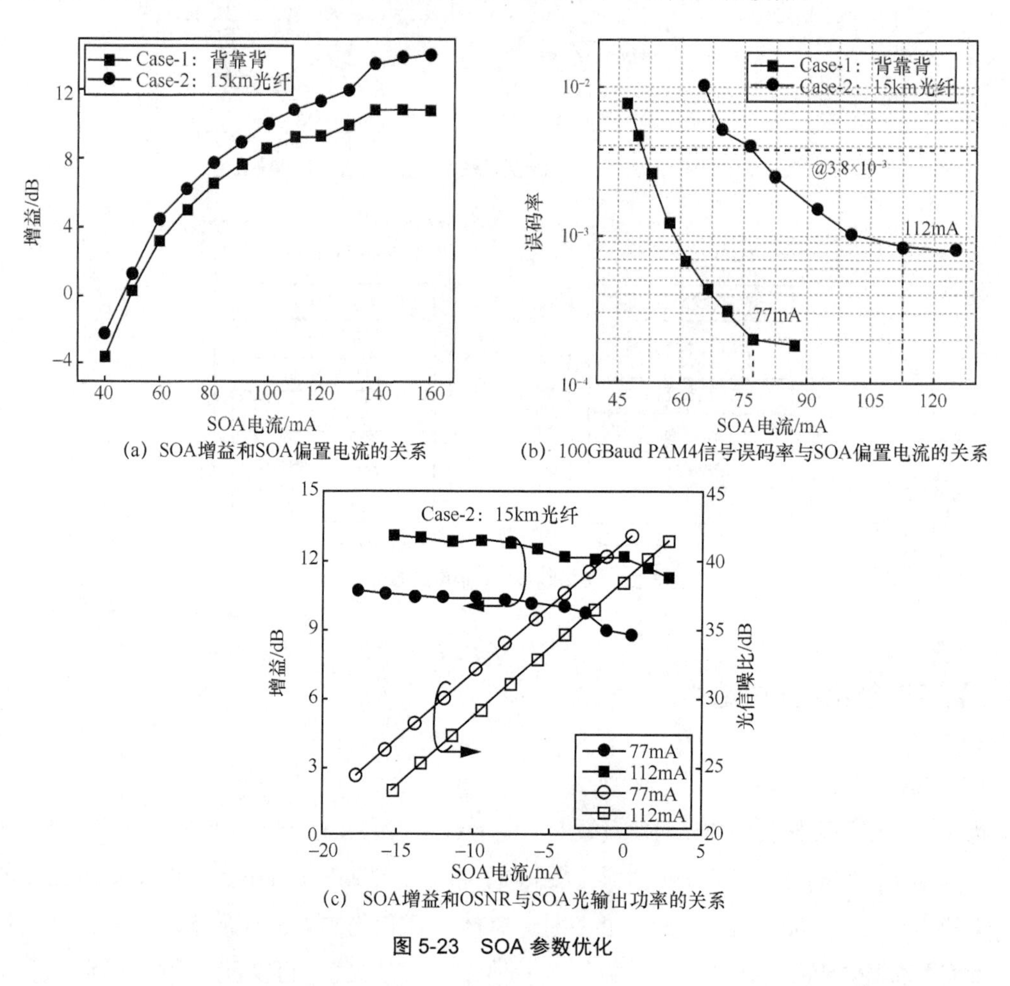

(a) SOA增益和SOA偏置电流的关系

(b) 100GBaud PAM4信号误码率与SOA偏置电流的关系

(c) SOA增益和OSNR与SOA光输出功率的关系

图 5-23 SOA 参数优化

100GBaud PAM4 信号光谱图如图 5-24 所示，分辨率为 0.02nm，使用时域数字预均衡后对高频区域光功率衰减进行了补偿，从而获得了较为平坦的响应。预均衡会使信号的 CSPR 增加，信号的有效功率相对变小，需要在系统性能和预均衡方面进行优化。背靠背时 SOA 最优偏置电流为 77mA，传输 15km 光纤后，SOA 最优偏置电流为 112mA，两种情形 SOA 输出的功率相同。

此外，我们还可以观察到，100GBaud PAM4 信号经过 SOA 放大后的频率偏移非常小。

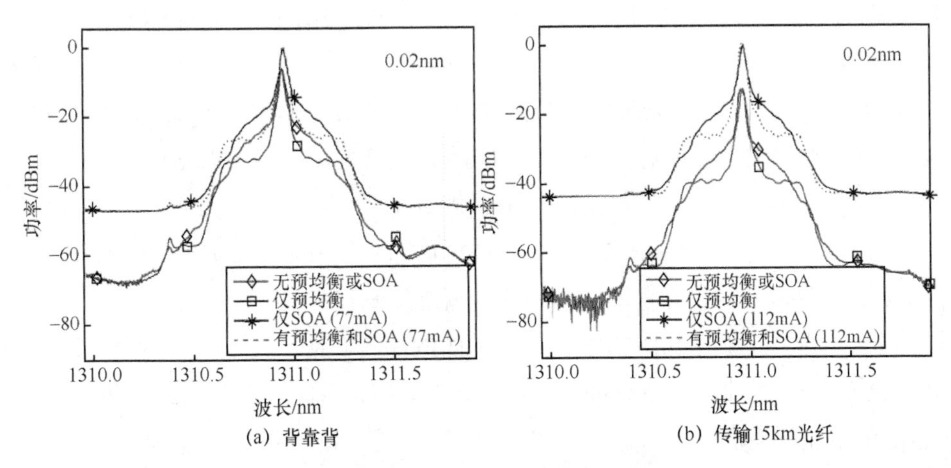

图 5-24　100GBaud PAM4 信号光谱图

2）实验传输结果

基于优化的 DSP 和 SOA 参数，100GBaud PAM4 误码率与接收光功率的关系如图 5-25 所示。我们使用 VOA 调整进入 SOA 的光功率，以测量接收机接收灵敏度。PAM4 信号传输时没有使用硬限幅。传输 10km SSMF 时最佳 SOA 偏置电流为 99mA。第二种情形（SOA 在接收端）和第三种情形（SOA 在发射端）保持相同的 SOA 偏置电流。如图 5-25 所示，在 7% HD-FEC（3.8×10^{-3}）门限时，200Gbit/s 的 PAM4 在两种情形下都可以传输 10km 和 15km 的 SSMF，而无须任何 CD 补偿。由于较低的 SOA 输出功率会导致较小的 ASE 噪声，因此 SOA 在发射端作为功率放大器使用时的接收灵敏度略优于 SOA 在接收端作为前置放大器。然而，如图 5-25（b）所示，当 SOA 用作功率放大器时（第三种情形），传输 10km 和 15km SSMF 分别有 1.3dB 和 2.2dB 的接收光功率损失。因此，在高速 PAMIMDD 系统中，由于 SOA 具有较高的输出功率，因此首选 SOA 在接收端作为前置放大器。

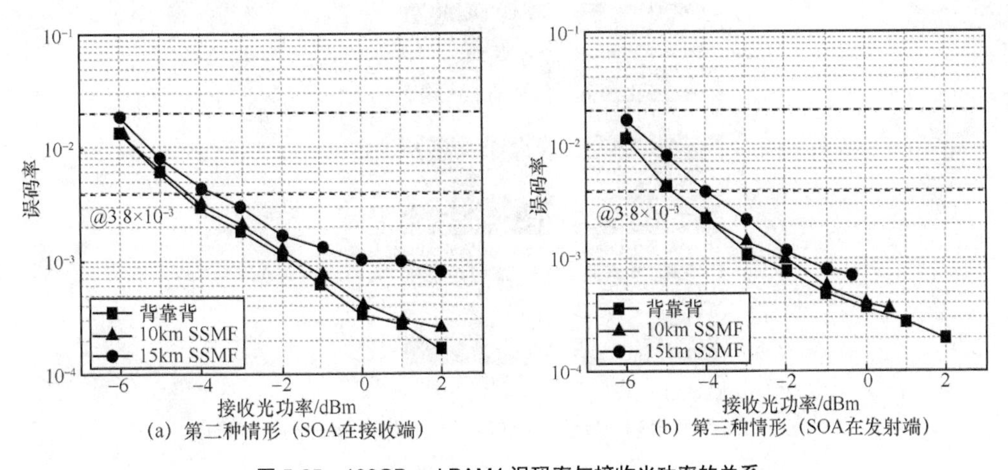

图 5-25　100GBaud PAM4 误码率与接收光功率的关系

接下来，对于 100GBaud PS-PAM8 传输，仅考虑第二种情形，即 SOA 在接收端作为前置放大器。改变整形参数可以生成具有不同信源熵的 PS-PAM8 符号传输速率。100GBaud PS-PAM8 实验结果如图 5-26 所示。图 5-26（a）给出了 100GBaud PS-PAM8 在背靠背、10km SSMF 和 15km SSMF 时误码率与不同比特率的关系。固定接收光功率为 2dBm，传输 15km SSMF 后在 HD-FEC 门限的速率为 230Gbit/s；传输 10km SSMF 后，在 SD-FEC（2×10^{-2}）门限下可以实现 260Gbit/s 和 280Gbit/s 速率。我们还测试了不同 PS-PAM8 比特率的误码率与接收光功率的关系，如图 5-26（b）所示。可以看到，传输 10km SSMF 之后，200Gbit/s、230Gbit/s 和 280Gbit/s 在 FEC 门限处接收到的光功率分别为 −3dBm、0dBm 和 0dBm。背靠背情况和光纤传输之间没有色散损失。此外，从图 5-25（a）和图 5-26（b）可知，传输 10km SSMF 后，在 HD-FEC 门限时，我们还可以观察到与 200Gbit/s PS-PAM8（2bit/Symbol）相比，200Gbit/s PAM4 的接收灵敏度提高了约 1dB。不同速率 PAM 信号的恢复符号、眼图和幅度统计示意图如图 5-27 所示，恢复信号的电平、间隔均等，眼图清晰，电平幅度统计与原始信号电平的概率密度分布一致。

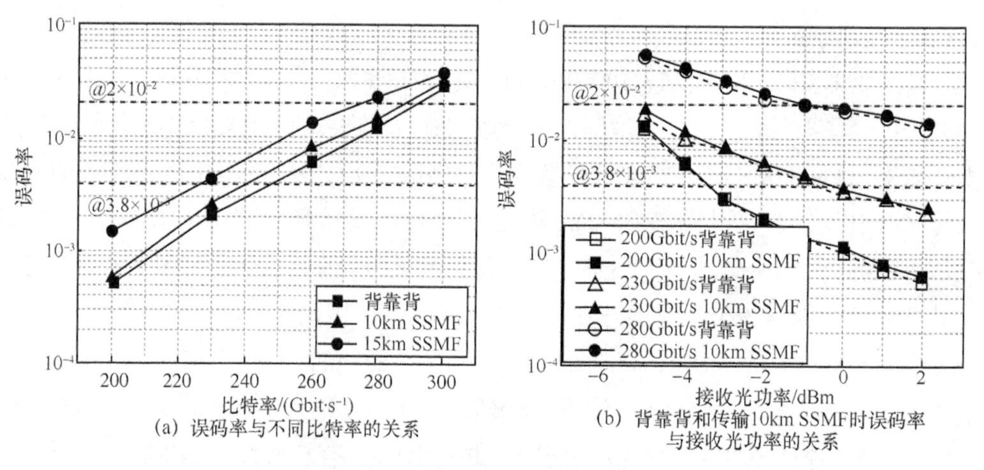

图 5-26 100GBaud PS-PAM8 实验结果

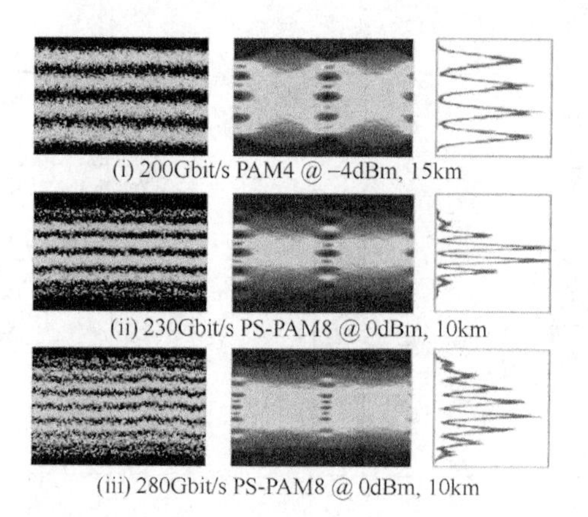

图 5-27 不同速率 PAM 信号的恢复符号、眼图和幅度统计示意图

5.5　基于概率整形的 350Gbit/s PAM16 数据中心内光互连传输实验

自从首次实现净速率 200Gbit/s IMDD 传输以来[16]，已经验证了几种不同的方法实现 200～250Gbit/s 传输[1,19–21]。文献[19]设计了一个集成的发射机器件，该器件由 AMUX 集成芯片和磷化铟（InP）MZM 芯片组成。与基于混频器的 super-DAC[20]不同，基于 AMUX 的 DAC 不需要双工器或任何其他笨重的射频滤波器，将毫米级的 AMUX 和 MZM 芯片彼此靠近放置，并通过集成进行连接。Hiroshi 等[21]利用紧凑集成的 AMUX-MZM 器件演示了净数据速率 400Gbit/s（总速率 516.7Gbit/s）在 C 波段传输 20km SSMF，一个可调谐色散补偿器用来进行色散补偿。我们可以注意到，人们通过 super-DAC 或者 AMUX-MZM 等器件实现单载波 IMDD 短距离超高速传输，但是，需要考虑在数据中心光互连中集成的器件体积。随着 DSP 技术的发展，利用目前商用的器件结合高效 DSP 实现更高速率的传输，可以降低器件成本和集成的难度。本节利用单个强度调制器结合联合非线性均衡技术实现了 350Gbit/s PS-PAM16 传输 1km NZDSF，这是目前没有采用特殊设计器件能实现的单载波最高的传输速率。

5.5.1　超高速 PAM 信号联合非线性均衡技术

我们在实验过程中使用强度调制测试得到的 50GBaud PAM16 接收信号误码分布示意图如图 5-28 所示，对应的误码率为 0.03。可以观察到，200Gbit/s 的高阶 PAM16 信号受到比较严重的非线性损伤，尤其是高电平受到的损伤更为严重，误码主要集中在高电平侧。通过眼图也可以注意到，中间电平眼睛能很好地睁开，高电平眼睛模糊闭合。观察到的这种非线性损伤主要来自强度调制器的非线性区域。此外，信号间的码间干扰也比较大，线性的损伤主要来自器件带宽受限。为了能利用目前的商用器件传输更高的速率，需要解决这两种损伤。第 4 章介绍了我们提出的一种 M-LUT 非线性算法，主要考虑 PAM 高阶电平的非线性，低电平的影响可以忽略，从而降低系统复杂度。这种降低复杂度的 LUT 方法特别适用于 PAM16 信号。第 5.3 节详细介绍了基于 PS 技术的高阶 PAM 传输，降低 PAM 信号中高阶电平出现的概率增加系统的信噪比；为了减弱带宽受限引起的线性损伤，时域数字预均衡可以有效改善并提升系统性能；硬限幅技术用来进一步解决 PS 和预均衡带来的 PAPR 过高的问题。综合我们提出的 M-LUT、PS、时域数字预均衡和硬限幅技术等联合均衡技术，实验验证了单信道 350Gbit/s PS-PAM16 数据中心内光互连。

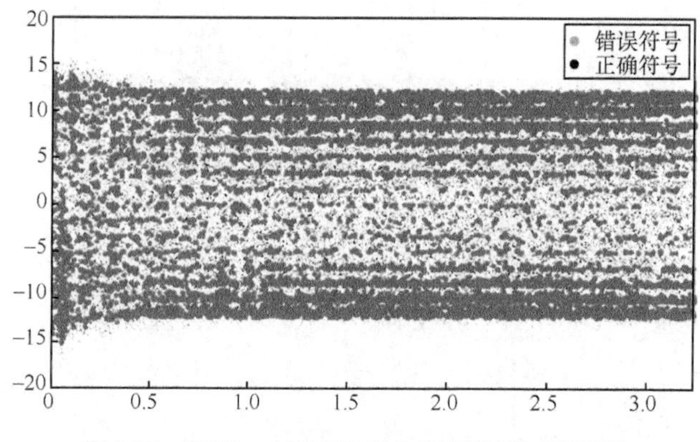

图 5-28　50GBaud PAM16 接收信号误码分布示意图

5.5.2　实验装置及系统参数

基于强度调制器的单通道超高速高阶 PAM 传输系统如图 5-29 所示。在发射端，离线生成 50～100GBaud 高阶 PAM 信号，下载到采样率为 100GSa/s、3dB 模拟合成带宽为 40GHz 的 DAC 生成对应的电基带信号。使用了一个商用带宽为 60GHz 的 IM，然后将 1528.48nm ECL 产生的连续的光波输入 IM，器件均工作在室温（25°C）。在基带信号驱动 IM 之前，来自 DAC 的高阶 PAM 信号先由 6dB 衰减器进行衰减，然后再由商用 60GHz 电放大器放大后驱动 IM。衰减器的目的是减小放大器输出信号幅度，使 IM 尽量工作在线性区域，以减少器件带来的非线性损伤。然后，调制的超高速高阶 PAM 信号传输 1km NZDSF，平均色散系数为 6.4ps/(nm·km)。在接收端，进入光电探测器之前，VOA 用于调整 ROP 进行灵敏度测量。一个 70GHz 的光电二极管被用来检测信号，然后由另一个 60GHz 的 EA 放大，最后由带宽为 63GHz 的 160GSa/s 示波器采集并进行离线 DSP 处理。图 5-29（a）给出了分辨率为 0.02nm 的 100GBaud PAM16 信号光谱图，中心工作波长为 1528.48nm，并且加载数据前后中心波长没有频率漂移。图 5-29（b）给出了测试的强度调制器的输出功率和驱动电压曲线，原理上强度调制器工作在正交偏置点，在实验中通过测试系统误码性能优化工作电压，最优的工作电压为 2.65V、输出光功率为 8.17dBm。

发射端和接收端离线 DSP 流程如图 5-30 所示。在发射端离线 DSP 中，首先将 PRBS 格雷码映射到 PAM-*N* 符号，再依据需要利用 MB 分布生成具有不同信源熵的 PS-PAM 符号。接着对生成的数据序列进行基于改进查找表的数字预失真处理，再进行两倍上采样。使用 FFE FIR 进行时域数字预均衡，然后将符号序列重采样为每个符号一个采样。概率整形和时域数字预均衡的处理会导致信号 PAPR 增加，尤其是对于 PS-PAM16 信号，系统性能变差。因此，需要对信号进行硬限幅降低 PAPR。最后，把离线生成的数据加载到 DAC。

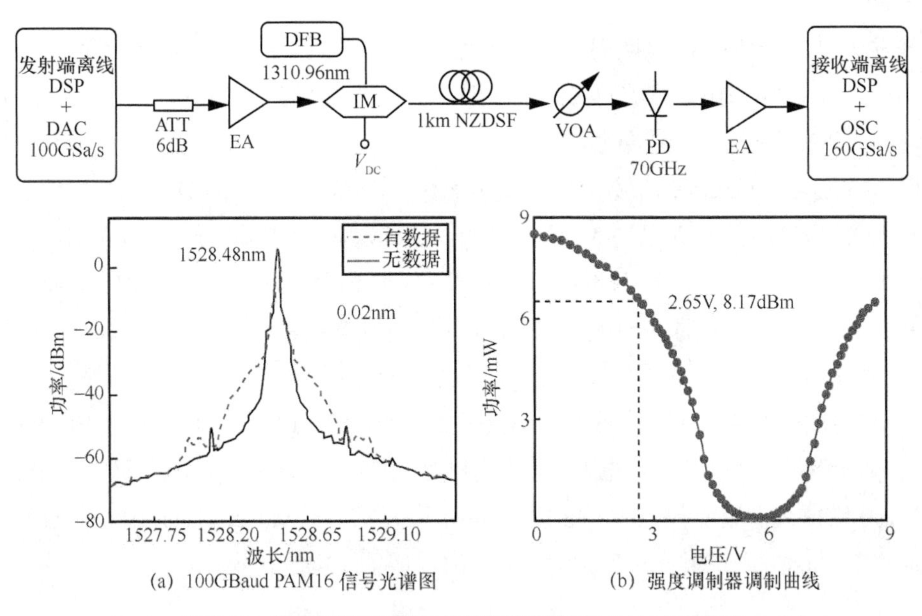

(a) 100GBaud PAM16 信号光谱图　(b) 强度调制器调制曲线

图 5-29　基于强度调制器的单通道超高速高阶 PAM 传输系统

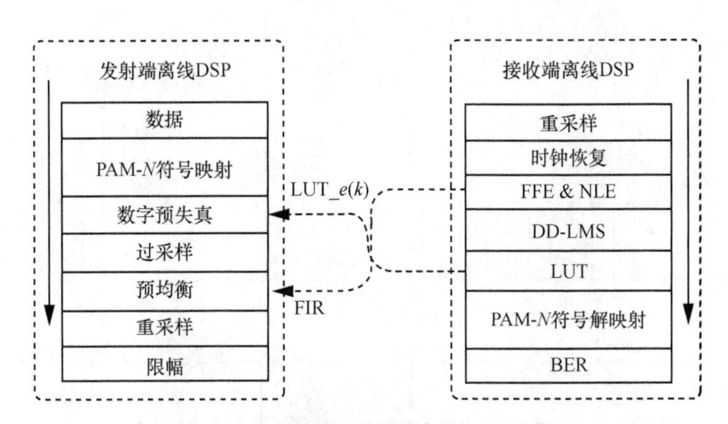

图 5-30　发射端和接收端离线 DSP 流程

在接收端离线 DSP 中，首先将采集的离线数据重新进行两倍上采样，然后进行时钟恢复消除接收数据中的时序抖动和偏移；接着，使用 19 抽头 $T/2$ 间隔 FFE 和 189 抽头 T 间隔 Volterra 滤波器级联均衡。在 FFE 和 NLE 均衡之后，在最终判决之前使用 189 抽头 T 间隔 DD-LMS 均衡器，最后，恢复的 PAM-N 信号在解调之后计算误码率。

由于光电器件的带宽限制和严重非线性损伤，为了减少抽头数对系统性能的影响，在实验中选择了较大抽头数以确保系统具有最佳性能。在进行超高速高阶 PAM 传输实验之前，为了获得准确的 M-LUT 预失真校正值，首先在背靠背情况下用训练序列执行时域数字预均衡处理。在较低传输速率下，未经任何处理的高阶 PAM 训练序列传输到接收端离线 DSP 处理，经过 FFE，达到收敛状态之后，可以从 FFE 滤波器的抽头数中计算出用于预均衡的 FIR。LUT 预失真方法可以有效补偿 PAM 信号受到的光电器件非线性损伤。在预均衡处理之后，再进行 M-LUT 过程，通过比较发送训练序列和接收训练序列之间的差值，再将数值经过多次平均后存放在查找表对应的索引中，对于 PAM16 信号，只考虑最外围 8 个电平。最终，对获得的查找表中的预失真校正值，将其应用在发射端进行非线性补偿。

利用 MB 分布，改变整形参数可以生成具有不同信源熵的 PS-PAM16 信号。不同信源熵的 PS-PAM16 幅度概率密度分布如图 5-31 所示。图 5-31（a）是等概率均匀分布的 PAM16，16 个电平概率均为 0.0625。图 5-31（b）～图 5-31（d）给出了 3 种不同信源熵的 PS-PAM16 信号，当整形参数为 0.0159 时，PS-PAM16 的信源熵为 3.5bit/Symbol，中间电平最大概率为 0.14062；当整形参数为 0.0217 时，PS-PAM16 的信源熵为 3.3bit/Symbol，中间电平最大概率为 0.16278；当整形参数为 0.033 时，PS-PAM16 的信源熵为 3bit/Symbol，中间电平最大概率为 0.19833。PS-PAM16 信源熵较小时，外围的高电平概率非常小，中间低电平的概率比较大，能有效减小外围非线性损伤，提高系统信噪比。当 PS-PAM16 信源熵较小时，如 PS-PAM16 信源熵为 3bits/Symbol 时，外围 6 个电平可以进行截断。本节考虑标准的概率整形对系统的影响，没有对截断方案进行分析。

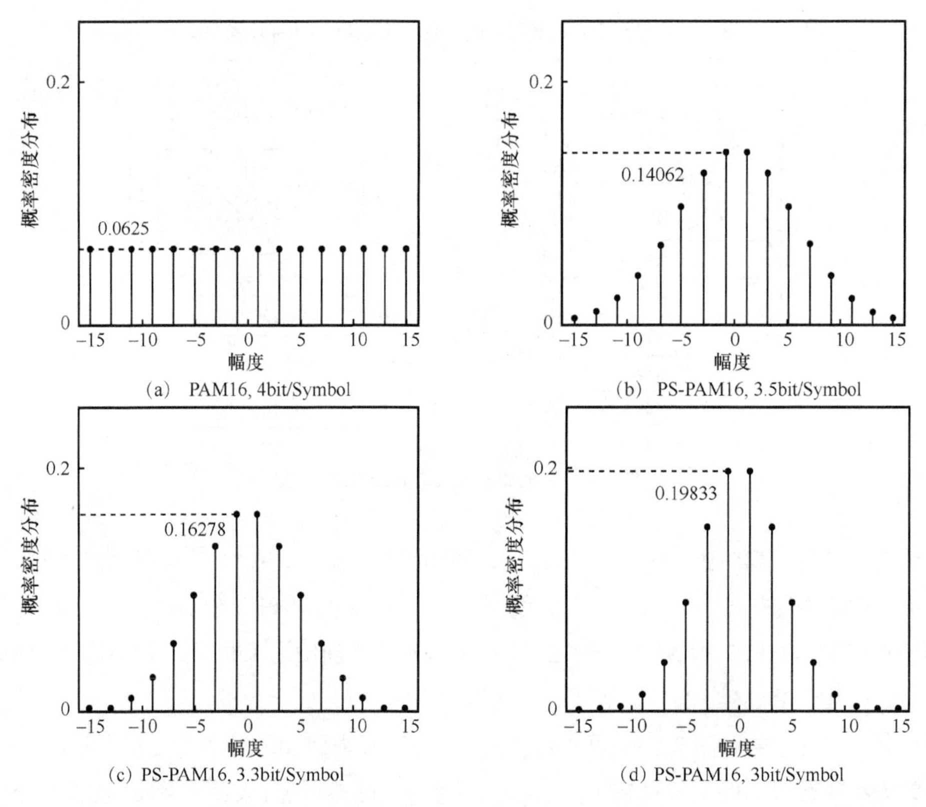

（a） PAM16, 4bit/Symbol
（b） PS-PAM16, 3.5bit/Symbol
（c） PS-PAM16, 3.3bit/Symbol
（d） PS-PAM16, 3bit/Symbol

图 5-31　不同信源熵的 PS-PAM16 幅度概率密度分布

5.5.3　实验结果与讨论

基于前面讨论的实验装置和 DSP 参数，我们测试了下行链路背靠背和传输 1km NZDSF 时不同信源熵的 PS-PAM16 信号误码率与接收光功率的关系，如图 5-32 所示。首先测试了 75GBaud 码率，即总速率分别为 225Gbit/s、262.5Gbit/s 和 300Gbit/s，如图 5-32（a）所示。可以观察到，传输 PS-PAM16 速率 225Gbit/s 和 262.5Gbit/s 都能达到 SD-FEC（5×10^{-2}）门限，接收光功率分别为−2dBm 和 0dBm。对于 300Gbit/s PAM16 信号，误码率性能比较差达不到门限。由于 NZDSF 色散系数比较小，因此经过传输 1km NZDSF 之后的色散对系统性能基本没有影响。接下来，图 5-32（b）给出了 100GBaud PS-PAM16 的误码率与接收光功率的关系。100GBaud 不同信源熵的 PS-PAM16 信号总速率分别为：300Gbit/s、330Gbit/s、350Gbit/s，都能达到 SD-FEC（5×10^{-2}）门限，接收光功率分别为 0dBm、2dBm 和 4dBm。75GBaud PAM16 信号的误码率性能达不到门限，100GBaud PS-PAM16（3bit/Symbol）信号可以达到 SD-FEC 门限。对于相同的传输总速率，高阶 PAM16 信号通过概率整形降低外围电平出现概率，减少了器件和调制器带来的非线性损伤，可以提高系统信噪比。

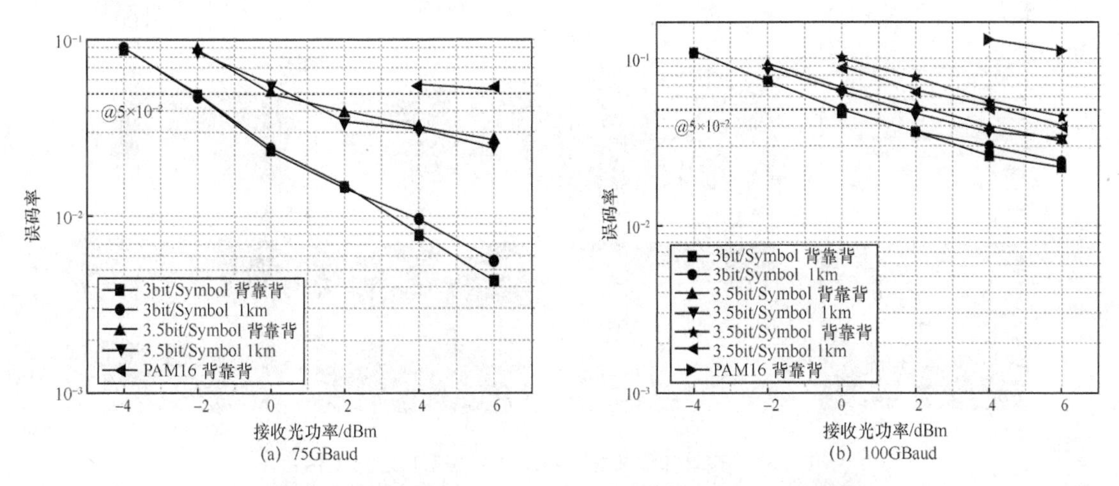

图 5-32　不同信源熵的 PS-PAM16 信号误码率与接收光功率的关系

不同传输速率的高阶 PAM 信号误码率与比特速率的关系如图 5-33 所示。可以观察到，考虑 SD-FEC（2×10^{-2}）门限时，PAM8 信号可以传输 280Gbit/s 的速率；PAM16 信号达不到该门限；PS-PAM16 信号可以传输大约 250Gbit/s 的速率。如果考虑 SD-FEC（5×10^{-2}）门限，PAM8 信号受到 DAC 100GSa/s 限制，最高可以传输 300Gbit/s 的速率；PAM16 信号可以传输 75GBaud，即 300Gbit/s 的速率；PS-PAM16 信号可以传输 350Gbit/s 速率。通过以上比较，可以得出，高阶 PS-PAM16 信号能够通过灵活调整信源熵实现自适应速率的变化。概率整形的高阶 PAM 能很好地减缓带宽受限器件带来的损伤，带来更高的传输速率。不同传输速率高阶 PAM 恢复信号和眼图示意图如图 5-34 所示，通过 50GBaud 等概率均匀分布的 PAM16 眼图可以看到，低电平眼图较好，高电平受到非线性影响，眼睛模糊闭合。50GBaud 和 100GBaud PS-PAM16 信号的符号能正常恢复，眼图清晰。

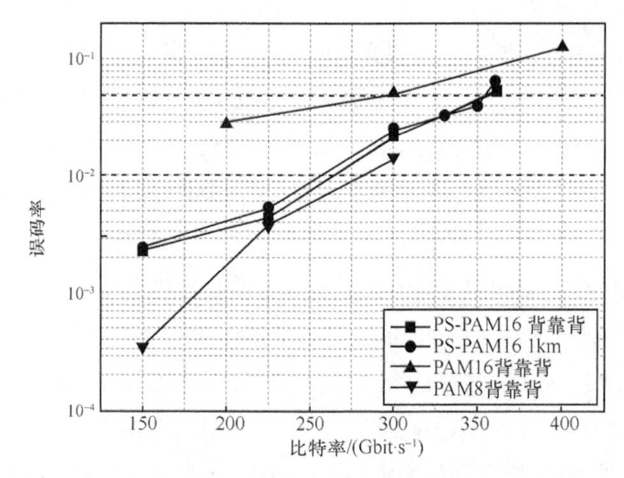

图 5-33 不同传输速率的高阶 PAM 信号误码率与比特速率的关系

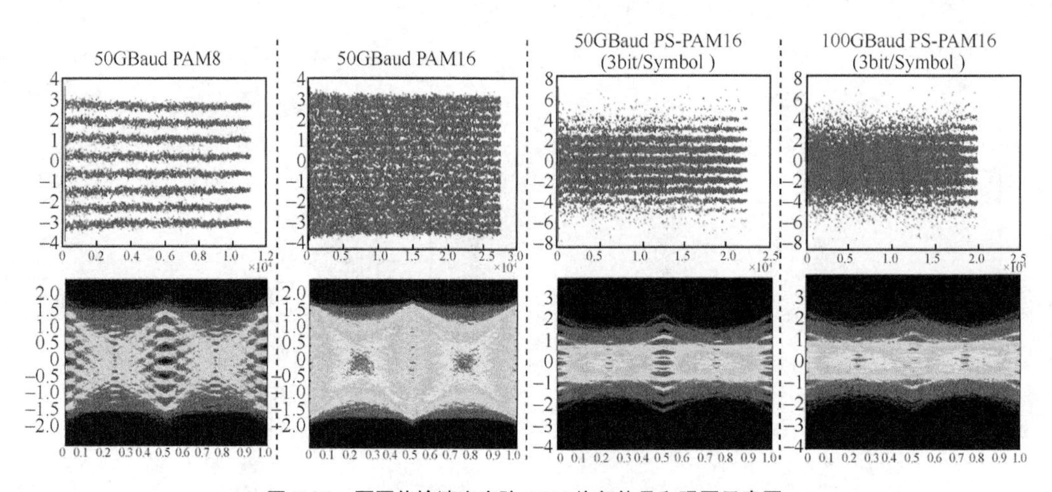

图 5-34 不同传输速率高阶 PAM 恢复信号和眼图示意图

5.6 小结

在 PS 技术的相关研究中，首先介绍了 PS 技术的基本原理，介绍了 PAS 架构，通过在发射端 FEC 编码和 PS 并行体系实现编码和整形独立优化，极大程度地简化了编码器和解码器的实现，并且可以使用现成已有的 SD-FEC 编码，而不需要设计新的 SD-FEC 编码；接着给出了 GMI 和 NGMI 公式推导，以代替 FEC 门限实现更高精度预测 post-FEC 误码率，并且对 GMI 和 NGMI 进行了数值模拟，结果表明，等概率均匀分布 QAM 和概率整形 QAM 都能用 NGMI 作为可靠的 FEC 门限。我们在基于 PS 技术的高阶 PAM 数据中心内光互连传输实验中，主要展开了以下 3 项实验验证工作。工作一，提出了基于硬限幅的概率整形时域数字预均衡信号峰均比提升的方法，采用概率整形技术，提高了系统的光信噪比；采用时域数字预均衡技术，减小了器件带宽限制带来的码间干扰；最后采用硬限幅技术，降低信号的 PAPR，提高系统的整体传输性能。基于提出的方法，验证了利用单个 EML 实现单通道 260Gbit/s PS-PAM8 信号传输 1km NZDSF。工作二，分析了超高速信号 SOA 大信号增益模型，实验验证了在 O 波段基于 SOA 和 PS 实现了单通道 280Gbit/s PS-PAM8 传输 10km SSMF，这是当前已知最长距离传输纪录。在该系统中比较了 3 种不同传输情形，由于较低的 SOA 输出功率具有较小的 ASE 噪声，因此 SOA 在发射端作为功率放大器使用时的接收灵敏度略优于 SOA 在接收端作为前置放大器；但是，当 SOA 用作功率放大器时会带来接收光功率损失。由于 SOA 具有较高的输出功率，首选 SOA 在接收端作为前置放大器使用。工作三，综合提出的 M-LUT、PS、时域数字预均衡和硬限幅技术等联合均衡技术，实现了单信道 350Gbit/s PS-PAM16 数据中心内光互连。通过与等概率均匀分布的 PAM8 和 PAM16 比较，可以得出，高阶 PS-PAM16 信号能够通过灵活调整信源熵实现自适应速率的变化。概率整形的高阶 PAM 能很好地减缓带宽受限器件带来的损伤，带来更高的传输速率。本章首次通过广泛的实验验证了基于概率整形技术的高阶 PAM 信号实现单通道超过 200Gbit/s 数据中心光互连，使 PS-PAM 成为多通道实现 800GbE 或 1.6TbE 数据中心内光互连有潜力的可选方案。

参考文献

[1] CHEN X, CHANDRASEKHAR S, RANDEL S, et al. All-electronic 100-GHz bandwidth digital-to-analog converter generating PAM signals up to 190 GBaud[J]. Journal of Lightwave Technology, 2017, 35(3): 411-417.

[2] VERBIST J, VERPLAETSE M, SRIVINASAN S A, et al. First real-time 100-Gb/s NRZ-OOK transmission over 2 km with a silicon photonic electro-absorption modulator[C]//Proceedings of 2017 Optical Fiber Communications Conference and Exhibition(OFC).Piscataway: IEEE Press, 2017: 1-3.

[3] WOLF S, ZWICKEL H, HARTMANN W, et al. Silicon-organic hybrid (SOH) Mach-Zehnder modulators for 100 Gbit/s on-off keying[J]. Scientific Reports, 2018(8): 2598.

[4] HÖESSBACHER C, JOSTEN A, BÄEUERLE B, et al. Plasmonic modulator with >170 GHz bandwidth demonstrated at 100 GBd NRZ[J]. Optics Express, 2017, 25(3): 1762-1768.

[5] LANGE S, WOLF S, LUTZ J, et al. 100 GBd intensity modulation and direct detection with an InP-based monolithic DFB laser Mach–Zehnder modulator[J]. Journal of Lightwave Technology, 2018, 36(1): 97-102.

[6] OGISO Y, WAKITA H, NAGATANI M, et al. Ultra-high bandwidth InP IQ modulator co-assembled with driver IC for beyond 100-GBd CDM[C]//Proceedings of 2018 Optical Fiber Communications Conference and Exposition(OFC).Piscataway: IEEE Press, 2018: 1-3.

[7] MARDOYAN H, JORGE F, OZOLINS O, et al. 204-GBaud on-off keying transmitter for inter-data center communications[C]//Proceedings of Optical Fiber Communication Conference Postdeadline Papers. Washington, D.C.: OSA, 2018: Th4A. 4.

[8] BÖCHERER G, STEINER F, SCHULTE P. Bandwidth efficient and rate-matched low-density parity-check coded modulation[J]. IEEE Transactions on Communications, 2015, 63(12): 4651-4665.

[9] BUCHALI F, STEINER F, BÖCHERER G, et al. Rate adaptation and reach increase by probabilistically

shaped 64-QAM: an experimental demonstration[J]. Journal of Lightwave Technology, 2016, 34(7): 1599-1609.

[10] CHAGNON M, PLANT D V. 504 and 462 Gb/s direct detect transceiver for single carrier short-reach data center applications[C]//Proceedings of Optical Fiber Communication Conference.Washington, D.C.: OSA, 2017: 1-3.

[11] CHO J, WINZER P J. Probabilistic constellation shaping for optical fiber communications[J]. Journal of Lightwave Technology, 2019, 37(6): 1590-1607.

[12] CHO J, SCHMALEN L, WINZER P J. Normalized generalized mutual information as a forward error correction threshold for probabilistically shaped QAM[C]//Proceedings of 2017 European Conference on Optical Communication (ECOC). Piscataway: IEEE Press, 2017: 1-3.

[13] FERNANDEZ DE JAUREGUI RUIZ I, GHAZISAEIDI A, SAB O A, et al. 25.4-Tb/s transmission over transpacific distances using truncated probabilistically shaped PDM-64QAM[J]. Journal of Lightwave Technology, 2018, 36(6): 1354-1361.

[14] ZHANG J W, YU J J, CHI N, et al. Time-domain digital pre-equalization for band-limited signals based on receiver-side adaptive equalizers[J]. Optics Express, 2014, 22(17): 20515-20529.

[15] ZHANG Q, STOJANOVIC N, XIE C S, et al. Transmission of single lane 128 Gbit/s PAM-4 signals over an 80 km SSMF link, enabled by DDMZM aided dispersion pre-compensation[J]. Optics Express, 2016, 24(21): 24580.

[16] KANAZAWA S, YAMAZAKI H, NAKANISHI Y, et al. Transmission of 214-Gbit/s 4-PAM signal using an ultra-broadband lumped-electrode EADFB laser module[C]//Proceedings of 2016 Optical Fiber Communications Conference and Exhibition(OFC). Piscataway: IEEE Press, 2016: 1-3.

[17] TAKESUE H, SUGIE T. Wavelength channel data rewrite using saturated SOA modulator for WDM networks with centralized light sources[J]. Journal of Lightwave Technology, 2003, 21(11): 2546-2556.

[18] SAID Y, REZIG H, URQUHART P. Semiconductor optical amplifier nonlinearities and their applications for next generation of optical networks[J]. Advances in Optical Amplifiers, 2011(2): 27-52.

[19] YAMAZAKI H, NAGATANI M, WAKITA H, et al. IMDD transmission at net data rate of 333 Gb/s using over-100-GHz-bandwidth analog multiplexer and Mach–Zehnder modulator[J]. Journal of Lightwave Technology, 2019, 37(8): 1772-1778.

[20] CHEN X, CHANDRASEKHAR S, CHO J, et al. Single-wavelength and single-photodiode entropy-loaded 554-Gb/stransmission over 22-km SMF[C]//Proceedings of Optical Fiber Communication Conference. Washington, D.C.: OSA, 2019: Th4B. 5.

[21] HOANG T, SOWAILEM M, OSMAN M, et al. 280-Gb/s 320-km transmission of polarization-division multiplexed QAM-PAM with stokes vector receiver[C]//Proceedings of Optical Fiber Communication Conference. Washington, D.C.: OSA, 2017: 1-3.

第6章
基于带宽受限器件的无源光网络传输系统

6.1 引言

低成本的 PON 光纤系统的传输性能主要受限于光电器件。低成本是接入网络中人们最关注的指标之一，因此可以重复使用现有的低成本光学器件，将成本降至最低。但是，有限的器件带宽会引入比较多的 ISI 导致系统性能降低，发射机和接收机端的有限带宽光电器件限制了系统可以传输的数字信号的波特率。

本章着重对基于受限器件的 PON 传输系统展开了研究。在 PON 当前研究进展中，首先回顾了 ITU-T 和 IEEE 的 PON 标准化进程；接着，介绍了不同 PON 标准中最关键的波长规划问题；最后，总结了近 5 年使用 10Gbit/s 发射机的 IMDD 传输实验，从应用场景、调制格式、发射机、色散容限和高效 DSP 5 个方面介绍了 PON 发展的关键技术和发展趋势。在基于受限器件的 PON 传输实验中开展了 3 项主要工作。首先，验证了使用 IMDD 方案而非相干方案实现 100Gbit/(s·λ) PON 的可能性。在实验结果中讨论了 SOA 的性能优化及系统的误码率与功率预算；进一步分析了系统的色散容限和可用的波长范围，讨论了系统对器件带宽的需求及功率损耗情况。接着，首次在同一光纤链路中研究了基于带宽受限器件的对称 50G-PON 系统，通过实验对比了 PAM4、DMT 和 CAP 这 3 种先进调制格式在上下行链路中的性能。最后，首次实验研究了基于带宽受限器件的对称 50G-PON 上行突发传输，采用基于数字滤波平方定时 BCDR 算法，成功在上行链路中突发传输了 50Gbit/s PAM4 信号。

6.2 PON 研究进展

6.2.1 PON 标准化进程

随着视频流类服务的快速增长、物联网技术的发展以及对 5G 回传的需求，运营商在接入网络领域寻求更高带宽的解决方案，而 PON 已被广泛认为是成熟的宽带光纤接入技术和最有前途的升级途径之一。已安装的光纤的带宽具有巨大潜力，运营商目前仅利用了光纤带宽的一小部分，最重要的限制因素是收发器。产业界、标准组织和研究机构提出了不同的网络升级策略，但是体系架构始终还是基于点对多点的树状拓扑，需要共享 OLT 和馈入光纤。对于发展的几代 PON 系统，网络运营商的关键要求是升级的系统可以与以前的系统使用同一套光纤基础设施。除了能重新利用已经部署的光纤基础架构设施，单个用户还需要从一个系统平稳过渡到升级的系统，而不需要强制迁移所有的用户，满足不同用户不同的需求。在过去的 20 年中，访问数据速率已从大约 1Gbit/s 升级到 10Gbit/s，到单波长 25Gbit/s。同时，3 个主要的行业组织致力于 PON 技术的标准化：the Full Service Access Network（FSAN）Group、the ITU Telecommunication Standardization Sector Question 2/Study Group 15（ITU-T Q2/SG15）和 the IEEE 802.3 Ethernet Working Group。尽管 FSAN 本身不是标准开发组织，但仍在 PON 标准方面发挥了重要作用，其成员根据 FSAN 的工作和协议为 ITU-T Q2/SG15 建议书的制定提出了建议。

ITU-T 和 IEEE PON 标准化进展时间线[1-2]如图 6-1 所示。在 2000 年年初，PON 标准化出现了两条路：FSAN 和 ITU-T Q2/SG15 标准化了 GPON；IEEE 802.3 标准化了 EPON 系列。BPON（下行 622Mbit/s，上行 155Mbit/s）最初于 1998 年进行了标准化，并于 2003 年进行了大规模部署。GPON（下行 2488Mbit/s，上行 1248Mbit/s）和 EPON（对称 1Gbit/s）在 2004 年前后实现了标准化。对于更高的容量，基于 EPON 和 GPON 技术扩展的 10Gbit/s 数据速率已经发展。IEEE 802.3 10G-EPON（下行 10Gbit/s，上行 1Gbit/s）在 2009 年进行了标准化。ITU-T 分别在 2010 年和 2016 年对 XG-PON1（下行 9.953Gbit/s，上行 2.488Gbit/s）和 XGS-PON（对称 9.953Gbit/s）进行了标准化。IEEE 的 EPON 和 10G-EPON 主要在日本和韩国进行了广泛部署，ITU 标准在北美和欧洲更为普遍。2014 年，基于多波长的 TWDM-PON 技术被 ITU-T 标准化为 NG-PON2。ITU NG-PON2 与以前的系统相比是一个巨大的进步，它引入了多波长复用以达到 40Gbit/s 的总带宽。该系统具有 4～8 个 WDM 信道，每个信道使用 2.5～10Gbit/s 的时分和波分复用信道，还允许点对点 WDM 专用信道。系统必须保持 ONU 传输的波长和时间分开，因此大大增加了设备的复杂性和信道串扰问题。IEEE 802.3 以太网工作组一直专注于作为 IP/Ethernet 的低成本解决方案。2016 年，IEEE 开始致力于 25Gbit/s 对称 NG-EPON 的标准化。最近，IEEE 802.3ca 工作组正在最终确定 25G/50G-EPON 标准，通过复用两个波长信道以达到 50Gbit/s 速率。ITU-T Q2/SG15 已经开始了一系列的高速 PON 标准化过程，包括单波长 50G-PON。尽管 ITU-T 和 IEEE 指定的 PON 标准之间有许多相似之处，但两个 PON 系统之间的主要区别在于 EPON 使用单个第 2 层网络承载 IP 流量以传输数据、语音和视频，而 ITU-T PON 需要多个协议转换。但是，随着容量需求的增加，两个 PON 系统在功能上越来越接近。

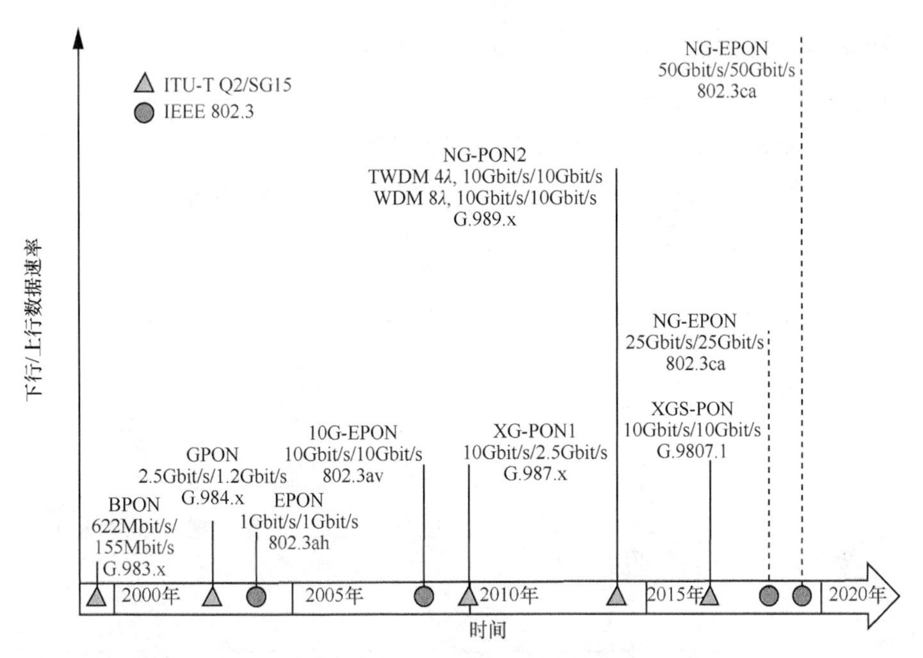

图 6-1　ITU-T 和 IEEE PON 标准化进展时间线[1-2]

50G-EPON 的物理层包括以下 3 个子层：物理介质相关子层（Physical Medium Dependent sublayer，PMD）、物理介质连接子层（Physical Medium Attachment sublayer，PMA）和物理编码子层（Physical Coding Sublayer，PCS）。其中，PMD 主要处理线速率、波长规划、收发机光学特性、光分布网络的损耗预算、传输距离和与现有系统的共存等问题；PMA 负责发射机和接收机的时钟数据恢复和同步功能；PCS 负责数据编码/解码、帧同步和 FEC。通过比较，IEEE 802.3ca 50G-EPON 和 ITU-T 50G-PON 中的 PMD 子层在很大程度上是等效的。制定 PMD 规范最重要也最困难的步骤是波长规划。波长选择的标准是需要考虑兼容目前已有的系统，要注意光纤中色散导致的性能代价和成本最小化，尤其对于用户的成本。基于上述因素，选择 O 波段作为通信波段，一方面该波段有着低色散和大量可适用的光学器件，另外可以选择具有充分波长容限的固定波长通道，避免可调谐光学器件的使用。可以与 10G-PON 或 GPON 和 EPON 共存，但三者不能同时存在，因为实现三代共存的实施成本太高。

不同 PON 标准的波长规划[1]如图 6-2 所示。50G-EPON 的部署将采取循序渐进的方式，初始的规划是部署 25G-EPON，采用下行波长（Downstream Wavelength，DW）0（DW0）和上行波长（Upstream Wavelength，UW）0（UW0）实现与吉比特无源光网络（Gigabit-Capable PON，GPON）的共存或者采用 DW0-UW1 这一对波长实现与 10G-PON 的共存，上行传输 25Gbit/s 和 10Gbit/s 都是支持的；随着容量需求的增长，可以利用动态通道添加 DW1 和 UW2，以达到 50Gbit/s 的数据传输速率。对于单波长 50G-PON 波长计划，如图 6-2 所示，ITU-T Q2/15 决定采用 1342±2nm 的 25G-EPON DW1 作为下行传输波长。上行波长遵循类似于 50G-EPON 标准的“或”兼容规划。对于 10Gbit/s 和 25Gbit/s 的上行传输，分别指定了 1300±10nm 的 US1 和 1270±10nm 的

US2 与 10Gbit/s 非对称 PON、10Gbit/s 对称 PON 和 GPON、EPON 兼容。对于上行 25Gbit/s，还允许使用 US1 的窄带频谱（1300±2nm）。对于上行 50Gbit/s，波长规划仍在讨论中。当在 OLT 上使用 SOA preamplifier-filter-PIN 接收机或通过 TDM 实现 50Gbit/s 和 25Gbit/s 上行传输信号的共存时，需要窄带波长支持互操作性。另外，一些运营商需要三代共存（1Gbit/s、10Gbit/s 和 50Gbit/s），这使波长规划变得更加复杂。

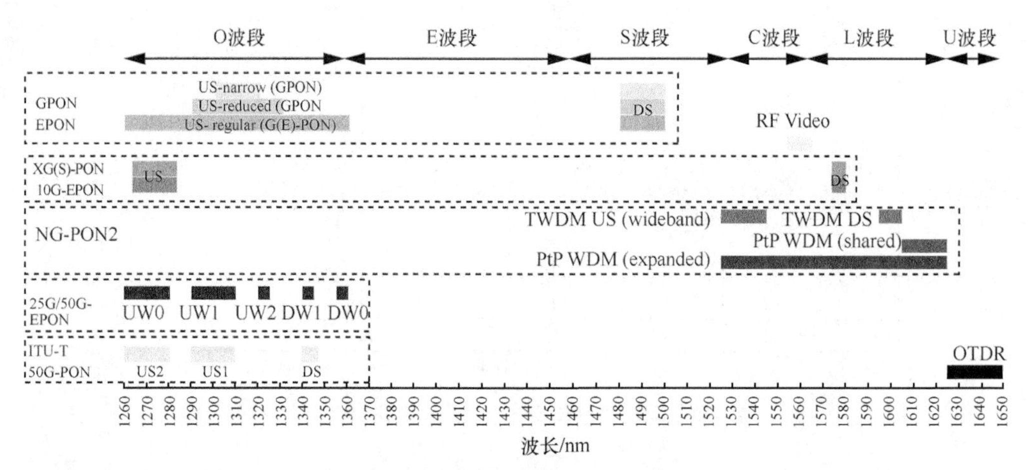

注：US：Upstream，上行传输；DS：Downstream，下行传输；UW：上行波长；DW：下行波长

图 6-2 不同 PON 标准的波长规划[1]

6.2.2 PON 发展的主要趋势

对于大容量 PON 系统，为了减少网络提供商和客户的资本和运营支出，人们对利用已经部署的 10Gbit/s 光学器件实现高速率传输的问题进行了深入研究。自 2014 年以来，基于～10Gbit/s 发射机的 IMDD 传输实验总结见表 6-1。

表 6-1 基于～10Gbit/s 发射机的 IMDD 传输实验总结

年份	调制格式	~10Gbit/s 发射机	波段	线速率/ $(\text{Gbit}\cdot(\text{s}\cdot\lambda)^{-1})$	距离/km	光放大器	FEC 门限	应用场景	文献
2019 年	PAM4	DML	C	50	20	—	1×10^{-3}	PON （21dB）	[3]
2018 年	CAP	MZM	C	40	90	EDFA	3.8×10^{-3}	LR-PON（29dB）	[4]
2018 年	PAM4	DML	O	50	20	SOA	3.8×10^{-3}	PON （29dB）	[5]
2018 年	NRZ-OOK	DML	O	25	20	SOA	1×10^{-3}	PON（32dB）	[6]
2018 年	PAM4	DML	O	56	25	—	3.8×10^{-3}	PON（29dB）	[7]
2017 年	PAM4	EML	C	40	10	EDFA	1×10^{-3}	PON（33dB）	[8]
2017 年	NRZ-OOK	DML	C	25	40	EDFA	1×10^{-3}	PON（33dB）	[9]

（续表）

年份	调制格式	~10Gbit/s 发射机	波段	线速率/ $(Gbit\cdot(s\cdot\lambda)^{-1})$	距离/km	光放大器	FEC 门限	应用场景	文献
2017 年	DMT	EML	C	40	10	—	4.6×10^{-3}	PON（23dB）	[10]
2017 年	PAM4	DML	O	50	20	—	1×10^{-3}	PON（26dB）	[11]
2016 年	PAM4	MZM	C	40	20	EDFA	1×10^{-3}	PON（24.5dB）	[12]
2016 年	NRZ-OOK	DML	C	25	40	EDFA	1×10^{-3}	PON（36dB）	[13]
2016 年	PAM4	EML	C	25	20	EDFA	1×10^{-3}	PON（31.5dB）	[14]
2014 年	NRZ-OOK	DML	L	10	100	EDFA	3.8×10^{-3}	LR-PON（53dB）	[15]
2019 年	CAP	MZM	C	120	55	SOA	2×10^{-4}	short-reach	[16]
2019 年	PAM6	DML	O	107.5	40	—	3.8×10^{-3}	short-reach	[17]
2019 年	PAM4	DML	C	100	40	EDFA	3.8×10^{-3}	short-reach	[18]
2019 年	PAM4	EML	C	50	50	—	1×10^{-3}	short-reach	[19]
2018 年	PAM4	EML	C	50	10	—	1×10^{-3}	short-reach	[20]
2017 年	PAM4	MZM	C	50	20	—	3.8×10^{-3}	short-reach	[21]
2015 年	DMT	DML	C	100	20	EDFA	3.8×10^{-3}	short-reach	[22]
2014 年	CAP	DML	C	60	20	—	3.8×10^{-3}	short-reach	[23]

基于表 6-1，总结得出 PON 系统演进的主要趋势，主要包括以下 5 个方面。

（1）IMDD 技术的两种应用场景：PON[3−15]和短距离 DCI[16−23]。通过结合高效 DSP 技术，利用 10Gbit/s 发射机已经实现了 50Gbit/(s·λ)和 100Gbit/(s·λ)光互连，成功传输 10～40km SSMF。然而，由于 PON 对高功率预算的要求，用相同的器件要实现 50G-PON 或 100G-PON 更具挑战性。类似于 DCI，结合高效 DSP 技术，利用 10Gbit/s 发射机，已经实验验证了 PON 数据速率从单波长 10Gbit/s 升级到了 50Gbit/s。此外，与用于实现更高数据速率的多路波长复用解决方案相比，单个波长的 50G-PON 或 100G-PON 可以大大减少所需的波长资源和光学器件数量。IEEE P802.3bs 200Gbit/s and 400Gbit/s Ethernet Task Force 已制定了 DCI 的 IEEE 标准 802.3bs-2017。数据中心逐渐成熟的商用器件和有效的 DSP 技术也将会推动 PON 系统的开发和应用。

（2）先进调制格式。文献[3-23]通过实验验证了利用 10Gbit/s 发射机，使用具有更高频谱效率的高级调制格式结合高效 DSP（如 PAM、DMT 和 CAP），实现了 100Gbit/(s·λ)短距离传输。为了解决 PON 传输系统中功率预算难题，文献[6,9,13-14]验证了使用 NRZ、ODB、EDB 和 PAM4 实现 25Gbit/(s·λ)PON 传输，而不需要任何 DSP。此外，文献[4,8,10,12]使用带有 DSP 的 PAM4、DMT 和 CAP 也已经实现了 40Gbit/(s·λ)PON 传输。文献[3,5,11]显示了使用带有 10Gbit/s 发射机和 DSP 进行 50Gbit/(s·λ)PAM4 PON 传输 20km SSMF 的可行性。据现有研究可知，由于功率预算更具挑战性，因此尚无使用带宽受限光学器件实现单波长 100Gbit/s PON 的演示。不可避免地，DMT 和 CAP 比 NRZ、PAM4 和双二进制复杂得多，但 DMT 和 CAP 对光纤色散具有很强的容限。DMT 和 CAP 通常需要额外的比特加载和功率分配及相位跟踪技术，DSP 复杂度增加。PAM4 具有更简单的 DSP 架构和更低的能耗，并且已在 400Gbit/s 中进行了标准化。在高频谱效率的先进调制格式中，PAM4 仍然是大容量 PON 系统最有潜力的调制方案。

（3）发射机。用作强度调制的发射机通常有 EML、DML 和 MZM。文献[15]在 10Gbit/s LR-PON 系统和无色散管理的高速短距离系统中从理论和实验上比较了 3 种发射机。DML 的光谱是无载波的，并且会由于较强的频率啁啾而变宽，因此 DML 产生的信号更能耐受高发射功率引起的光纤非线性效应，如 SBS 和 SPM。更高的发射功率可以实现更高的损失预算。DML 固有的绝热啁啾还可以引起光信号的调频（Frequency Modulation，FM），从而能够从根本上减轻色散引起的第一次功率衰减，而且 DML 比 EML 和 MZM 更简单、成本更低。因此，DML 是 PON 应用的更好的选择。

（4）色散容限。除了功率预算，高速 PON 传输的另一个主要问题是色散容限。PON 应用的典型长度为 20km SSMF（ITU-T G.652），可以使用 C 波段和 L 波段，但是这些波长具有较大的色散损失，特别是对于更高的传输速率，光纤损耗比 O 波段更低，从而传输范围更大。通常，DCF 或光纤布拉格光栅用于色散补偿[6,14]。但是，使用 DCF 将带来额外的系统成本，并会降低系统灵活性、使链路配置复杂化。在 C 波段，使用 EDFA 可以获得更高的功率预算。O 波段具有较低的色散损失，对于 PON 的下行传输和上行传输是优选波段，然而 O 波段具有较高的光纤衰减损耗。为了提升 O 波段的功率预算，选择 SOA 作为光放大器，因为其体积小、载波动态响应快并且适合器件集成。

（5）高效 DSP。在发射端和/或接收端利用 DSP 技术，文献[16-23]已经在短距离应用中验证了使用 10Gbit/s 发射机实现 50～100Gbit/(s·λ)传输。类似的有效 DSP 在高速 PON 系统中仍起着重要作用，可用于克服非线性、光/电器件或光纤链路的其他损伤。数字解决方案使能的 DSP 能够进行信号恢复，包括数字时钟恢复、FFE/DFE、数字预均衡、预失真、Volterra 滤波器、非线性查找表和 MLSE 等。此外，几种基于 FFE/DFE 的改进或联合算法提高系统传输性能，如 SVM-FFE [3]、多模算法 FFE[4]、DD-FDE[10]、Volterra 滤波器-FFE/DFE[19]。近年来，神经网络和机器学习已被用来缓解 PON 和 DCI 系统中线性和非线性失真损伤[17,21]，但需要高复杂度的 DSP 集成电路，且存在高时延和高功耗的问题，因此在低成本 PON 中的应用受到了限制。此外，更高效的 FEC 技术（如 LDPC），可以实现 Pre-FEC 误码率为 1×10^{-2}，以满足大容量 PON 应用的高功率预算需求。

6.3 基于带宽受限器件的 100G-PON 下行传输实验

第 3 章通过使用高效 DSP 技术，在 C 波段中通过实验研究了基于 10Gbit/s DML 实现 100Gbit/s PAM4 和 PAM8 信号传输，验证了基于带宽受限器件的短距离数据中心光互连系统。本节通过使用 10Gbit/s 发射机和 SOA 预放大器使能的接收机，实验研究了 O 波段基于 PAM4 调制的 100Gbit/(s·λ)TDM-PON 的下行传输，并且验证了使用 IMDD 方案而非相干方案实现 100Gbit/(s·λ)PON 的可能性。本节首先介绍了实验系统的架构和使用器件的参数；接着详细给出了发射端和接收端的离线 DSP 流程，并且讨论了 DSP 优化的参数；在实验结果中讨论了 SOA 的性能优化及系统的误码率与功率预算；最后，进一步分析了系统的色散容限和可用的波长范围，讨论了系统对器件带宽的需求及功率损耗情况。

6.3.1　实验装置及系统参数

基于 PAM4 调制格式的 100Gbit/(s·λ)TDM-PON 下行传输系统实验装置示意图如图 6-3 所示。在发射端（Tx），50GBaud PAM4 下行传输信号由 DAC 产生，该 DAC 具有 20GHz 的 3dB 模拟带宽，工作在采样率为 81.92GSa/s 时。使用了一个商用的 DML，其中心波长在 1304.14nm，具有 3dB 13GHz 带宽，工作在室温（25°C）下。在基带信号驱动 DML 之前，首先通过一个具有 25dB 放大增益的 EA 放大基带电信号。然后，调制后的 50GBaud PAM4 光信号在 0～80km 的 SSMF 中传输，光纤在 1310nm 处的平均损耗为 0.33dB/km。VOA-1 用于模拟分光器带来的功率损耗。为了支持超过 29dB 的链路损耗预算，在 ONU 中直接检测之前，使用了 SOA 前置放大器用于光信号的放大。VOA-2 用于调整接收光功率灵敏度测量，同时也用来测试 SOA 性能。SOA 参数的优化将在第 6.3.3 节中详细讨论。通常，PIN-PD 具有相对较好的线性性能，因此可用于 400Gbit/s 以太网，而 PON 系统则需要 APD 才能满足高功率预算。但是，APD 的线性性能要低于 PIN-PD。此外，PAM4 信号是四电平信号，对线性要求更严格。在接收端（Rx），本实验选择了 50GHz 带宽的 PIN-PD 检测信号。PIN-PD 的输出由 40GHz 带宽的电放大器放大。最后由带宽为 62GHz 的 160GSa/s 示波器采集数据，并进行离线 DSP 处理。

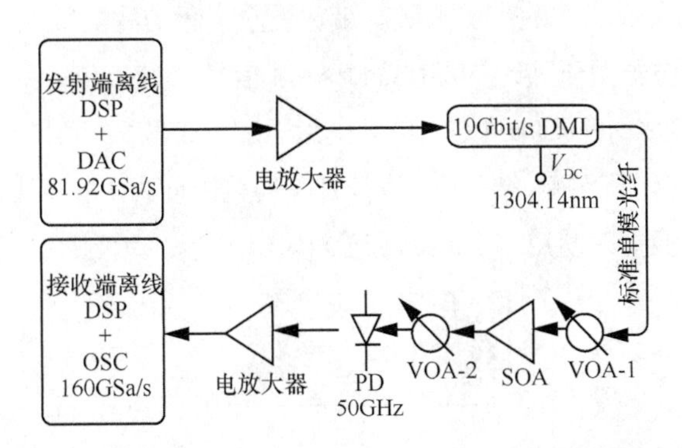

图 6-3　基于 PAM4 调制格式的 100Gbit/(s·λ) TDM-PON 下行传输系统实验装置示意图

实验装置中使用的 10Gbit/s DML 实测功率−电流−电压（P-I-V）曲线如图 6-4 所示，阈值电流约为 12mA。DML 的调制机制使得较高的输出功率可帮助抑制瞬态啁啾并增强器件带宽，但会降低消光比[24]。瞬态啁啾会引起非线性损伤并使信号失真。在此传输系统中，我们根据误码率的性能进行了参数优化，DML 的最佳驱动电流和光输出功率分别为 56mA 和 8.3dBm。图 6-4 中的插图分别给出了经过 DAC 和 DML 之后的 50GBaud OOK 信号的电眼和光学眼图，我们可以看到，由于 DML 受到带宽的限制，光信号眼图完全闭合。

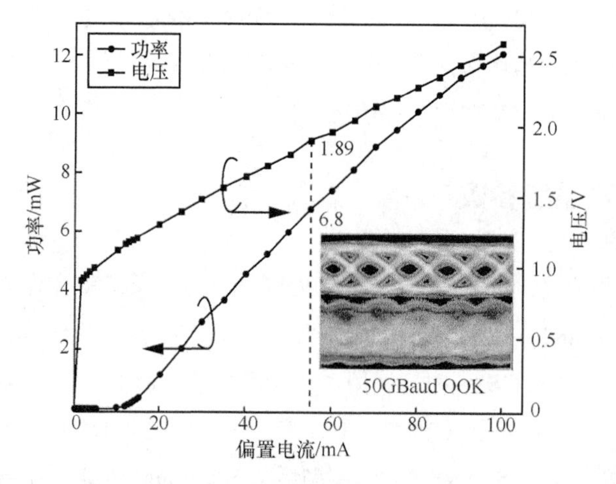

图 6-4　10Gbit/s DML 实测 P-I-V 曲线

6.3.2　发射端和接收端 DSP

1）发射端 DSP

发射端算法如图 6-5 所示，发射端离线 DSP 流程如图 6-5（a）所示，首先数据流映射为长度为 2^{15} 的格雷编码随机 PAM4 符号，并将其两倍过采样（2sps）。由于 DAC 存储器有限，因此只能生成长度为 2^n 的符号。具有高波特率的系统性能严重受到系统中级联器件带宽的限制，如 DAC、电驱动器和调制器等器件的带宽限制。带宽受限引起的滤波效应会导致 ISI，并限制了基带信号的带宽。RRC 滤波器用于实现 50GBaud PAM4 信号的 Nyquist 脉冲整形，优化的滚降系数为 0.3。此外，时域数字预均衡（Pre-EQ）技术也用于减少带宽限制引起的 ISI，但预均衡信号的有效功率会降低，需要优化预均衡。接下来，将符号序列重采样为 1sps，以匹配 DAC 的 81.92GSa/s 采样率。为了避免频率混叠，使用了 Kaiser 窗滤波器，可以表示为

$$w[n]=\begin{cases}\dfrac{I_0\left[\beta\sqrt{1-\left(\dfrac{2n}{N-1}-1\right)^2}\right]}{I_0[\beta]},0\leqslant n\leqslant N-1\\0,n>N-1\end{cases}\tag{6-1}$$

其中，N 是窗口的长度；I_0 是第一类改进的 Bessel 零阶函数；β 是整形参数，决定了主瓣宽度和旁瓣电平。具有不同窗口长度的 FIR 滤波器和整形参数的 Kaiser 窗滤波器频率响应如图 6-5（b）所示。β 的增加可以减小旁瓣的幅度并增加主瓣的能量。增加窗口的长度可以获得更高的重采样

精度，但是要花费更长的计算时间。本实验采用了 $n=10$ 和 $\beta=5$。最后，将符号序列以 8 位（−128～127）进行量化，再加载到 DAC。

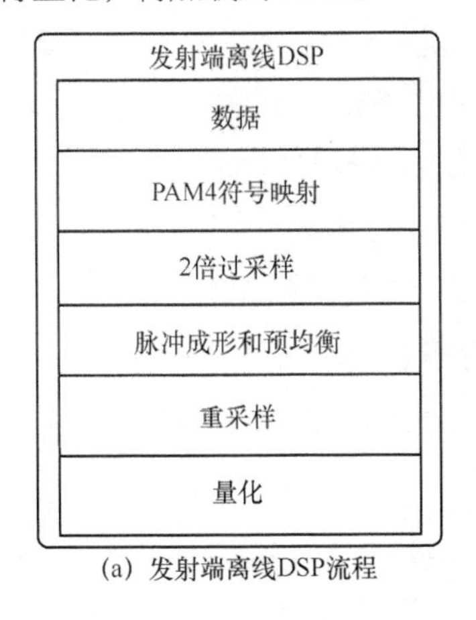

（a）发射端离线DSP流程

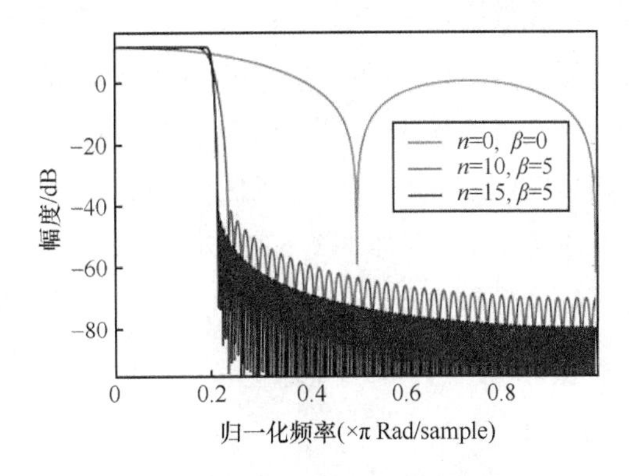

（b）Kaiser窗滤波器频率响应

图 6-5　发射端算法

测试频谱参数如图 6-6 所示，在有和无数字预均衡的情况下，DML 输出的光谱如图 6-6（a）所示，测量分辨率为 0.02nm。可以观察到，经过 Pre-EQ 处理的 50GBaud PAM4 调制光信号，光谱变宽并显示出不对称性，这是由于 DML 调制时产生的啁啾引起了频移。在进行光纤传输测试之前，通过在背靠背情况下的 CMA 均衡器的传递函数估算 Pre-EQ FIR 系数，数据收敛之后，Pre-EQ 的 FIR 抽头数可以通过归一化后的 CMA 滤波器计算。使用 Pre-EQ 时，DAC 输出的信号有效功率会降低。当 Pre-EQ 中的 FIR 抽头数增加时，有效功率降低，因此当优化 Pre-EQ FIR 的抽头数时，系统误码率性能与有效功率下降之间需要权衡。图 6-6（b）给出了在背靠背情况下使用和不使用 Pre-EQ 时接收到的 50GBaud PAM4 信号的电频谱。可以观察到，在没有 Pre-EQ 的情况下，电功率从 16GHz 左右开始衰减。但是，使用 Pre-EQ 后，高频电功率从 23GHz 左右开始衰减。使用 Pre-EQ 可扩展大约 7GHz 带宽。通过电频谱可以看出，利用 Pre-EQ 补偿了高频的功率衰减，并获得了较平坦的信道响应。

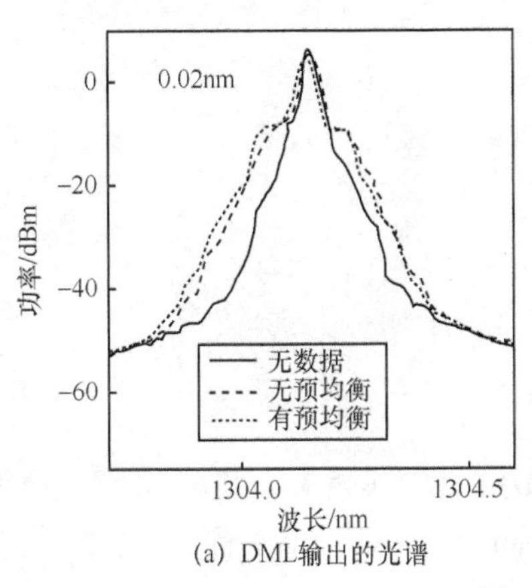

（a）DML输出的光谱

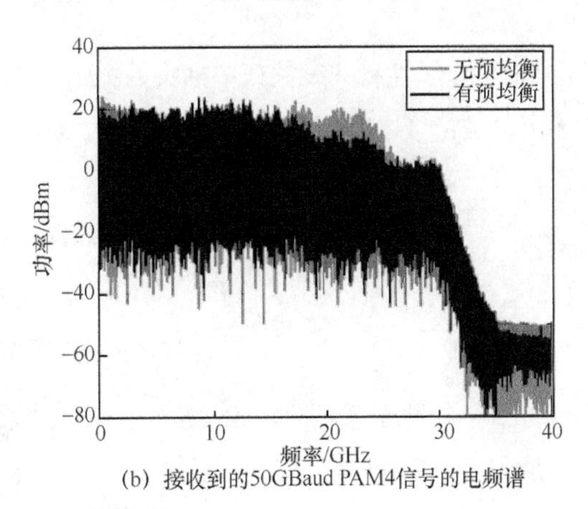

（b）接收到的50GBaud PAM4信号的电频谱

图 6-6　测试频谱参数

2）接收端 DSP

接收端算法如图 6-7 所示，接收端离线 DSP 流程如图 6-7（a）所示，首先使用匹配的滤波器将采集的离线数据重采样至 1sps，然后应用平方时间恢复算法消除数据中的时序偏移和抖动。接着，使用基于 2sps CMA 和 1sps Volterra VNLE 的联合均衡算法减少线性和非线性损伤。CMA 算法广泛用于光通信系统中，其无须使用训练序列即可补偿静态色散和随时间变化的 PMD。CMA 盲均衡器可以使用恒定幅度自动找到最佳抽头数。在本实验中，CMA 的使用有两个目的：一是预收敛数据以用于下一阶段的 VNLE 处理，另一个是获取 Pre-EQ 的 FIR。图 6-7（b）显示了 50GBaud PAM4 信号均衡后 CMA 的抽头数。我们可以看到 CMA 作为盲均衡算法是有效的，但它需要一些符号进行抽头收敛。接收的 50GBaud PAM4 信号在大约 1×10^5 个符号之后，抽头数稳定收敛。

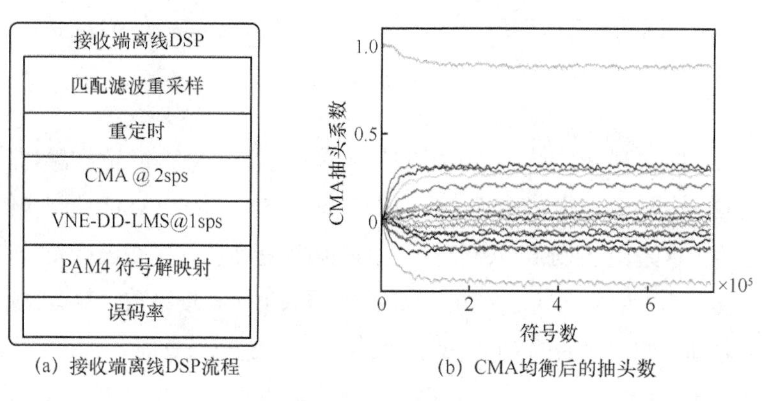

（a）接收端离线DSP流程　　（b）CMA均衡后的抽头数

图 6-7　接收端算法

基于二阶 Volterra 理论的 VNLE 算法用于补偿器件或色散引起的线性和非线性损伤，可以表示为

$$Z(t)=\underbrace{\sum_{k=-M}^{M-1}W_k(t)x(t-k)}_{y_1(t)}+\underbrace{\sum_{m=-N}^{N-1}\sum_{k=-N}^{m-1}V_{k,m}(t)\left[x(t-m)-x(t-k)\right]^2}_{y_{\text{nl}}(t)} \tag{6-2}$$

其中，M 和 N 是线性和非线性项的抽头数；$x(t)$是输入数据；$y_1(n)$是线性项的输出；$y_{\text{nl}}(t)$是非线性项的输出，是符号之间差值的平方总和，用以补偿非线性失真；W_k 和 $V_{k,m}$ 是线性和非线性项的抽头数，可以表示为

$$W(t+1)=W(t)+\mu_1\varepsilon\cdot X_1(t) \tag{6-3}$$

$$V(t+1)=V(t)+\mu_{\text{nl}}\varepsilon\cdot X_{\text{nl}}(t) \tag{6-4}$$

$$\varepsilon=d(t)-z(t) \tag{6-5}$$

其中，μ_1 和 μ_{nl} 是线性和非线性项收敛步长，$X_1(t)$和 $X_{\text{nl}}(t)$是线性和非线性均衡器的输入符号，ε 是误差函数，$d(t)$是训练符号。根据最小均方（Least Mean Square，LMS）优化算法，利用训练符

号对抽头数进行初始更新。VNLE 的输出可以表示为

$$z(t) = W(t) \cdot X_1(t) + V(t) \cdot X_{nl}(t) \tag{6-6}$$

在 CMA 和 VNLE 均衡之后，可以在最终判决之前使用 DD-LMS 均衡器，以进一步补偿信道响应。最后，基于恢复的 PAM4 信号在解调后计算误码率。

3）DSP 参数优化

为了优化 DSP 的参数，我们研究了不同均衡算法条件下的误码率性能，如图 6-8 所示，给出了在传输 22km 后，接收光功率为−12dBm 时误码率与均衡器抽头数的关系。首先比较了只用 19 抽头 FFE/DFE 和只用 19 抽头 CMA 的情况，可以观察到，经过 19 抽头 FFE/DFE 均衡后误码率为 0.2，FFE/DFE 均衡算法无效，这是因为传输损伤的限制会导致误差传播，而 19 抽头 CMA 的误码率约为 0.05。FFE/DFE 和 CMA 的主要目的是预收敛数据，因此使用了较小的抽头数，但是误码率相对较高。然后，我们将 CMA、VNLE 线性项，DD-LMS 的抽头数分别固定为 19、189 和 189。通过改变 VNLE 抽头数，误码率改善明显。

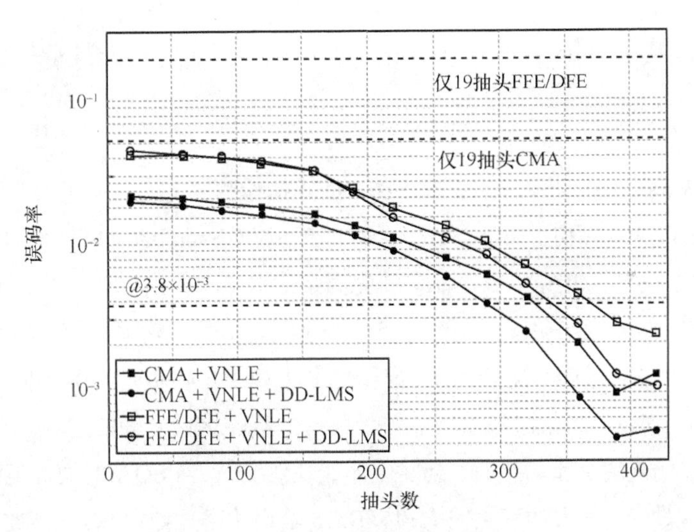

图 6-8　不同均衡算法条件下的误码率性能

当非线性抽头数为 389 时，我们可以获得最佳的系统性能。VNLE 抽头数如图 6-9 所示，为了显示得更清晰，仅绘制了 185～205 的抽头数。使用 VNLE 后，误码率低于 3.8×10^{-3}，这意味着非线性是系统性能的主要限制。基于 CMA 和 VNLE 与 DD-LMS 的联合均衡算法具有最佳的系统性能，然后用于实验传输测试。

作为概念验证实验，由于光电子器件的严重带宽限制和非线性损伤，尤其是对于功率预算，实现单通道 100G-PON 传输非常困难。为了减少抽头数对系统性能的影响，在实验中选择了具有较大抽头数的强均衡以确保系统具有最佳性能。当然，如果使用线性度更好的高带宽器件，则使用较小的抽头数就会改善系统性能。

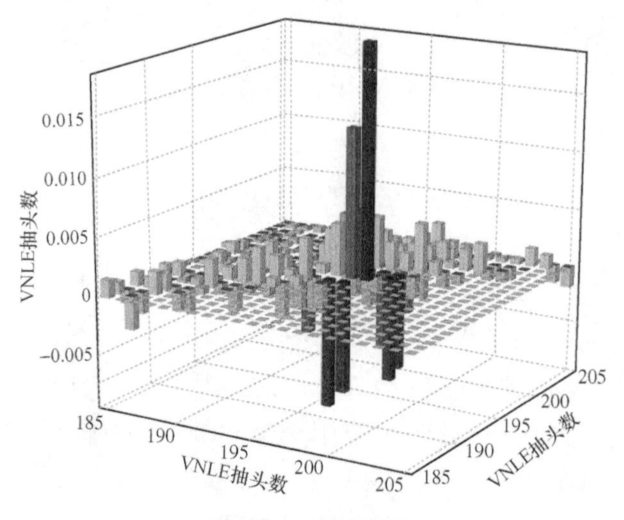

图 6-9 VNLE 抽头数

6.3.3 实验结果与讨论

1）SOA 性能优化

为了进一步改善系统的功率预算，在 PIN-PD 直接检测之前，使用了 O 波段的 SOA 预放大光功率。我们研究了 130mA 和 200mA SOA 偏置电流下 50GBaud PAM4 信号的 SOA 增益和 OSNR 与 SOA 输出功率的关系，如图 6-10 所示。首先固定偏置电流，然后使用可变光衰减器调整 SOA 输入功率，再测量 SOA 输出功率。光谱分析仪用于测量信号光功率，信号功率和噪声功率分别以 0.5nm 和 0.1nm 的波长分辨率测量。SOA 饱和输出功率（P_{sat}）参数定义为小信号增益（在−27dBm 输入功率时）低于 3dB 时的输出功率。P_{sat} 是线性和非线性区域之间的边界。当输入的 PAM4 信号的峰值功率超过输入的饱和功率时，会发生非线性效应[5]。当 SOA 的输入电流固定为 130mA、增益开始饱和时，对应的输入功率大约为−15dBm，输出功率大约为 0dBm。此外，当光输出功率约为 0dBm、偏置电流为 200mA 时，SOA 增益比偏置电流为 130mA 时高 2dB。但是，与 200mA 相比，使用 130mA 可获得约 2dB 的 OSNR 改善，这是因为较高的驱动电流会引起较高的放大的 ASE。通常，光学滤波器用于抑制 ASE 噪声。但是，在高比特率时，最小输入功率变大，在没有光学滤波器的情况下，信号与 ASE 的拍频噪声超过 ASE 与 ASE 的拍频噪声占据主导地位。因此，对于高比特率信号，没有滤波器引起的灵敏度代价就会降低[25]。此外，如果使用可调滤光器会产生额外的插入损耗，并且尺寸较大，难以集成，因此本实验中没有使用光滤波器。

在传输 22km SSMF 光纤后，接收光功率为−18dBm 和−22dBm 时，50GBaud PAM4 的误码率与 SOA 偏置电流的关系如图 6-11 所示。对于−22dBm 的小接收光功率，误码率性能更容易受到噪声的影响。SOA 需要在噪声和非线性损伤之间权衡。最后，在 22km SSMF 传输测试时，我们将 SOA 偏置于最佳工作电流，即 130mA。

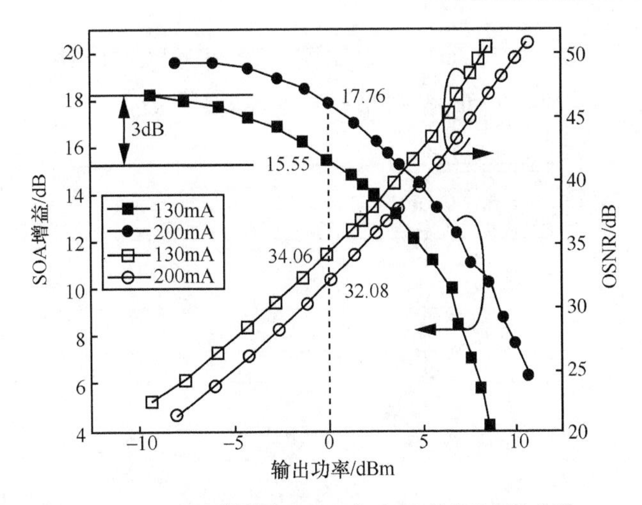

图 6-10　SOA 增益和 OSNR 与 SOA 输出功率的关系

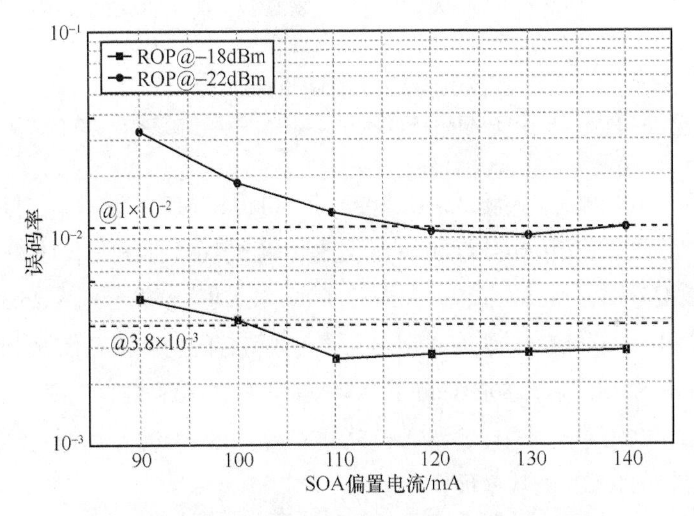

图 6-11　50GBaud PAM4 的误码率与 SOA 偏置电流的关系

2）SOA 对功率预算的提升

基于前面已经优化的 DSP 和 SOA 参数，首先测试了 50GBaud PAM4 传输 22km SSMF 后误码率与接收光功率的关系，如图 6-12 所示。我们使用 VOA-1 测量进入接收机 SOA 中的功率，以测量接收灵敏度，并调整 VOA-2 将注入 PIN-PD 功率保持在大约 0dBm。在传输 22km SSMF 和背靠背情况下，我们对只用 Pre-EQ 或 SOA 处理，以及用 Pre-EQ 和 SOA 处理 50GBaud PAM4 信号均进行了测试。首先，在没有数字预均衡的情况下，系统性能会受到带宽限制导致的严重 ISI 的影响。然后，使用 Pre-EQ 后，系统传输性能可以显著提高，但功率预算仍不能满足 PON 系统的要求。O 波段的色散接近于 0，因此经过 22km SSMF 传输之后的色散对系统性能基本没有影响。最后，在 HD-FEC 门限（3.8×10^{-3}）处，使用 SOA 后接收灵敏度为−19dBm，DML 有 8.3dBm 的输出功率，因此产生了 27.3dB 的功率预算。如果用 SD-FEC 门限（1×10^{-2}），接收器灵敏度可以达到−22dBm，从而可以实现 30.3dB 的功率预算。在 HD-FEC 和 SD-FEC 门限下使用 Pre-EQ 和 SOA 技术，分别可以实现约 17dB 和 20dB 的功率预算提升。

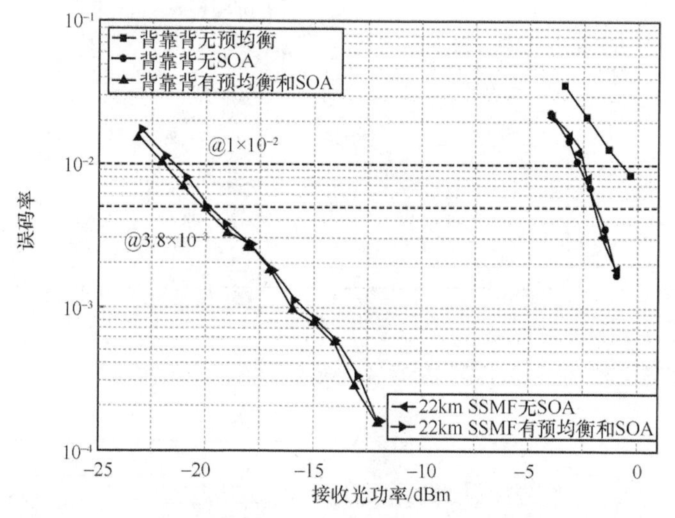

图 6-12　50GBaud PAM4 传输 22km SSMF 后误码率与接收光功率的关系

此外，我们还进一步测量了传输 22km、50km 和 80km SSMF 后误码率与接收光功率的关系，如图 6-13 所示。类似地，采用 Pre-EQ 和 SOA 处理传输 50km SSMF 后，HD-FEC 和 SD-FEC 门限对应的接收灵敏度分别为−18dBm 和−21dBm，则对应的功率预算分别为 26.3dB 和 29.3dB。通过对比传输 22km 和 50km SSMF，没有发现明显的色散引起的功率预算代价。假设使用了复杂的 FEC，在传输 80km SSMF 后，50GBaud PAM4 信号在-2×10^{-2}的误码率门限下接收光功率为−25.5dBm。在 SD-FEC 门限时，传输 80km SSMF 后，45GBaud PAM4 信号的接收光功率为−23.5dBm，可以实现 31.8dB 的功率预算。

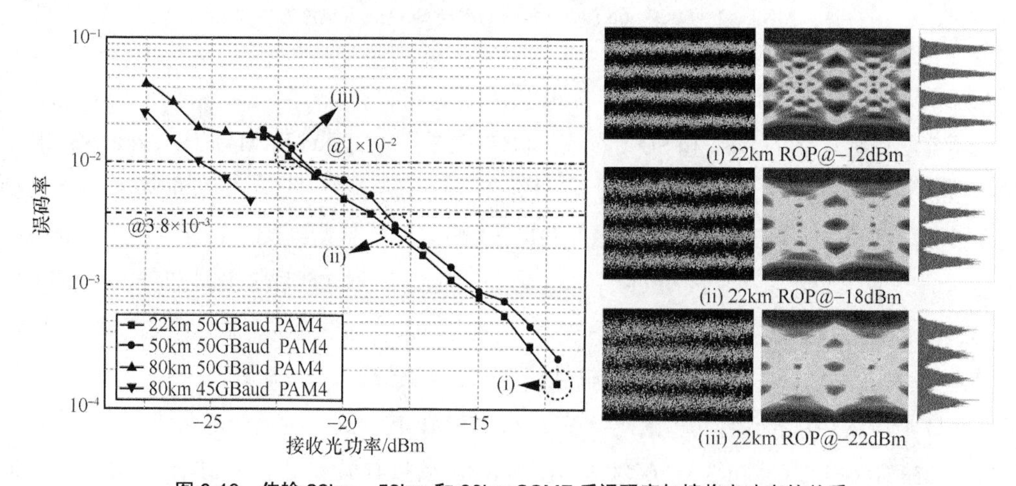

图 6-13　传输 22km、50km 和 80km SSMF 后误码率与接收光功率的关系

HD-FEC 和 SD-FEC 门限的接收灵敏度和功率预算分别见表 6-2 和表 6-3。图 6-13 中的插图（i）～插图（iii）分别给出了传输 22km SSMF 之后，在接收光功率分别为−12dBm、−18dBm 和−22dBm 时恢复的 50GBaud PAM4 信号符号、眼图和幅度统计图。通过幅度统计图，我们可以看到 PAM4 4 个幅度电平的标准分布，并且显示出了类似高斯的幅度分布。

表 6-2　HD-FEC 门限的接收灵敏度和功率预算

光纤长度/km	接收灵敏度@3.8×10^{-3}/dBm	功率预算@3.8×10^{-3}/dB
22	−19	27.3
50	−18	26.3

表 6-3　SD-FEC 门限的接收灵敏度和功率预算

光纤长度/km	接收灵敏度@1×10^{-2}/dBm	功率预算@1×10^{-2}/dB
22	−22	30.3
50	−21	29.3

6.3.4　色散容限及功率损耗分析

在我们的验证系统中使用的 DML 波长为 1314.14nm，接近于零色散，为了研究该 PON 系统在其他波长范围下行传输的色散容限，我们进一步数值仿真分析了 50GBaud PAM4 信号传输 20km G.652 光纤时的色散容限，如图 6-14 所示。我们在仿真中考虑了弱均衡和强均衡两种信号均衡情况。弱均衡意味着仅使用抽头数小的 CMA 或 FFE/DFE 进行 PAM4 信号恢复。除了线性均衡，强均衡还包括我们提出的多抽头数的非线性均衡，如 VNLE。假设光学和电子器件的带宽均为 Nyquist 频率，图 6-14（a）给出了 1310nm 时误码率与累积色散的关系，仿真中采用了 ITU-T G.652 型光纤给出的色散系数[26]。考虑到 SD-FEC 门限，我们可以通过使用强均衡将色散容限扩展到±35ps/nm。图 6-14（b）给出了 1270～1360nm 波长范围内累积色散的变化关系。累积光纤色散对应于不同波长的 20km 范围内色散系数的最大绝对值，即考虑所在波长内最大色散系数。如果采用弱均衡，则 50GBaud PAM4 工作波长只能小于 1320nm；采用强均衡，波长范围可以扩展到 1340nm，同时也可以工作在 1285nm 以上。强均衡可以有效地扩展色散容限，但考虑到数字信号处理技术在接收器端的复杂性，该方法会受到硬件、成本和功耗的限制。

100Gbit/s 的光收发机已广泛部署在数据中心，使用 4 × 100Gbit/s PAM4 实现的 400Gbit/s 光收发机有望在未来一两年内实现商业化。具有更高带宽的光学和电子器件可以使 PAM4 波特率从 25GBaud 增加到 50GBaud。器件带宽和功率损耗分析如图 6-15 所示。图 6-15（a）给出了 PAM4 所需的器件带宽与符号率（波特率）的关系。波特率受可实现的器件带宽限制。如果要用 50GBaud PAM4 信号实现的单通道速度达到 100Gbit/s，即使用非常强的均衡算法，也至少需要 20GHz 的器件带宽[27]。通常使用数字预均衡方法降低器件的带宽需求。此外，如图 6-15（b）所示，阿里巴巴 Xie 等估计了基于 PAM4、DMT 和相干方案的短距离光互连方案应用 7nm CMOS 专用集成电路（Application Specific Integrated Circuit，ASIC）时的功率损耗[28]。我们可以观察到，DMT 复杂的 FFT/IFFT 计算导致 PAM4 具有最低的功耗，而 DMT 具有最高的功耗。随着光学和电子技术的不断进步，在过去的 10 年中，相干技术的成本、功耗和集成技术大大降低。基于低复杂度的相干检测具有中等功耗。迄今为止，IMDD 解决方案仍然主导着短距离数据中心光互连市场。目前数据中心中逐渐成熟商用的 100Gbit/s 器件和技术会逐渐下沉，将会推动 100G-PON 的发展。但是，功率预算仍然是最大的挑战。具有高饱和功率的 SOA 可以用来提升功率预算，当然会带来额外的成本。综上所述，PAM4 调制格式、100Gbit/s 的光电器件、低复杂度 DSP、O 波段波长以及 SOA 预放大可以是未来 IMDD 100G-PON 的合适选择。

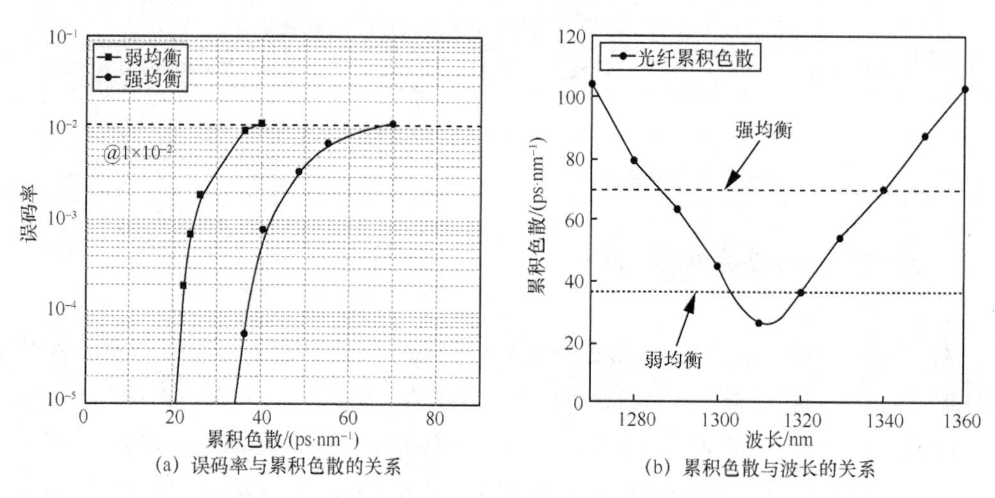

(a) 误码率与累积色散的关系 (b) 累积色散与波长的关系

图 6-14 数值仿真分析 50GBaud PAM4 信号传输 20km G.652 光纤时的色散容限

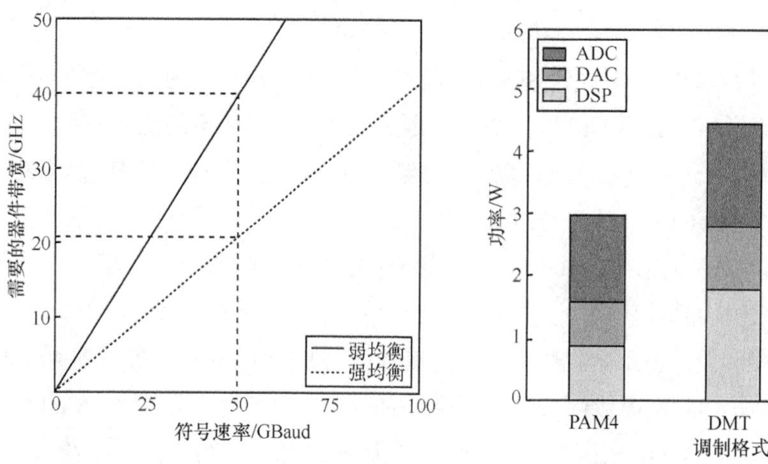

(a) 器件带宽与PAM4信号波特率的关系 (b) 基于PAM4、DMT和相干方案的短距离光互连方案应用7nm CMOS ASIC时的功耗对比

图 6-15 器件带宽和功率损耗分析

6.4　基于带宽受限器件的 50G-PON 对称传输实验

目前基于带宽受限器件的 50G-PON 的研究主要集中在下行传输，在同一光纤链路中实现对称传输的研究也较少。通过当前研究我们可以注意到[29-31]，目前基于带宽受限器件的对称 50G-PON 的研究，上下行链路都是分开、在不同的光纤链路中进行传输，使用的调制格式是 PAM4；基于带宽不受限的对称 50G-PON 的研究，使用更多的是 NRZ 调制格式。本节在同一光纤链路中研究了基于带宽受限器件的对称 50G-PON 系统，通过实验对比了 PAM4、DMT 和 CAP 3 种先进调制格式在上下行链路中的性能，并且讨论了它们的色散容限和 DSP 复杂度。

6.4.1　调制格式 DSP 流程

在第 2 章中我们比较了实现 50G-PON 传输的双二进制、PAM4、Ny-PAM4、DMT-16QAM 和 CAP-16QAM 5 种调制格式的频谱和 PAPR。双二进制调制格式虽然只需要 25Gbit/s 频谱带宽，但是 DAC 中的传输速率依然是 50Gbit/s，对电器件速率要求比较高。在我们的实验中 10GHz 器件带宽，双二进制会导致比较严重的误差传播，性能比较差，因此没有采用这种调制方式。另外，通过实验观察，虽然采用 Ny-PAM4 调制格式降低滚降因子可以降低频谱带宽，但是信号的 ISI 也比较严重，因此在实验中我们保持滚降因子为 1，即 PAM4 信号主瓣频谱带宽为 25GHz，也为了更充分验证 PAM4 调制格式在器件带宽受限时的性能。综上考虑，在实验传输中，我们比较了 PAM4、DMT-16QAM 和 CAP-16QAM 3 种调制格式的性能。在实验系统中我们使用 AWG 产生信号和采样示波器采集数据，在发射端和接收端都采用了 DSP 技术。PAM4、DMT-16QAM 和 CAP-16QAM 发射端和接收端 DSP 流程如图 6-16 所示，在 3 种调制格式中，假设均使用了 SD-FEC。

在发射端，首先比特数据流映射为长度为 2^{16} 格雷编码的 PAM4 符号。为了获得 50Gbit/s 的 PON 线速率，PAM4 的波特率应为 25GBaud。在实验系统中，使用的 AWG 采样率为 64GSa/s，对数据进行两倍上采样，为了减少旁瓣影响和 ISI，RRC 滤波器对 25GBaud PAM4 信号进行滤波，滚降系数设为 1。最后再重采样匹配 AWG 采样率，经过归一化后下载到 AWG 产生 PAM4 信号。在接收端，采集的数据首先经过归一化后进行两倍重采样；接着对信号进行时钟恢复，以消除数据中的时序偏移和抖动；进一步对采集的数据利用 99 抽头数的 FFE/DFE 算法进行均衡，最终判决之前使用了 DD-LMS 均衡器；最后对恢复的 PAM4 数据进行解映射，计算误码率。需要注意的是，在 PAM4 发射端没有使用数字预均衡和查找表等预失真方法，简化了发射端 DSP，从而降低了复杂度。

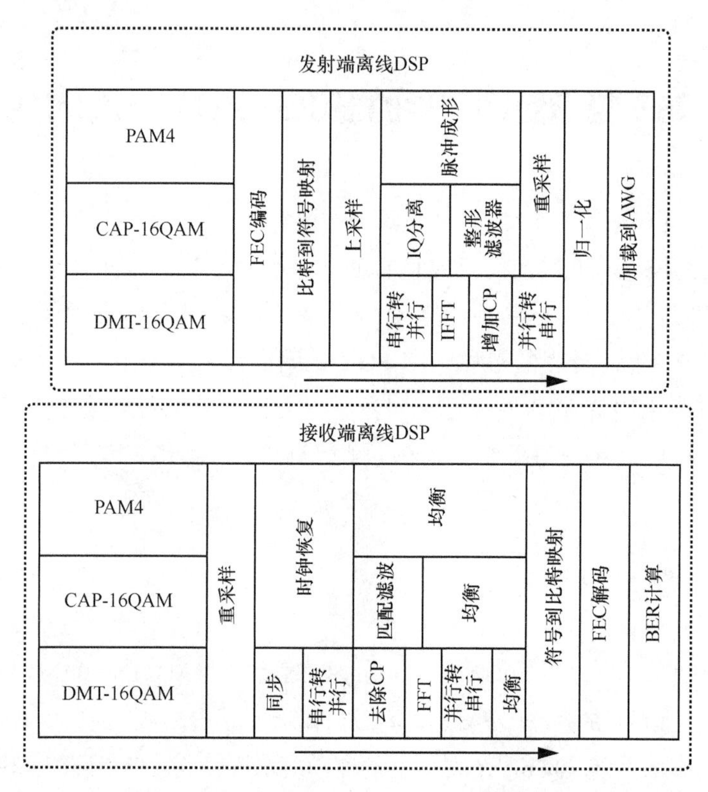

图 6-16　PAM4、DMT-16QAM 和 CAP-16QAM 发射端和接收端 DSP 流程

如图 6-16 所示，在发射端，比特数据流映射为长度为 2^{16} 的 16QAM 符号，接着进行四倍上采样；经过 I/Q 分离之后，两路信号被送到两个整形滤波器中。两个滤波器的脉冲响应分别为 $h_I(t)=g(t)\cdot\cos(2\pi f_c t)$和 $h_I(t)=g(t)\cdot\sin(2\pi f_c t)$。平方根升余弦整形滤波器 $g(t)$用于基带脉冲响应，中频设置在 12.5×0.55 =6.875GHz。经过整形滤波器后，再重采样匹配 AWG 采样率，经过归一化后加载到 AWG 产生 CAP-16QAM 信号。在接收端，采集的数据经过归一化后进行四倍重采样，首先经过两个与发射端对应的匹配滤波器分离得到 I/Q 信号，接着就可以对复数 16QAM 信号进行数字信号均衡处理。本实验采用了 99 抽头数的 LMS 算法进行均衡，带有训练序列的 DD-LMS 可以相位恢复原始数据；最后对恢复的 16QAM 信号解映射，计算误码率。在发射端同样没有使用数字预失真。需要注意的是，在 CAP 的调制与解调中，滚降因子 α 是一个比较重要的参数，当滚降因子 α 较大时，整形滤波器的边缘变化缓慢，信号带宽压缩比较少，则频谱利用率相对较低；当 α 较小时，信号的 ISI 会比较严重。经过实验验证，我们优化的滚降因子为 α =0.01，此时频谱效率比较高，信号的波特率为 12.5GBaud，所需的频谱带宽为 13.75GHz。

基于 DMT-16QAM 调制格式的 50Gbit/(s·λ) TDM-PON 离线 DSP 如图 6-16 所示。在发射端，首先将长度为 24000 的 PRBS 数据映射到 16QAM 调制信号，通过插入零实现上采样，再对数据进行串行到并行转换，将 16QAM 调制到有效 DMT 子载波上，使用了 2048 点 IFFT。实验系统中 AWG 采样率为 64GSa/s，使用 1～800 个子载波传输有效数据，然后使用 Hermitian 对称性经过 IFFT 后获得实值 50Gbit/s 信号。DMT-16QAM 信号的频谱带宽为：800/2048× 64/2=12.5GHz。接着添加了 32 点的循环前缀（Cyclic Prefix，CP），最后进行并行到串行的转换，经过归一化后下载到 AWG 产生 PAM4 信号。在接收端，离线处理流程包括信号重采样、帧同步、串并转换、移除循环前缀、FFT、信道估计和均衡、并串转换；最后对恢复的 16QAM 信号解映射，计算误码率。在发射端同样没有采用频域预均衡。

6.4.2　实验装置及系统参数

基于带宽受限器件的对称 50G-PON 传输系统实验装置如图 6-17 所示。在实验方案中，下行传输链路和上行传输链路由光环形器（Optical Circulator，OC）分离。对于下行传输链路，在 OLT 侧的发射端，50Gbit/s 下行传输信号由 AWG 产生，该 AWG 具有 25GHz 的 3dB 模拟带宽，工作在采样率为 64GSa/s 时。然后基带电信号由 25GHz 线性 EA 进行放大。在下行链路中，电驱动器的输出由商用 DML-1 直接在中心波长 1314.944nm 处进行调制，DML-1 的输出功率为 9.62dBm。下行链路和上行链路信号由 OC-1 和 OC-2 分开，并通过同一条光纤链路传输。调制的光信号传输 20km SSMF，其在 1310nm 处的平均损耗为 0.33dB/km。VOA-1 用于解决分光器损耗，为了支持更大的链路损耗预算，在 ONU 侧使用 SOA-1 作为前置放大器。在 VOA-1 和 SOA-1 之间放置了一个 ISO-1，以避免 SOA 带来的光反射。另外一个 VOA-2 可以调整接收光功率，以进行接收灵敏度测量。在 PIN-TIA 直接探测之前，使用了 TOF 对带外噪声进行滤波，用于抑制 ASE 噪声。PIN-TIA 检测之后，带宽为 33GHz 的 100GSa/s 示波器采集数据，并由离线 DSP 处理。对于上行传输链路，在 ONU 侧发射端，基带信号由工作于 64GSa/s 的 AWG 产生，电信号驱动 DML-2 进行调制，DML-2 工作中心波长为 1299.518nm，输出功率为 9.32dBm。除此之外，上行链路传输的 VOA-3、ISO-2、SOA-2 和 VOA-4 等器件性能参数与下行链路中一样。我们在同一光纤链路中验证了基于不同调制格式的对称 50G-PON。

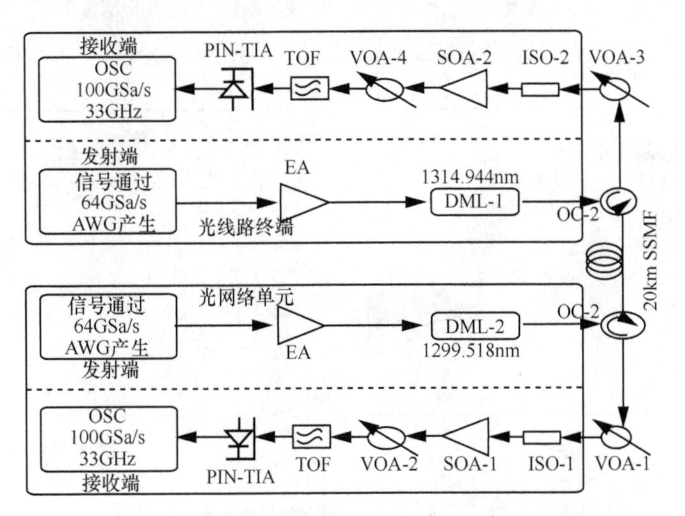

图 6-17　基于带宽受限器件的对称 50G-PON 传输系统实验装置

下行链路和上行链路光谱图如图 6-18 所示，下行链路中心波长在 1314.944nm，上行链路中心波长在 1299.518nm。色散容限是将 PON 升级到更高线速率的主要挑战之一。先进的 DSP 均衡方法对减轻有限带宽系统色散代价是非常有效的方法。当然，使用相干检测可以实现最佳的色散补偿，因为这样一来，整个波段就可以在接收机上使用，这不在本节讨论范围内。目前，ITU-T 仍在考虑 50G-PON 的上行波长，但是，已经提出下行波长为 1342±2nm，它也与 IEEE 802.3ca 为 50G-PON 所采用的波长相匹配。但是为了 PON 的兼容性，上行波长会在 1260～1310nm。由于我们缺少 1340nm DML，在实验中下行链路使用了 1314.944nm DML，后面将会对整个 O 波段色散容限进行数值模拟。

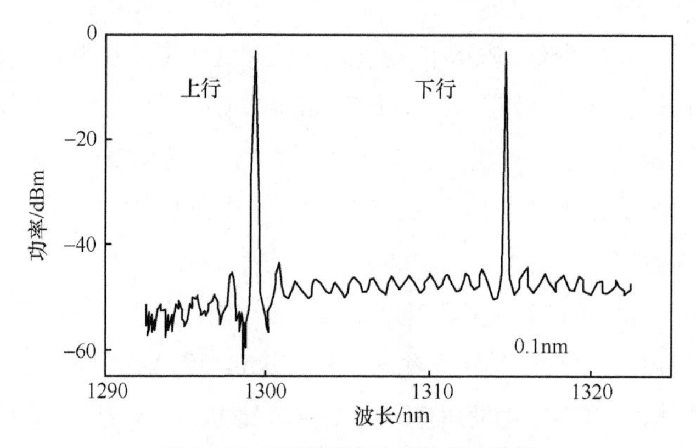

图 6-18　下行链路和上行链路光谱图

接着，我们分别给出了下行链路和上行链路收发机频率响应曲线，如图 6-19 所示。在下行和上行链路中发射机均为 10Gbit/s 商用 DML，接收机均为 PIN-TIA（15GHz 光带宽和 11GHz 电带宽）。我们测试了 DML 不同驱动电流的情况下收发机的带宽，随着驱动电流的增加，系统的带宽逐渐增加。DML 在高驱动电流的情况下，可以抑制瞬态啁啾从而提高了色散的容限，可以传输更长的光纤链路。但是大的驱动电流无法实现较高的 ER，这也限制了信号的接收灵敏度。综合考虑后，我们选择了 65mA 电流驱动 DML，则对应下行链路 DML-1 的 3dB 和 10dB 带宽分别为 17.4GHz 和 23GHz，上行链路 DML-2 的 3dB 和 10dB 带宽分别为 18.6GHz 和 23.4GHz。

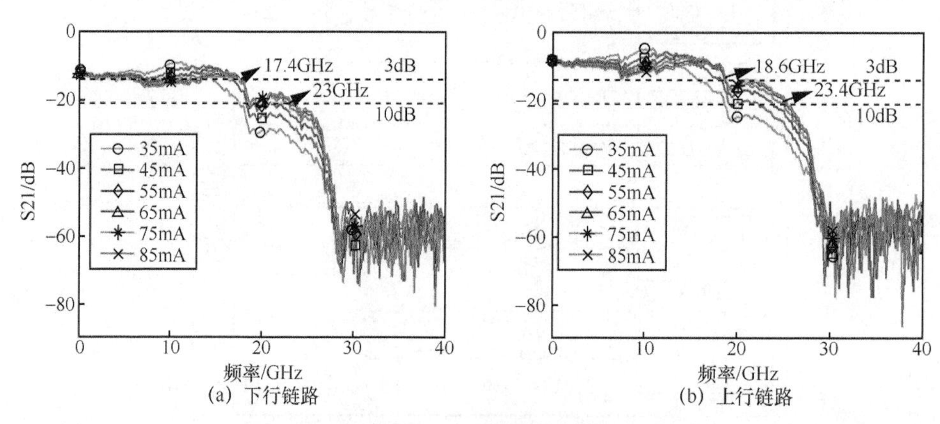

图 6-19　下行链路和上行链路收发机频率响应曲线

6.4.3　实验结果与讨论

1）下行传输结果

基于前面优化的器件和 DSP 参数，我们首先测试了 50G-PON 不同调制格式下行链路背靠背和传输 20km SSMF 后误码率与接收光功率的关系，如图 6-20 所示。改变 VOA-1 调整进入接收机 SOA 中的功率，用来测量接收灵敏度。优化的 SOA 偏置电流为 200mA，再通过调整 VOA-2 将注入 PIN-TIA 的功率保持在大约 3dBm。在背靠背和传输 20km SSMF 的情况下，我们对有、无 SOA 时分别进行了测试。由于 1314.944nm 的色散接近于零，因此经过 20km SSMF 传输之后的色散对系统性能基本没有影响。

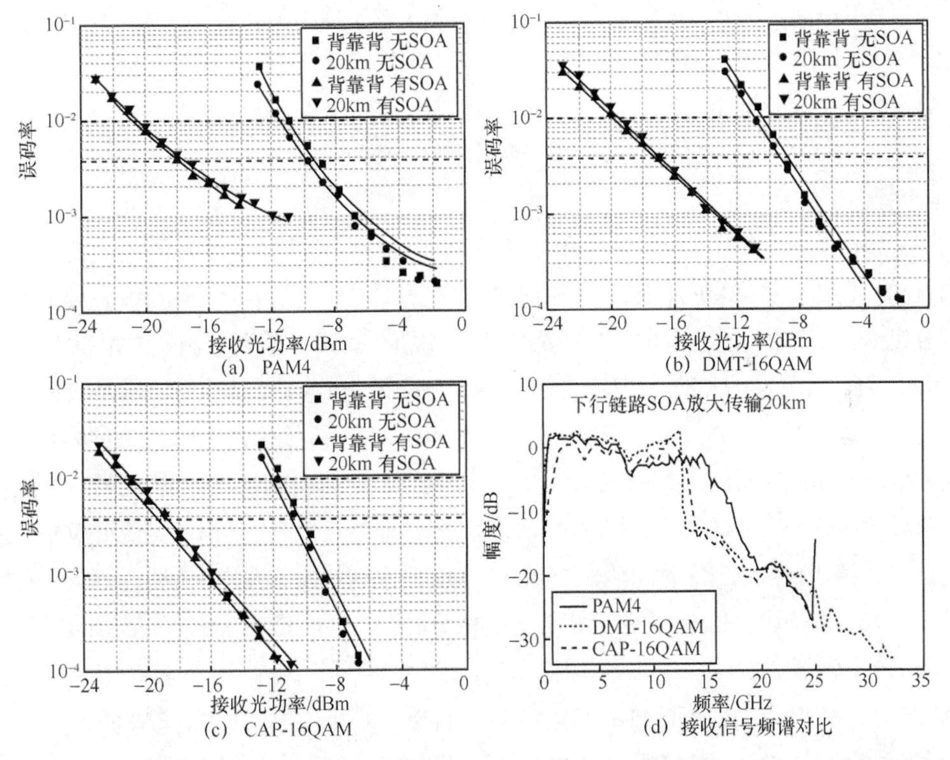

图 6-20　50G-PON 不同调制格式下行链路背靠背和传输 20km SSMF 时误码率与接收光功率的关系

首先，对于 PAM4 下行传输，如图 6-20（a）所示，传输 20km SSMF：在没有使用 SOA 的情况下，在 HD-FEC 和 SD-FEC 门限接收光功率分别为−9.8dBm 和−11.8dBm 时，功率预算不能满足 PON 系统的要求；使用 SOA 后，在 HD-FEC 和 SD-FEC 门限接收光功率分别为−17.5dBm 和−20.5dBm，考虑到 DML-1 发射功率为 9.62dBm，则在 HD-FEC 和 SD-FEC 门限的链路功率预算分别为 27.12dB 和 30.12dB；通过使用 SOA，在 HD-FEC 和 SD-FEC 门限下可以实现 7.7dB 和 8.7dB 的功率预算提升。此外，我们可以观察到对于 50Gbit/s PAM4 PON 下行传输，随着功率的不断增加，存在误码平层，不能实现无误码传输。其次，对于 DMT-16QAM 下行传输 20km SSMF，如图 6-20（b）所示，在没有使用 SOA 的情况下，在 HD-FEC 和 SD-FEC 门限下接收光功率分别为−9dBm 和−11dBm；使用 SOA 后，在 HD-FEC 和 SD-FEC 门限下接收光功率分别为−17dBm 和−19.5dBm，则在 HD-FEC 和 SD-FEC 门限下的链路功率预算分别为 26.62dB 和 29.12dB；通过使用 SOA，在 HD-FEC 和 SD-FEC 门限下可以实现 8dB 和 8.5dB 的功率预算提升。对于 DMT-16QAM 下行传输，随着功率的不断增加，可以实现无误码传输。最后，如图 6-20（c）所示，对于 CAP-16QAM 下行传输 20km SSMF，在没有使用 SOA 的情况下，在 HD-FEC 和 SD-FEC 门限下接收光功率分别为−10dBm 和−11.8dBm；使用 SOA 后，在 HD-FEC 和 SD-FEC 门限下接收光功率分别为−18.5dBm 和−21dBm，则在 HD-FEC 和 SD-FEC 门限下的链路功率预算分别为 28.12dB 和 30.12dB。对于 CAP-16QAM 下行传输，高接收光功率也可以实现无误码传输。图 6-20（d）给出了 3 种调制格式下行传输接收信号的频谱图，在实验中没有采用数字预均衡或频域预均衡等技术，接收信号的频谱不平坦。接收的 PAM4 信号 3dB 带宽约为 15GHz，DMT-16QAM 和 CAP-16QAM 的 3dB 信号带宽分别为 12.5GHz 和 13.75GHz。在图 6-19 中，下行链路传输收发机 3dB 和 10dB 带宽分别为 17.4GHz 和 23GHz，PAM4 接收信号受到比较严重的带宽限制。

2）上行传输结果

与下行传输类似，基于优化的器件和 DSP 参数，我们测试了 50G-PON 不同调制格式下行链路背靠背和传输 20km SSMF 后误码率与接收光功率的关系，如图 6-21 所示。调节 VOA-3 调整进入接收机 SOA 中的功率，用来模拟分光器损耗。优化的 SOA 偏置电流同样为 200mA，再调整 VOA-4，将注入 PIN-TIA 的功率保持在 3dBm。下行链路 DML-2 的中心波长为 1299.518nm，色散要比下行链路的高一些，经过 20km SSMF 传输之后，对系统的性能有轻微的影响。3 种调制格式在传输 20km SSMF 后要比背靠背的性能有大约 0.5dB 的提升，这可能是因为色散引起的频率啁啾导致信号变宽，更耐受高发射功率引起的光纤非线性效应。在有、无使用 SOA 情况下，分别测试了 3 种调制格式背靠背和传输 20km SSMF 后系统的接收性能，3 种调制格式的具体传输数据在这里不再赘述。图 6-21（d）给出了 3 种调制格式上行链路传输接收信号的频谱图，与下行链路的传输比较，接收信号的频谱相对平坦。图 6-19 同样给出了上行链路传输收发机 3dB 和 10dB 带宽分别为 18.6GHz 和 23.4GHz，要比下行链路略宽一些。但是，PAM4 信号仍然受到器件带宽的限制，DMT-16QAM 和 CAP-16QAM 接收信号频谱基本没有受到影响。受到带宽限制的影响，随着功率的增加，PAM4 存在误码平层，DMT-16QAM 和 CAP-16QAM 可以实现无误码传输。

3）总结与讨论

HD-FEC 门限的接收灵敏度和功率预算见表 6-4。在下行链路传输时，考虑到 DML-1 发射功率为 9.62dBm，PAM4、DMT-16QAM 和 CAP-16QAM 的链路功率预算分别为 27.12dB、26.62dB 和 28.12dB；上行链路传输时，DML-2 发射功率为 9.32dBm，PAM4、DMT-16QAM 和 CAP-16QAM 的链路功率预算分别为 27.82dB、26.82dB 和 28.82dB。3 种调制格式下行传输和上行传输在

HD-FEC 门限都能有超过 26dB 的功率预算。尽管上行链路的发射功率要小 0.3dB，但是 3 种调制格式的上行传输要比下行传输功率预算高大约 0.7dB，这是因为上行链路收发机带宽要略高一点，且工作在非零色散波长，轻微色散引起的频率啁啾导致信号变宽，能耐受高发射功率引起的光纤非线性效应。此外，DMT-16QAM 调制格式的功率预算最小，PAM4 处在中间位置，CAP-16QAM 有最大的功率预算值。对于 DMT-16QAM 信号，由于 PAPR 最高，在系统调制和传输中受到的损伤也最大；PAM4 信号带宽受到收发机器件带宽限制，但是 PAPR 较小，综合性能在两者之间；CAP-16QAM 调制格式有很高的频谱效率，PAPR 值也小于 DMT，综合起来有最好的传输性能。

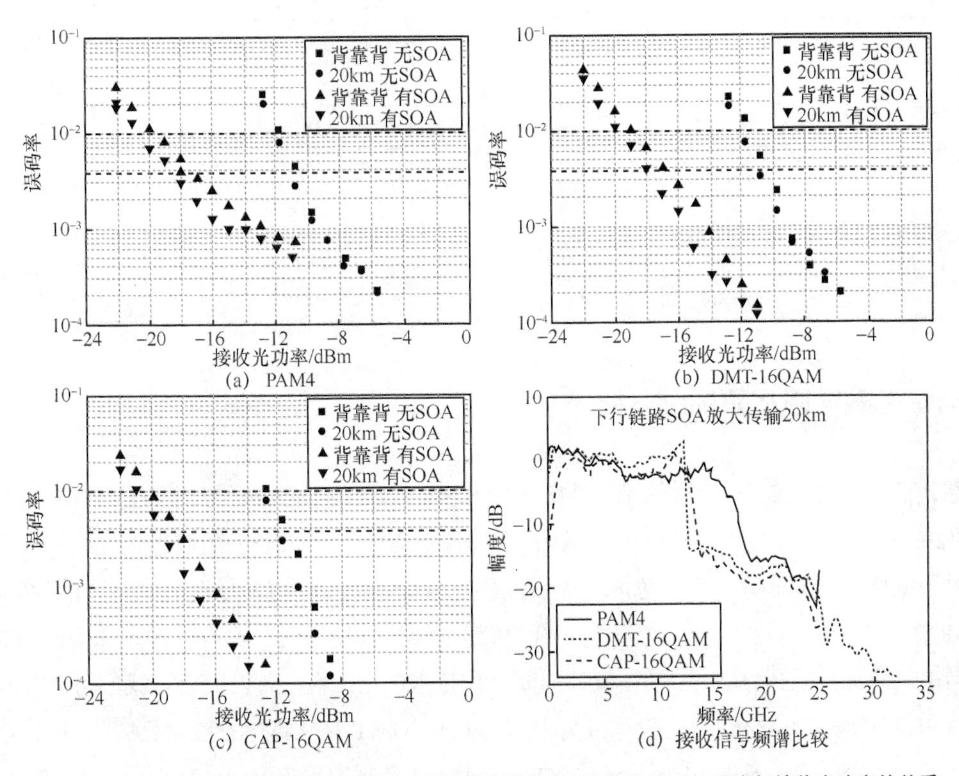

图 6-21　50G-PON 不同调制格式下行链路背靠背和传输 20km SSMF 后误码率与接收光功率的关系

表 6-4　HD-FEC 门限的接收灵敏度和功率预算

	调制格式	发射功率/dBm	接收灵敏度@3.8×10^{-3}/dBm	功率预算@3.8×10^{-3}/dB
下行链路经过 SOA 放大	PAM4	9.62	−17.5	27.12
	DMT-16QAM		−17	26.62
	CAP-16QAM		−18.5	28.12
上行链路经过 SOA 放大	PAM4	9.32	−18.5	27.82
	DMT-16QAM		−17.5	26.82
	CAP-16QAM		−19.5	28.82

SD-FEC 门限的接收灵敏度和功率预算见表 6-5。在下行链路传输时，DML-1 发射功率为 9.62dBm，PAM4、DMT-16QAM 和 CAP-16QAM 的链路功率预算分别为 30.12dB、29.12dB 和 30.62dB；上行链路传输时，DML-2 发射功率为 9.32dBm，PAM4、DMT-16QAM 和 CAP-16QAM 的链路功率预算分别为 29.82dB、29.32dB 和 30.32dB。在 SD-FEC 门限，3 种调制格式下行传输和上行传输链路功率预算均超过 29dB，3 种调制格式功率预算值相差也比较小。相似地，在 3 种调制格式中，CAP-16QAM 有最大的功率预算值，DMT-16QAM 调制格式的功率预算最小，PAM4 处在中间位置。

表 6-5　SD-FEC 门限的接收灵敏度和功率预算

	调制格式	发射功率/dBm	接收灵敏度@1×10^{-2}/dBm	功率预算@1×10^{-2}/dB
下行链路经过 SOA 放大	PAM4	9.62	−20.5	30.12
	DMT-16QAM		−19.5	29.12
	CAP-16QAM		−21	30.62
上行链路经过 SOA 放大	PAM4	9.32	−20.5	29.82
	DMT-16QAM		−20	29.32
	CAP-16QAM		−21	30.32

6.4.4　色散容限及复杂度分析

在我们的实验系统中，下行链路 DML-1 中心波长为 1314.944nm，上行链路 DML-2 中心波长为 1299.518nm，为了研究该系统不同调制格式在 O 波段其他波长的色散容限，我们数值仿真了 3 种调制格式的误码率与累积色散的关系，如图 6-22 所示。在仿真分析中，3 种调制格式所用的 DSP 算法与传输实验完全一样，仿真光纤链路只考虑了累积色散，没有考虑光纤损耗。PAM4、DMT-16QAM 和 CAP-16QAM 的误码率随着累积色散的增加性能都会变差。我们可以观察到，在 SD-FEC 门限，PAM4 的累积色散为 114ps/nm，DMT-16QAM 的累积色散为 141ps/nm，CAP-16QAM 的累积色散为 132ps/nm。DMT-16QAM 的色散容限最高，PAM4 最低，CAP-16QAM 位于两者之间。考虑 ITU-T G.652 型光纤在 O 波段的色散系数最高[26]，3 种调制格式均能满足在 1260～1360nm 波长范围内传输 20km SSMF 的累积色散。

DSP 的复杂性将会直接影响传输系统的硬件成本和功率损耗。考虑到不同调制格式的 DSP 中有许多相似功能，有些算法的功能也非常容易实现，因此我们比较了具有较高计算复杂度的算法评估每种调制格式的计算复杂度。在 PAM4 中使用了 99 抽头 FFE/DFE 和 99 抽头 DD-LMS，DMT-16QAM 用了 2048 点的 IFFT/FFT，CAP-16QAM 使用了 99 抽头 LMS 和 99 DD-LMS。考虑到 ASIC 中 DSP 的芯片资源和功率损耗，乘法器的成本要比加法器高得多。因此，算法的计算复杂度是根据每比特的实数乘法器数量进行评估的。

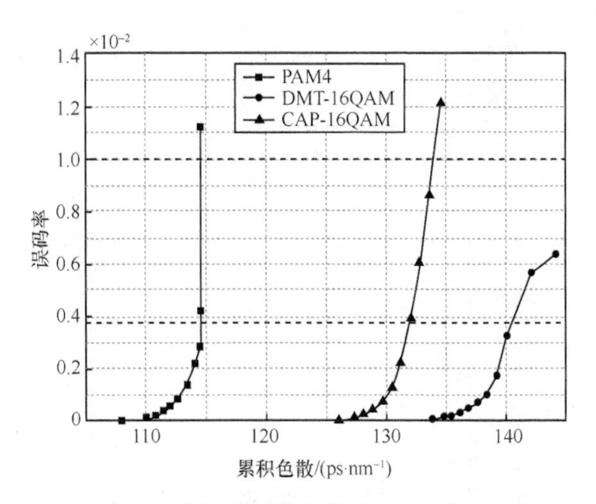

图 6-22　3 种调制格式的误码率与累积色散的关系

对于 PAM4 信号，假设使用了 N_1 个抽头数 $T/2$ 间隔的 FFE/DFE 均衡算法，则需要 N_1 个实数乘法器用于计算输出，N_1 个实数乘法器用于抽头数更新来获得一个符号的输出。对于 DD-LMS，时延间隔为 T，抽头数为 N_2。综合计算，PAM4 计算复杂度可以表示为

$$C_{\text{PAM-4}}=\frac{2N_1+2N_2}{\text{lb}M} \tag{6-7}$$

其中，M 是信号的星座点数，PAM4 的 M 为 4。

对于 DMT-16QAM 信号，IFFT 和 FFT 的计算复杂度是一样的。假设使用经典的基-2 算法（radix-2 algorithm）实现 FFT，该算法需要 $N\text{lb}N/2$ 个复数乘法器运算，则 DMT 的计算复杂度可以表示为

$$C_{\text{DMT}}=\frac{4N\text{lb}N}{N_{\text{SC}}\text{lb}M} \tag{6-8}$$

其中，N 是 FFT 点数，N_{SC} 是数据载波数，M 是星座点数。

对于 CAP-16QAM 信号，LMS 的时延间隔为 $T/2$，抽头数为 N_1，从该均衡器输出一个符号，需要 N_1 个复数乘法器计算输出和 N_1 个复数乘法器更新抽头数。DD-LMS 具有 $T/2$ 时延间隔和 N_2 个抽头数，从该均衡器输出一个符号，需要 N_2 个复数乘法器计算输出和 N_2 个复数乘法器更新抽头数。在估计中考虑一个复数乘法器相当于 3 个实数乘法器，则 CAP 的计算复杂度可以表示为

$$C_{\text{CAP}}=\frac{6N_1+6N_2}{\text{lb}M} \tag{6-9}$$

3 种调制格式计算复杂度对比如图 6-23 所示。PAM4 和 CAP-16QAM 信号对应的均衡器抽头数均为 99；DMT-16QAM 的 FFT 大小、数据载波数目和星座点数分别为 2048、800 和 16。通过式（6-7）～式（6-9）可以计算每比特的实数乘法器数量评估计算复杂度。PAM4、DMT-16QAM

和 CAP-16QAM 每比特的实数乘法器数量分别为 198、28.16 和 297。CAP-16QAM 的计算复杂度最高，其次是 PAM4，DMT-16QAM 的计算复杂度最小。

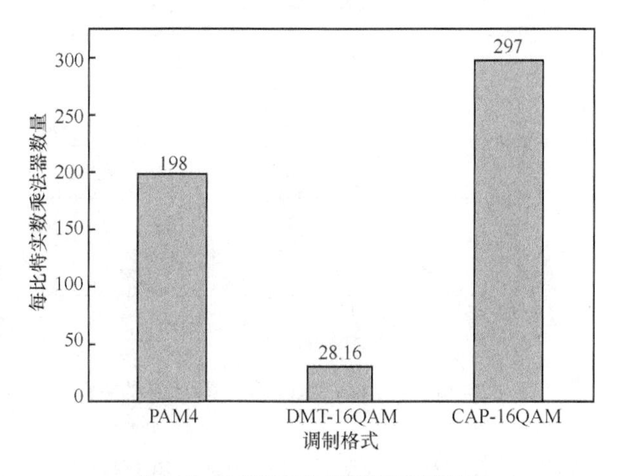

图 6-23　3 种调制格式计算复杂度对比

6.5　基于带宽受限器件的对称 50G-PON 上行突发传输实验

在第 6.4 节中，我们利用基于带宽受限器件的对称 50G-PON 系统比较了几种不同的调制格式在下行链路和上行链路的传输性能。需要注意的是，在上行链路传输中采用的是数据连续模式，没有考虑数据上行突发模式。到目前为止还没有基于带宽受限器件的对称 50G-PON 上行 BCDR 研究。目前 PON 系统中的大多数 BCDR 技术仅针对使用锁相环或压控振荡器的 NRZ 信号。对于 PAM4 信号，传统方法更具挑战性，因为 PAM4 信号与 NRZ 相比有更多电平转换类型。取而代之的是，基于全数字相位检测和插值的时钟数据恢复（Clock Data Recovery，CDR）方案可以避免这种复杂的装置。在许多全数字重新时钟算法中，平方时钟恢复算法作为一种前馈非数据辅助方法，对于时钟相位估计是非常有效的，且易于实现。本节首先介绍了基于数字滤波和平方定时的时钟恢复算法基本原理，接着给出了基于带宽受限器件的对称 50G-PON 上行突发传输系统，最后分别讨论了下行链路连续模式传输和上行链路突发模式传输。

6.5.1　基于数字滤波平方定时的 BCDR 算法原理

在当前的高速光纤传输系统中，在接收端，光信号经过光电探测器转换为电信号，该信号通过 ADC 实现数字化。但是，在实际的传输系统中，接收机的采样时钟与发射机的时钟并不同步，因此 ADC 的采样点并不是最佳的采样点，会带来时钟采样误差。在实验系统中需要采用 BCDR 消除时钟采样误差带来的影响。在光纤通信系统中，采用的 BCDR 方法主要包括 Gardner 法和数字滤波平方定时法[32]。Gardner 法采用反馈式结构，但是反馈环结构会带来时延，因此对时钟的抖动跟踪也存在时延。数字滤波平方定时法采用前馈式，定时同步的速度更快，适用于高速突发信号。因此在 50G-PON 上行突发模式中采用了基于数字滤波平方定时的 BCDR 算法。

假设定时恢复的数字信号是线性调制格式，接收的 PAM 信号可以表示为[33]

$$r(t)=\sum_{n=-\infty}^{\infty}a_n g_T(t-nT-\varepsilon(t)T)+n(t) \tag{6-10}$$

其中，a_n 是发送 PAM 信号的符号数值，$g_T(t)$是发送信号的脉冲，T 是 PAM 信号符号的周期，$n(t)$是高斯白噪声，$\varepsilon(t)$是不可知的慢变时间时延，即采样时间误差。

由于 $\varepsilon(t)$变化非常缓慢，在数字接收机中，可以采用分步方法对接收的 PAM 信号进行数字信号处理。在每一分步数据段内，我们假设 $\varepsilon(t)$是恒定不变的。在接收端对信号进行数字滤波，数字滤波器的脉冲响应为 $g_R(t)$，接收的信号可以表示为

$$\overline{r}=r(t)*g_R(t) \tag{6-11}$$

对接收滤波的信号进行 N/T 采样，则第 k 个采样数据可以表示为

$$r_k=r\left(\frac{kT}{N}\right)=\sum_{-\infty}^{\infty}a_n g\left(\frac{kT}{N}-nT-\varepsilon T\right)+n\left(\frac{kT}{N}\right) \tag{6-12}$$

其中，$g(t)=g_T(t)*g_R(t)$为滤波器、发送信号信道总的响应。接着，对采样信号的采样点进行取模平方，可以表示为

$$x_k=\left|r_k\right|^2 \tag{6-13}$$

该采样数据序列中包含频率为 $1/T$ 的频谱分量，假设在该数字信号接收机中，样本采样点的长度为 LT，通过计算其傅里叶系数提取发射端的采样时间信息，表示为

$$X_m=\sum_{k-mLN}^{(m+1)LN-1}x_k \mathrm{e}^{-\mathrm{j}2\pi k/N} \tag{6-14}$$

采样误差 ε 的无偏估计可以表示为

$$\hat{\varepsilon}_m=\frac{-1}{2\pi}\arg(X_m) \tag{6-15}$$

此外，为了保证频率 $f=1/T$ 的频谱信息正确提取，接收机的采样速率需要满足 $N/T>2/T$。但在数字滤波平方定时法中考虑一个单边带宽小于 $1/T$ 的发送信号，接收机前端滤波器 $g_R(t)$的单边带宽也需要满足小于 1 倍符号速率，那么对接收信号做模的平方律运算后的信号单边带宽要小于 $2/T$。因此，$N=4$ 时的采用数据序列 $x_k(t)$完全可以表示连续时间信号 $x(t)$。

6.5.2　实验装置及系统参数

使用简单的 DSP 和 SOA，基于带宽受限器件的对称 50G-PON 上行突发传输实验装置如图

6-24 所示。与第 6.4.2 节实验系统装置相似，下行链路和上行链路信号由 OC-1 和 OC-2 分开，并通过同一条光纤链路传输。下行链路和上行链路的 25GBaud PAM4 信号由工作于 64GSa/s 的 AWG 生成，再经过线性 EA 进行放大。对于下行链路，电信号驱动一个商用 DML 进行调制，中心波长为 1314.944nm，输出功率为 9.6dBm。然后，传输 20km SSMF，在 1310nm 处的平均损耗为 0.33dB/km。VOA-1 用于模拟分光器损耗。为了支持更大的链路损耗预算，使用 SOA 作为前置放大器，在 VOA-1 和 SOA 之间放置了一个 ISO-1，以避免 SOA 的光反射。VOA-2 用来调整进入 PIN-TIA 接收机的接收光功率，以进行接收灵敏度测量。最后，带宽为 33GHz 的 100GSa/s 示波器采集信号，并进行离线 DSP 处理。上行链路中，DML-2 工作在 1299.518nm 波长，输出光功率为 9.3dBm，其他器件性能不再赘述。与第 6.4.2 节试验系统结构一样，下行链路收发机的 3dB 和 10dB 带宽分别为 17.4GHz 和 23GHz；上行链路收发机的 3dB 和 10dB 带宽分别为 18.6GHz 和 23.4GHz。

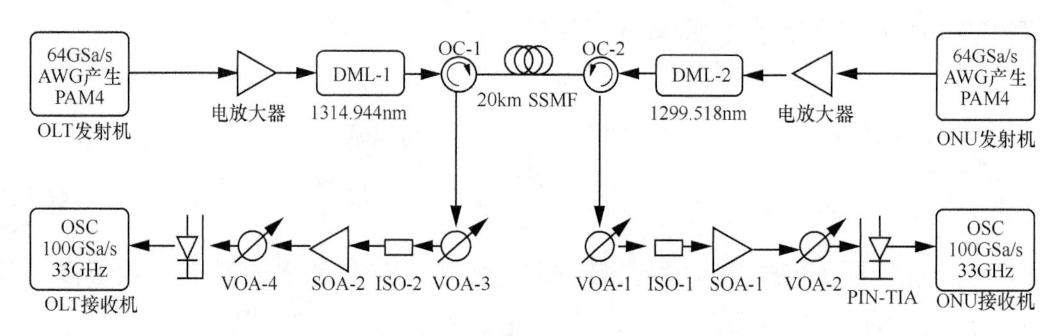

图 6-24 基于带宽受限器件的对称 50Gbit/s PON 上行突发传输实验装置

发射端和接收端离线 DSP 流程如图 6-25 所示，对于下行链路连续模式的数据：在发射端，数据比特流格雷码映射为长度为 2^{15} 的 PAM4 信号；在实验系统中使用的 AWG 采样率为 64GSa/s，为了获得 25GBaud PAM4 信号，首先对信号进行两倍上采样，为了减少旁瓣影响和符号间的干扰，采用一个滚降因子为 1 的根升余弦滤波器对 25GBaud PAM4 信号进行滤波；最后，再重采样来匹配 AWG 采样率，归一化数据后下载到 AWG 产生 25GBaud PAM4 信号。在接收端，对于连续模式的数据，示波器采集的信号首先经过归一化后进行两倍重采样，匹配滤波器去除带外噪声；接着对信号进行时钟恢复，消除数据中的时序偏移和抖动；再对采样数据进行 DSP 均衡；最后对恢复的 PAM4 数据进行解映射，计算误码率。

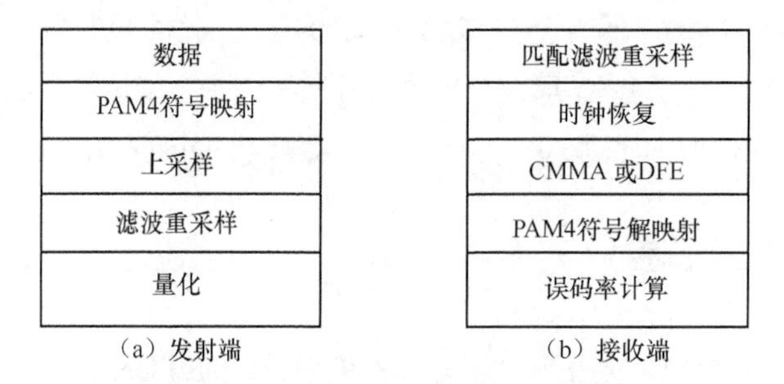

图 6-25 发射端和接收端离线 DSP 流程

对于上行链路突发模式的数据，我们设计了上行突发帧，如图 6-26 所示。如图 6-26（a）所示，每帧上行数据包括帧头、数据载荷和保护间隔 3 个部分。其中，25600 个 PAM4 符号作为帧头，用于采样数据的同步、时钟和数据恢复；51200 个 PAM4 符号作为有效的数据载荷；最后插入 65536 个零符号作为帧之间的保护间隔。上行突发帧中 PAM4 信号的产生与下行连续模式的产生是一致的。图 6-26（b）给出了经过示波器采集的上行突发帧，可以看到上行突发帧数据部分持续时间为 3.072μs，保护间隔时间为 1.024μs。在接收端，我们采用数字滤波平方定时的 BCDR 算法对上行突发数据时钟恢复。需要注意的是，对于上行突发模式，接收端均衡算法处理与下行链路连续模式均衡算法处理不一样，在后面我们会进行讨论分析。此外，在发射端中没有使用数字预均衡和查找表等预失真方法，在接收端也没有使用 VNLE 等非线性均衡算法，从而简化了收发端 DSP，降低了系统计算复杂度和功率损耗。

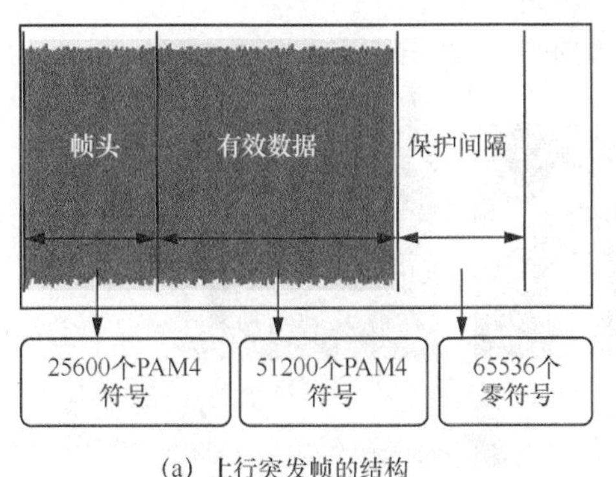

(a) 上行突发帧的结构

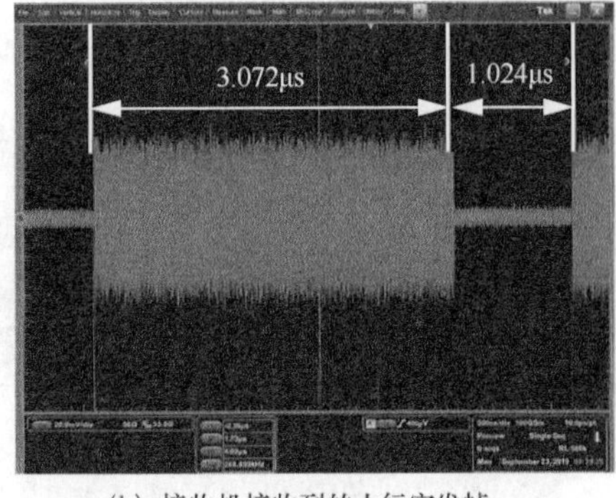

(b) 接收机接收到的上行突发帧

图 6-26　上行突发帧设计

6.5.3　实验结果与讨论

1）下行链路连续模式传输

在下行链路连续模式测试之前，我们首先对接收端的均衡算法进行了优化。我们分析了下行数据连续模式在不同接收光功率下 CMMA 和 DFE 均衡算法误码率与抽头数的关系，如图 6-27 所示，可以观察到，对于不同的接收光功率，CMMA 和 DFE 均衡算法随着抽头数目的增加系统误码率会降低，当接收光功率比较大时，CMMA 和 DFE 的提升更为明显。此外，两种均衡算法对性能的提升基本相似，CMMA 轻微优于 DFE，当抽头数大于 50 后，两者性能基本稳定。为了更好地验证系统性能，在下行连续模式传输实验中采用了 CMMA 均衡算法，抽头数为 99。接收端下行连续模式经过重采样、匹配滤波和时钟恢复后的 PAM4 眼图如图 6-28 所示。基于带宽受限器件的 50Gbit/s PON 系统，滤波效应导致接收信号受到比较严重的损伤，如果没有采用数字信号均衡，接收信号不能恢复。

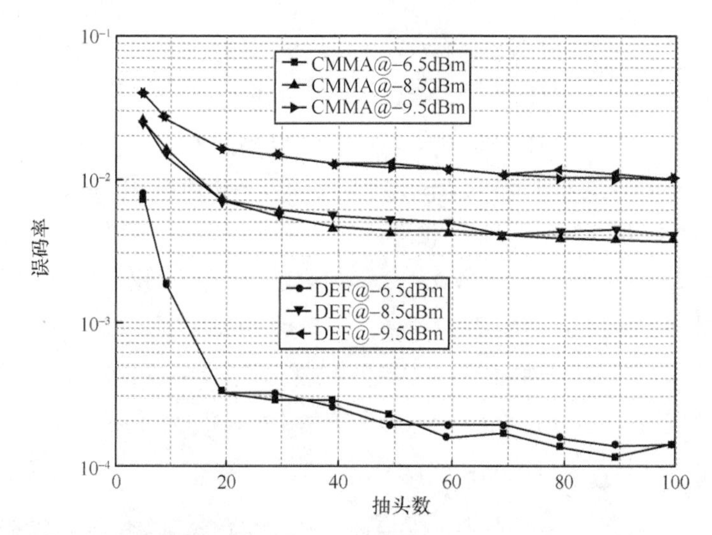

图 6-27 在不同接收光功率下 CMMA 和 DFE 均衡算法误码率与抽头数的关系

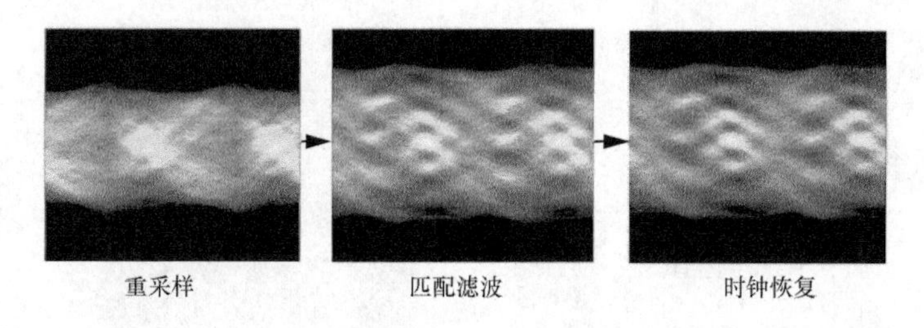

图 6-28 接收端下行连续模式经过重采样、匹配滤波和时钟恢复后的 PAM4 眼图

基于前面讨论的系统器件参数和 DSP 参数，在有、无使用 SOA 的情况下，我们测试了 25GBaud PAM4 下行链路连续模式在背靠背和传输 22km SSMF 后误码率性能与接收光功率的关系，如图 6-29 所示。改变 VOA-1 调整进入接收机 SOA 中的功率，用来测量接收灵敏度。SOA 优化的偏置电流为 200mA，再调整 VOA-2 保持进入 PIN-TIA 的功率大约为 3dBm。需要注意的是，下行链路传输必须要用 BCDR 算法进行时钟恢复，否则 PAM4 信号经过均衡无法稳定恢复。传输 20km SSMF 后，在没有使用 SOA 时，在 HD-FEC 和 SD-FEC 门限时接收光功率分别为 −8.3dBm 和−9.5dBm，此时下行链路功率预算不能满足 PON 系统需求；使用 SOA 后，在 HD-FEC 和 SD-FEC 门限下接收光功率分别为−17.3dBm 和−19.3dBm，考虑 DML-1 发射功率为 9.62dBm，则在 HD-FEC 和 SD-FEC 门限的链路功率预算分别为 26.92dB 和 28.92dB；通过使用 SOA，在 HD-FEC 和 SD-FEC 门限可以实现 9dB 和 8.8dB 的功率预算提升。DML-1 工作在 1314.944nm，色散接近于零，因此经过 20km SSMF 传输之后的色散对系统性能基本没有影响。图 6-29 中的插图(i)～插图(iii)分别给出了传输 22km SSMF 之后，在接收光功率为−17.3dBm 时恢复的 25GBaud PAM4 信号的符号、眼图和幅度统计图。经过 CMMA 均衡后，PAM4 信号得到恢复，PAM4 的眼图非常清晰；通过幅度统计图，我们可以看到 PAM4 4 个幅度电平的标准分布，并且每个电平显示出了类似高斯的分布。

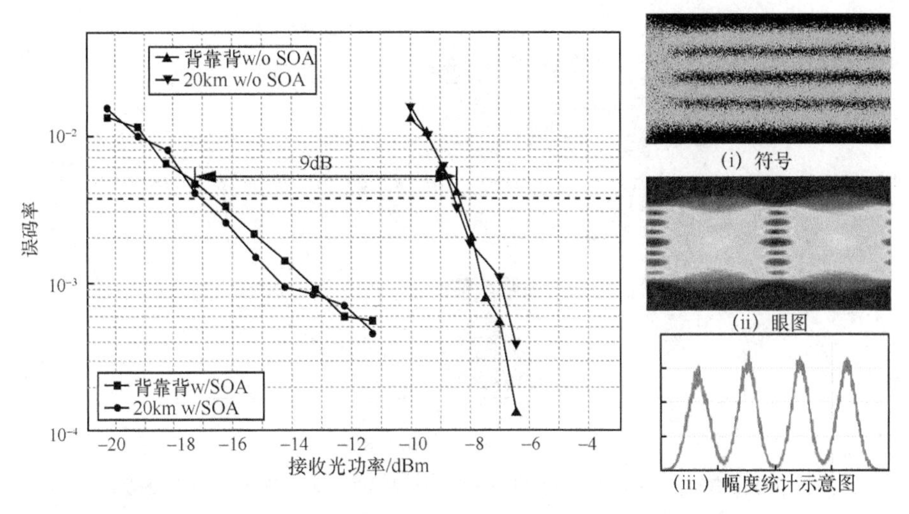

图 6-29　下行链路连续模式误码率与接收光功率的关系

2）上行链路突发模式传输

在上行链路突发模式传输实验测试之前，我们首先分析了突发 BCDR 算法对 CMMA 和 DFE 误码率与时钟恢复所需符号数目的影响，如图 6-30 所示。上行链路突发模式传输也必须要有 BCDR 算法进行时钟恢复，否则均衡信号也无法稳定恢复。CMMA 和 DFE 算法的抽头数均为 99，随着用于时钟恢复的 PAM4 符号数目增加，误码率逐渐降低，在达到 2^{12} 个符号后，系统性能趋于稳定，这是因为信号的时钟已经得到了足够的估计。此外，经过 BCDR 后，在用于时钟恢复符号数目较少时，DFE 均衡算法的性能要优于 CMMA；在 2^{12} 个符号后，两者性能相似，DFE 略优于 CMMA。在我们的上行突发帧设计中，25600 个 PAM4 符号作为帧头，足够突发 BCDR。综上，在基于带宽受限器件的对称 50G-PON 上行突发传输实验中，我们采用了 99 抽头 DFE 进行数字信号均衡。图 6-30 中的插图分别给出了有、无采用 BCDR 算法的 PAM4 眼图，可以看到 DML 信号的频率啁啾导致的眼图倾斜，采用了 BCDR 算法的信号眼图更为清晰。

最后，实验测试了上行链路突发模式误码率与接收光功率的关系，如图 6-31 所示。与下行链路测试相似，改变 VOA-3 调整进入接收机 SOA 中的功率，用来测量接收灵敏度。SOA 优化的偏置电流为 200mA，再调整 VOA-4 保持进入 PIN-TIA 的功率大约为 3dBm。利用我们设计的上行突发帧，传输 20km SSMF 后，在没有使用 SOA 时，在 HD-FEC 和 SD-FEC 门限时接收光功率分别为−7.3dBm 和−9dBm；使用 SOA 后，在 HD-FEC 和 SD-FEC 门限时接收光功率分别为−16.3dBm 和−19dBm，考虑 DML−2 发射功率为 9.32dBm，则在 HD-FEC 和 SD-FEC 门限下的链路功率预算分别为 25.62dB 和 28.32dB；通过使用 SOA，在 HD-FEC 和 SD-FEC 门限时可以实现 9dB 和 10dB 的功率预算提升。经过 20km SSMF 传输之后的色散对系统性能基本没有影响。

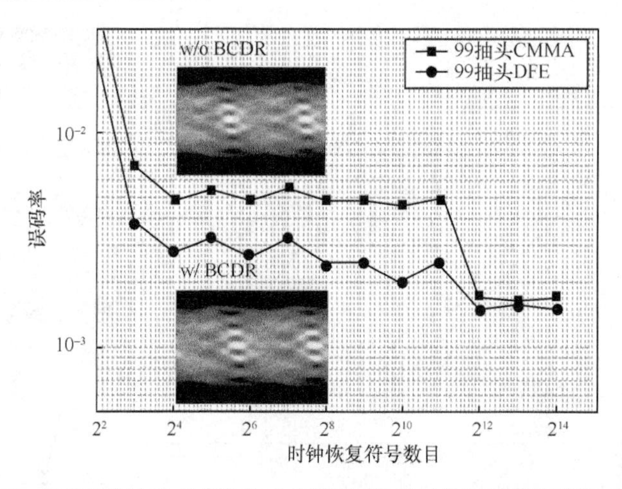

图 6-30 BCDR 算法对 CMMA 和 DFE 误码率与时钟恢复所需符号数目的影响

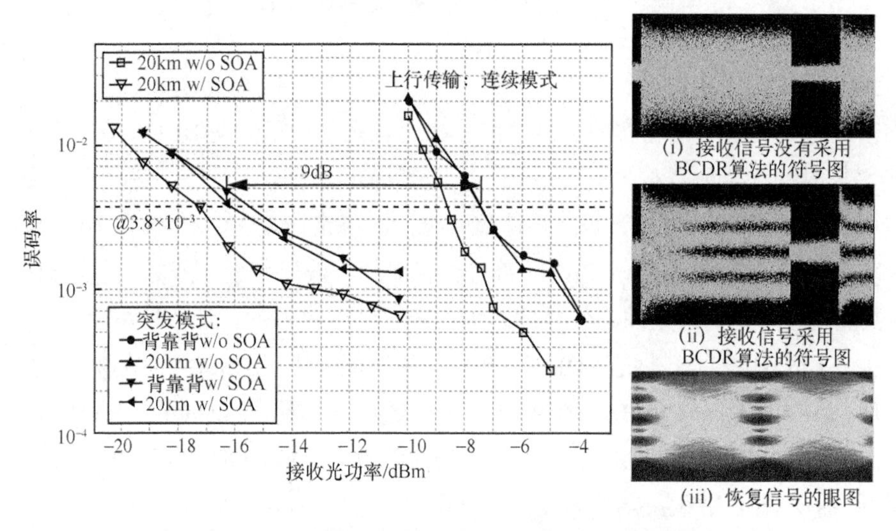

图 6-31 上行链路突发模式误码率与接收光功率的关系

在目前的研究中，上行传输也基本采用上行连续模式，为了比较上行突发模式和上行连续模式，我们同时测试了传输 20km SSMF 的上行连续模式，如图 6-31 所示。如果使用上行突发模式评估系统上行链路性能要比连续模式小 1dB。图 6-31 插图（i）给出的是接收上行突发帧没有采用 BCDR 算法，数据不能够稳定均衡，信号不能恢复；插图（ii）是接收上行突发帧采用 BCDR 算法，数据能够稳定均衡，PAM4 信号恢复；插图（iii）是恢复的 25GBaud PAM4 信号清晰眼图。

6.6 小结

在 PON 当前研究进展中，首先回顾了 ITU-T 和 IEEE 的 PON 标准化进程，IEEE 802.3ca 工作组正在最终确定 25G/50G-EPON 标准，通过复用两个波长信道以达到 50Gbit/s 速率；ITU-T

Q2/SG15 已经开始了一系列的高速 PON 标准化过程，包括单波长 50G-PON；接着，介绍了不同 PON 标准中最关键的波长规划问题；最后，总结了近 5 年使用 10Gbit/s 发射机的 IMDD 传输实验，从应用场景、调制格式、发射机、色散容限和高效 DSP 5 个方面介绍了 PON 发展的关键技术和发展趋势。基于受限器件的 PON 传输实验主要包括以下工作。工作一，我们验证了使用 IMDD 方案而非相干方案实现 100Gbit/(s·λ)PON 的可能性。通过使用 10Gbit/s 发射机和 SOA 预放大器使能的接收机，实验研究了基于 PAM4 调制的 O 波段 100Gbit/(s·λ)TDM-PON 的下行传输。使用基于 CMA 和 VNLE 的联合非线性 DSP 算法用于减少非线性损伤，在传输 22km 和 50km SSMF 后，在 SD-FEC 门限下分别实现了 30.3dB 和 29.3dB 的功率预算。此外，我们数值模拟分析了 50GBaud PAM4 信号传输 20km G.652 SSMF 时的色散容限，结果表明 1285～1340nm 波段均可以进行传输；PAM4 调制格式与 DMT 和相干方案相比，有着最低的功率损耗。工作二，在同一光纤链路中研究了基于带宽受限器件的对称 50G-PON 系统，通过实验对比了 PAM4、DMT 和 CAP 3 种先进调制格式在上下行链路中的性能，总结了 3 种调制格式传输 20km SSMF 的接收灵敏度和功率预算。在下行链路传输时，PAM4、DMT-16QAM 和 CAP-16QAM 在 HD-FEC 门限下链路功率预算分别为 27.12dB、26.62dB 和 28.12dB；上行链路传输时，PAM4、DMT-16QAM 和 CAP-16QAM 在 HD-FEC 门限链路功率预算分别为 27.82dB、26.82dB 和 28.82dB。DMT-16QAM 调制格式的功率预算最小，PAM4 处在中间位置，CAP-16QAM 有最大的功率预算值。此外讨论了它们的色散容限、DSP 复杂度，其中，DMT-16QAM 的色散容限最高，PAM4 最低，CAP-16QAM 位于两者之间；CAP-16QAM 的计算复杂度最高，其次是 PAM4，DMT-16QAM 的计算复杂度最小。可见，在基于带宽受限器件的 50G-PON 系统中，CAP-16QAM 是非常有竞争力的一种方案。工作三，我们实验研究了基于带宽受限器件的对称 50G-PON 上行突发传输，采用基于数字滤波平方定时的 BCDR 算法，成功在上行链路中传输了 50Gbit/s PAM4 信号。结果表明，如果使用上行突发模式评估上行链路系统性能要比采用连续模式小 1dB，对目前对称 50G-PON 的研究具有非常重要的指导意义。

参考文献

[1] WEY J S. The outlook for PON standardization: atutorial[J]. Journal of Lightwave Technology, 2020, 38(1): 31-42.

[2] WEY J S, ZHANG J W. Passive optical networks for 5G transport: technology and standards[J]. Journal of Lightwave Technology, 2019, 37(12): 2830-2837.

[3] MIAO X, BI M H, YU J S, et al. SVM-modified-FFE enabled chirp management for 10G DML-based 50Gbit/(s·λ^{-1})PAM4 IM-DDPON[C]//Proceedings of Optical Fiber Communication Conference (OFC) 2019. Washington, D.C.: OSA, 2019: M2B. 5.

[4] WEI J L, GIACOUMIDIS E. Multi-band CAP for next-generation optical access networks using 10-G optics[J]. Journal of Lightwave Technology, 2018, 36(2): 551-559.

[5] ZHANG K, ZHUGE Q, XIN H Y, et al. Design and analysis of high-speed optical access networks in the O-band with DSP-free ONUs and low-bandwidth optics[J]. Optics Express, 2018, 26(21): 27873.

[6] XUE L, YI L L, JI H L, et al. Symmetric 100-Gb/s TWDM-PON in O-band based on 10G-class optical devices enabled by dispersion-supported equalization[J]. Journal of Lightwave Technology, 2018, 36(2): 580-586.

[7] LI P X, YI L L, XUE L, et al. 56 Gbit/s IM/DD PON based on 10G-class optical devices with 29 dB loss budget enabled by machine learning[C]//Proceedings of Optical Fiber Communication Conference. Washington, D.C.: OSA, 2018: 1-3.

[8] YIN S, HOUTSMA V, VAN VEEN D, et al. Optical amplified 40-Gbit/s symmetrical TDM-PON using 10-Gb/s optics and DSP[J]. Journal of Lightwave Technology, 2017, 35(4): 1067-1074.

[9] JI H L, YI L L, LI Z X, et al. Field demonstration of a real-time 100-Gb/s PON based on 10G-class optical devices[J]. Journal of Lightwave Technology, 2017, 35(10): 1914-1921.

[10] QIN C, HOUTSMA V, VAN VEEN D, et al. 40 Gbit/s PON with 23 dB power budget using 10 Gbit/s optics and DMT[C]//Proceedings of Optical Fiber Communication Conference. Washington, D.C.: OSA, 2017: M3H. 5.

[11] TAO M H, ZHOU L, ZENG H Y, et al. 50-Gb/s/λ TDM-PON based on 10GDML and 10GAPD supporting PR10 link loss budget after 20-km downstream transmission in the o-band[C]//Proceedings of Optical Fiber Communication Conference. Washington, D.C.: OSA, 2017: Tu3G. 2.

[12] WEI J L, EISELT N, GRIESSER H, et al. Demonstration of the first real-time end-to-end 40-Gbit/s PAM-4 for next-generation access applications using 10-Gbit/s transmitter[J]. Journal of Lightwave Technology, 2016, 34(7): 1628-1635.

[13] LI Z X, YI L L, JI H L, et al. 100-Gb/s TWDM-PON based on 10G optical devices[J]. Optics Express, 2016, 24(12): 12941-12948.

[14] VAN VEEN D T, HOUTSMA V E. Symmetrical 25-Gbit/s TDM-PON with 31.5-dB optical power budget using only off-the-shelf 10-Gbit/s optical components[J]. Journal of Lightwave Technology, 2016, 34(7): 1636-1642.

[15] LI Z X, YI L L, WEI W, et al. Symmetric 40-Gbit/s, 100-km passive reach TWDM-PON with 53-dB loss budget[J]. Journal of Lightwave Technology, 2014, 32(21): 3991-3998.

[16] KAKIZAKI K, SASAKI S. 120-Gbit/s/pol.λ IM-DD transmission over 55-km SSMF with 10-GHz-bandwidth intensity modulator, single PD, and a pair of DAC and ADC with 20 GSa/S[C]// Proceedings of Optical Fiber Communication Conference (OFC)2019. Washington, D.C.: OSA, 2019: Th2A. 32.

[17] LI F, ZOU D D, SUI Q, et al. Optical amplifier-free 100 Gbit/s/Lamda PAM-W transmission and reception in O-band over 40-km SMF with 10-G class DML[C]//Proceedings of 2019 Optical Fiber Communications Conference and Exhibition (OFC). Piscataway: IEEE Press, 2019: 1-3.

[18] ZHANG J, YU J J, LI X Y, et al. Demonstration of 100-Gb/s/λ PAM-4 transmission over 45- km SSMF using one 10G-class DML in the C-band[C]//Proceedings of Optical Fiber Communication Conference (OFC)2019. Washington, D.C.: OSA, 2019: Tu2F. 1.

[19] CHEN J, TAN A C, LI Z X, et al. 50-km C-band transmission of 50-Gbit/s PAM4 using 10-G EML and complexity-reduced adaptive equalization[J]. IEEE Photonics Journal, 2019, 11(1): 1-10.

[20] XU T T, LI Z X, PENG J J, et al. Decoding of 10-G optics-based 50-Gbit/s PAM-4 signal using simplified MLSE[J]. IEEE Photonics Journal, 2018, 10(4): 1-8.

[21] YE C H, ZHANG D X, HUANG X A, et al. Demonstration of 50Gbit/s IM/DD PAM4 PON over 10GHz class optics using neural network based nonlinear equalization[C]//Proceedings of 2017 European Conference

on Optical Communication (ECOC). Piscataway: IEEE Press, 2017: 1-3.
[22] LI F, LI X Y, ZHANG J W, et al. Transmission of 100-Gbit/s VSB DFT-spread DMT signal in short-reach optical communication systems[J]. IEEE Photonics Journal, 2015, 7(5): 1-7.
[23] ZHANG J W, LI X Y, XIA Y, et al. 60-Gbit/s CAP-64QAM transmission using DML with direct detection and digital equalization[C]//Proceedings of Optical Fiber Communication Conference. Washington, D.C.: OSA, 2014: 1-3.
[24] MAHGEREFTEH D, MATSUI Y, ZHENG X Y, et al. Chirp managed laser and applications[J]. IEEE Journal of Selected Topics in Quantum Electronics, 2010, 16(5): 1126-1139.
[25] KONOIKE R, SUZUKI K, INOUE T, et al. SOA-integrated silicon photonics switch and its lossless multistage transmission of high-capacity WDM signals[J]. Journal of Lightwave Technology, 2019, 37(1): 123-130.
[26] ITU-T. Characteristics of a single-mode optical fibre and cable,recommendation G.652, sec. 6.1[EB]. 2016.
[27] ZHOU X, URATA R, LIU H. Beyond 1Tb/s datacenter interconnect technology: challenges and solutions[C]// Proceedings of 2019 Optical Fiber Communications Conference and Exhibition (OFC). Piscataway: IEEE Press, 2019: 1-3.
[28] CHENG J C, XIE C J, CHEN Y Z, et al. Comparison of coherent and IMDD transceivers for intra datacenter optical interconnects[C]//Proceedings of 2019 Optical Fiber Communications Conference and Exhibition (OFC). Piscataway: IEEE Press, 2019: 1-3.
[29] ZHANG K, ZHUGE Q, XIN H Y, et al. Demonstration of 50Gb/s/λ symmetric PAM4 TDM-PON with 10G-class optics and DSP-free ONUs in the O-band[C]//Proceedings of Optical Fiber Communication Conference. Washington, D.C.: OSA, 2018: 1-3.
[30] LI C C, CHEN J, LI Z X, et al. Demonstration of symmetrical 50-Gbit/s TDM-PON in O-band supporting over 33-dB link budget with OLT-side amplification[J]. Optics Express, 2019, 27(13): 18343-18350.
[31] ZHANG J W, WEY J S, YU J J, et al. Symmetrical 50-Gb/s/λ PAM-4 TDM-PON in O-band with DSP and semiconductor optical amplifier supporting PR-30 link loss budget[C]//Proceedings of Optical Fiber Communication Conference. Washington, D.C.: OSA, 2018: M1B. 4.
[32] ZHANG J W, XIAO X, YU J J, et al. Real-time FPGA demonstration of PAM-4 burst-mode all-digital clock and data recovery for single wavelength 50G PON application[C]//Proceedings of 2018 Optical Fiber Communications Conference and Exposition(OFC). Piscataway: IEEE Press, 2018: 1-3.
[33] OERDER M, MEYR H. Digital filter and square timing recovery[J]. IEEE Transactions on Communications, 1988, 36(5): 605-612.

第7章

基于强度调制相干检测的200G-PON传输系统

7.1 引言

传统基于IMDD实现单波长100G-PON的架构简单，但是接收灵敏度差，很难满足功率预算要求。相干检测的方案具有较高的接收灵敏度，被认为是非常有前途的大容量PON候选方案。高接收灵敏度意味着可以实现更高的分光比，高分光比可以允许在接入网络中部署更多的最终用户，从而降低用户的平均成本。此外，实现大的功率预算可以传输更长的光纤，增加光接入网络的覆盖范围，从而减少网络提供商的资本和运营支出。除此之外，相干检测方案由于其固有的波长/频率选择性而具有网络灵活性，该方案可以通过将LO调谐到所需要的下行传输通道的波长，达到轻松选择所需通道的目的[1]。基于相干的PON可以轻松地留出波长空间，以便为新的ONU插入额外的波长，并与现有的PON系统共存。因此，先进的调制格式、低复杂度的相干接收机和高效率的信号处理技术是未来100Gbit/s或更高PON系统的主要研究方向。

本章基于强度调制和相干检测的200G-PON传输系统展开研究。针对目前零差相干PON中收发机和DSP复杂的问题，我们提出了一种基于MZM的强度调制外差相干检测PAM4信号的方案。通过把MZM的偏置电压调到在最小传输（零）点，我们验证了200Gbit/(s·λ)偏振分复用PAM4外差相干检测PON，结合基于PAM4的简单频偏和相偏补偿算法，没有任何色散补偿成功传输20km SSMF，并获得超过29dB的功率预算。该方案在每个极化的外差相干检测中仅需要一个平衡光电检测器和一个模数转换器，简化了相干接收机。通过使用优化的Nyquist脉冲整形，收发机带宽可以降低在50GHz范围内。本章首先介绍了强度调制、外差相干探测和数字信号处理算法的基本原理；接着详细介绍了基于该方案的传输实验验证系统，包括实验装置、系统参数和器件的特点；最后广泛地讨论了数字信号处理算法的参数优化、实验结果和激光器线宽容忍性。

7.2　基于强度调制相干检测的低复杂度 DSP 基本原理

近年来，基于低复杂度和有经济效益的相干检测的 100G-PON 备受关注，该技术提供了高接收器灵敏度、无色频率选择性和数字域信道损伤补偿。在我们早期的工作中，已经演示了使用 MZM 强度调制和外差相干探测技术，实现了单极化 100Gbit/(s·λ)PAM4 PON 传输系统，利用数字色散补偿，实现了传输 20km SSMF 和超过 29dB 的功率预算。该方案的 MZM 驱动电压偏置在正交点，可以避免对载波相位恢复的需求，该系统的缺点是非线性损伤较大导致 OSNR 灵敏度相对较低。为此，我们提出把 MZM 的偏置电压调到在最小传输点的方案，目的是实现更高的光功率预算。本节详细介绍了强度调制、外差相干探测和 PAM4 信号恢复算法的基本原理。

7.2.1　强度调制和外差相干探测技术基本原理

在发射端，使用了一个基于 $LiNbO_3$ 的 MZM，当 MZM 工作在推挽模式时 $u_1(t)=-u_2(t)=u(t)/2$，MZM 的光场和功率传递函数可以表示为

$$\frac{E_{\text{out}}(t)}{E_{\text{in}}(t)}=\cos\left(\frac{\Delta\varphi_{\text{MZM}}(t)}{2}\right)=\cos\left(\frac{u(t)}{2V_{\pi}}\pi\right) \tag{7-1}$$

$$\frac{P_{\text{out}}(t)}{P_{\text{in}}(t)}=\frac{1}{2}+\frac{1}{2}\cdot\cos(\Delta\varphi_{\text{MZM}}(t))=\frac{1}{2}+\frac{1}{2}\cdot\cos\left(\frac{u(t)}{V_{\pi}}\pi\right) \tag{7-2}$$

其中，V_{π}是相移 π 所需要的电压。MZM 光场和功率传递函数如图 7-1 所示，功率传输曲线中有两个操作点值得关注：其中，一个是正交点（$V_{\text{bias}}=-V_{\pi}/2$ 或 $V_{\pi}/2$），对应的输入电压摆幅是 V_{π}，输出的功率值是最大值的一半（归一化的功率）；另外一个点是零点（$V_{\text{bias}}=-V_{\pi}$或者 V_{π}），相应的输入电压摆幅是 $2V_{\pi}$，输出功率值为零。如果 MZM 偏置在功率传输曲线的零点，当输入电压越过零点时，它不仅仅是幅度调制，而且还会发生 π 的相位跳变。因此，需要在接收机的数字信号处理中进行载波和相位恢复。从图 7-1 中可以看出，光场和功率传递函数是非线性的。当零点的输入电压摆幅小于 $2V_{\pi}$时，即工作在曲线线性部分，可以避免失真，但是这会导致较大的功率损耗。在目前的研究中，通常使用数字域反正弦预失真或查找表预失真减弱非线性失真[2]，但这样会降低 DAC 的有效分辨率。如果 MZM 偏置在正交点，则它是纯幅度调制，可以避免载波和相位恢复，但是工作的线性区域小于偏置在零点处工作的线性区域，从而导致 OSNR 灵敏度相对低于工作在零点处。在这项研究工作中，我们将 MZM 偏置设为零点，以便在 OSNR 的性能和 DSP 的复杂性之间进行更好的权衡。

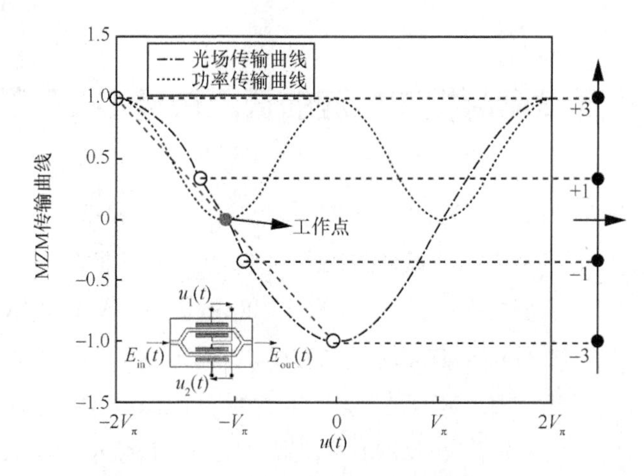

图 7-1　MZM 光场和功率传递函数

在接收端，使用了外差相干接收机，外差相干接收机结构示意图如图 7-2 所示，包括两个偏振分束器（Polarization Beam Splitter，PBS）、两个光耦合器（Optical Coupler，OC）、两个平衡光电探测器（Balanced Photodiode Detector，BPD）、两个 ADC 和一个 LO。与零差探测相比，外差探测相干接收机仅需要一半数量的 BPD 和 ADC。光信号和本振光可以表示为

$$E_{sig}(t)=\sqrt{2P_{sig}}\exp[j\{2\pi f_{sig}t+\theta_{sig}(t)\}] \tag{7-3}$$

$$E_{lo}(t)=\sqrt{2P_{lo}}\exp[j\{2\pi f_{lo}t+\theta_{lo}(t)\}] \tag{7-4}$$

其中，P_{sig} 和 P_{lo} 分别是信号光功率和本振光功率值，f_{sig} 和 f_{lo} 分别是信号和本振光的频率，θ_{sig} 和 θ_{lo} 分别是信号和本振光的相位。信号光的相位 θ_{sig} 可以进一步表示为

$$\theta_{sig}(t)=\theta_s(t)+\theta_{sn}(t) \tag{7-5}$$

其中，θ_s 是调制信号的相位，θ_{sn} 是相位噪声。假设信号和本振光有相同的偏振态，经过平衡探测器输出的其中一个偏振态的信号可以表示为

$$\begin{aligned}I(t)&=I_1(t)-I_2(t)\\&=2R\sqrt{P_{sig}P_{lo}}\exp[j\{2\pi f_{IF}t+\theta_{sig}(t)-\theta_{lo}(t)\}]\\&=2R\sqrt{P_{sig}P_{lo}}\exp[j\{2\pi f_{IF}t+\theta_s(t)+\theta_n(t)\}]\end{aligned} \tag{7-6}$$

其中，总的相位噪声可以表示为 $\theta_n(t)=\theta_{sig}(t)-\theta_{lo}(t)$，$R$ 是光电探测器的响应度，$f_{IF}=f_{sig}-f_{lo}$ 是发送的信号和本振光之间中频（Intermediate Frequency，IF）信号的频偏。当然，该中频应该大于基带信号的带宽，以避免频谱重叠。在 DSP 之前需要将 IF 信号下变频为基带信号，一般有两种方式：一种是通过使用模拟 RF 混频器和电滤波器，这样对 ADC 的带宽要求就比较低；另一种是通过在数字域中使用 DSP 下变频 IF 信号，需要更高带宽的 ADC，但这种方式具有更大的灵活性。近年来，相干收发机在城域网和长距离传输系统中很常用，逐渐成熟的商用器件和高效的 DSP 算法将会促进相干 PON 系统的发展和应用。

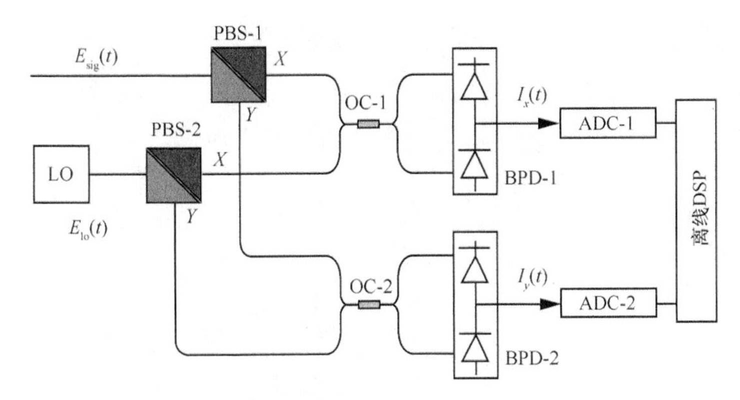

图 7-2　外差相干接收机结构示意图

7.2.2　PAM4 信号恢复 DSP 算法基本原理

在接收端，PAM4 信号恢复的离线 DSP 流程如图 7-3 所示，通过在数字域中使用 DSP 可以补偿光传输损伤。首先，将接收到的中频信号下变频至基带，并通过低通滤波器进行滤波，以减少带外放大的自发辐射噪声；在每个符号两倍重采样后，平方时钟恢复算法用于补偿信号时钟和 ADC 采样率之间的差异。然后，使用 2×2 蝶形结构的自适应有限脉冲响应滤波器实现偏振解复用。传统的基于 CMA 的自适应均衡器适用于恒定包络信号，如 QPSK、M-PSK 调制格式。PAM4 信号的包络具有两个电平，因此需要使用基于 CMMA 的自适应均衡器补偿所有线性损伤，并且每两个采样符号更新抽头数。最后，进行载波恢复，其中，包括残留频偏估计（Frequency Offset Estimation，FOE）和载波相位估计（Carrier Phase Estimator，CPE）。经过基于 CMMA 的自适应均衡后，重采样到每个符号一个样本，则收到的第 k 个 PAM4 符号可以表示为

$$S_k = A_k \cdot \exp[\mathrm{j}\{2\pi\Delta f k T_s + \theta_n(k)\}] + Z(k) \tag{7-7}$$

其中，Δf 是发射机激光和本振激光之间的频差，T_s 是符号持续的时间，$\theta_n(k)$ 是总的相位噪声，$Z(k)$ 是自发辐射噪声。假设 $A_k \in \{+1+\mathrm{j}, +3+3\mathrm{j}, -1-\mathrm{j}, -3-3\mathrm{j}\}$，那么实数或者虚数部分对应的就是 PAM4 信号的标准符号（+1,+3,−1,−3）。

在实验验证系统中，信号光和本振光的频率通常不锁定，一方面本振激光器本身就存在频率偏移，从几兆赫兹到数百兆赫兹；另一方面，本振光源随着工作环境温度的变化会出现频率偏移现象。产生的频偏会导致信号光的相位旋转，严重时会淹没掉信号光自身的相位信息。由于信号激光器和本振激光器的线宽会引起相位的噪声，这种相位噪声具有随机性，导致接收信号星座点的分散和混叠。因此，载波恢复算法通常包括 FOE 和 CPE。由于光纤传输速率的极大提高，基于反馈式的数字锁相环方法已经不能跟踪快速变化的信号。Viterbi-Viterbi 相位估计（Viterbi-Viterbi Phase Estimator，VVPE）算法是基于前馈式的相位恢复算法，该方法将接收信号

进行 N 次方后消除掉信号光的相位，只保留频偏的相位和相位噪声。首先通过接收信号前后符号之间的相关操作提取出频偏相位，进行频偏补偿；然后对信号进行 N 次方操作，此时得到的相位即相位噪声。通常对多个符号求平均值提高相位噪声估算的精确度。

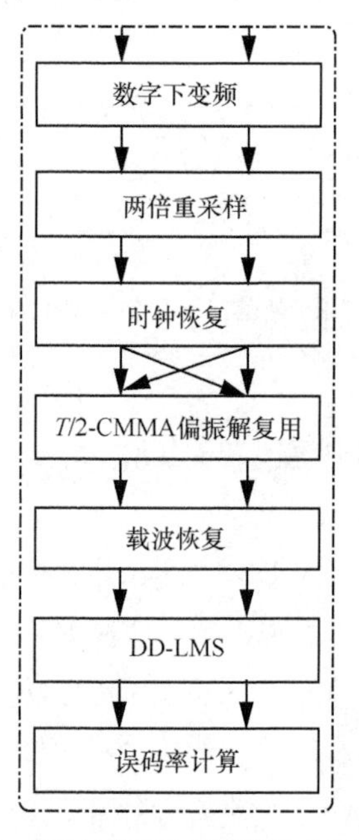

图 7-3　PAM4 信号恢复的离线 DSP 流程

不同调制格式的信号在残留频偏估计中复杂度是不同的，其中，最关键的因素就是信号符号的分割。不同信号符号分割示意图如图 7-4 所示。其中，图 7-4（a）和图 7-4（b）展示了正常的 QPSK 和 16QAM 符号可以分别分割为 1 个环和 3 个环[3]。用于 QPSK 或 16QAM 格式的载波恢复方法不能直接用于 PAM4 信号。图 7-4（c）给出了 PAM4 符号示意图，依据它们的幅度被分割成两个环 R1 和 R2。为了能继续使用在 QPSK 格式中常规的四次方功率频率估计[4]，需要对环 R1 和 R2 上的符号进行归一化和组合，即组合为如同 QPSK 对角线上的符号。然后，选择连续的 N 对 R1 和 R2 环上的符号用于频偏估计，以降低算法的复杂度，并且估计的频率偏移可以表示为[5]

$$\Delta f_{\text{est}}=\frac{1}{8\pi T_s}\arg\left\{\sum_{k=1}^{N}(S_k\cdot S_{k-1}^*)^4\right\} \tag{7-8}$$

因此估计的相位偏移为 $\Delta\theta_{\text{est}}=2\pi\Delta f_{\text{est}}T_s$。

从图 7-4（b）和图 7-4（c）中可以看出，PAM4 信号的符号正好是 16QAM 信号对角线上的符号。因此，用于 16QAM 的载波相位恢复方案也可以应用于 PAM4，如盲相位搜索（Blind Phase Search，BPS）[6]和 QPSK 分割算法[7]，但是这些算法具有很高的复杂性。如上所述，如果将环 R1 和 R2 上的 PAM4 符号进行归一化和组合之后，可以通过经典的 VVPE 估计相位。事实上，环 R1 和 R2 上的 PAM4 符号具有不同的 OSNR，即外环上的符号受到损伤的影响更大，内环受到的影响要弱一些。为了提高载波相位恢复的性能，加权 VVPE 方案是比较好的选择[8-9]，内环和外环赋予不同的权重。因此，估计的相位表示为

$$\Delta\varphi_{\text{est}} = \frac{1}{4}\arg\left\{ \sum_{\substack{l=-m \\ S_{k+l}\in \text{R1}}}^{m} (S_{k+l})^4 + W\cdot \sum_{\substack{l=-m \\ S_{k+l}\in \text{R2}}}^{m} (S_{k+l})^4 \right\} \tag{7-9}$$

其中，W 是权重因子系数，环 R2 上的符号具有更好的 OSNR，这些环上的估计相位比环 R1 上符号的相位更精确，（$2m+1$）个符号用于平均计算。在频偏估计和载波相位恢复之后，恢复的信号具有 π/2 的相位多值性，基于训练序列的 DD-LMS 算法被用于解决此问题。如图 7-4（d）所示，通过相位旋转 $\pi/4 \pm n\cdot\pi/2, n\in[0,1,2,\cdots]$ 就可以恢复得到正常的 PAM4 符号。此外，使用 DD-LMS 算法可以进一步提高系统判决性能[10]。

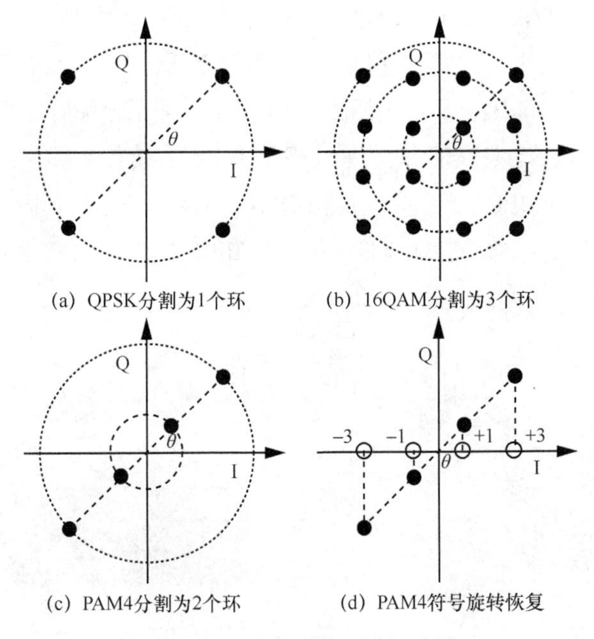

图 7-4　不同信号符号分割示意图

7.3　基于强度调制相干检测的 200G-PON 下行传输实验

7.3.1　实验装置及系统参数

基于强度调制相干检测的 C 波段 200Gbit/(s·λ)偏振复用-PAM4 PON 实验装置示意图如图

7-5 所示。在 OLT 端，1550.846nm 的 ECL-1 产生连续的光波，输出光功率为 13dBm，然后将其输入带宽为 30GHz 的 MZM。由 50GBaud PAM4 电基带信号驱动 MZM，基带信号由 80GSa/s DAC 产生，该 DAC 具有 20GHz 的 3dB 模拟带宽，MZM 工作在零点。DAC 输出的 50GBaud PAM4 电基带信号经过 30GHz EA 放大，为了减少 MZM 工作在非线性区域带来的失真，使用了一个 3dB 衰减器对驱动信号进行衰减，然后再驱动 MZM，避免使用数字预失真方法以降低 DSP 的复杂性。图 7-5 插图（i）显示了 50GBaud PAM4 调制的 MZM 调制后的光谱图，分辨率为 0.02nm，因为 MZM 工作在零点，输出的信号没有直流分量且功率非常小，最大值约为−30dBm。为了加倍传输容量，该系统需要传输 *X*-偏振态和 *Y*-偏振态的信号，一个模拟用的偏振复用器把信号分为 *X* 和 *Y* 偏振态。该偏振复用器包括两个偏振保持光耦合器和一个光延迟线，光延迟线提供 150 个符号的时延，两路信号符号可以去相关。然后，经过 EDFA 放大后的光信号经过 20km SSMF 传输，光纤在 1550nm 处的平均损耗为 0.2dB/km。VOA 用于模拟 PON 中分光器的分光比，用于功率预算的测量。最后，将光信号传输到 ONU 侧的集成的偏振分集和相位分集 90°光混合器。LO 光源由自由运行的 ECL-2 产生，输出功率为 15dBm，其偏振态通过 PC 手动和信号对准信号。ECL-1 和 ECL-2 的线宽均小于 100kHz。图 7-5 插图（ii）显示了偏振分集后 *X*-偏振态的光谱，分辨率为 0.02nm，正是因为本振光具有较高的功率，相干 PON 才具有更高的接收灵敏度。90°光混合器和具有 40GHz 光带宽的 BPD 分别对接收的 PDM-PAM4 光信号和本振光实现偏振分集和上变频。在外差相干检测方案中，每个偏振态仅需要一个 BPD 和一个 ADC 通道。实验系统器件参数见表 7-1。

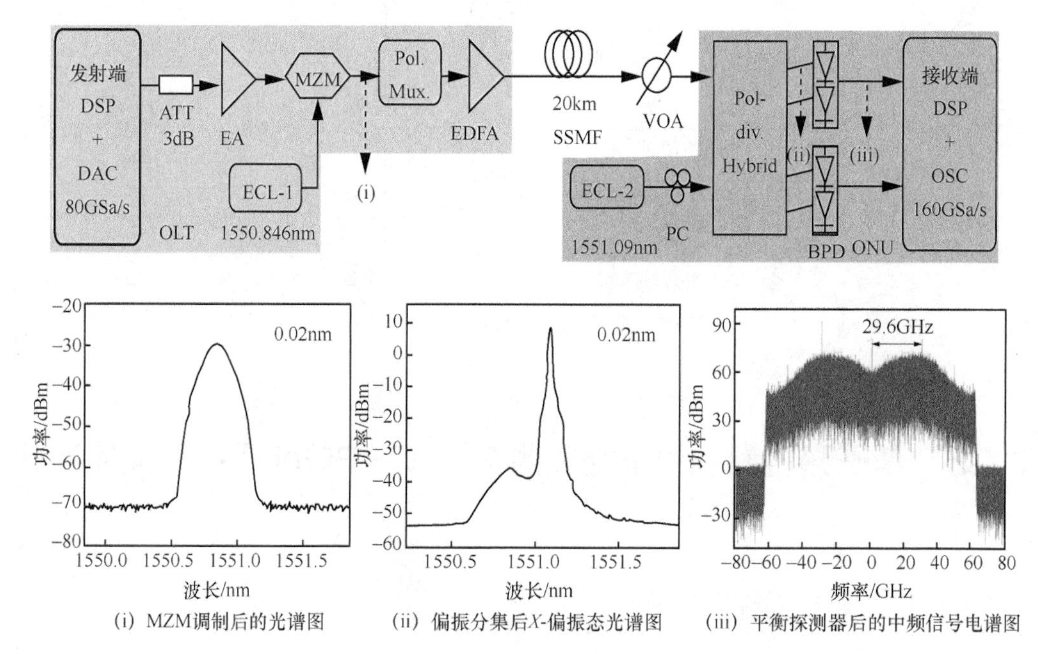

图 7-5 C 波段 200Gbit/(s·λ)偏振复用-PAM4 PON 实验装置示意图

表 7-1　实验系统器件参数

参数	数值
ECL-1 波长	1550.846nm
ECL-2 波长	1551.09nm
ECL-1 和 ECL-2 线宽	<100kHz
DAC 带宽	20GHz
DAC 采样率	80GSa/s
MZM 带宽	30GHz
EA 带宽	30GHz
EA 增益	20dB
BPD 带宽	40GHz
DSO 带宽	62GHz
DSO 采样率	160GSa/s

用 MATLAB 离线产生 PAM4 信号，首先生成长度为 2^{15} 格雷码映射的 PAM4 符号，然后对数据流进行两倍过采样。RRC 滤波器用于实现 50GBaud PAM4 信号的 Nyquist 脉冲整形，通过调整滚降因子系数调节脉冲整形的程度。然后，将符号序列再重采样为每个符号一倍采样，目的是匹配 DAC 的 80GSa/s 采样率，最后再进行 8 位量化（量化范围−128~127）后再加载到 DAC，以产生 50GBaud PAM4 基带信号。如图 7-5 所示，用具有 62GHz 电带宽的 160GSa/s 数字存储示波器（Digital Storage Oscilloscope，DSO）采集信号，最后使用离线 DSP 恢复信号。采集的信号经过如图 7-3 所示的 PAM4 信号恢复算法进行处理：采集的信号首先进行下变频，然后每个符号进行两倍重采样、平方时间恢复、$T/2$ 间隔 CMMA 偏振解复用、载波频偏和相位恢复、53 抽头的 T 间隔 DD-LMS，最终通过恢复的 PAM4 信号解调后计算误码率。

7.3.2　实验结果

为了在系统传输实验中获得最优的性能，我们首先对 DSP 算法中的参数进行优化。由表 7-1 可知，系统中 DAC 和 MZM 的带宽分别为 20GHz 和 30GHz，基带 50GBaud PAM4 基带信号受到 DAC 和 MZM 的带宽限制，带宽受限引起的滤波效应会导致 ISI。RRC 滤波器用来实现 Nyquist 脉冲整形，以部分解决相干 PON 系统中窄带宽器件引起的带宽不足问题，同时避免 ISI[11]。通常，信号带宽被限制在 $R_B\cdot(1+\alpha)/2$ 之内，其中，R_B 是符号速率，α 是滚降因子。根据 Nyquist 采样定理，所需的最低 DAC 采样率是 $R_B\cdot(1+\alpha)$。我们研究了在背靠背情况下，接收光功率分别为−15dBm 和−20dBm 时，50GBaud PAM4 的 Nyquist 脉冲整形信号在不同滚降因子下的误码率性能，误码率在接收光功率−15dBm 和−20dBm 时与滚降因子的关系如图 7-6 所示。对于 100Gbit/s PAM4 信号，$R_B = 25$GHz，当 α 从 0 到 1 变化时，信号带宽可以限制在 25～50GHz。误码率在接收光功率−15dBm 和−20dBm 时与滚降因子的关系如图 7-6 所示，系统性能在滚降因子为 0 时开始恶化，此时信号具有最小的带宽，但是 ISI 非常严重。当 Nyquist 脉冲整形滚降因子为 0.4 时，最大带宽为 25×（1 + 0.4）= 35GHz，系统具有最佳的误码率性能。在实际实验测试中，由低带宽光学器件引起的高频光功率衰减，最大带宽约为 30GHz。如图 7-5（iii）平衡探测器后的中频信号电谱图所示，光信号和 LO 之间的最佳频率偏移为 29.6GHz。

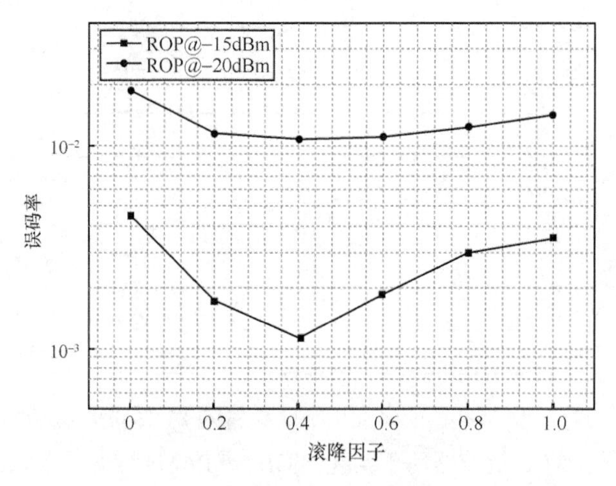

图 7-6　误码率在接收光功率−15dBm 和−20dBm 时与滚降因子的关系

传输 20km SSMF 后、有无 DD-LMS 时，误码率与 CMMA 抽头数的关系如图 7-7 所示。在这里，我们将 DD-LMS 的抽头数保持为 53，当系统具有稳定的误码率性能时，19 抽头是 CMMA 用于偏振解复用和线性损伤补偿的最佳抽头数。使用 DD-LMS 均衡器也可以进一步提高误码率性能。

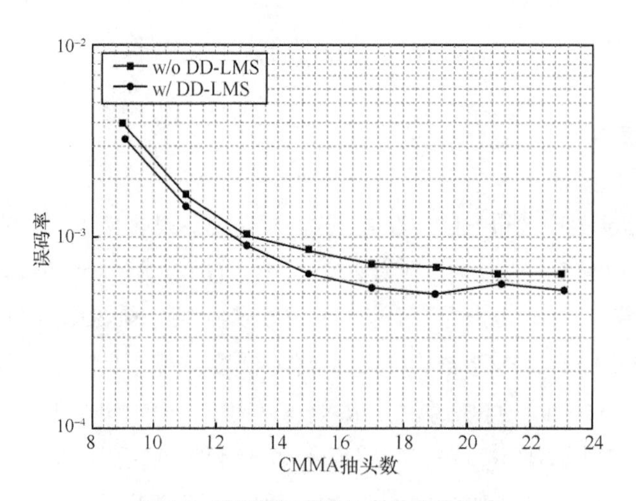

图 7-7　误码率与 CMMA 抽头数的关系

根据优化的系统装置器件和 DSP 的参数，经过不同 DSP 处理后的 *X*-偏振态和 *Y*-偏振态 PAM4 信号星座图如图 7-8 所示，此时的星座图对应的 PAM4 信号是传输了 20km SSMF，误码率为

3×10^{-4}。从左至右对应的星座图分别是经过时钟恢复、偏振解复用、频偏估计和载波相位估计之后。我们可以观察到偏振解复用后接收到的 PAM4 信号有两个环，并且在频偏估计和载波相位估计之后可以恢复 PAM4 符号，如第 7.2.1 节所述。此外，我们也能在恢复的 PAM4 信号中观察到 *X*-偏振态和 *Y*-偏振态相位多值性，两个偏振态的相位旋转是随机性的，通过带有训练序列的 DD-LMS 可以恢复原始数据。

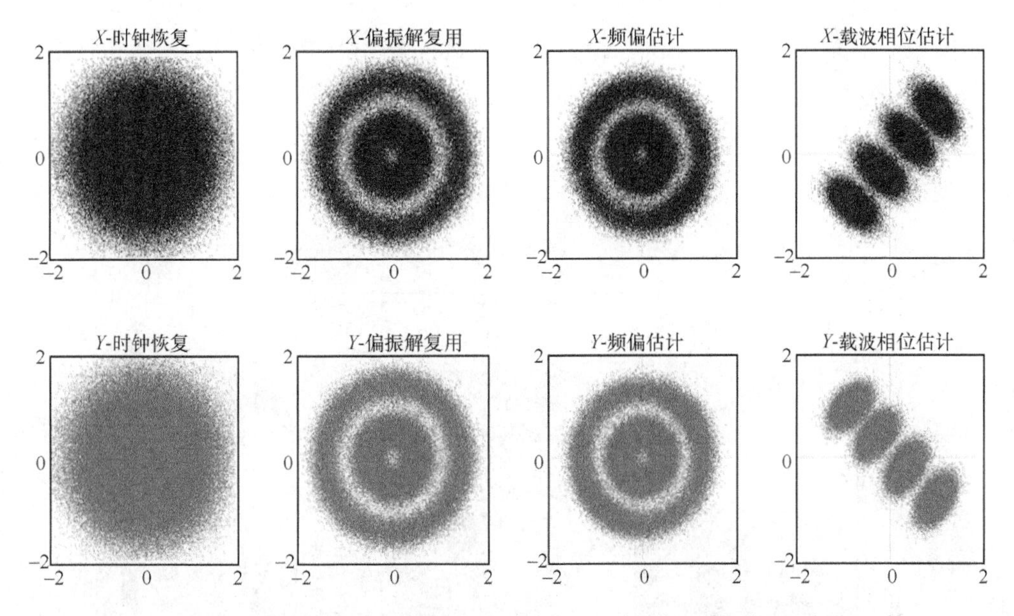

图 7-8　经过不同 DSP 处理后的 *X*-偏振态和 *Y*-偏振态 PAM4 信号星座图

经过不同 DSP 处理后的 *Y*-偏振态 PAM4 信号星座图统计图如图 7-9 所示。时钟恢复后归一化幅度的统计图遵循高斯分布，偏振解复用后接收到的 PAM4 信号有两个环。信号经过旋转和 DD-LMS 之后，PAM4 信号 4 个电平完全得到恢复，验证了所提算法的有效性。

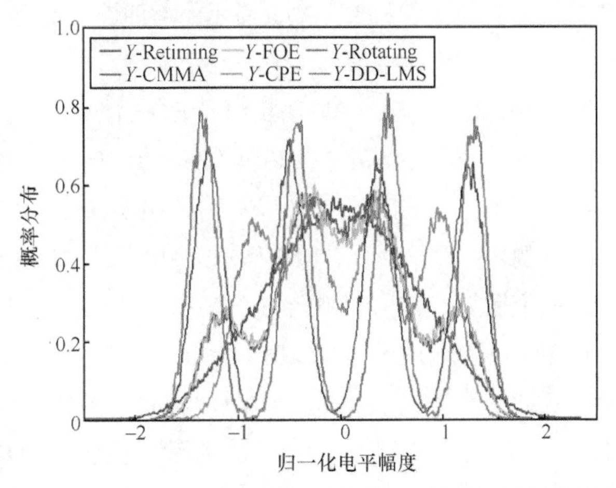

图 7-9　经过不同 DSP 处理后的 *Y*-偏振态 PAM4 信号星座图统计图

通过使用优化的器件和 DSP 参数，50GBaud PAM4 信号误码率与接收光功率的关系如图 7-10 所示。PON 系统中分光器导致的功率损失由 VOA 模拟。为了进一步提高系统功率预算，使用 EDFA 提高入纤光功率，本实验将输出的光功率保持在 9dBm，在接收端不使用数字色散补偿。假设使用了比较强的 FEC，考虑 SD-FEC 门限（1×10^{-2}），在背靠背情况下所需接收光功率为 −20dBm。传输 20km SSMF 后，SD-FEC 门限的接收灵敏度没有明显的损失，可以实现 29dB 的功率预算。使用外差相干探测，在背靠背和传输 20km SSMF 后，对于 200Gbit/s PDM-PAM4 的信号没有明显的色散损失，因为 CMMA 可以有效补偿色散带来的线性损伤。图 7-10 的插图（i）和（ii）分别是接收光功率在−20dBm 和−11dBm 时 PAM4 信号幅度统计图，4 个电平之间的间隔明显，且都表现出了类似高斯的幅度分布。此外，还给出了传输 20km SSMF 后在接收光功率为 −11dBm 时的眼图。

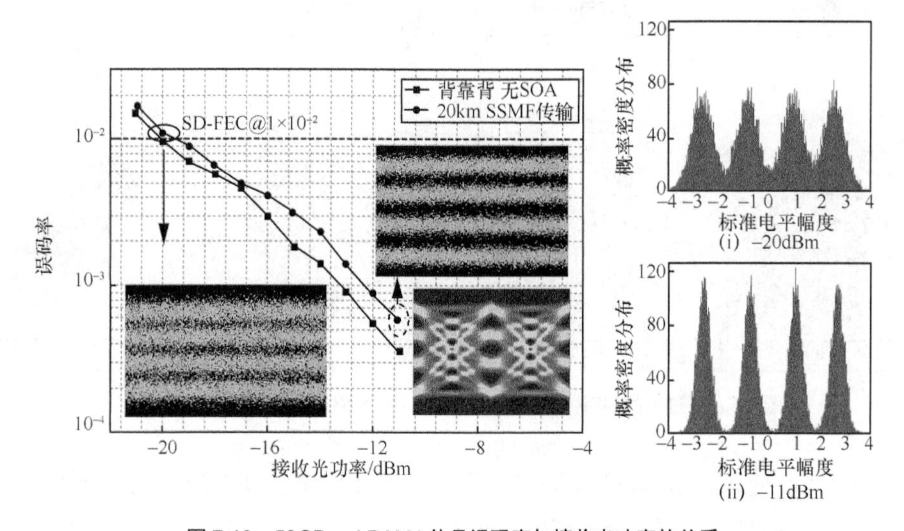

图 7-10　50GBaud PAM4 信号误码率与接收光功率的关系

误码率和功率预算与发射功率的关系如图 7-11 所示，增加进入光纤的发射功率是进一步增加总功率预算的一种有效方法，但是，过高的发射功率会引起光纤的非线性，反过来也就极大地限制了系统性能。在传输 20km SSMF 后，保持接收到−20dBm 的光功率，当进入光纤功率大于 9dBm 时，误码率性能会变差；在传输 20km SSMF 误码率为 1×10^{-2} 时，由功率预算与发射功率的关系可以看出，在发射功率为 13dBm 时，最大功率预算可以达到 32.5dB。

最后，为了测试频偏带来的功率代价，功率代价与信号光和本振光之间频率间隔的关系如图 7-12 所示。两者之间的频率间隔过大或过小都会影响系统的功率预算。该系统频率偏移 10GHz 时会带来 1dB 的功率代价。插图（i）是对应于 27.6GHz 频率间隔的电频谱，信号光和本振光部分频谱重叠导致 2dB 的功率损失。插图（ii）是具有 40.7GHz 频率偏移的电频谱，ADC 带宽有限，也会产生 2dB 的功率损失。信号光与本振光之间的最佳频率间隔约为 30GHz，而在这种情况下不会带来功耗损失。

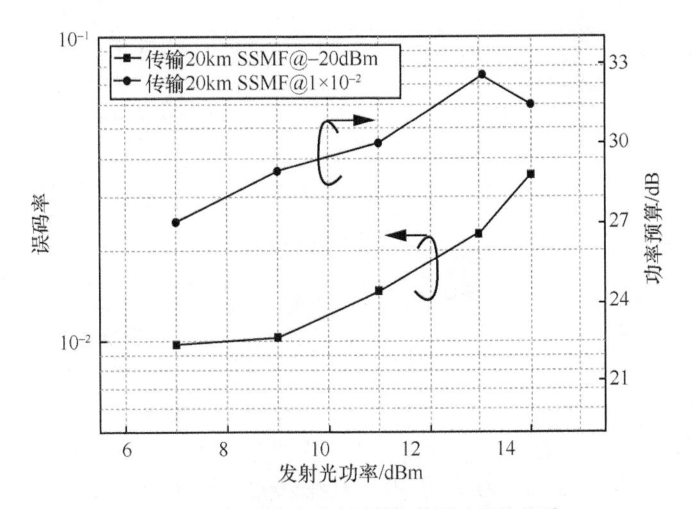

图 7-11　误码率和功率预算与发射功率的关系

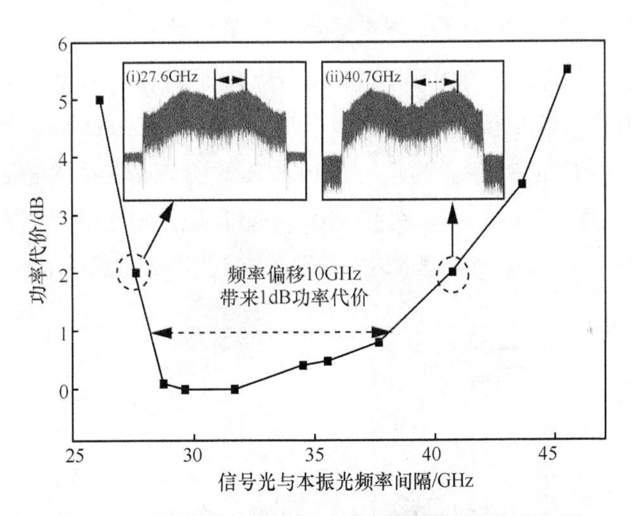

图 7-12　功率代价与信号光和本振光之间频率间隔的关系

7.3.3　激光器线宽容忍性

在本实验中，发射端信号光 ECL-1 和接收端本振光 ECL-2 的线宽均小于 100kHz，线宽与符号持续时间的乘积（$\Delta v{\cdot}T_s$）对应值为 4×10^{-6}。以上讨论的实验结果都是在 $\Delta v{\cdot}T_s$ 较小时展开的。为了更全面地评估该系统，需要进一步仿真分析载波相位恢复算法中符号块 m、激光线宽和不同载波相位估计算法对系统的影响。不同激光器线宽时最优的块数目 m 与 OSNR 的关系如图 7-13 所示。最佳载波相位估计块数目 m 随 OSNR 的增加而降低。当 OSNR 较小时，ASE 噪声更大，需要更大的块数目 m 减少相位估计噪声。当 ASE 噪声占优且激光器线宽较小时，最佳块数目 m 变得更大，说明此时信号对 ASE 噪声更敏感。

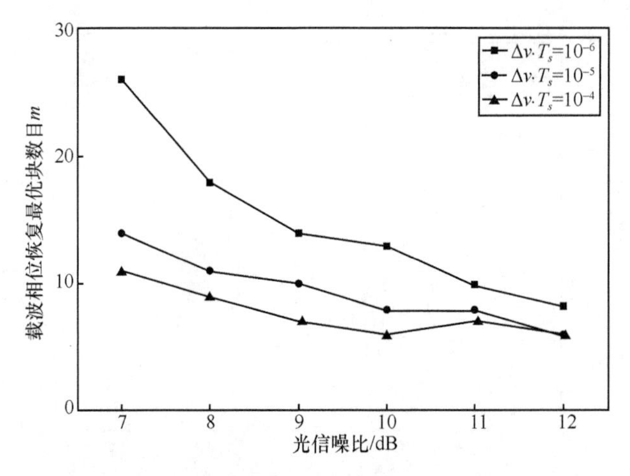

图 7-13　不同激光器线宽时最优的块数目 m 与 OSNR 的关系

不同载波恢复算法下误码率为 1×10^{-2} 时 OSNR 代价与激光器线宽的关系如图 7-14 所示。考虑 1dB 的 OSNR 损失代价，传统的基于 QPSK 分割的载波相位估计算法可以容忍的 $\Delta\nu\cdot T_s$ 为 4×10^{-5}；改进的 VVPE 方法可以容忍的 $\Delta\nu\cdot T_s$ 为 4×10^{-4}。对于 50GBaud PAM4 信号，假设信号光和本振光激光器是相同的，相应的激光线宽容差约为 100MHz。图 7-12 的插图是经过改进的 VVPE 算法恢复的 PAM4 信号星座图，对应的误码率为 1×10^{-2}。通过以上分析，在系统性能没有明显降低的前提下，线宽小于 100MHz 的 DFB 激光器可以用来代替 ECL，系统的总成本将会进一步降低。

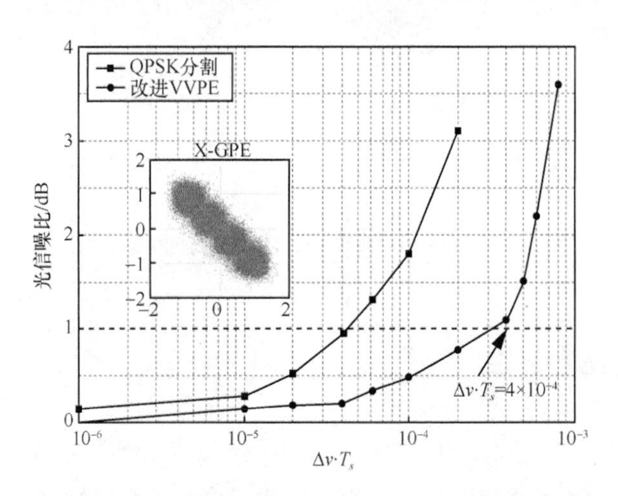

图 7-14　不同载波恢复算法下误码率为 1×10^{-2} 时 OSNR 代价与激光器线宽的关系

| 7.4　小结 |

本章基于强度调制和相干检测的 200G-PON 传输系统展开相关的研究。针对目前零差相干

PON 系统中光收发机和数字信号处理算法复杂的问题，我们提出了一种基于 MZM 的强度调制外差相干检测 PAM4 PON 的方案。首先，我们介绍了该方案中强度调制、外差相干检测和 DSP 算法的基本原理。在发射端把 MZM 的偏置电压调在零点，相应的输入电压摆幅是 $2V_{\pi}$，调制信号具有更高的 OSNR，此外也避免了使用成本较高的 IQ 调制器。在接收端，在每个极化的外差相干检测中仅需要一个 BPD 和一个 ADC，简化了相干接收机。由于调制的信号是 PAM4 信号，与 16QAM 信号相比，载波相位估计算法更简单。通过使用优化的 Nyquist 脉冲整形，收发机带宽可以降低在 50GHz 范围内。其次，我们通过实验验证了 200Gbit/(s·λ)偏振分复用 PAM4 外差相干检测 PON 系统，没有任何色散补偿成功传输了 20km SSMF，并获得超过 29dB 的功率预算。所提基于强度调制和相干检测的 200G-PON 传输方案，最大功率预算可以达到 32.5dB，信号光和 LO 光之间频率偏移 10GHz 时只带来 1dB 的功率代价。然后，通过仿真分析了激光器线宽对 CPE 算法复杂度和容忍性的影响，在不牺牲系统性能的前提下，如果线宽小于 100MHz 的 DFB 激光器可以代替 ECL，系统的总成本将会进一步降低。最后，验证了基于强度调制和相干检测的方案，展示了低成本实现 200Gbit/s 相干 PON 的可行性。

参考文献

[1] ERKILINÇ M S, LAVERY D, SHI K, et al. Comparison of low complexity coherent receivers for UDWDM-PONs ($\lambda $-to-the-user)[J]. Journal of Lightwave Technology, 2018, 36(16): 3453-3464.

[2] YAMAZAKI H, TAKAHASHI H, GOH T, et al. Optical modulator with a near-linear field response[J]. Journal of Lightwave Technology, 2016, 34(16): 3796-3802.

[3] KIKUCHI K. Fundamentals of coherent optical fiber communications[J]. Journal of Lightwave Technology, 2016, 34(1): 157-179.

[4] LEVEN A, KANEDA N, KOC U V, et al. Frequency estimation in intradyne reception[J]. IEEE Photonics Technology Letters, 2007, 19(6): 366-368.

[5] SAVORY S J. Digital coherent optical receivers: algorithms and subsystems[J]. IEEE Journal of Selected Topics in Quantum Electronics, 2010, 16(5): 1164-1179.

[6] PFAU T, HOFFMANN S, NOÉ R. Hardware-efficient coherent digital receiver concept with feedforward carrier recovery for M-QAM constellations[J]. Journal of Lightwave Technology, 2009, 27(8): 989-999.

[7] FATADIN I, IVES D, SAVORY S J. Laser linewidth tolerance for 16-QAM coherent optical systems using QPSK partitioning[J]. IEEE Photonics Technology Letters, 2010, 22(9): 631-633.

[8] GAO Y L, LAU A P T, CHAOL, et al. Low-complexity two-stage carrier phase estimation for 16-QAM systems using QPSK partitioning and maximum likelihood detection[C]//Proceedings of 2011 Optical Fiber Communication Conference and Expositionand the National Fiber Optic Engineers Conference. Piscataway: IEEE Press, 2011: 1-3.

[9] KE J H, ZHONG K P, GAO Y, et al. Linewidth-tolerant and low-complexity two-stage carrier phase estimation for dual-polarization 16-QAM coherent optical fiber communications[J]. Journal of Lightwave Technology, 2012, 30(24): 3987-3992.

[10] TAO L, WANG Y G, GAO Y L, et al. 40 Gb/s CAP32 system with DD-LMS equalizer for short reach optical transmissions[J]. IEEE Photonics Technology Letters, 2013, 25(23): 2346-2349.

[11] ZHANG K, ZHUGE Q, XIN H Y, et al. Design and analysis of high-speed optical access networks in the O-band with DSP-free ONUs and low-bandwidth optics[J]. Optics Express, 2018, 26(21): 27873.

第 8 章
基于多载波强度调制直接检测通信接入网系统

8.1 引言

目前，随着 5G 技术的发展，在数据中心和其他大数据互联应用网络中，对于超高速光传输的需求正在日益增长。同时，低成本、低复杂度和低功耗的强度调制直接检测光通信传输被认为是最有潜力和可行性的多波长 400Gbit/s 解决方案。在众多的 400Gbit/s 方案中，现在较为可行的方案是基于四路信号的波分复用光互连系统，单路单波长传输 100Gbit/s 信号。但在这些方案中，对于系统如何选择使用的调制方式并没有一个明确的答案。除此之外，为了实现低成本的高速光通信，器件带宽、频谱效率和非线性损伤的限制已经大大阻碍了高速光通信发展。

针对大容量双边带独立信号传输时存在的非线性串扰，部分研究学者只考虑到了线性串扰噪声，并提出了基于频域的 MIMO 算法[1]，以及只能独立考虑非线性的级联算法[2]。针对高频谱效率问题，研究学者将概率编码（PS）视作一种新的技术手段，在长距离单载波相干光调制系统中广泛研究，使其能够在一定信噪比下进一步提高频谱效率[3-8]。面对以上需求，我们提出了一种非线性串扰消除算法，解决了低成本不完美 IQ 函数的 DD-MZM 引入的非线性串扰问题。针对调制阶数在当前信道下信噪比有所冗余，但又不足以升阶的问题，我们又提出了基于 OFDM 的概率编码技术和升阶等熵的概率编码技术，以此进一步提高频谱效率和系统鲁棒性。

本章主要围绕基于接入网的光纤强度调制直接检测系统中多载波的 OFDM 和 DFT-S OFDM 调制格式、信号均衡技术及编码技术展开，首先，介绍了光纤通信中的除权预均衡技术；其次，介绍和理论推导了光纤系统中的独立单边带生成技术和色散预补偿技术；然后，针对光纤通信中的双边带独立信号的非线性串扰问题，提出了一种新的非线性串扰消除算法，解决了低成本不完美 IQ 函数的 DD-MZM 引入的非线性串扰问题。通过基于双边带独立信号的光纤大容量传输系统，成功实现了单波长 240Gbit/s 背靠背的传输，相较于单边带信号提高了 45%。针对大容量光纤系统的进一步需求以及光电器件的限制，我们提出了将概率编码 OFDM 技术应用在强度调制直接检测系统中，以解决在当前调制阶数下信噪比有所冗余，但又不足以升阶的问题，进一步提高频谱效率。在此基础上，我们提出了升阶等熵概率编码技术，以克服高电平信号引入的非线性噪声，提高通信系统的鲁棒性。我们通过基于 PS-256QAM、PS-1024QAM 和截断 PS-16384QAM 的光纤强度调制直接检测传输平台，相对应地实现了净速率 128.82Gbit/(s·λ)（5km）、28.95Gbit/(s·λ)（40km）和 112Gbit/(s·λ)（2.4km）的传输。另外，针对低成本接入网中低带宽的光电器件问题，我们提出了除权预均衡技术，在带宽受限和边带效应中取得了一个折中。

8.2　光纤通信除权预均衡技术

在低成本接入网通信网络中，对于器件带宽有着比较严苛的要求。这就导致了在绝大多数传输情形中，都将是带宽受限系统。在带宽受限系统中，信号频域的压缩，导致了信号时域脉冲的展宽，从而引起了严重的 ISI。为了解决这一问题，学者们提出了预均衡技术，主要分为硬件预均衡与软件预均衡技术。硬件预均衡由于只需要针对较低的带宽进行补偿，所以有着重要的应用意义。而在光纤通信中，吉赫兹的调制带宽补偿，对硬件预均衡提出了较高的要求，并且成本也不低。因此，在光纤通信中，以数字域的软件预均衡技术为主。

在光纤通信中，信号频域的表达式如下。

$$Y(\omega)=X(\omega)\cdot H(\omega)+N(\omega) \tag{8-1}$$

其中，$H(\omega)$ 是光纤传输信道的频域响应，$X(\omega)$ 是光纤通信中调制器发出的信号，$Y(\omega)$ 是接收到的信号，$N(\omega)$ 是信道中的加性白高斯噪声。

在一般的预均衡中，研究学者将信道响应的逆作为预均衡时的增益系数。因此，光纤通信中增加预均衡技术后的频域表达式如下。

$$Y(\omega)=\left[X(\omega)\cdot H^{-1}(\omega)\right]\cdot H(\omega)+N(\omega) \tag{8-2}$$

其中，$H^{-1}(\omega)$ 为信道效应的逆变换，$X(\omega)\cdot H^{-1}(\omega)$ 为预均衡后调制器发出的信号。从式（8-2）中可见，这样的预均衡技术从理论上有着最佳的性能。但在实际实验中，我们会发现在带宽受限系统中，该方法存在着一些问题。接下来将理论分析该方法存在的问题。

式（8-1）和式（8-2）中的 $X(\omega)$ 为调制器发出的信号，但该项并不是纯信号，而是信号与调制器等器件底噪相加。我们可以将其写为

$$X(\omega)=X_{s}(\omega)+N_{s}(\omega) \tag{8-3}$$

因此预均衡信号可以写为

$$X(\omega)\cdot H^{-1}(\omega)=X_{s}(\omega)\cdot H^{-1}(\omega)+N_{s}(\omega)\cdot H^{-1}(\omega) \tag{8-4}$$

在数字域预均衡时，除了会将高频信号进行增益放大，也会将高频噪声进行放大，即边缘效应。典型的带宽受限光纤通信系统的频率响应如图 8-1 所示。高频信号与低频信号之间有着大于 20dB 的差距，这就意味着在预均衡时，高频信号增益会至少放大 20dB。这是一个比较大的放大倍数，同时也会引起很大的边缘效应。

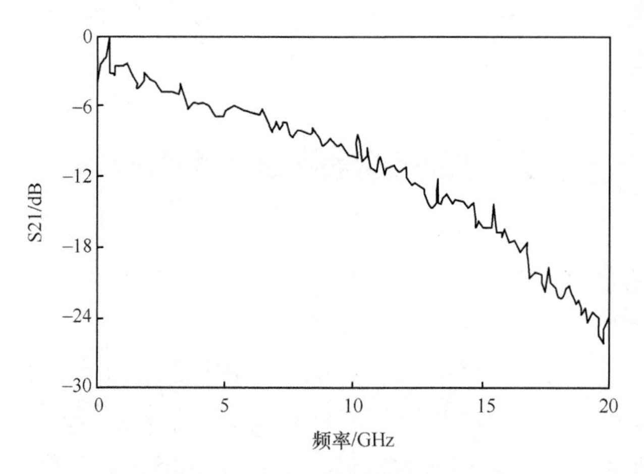

图 8-1　典型的带宽受限光纤通信系统的频率响应

为了消除预均衡技术中的边缘效应，我们提出了一种除权预均衡技术。该技术不再是简单将信道的频率响应的逆变换作为预均衡系数，而是将其进行开根号操作。因此最终除权预均衡技术下的表达式如下。

$$Y(\omega)=\left[X(\omega)\cdot\sqrt{H^{-1}(\omega)}\right]\cdot H(\omega)+N(\omega) \tag{8-5}$$

除权预均衡技术示例如图 8-2 所示。图 8-2（a）是原始信号频谱，可以看到高频与低频有着接近 20dB 的差距。图 8-2（b）则是将信号补平后的频谱。图 8-2（c）是使用除权预均衡后的信号频谱。可以看出，即使使用除权预均衡后，信号的频谱也不是水平，但是高频信号的强度值与传统预均衡接近，除此之外，低频信号的强度值远高于传统预均衡。这就从整体上提高了信号的信噪比。

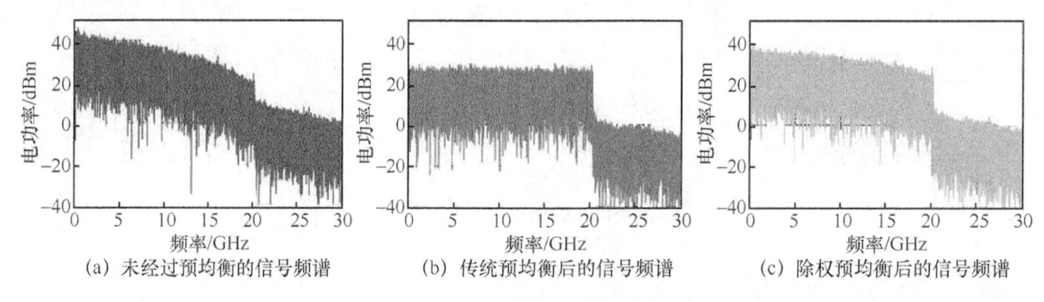

(a) 未经过预均衡的信号频谱　(b) 传统预均衡后的信号频谱　(c) 除权预均衡后的信号频谱

图 8-2　除权预均衡技术示例

8.3 独立单边带生成技术

在光纤强度调制直接检测系统中，较宽的信号频谱和群速度的不同导致 PD 拍频后信号会出现幂衰减现象，色散是限制更长距离传输的主要因素。为了解决色散引起的幂衰减问题，研究学者提出了独立 SSB 信号传输技术。

对于独立 SSB 信号的生成，可以使用 IQ 调制器或 DD-MZM。本节以 DD-MZM 为例进行介绍。在 DD-MZM 中，包含了两个平行的 PM，如果将两个调制器之间的偏置电压差驱动在 $V_\pi/2$，那么 DD-MZM 的输出为

$$\begin{aligned} E_{\text{out}} &= \frac{\sqrt{2}}{2} E_{\text{in}} \cdot \left\{ \mathrm{e}^{\mathrm{j}\left[\frac{\pi}{V_\pi} I(t) - \frac{\pi}{2}\right]} + \mathrm{e}^{\mathrm{j}\left[\frac{\pi}{V_\pi} Q(t)\right]} \right\} = \frac{\sqrt{2}}{2} E_{\text{in}} \cdot \left\{ -\mathrm{j}\mathrm{e}^{\mathrm{j}\left[\frac{\pi}{V_\pi} I(t)\right]} + \mathrm{e}^{\mathrm{j}\left[\frac{\pi}{V_\pi} Q(t)\right]} \right\} \\ &\approx \frac{\sqrt{2}}{2} E_{\text{in}} \cdot \left\{ -\mathrm{j}\left[1 + j\frac{\pi}{V_\pi} I(t)\right] + \left[1 + \mathrm{j}\frac{\pi}{V_\pi} Q(t)\right] \right\} = \frac{\sqrt{2}}{2} E_{\text{in}} \cdot \left\{ \frac{\pi}{V_\pi} \cdot \left[I(t) + \mathrm{j}Q(t)\right] + 1 - \mathrm{j} \right\} \end{aligned} \tag{8-6}$$

从式（8-6）中可以看到，如果偏置电压正确，那么电信号 $I(t) + \mathrm{j}Q(t)$ 能够线性变换到光域。在生成 SSB 信号时，设电信号 $I(t)$ 是一个实信号 x，电信号 $Q(t)$ 是其信号的希尔伯特变换对 $\hat{x}$。那么最终输出就会是 $x + \mathrm{j}\hat{x}$，而这正是信号 x 的解析信号表达式，并且是一个 SSB 信号。因此光域的表达式是

$$E_{\text{out}} = E_{\text{in}} \cdot \left(x \pm \mathrm{j}\hat{x}\right) \tag{8-7}$$

该信号就是光域的 SSB 信号，其中，± 表示该 SSB 信号是左 SSB 还是右 SSB 信号。

8.4 色散预补偿技术

本节对光纤通信中的色散影响和色散预补偿技术进行理论分析。在光纤强度调制直接检测通信系统中，对于双边带信号，主要的影响因素就是色散引起的幂衰减现象。对于色散的频域信道响应如下。

$$H(\omega) = \exp\left(-\mathrm{j}\frac{DL\lambda^2}{4\pi c}\omega^2\right) \tag{8-8}$$

其中，D 是色散系数，L 是光纤长度，λ 是载波波长，c 是光速，其对应的时域表达式如下。

$$h(t) = \sqrt{\frac{c}{\mathrm{j}DL\lambda^2}} \exp\left(\mathrm{j}\frac{\pi c}{DL\lambda^2} t^2\right) \tag{8-9}$$

根据该时域表达式和平方率探测得到最终的表达式[9]

$$I_{\mathrm{PD}}^{2}(t) \propto \cos^{2}\left[\frac{\pi D L \lambda^{2}}{c} f^{2}\right] \tag{8-10}$$

当信号的相位和是$\pi/2+N\cdot\pi$（N是整数）时，信号就会受到严重的幂衰减影响。所以，光纤色散带宽，同样也是第一个波瓣的带宽为

$$f_{\text{bandwidth}}=\frac{\mathrm{c}}{2DL\lambda^{2}} \tag{8-11}$$

为了消除这样严重的幂衰减影响，调制的信号需要首先经过色散响应逆变换的预失真。并且由于信号经过了逆色散的预失真，信号会有相位信息，这就需要将 DD-MZM 和 IQ 调制器作为实验的调制器。

8.5 双边带独立信号非线性串扰消除算法

第 8.4 节介绍了独立 SSB 信号的生成方法，同时也发现了当使用 DD-MZM 时，生成的信号并不是纯净的两个 SSB 信号。这就意味着两个信号之间总是存在串扰。在大容量的光纤传输中，这样的串扰会对信号的恢复造成极大的干扰。同时，串扰的过程中，不仅仅包含了传统的线性串扰，还有高阶项的非线性串扰干扰。现有的 MIMO 恢复算法能够很好地减少串扰影响，但却无法解决非线性问题。而现有的非线性恢复算法，则只能对当前信号进行非线性恢复，无法考虑其他信号的非线性影响。为此，我们提出一种新的双边带独立信号非线性串扰消除算法，以解决大容量双边带信号的非线性串扰问题。

8.5.1 双边带独立信号非线性串扰消除算法原理

第 8.4 节给出了基于独立 SSB 信号在 DD-MZM 下的光域生成表达式，在该表达式推导中，使用了泰勒展开式对 e^{x} 进行简化。同时，文献[10]只考虑了一阶项来近似线性变换。综合考虑以上因素和高阶项，DD-MZM 的光域生成信号表示为

$$\begin{aligned}E_{\text{out}}=\frac{\sqrt{2}}{2}E_{\text{in}}\cdot\Bigg\{&-\mathrm{j}\cdot\left[1+\mathrm{j}\frac{\pi}{V_{\pi}}I(t)\right]+\left[1+\mathrm{j}\frac{\pi}{V_{\pi}}Q(t)\right]-\mathrm{j}\frac{\left[1+\mathrm{j}\frac{\pi}{V_{\pi}}I(t)\right]^{2}}{2!}+\\&\frac{\left[1+\mathrm{j}\frac{\pi}{V_{\pi}}Q(t)\right]^{2}}{2!}-\mathrm{j}\frac{\left[1+\mathrm{j}\frac{\pi}{V_{\pi}}I(t)\right]^{3}}{3!}+\cdots\Bigg\}\end{aligned} \tag{8-12}$$

$$E_{\text{out}}=\frac{\sqrt{2}}{2}E_{\text{in}}\cdot\left\{\frac{\pi}{V_\pi}\cdot\left[I(t)+\mathrm{j}Q(t)\right]+\frac{\pi^2}{2V_\pi^{\ 2}}\cdot\left[\mathrm{j}I(t)^2-Q(t)^2\right]+\right.$$
$$\left.\frac{\pi^3}{6V_\pi^{\ 3}}\cdot\left[I(t)^3-\mathrm{j}Q(t)^3\right]+\cdots+1-\mathrm{j}\right\} \tag{8-13}$$

如果我们将电信号 I 设置为一个实信号 x，信号 Q 作为它的希尔伯特变换对 $\hat{x}$，那么，式(8-13)中的一阶项就是一个右边带的边带信号。其表达式如下。

$$\begin{aligned}I(t)&=x(t)\\Q(t)&=x(t)\cdot h(t)\end{aligned} \tag{8-14}$$

$$H(\mathrm{j}\omega)=\begin{cases}-\mathrm{j}, & \omega>0\\ \mathrm{j}, & \omega<0\end{cases} \tag{8-15}$$

$$f\left[I(t)+\mathrm{j}Q(t)\right]=X(\mathrm{j}\omega)+\mathrm{j}H(\mathrm{j}\omega)X(\mathrm{j}\omega)=\begin{cases}2X(\mathrm{j}\omega),\omega>0\\0,\omega<0\end{cases} \tag{8-16}$$

$$\begin{aligned}&f\{\mathrm{j}I(t)^2-Q(t)^2\}=\mathrm{j}X(\mathrm{j}\omega)\cdot X(\mathrm{j}\omega)-\left[H(\mathrm{j}\omega)X(\mathrm{j}\omega)\right]\cdot\left[H(\mathrm{j}\omega)X(\mathrm{j}\omega)\right]\\&=\begin{cases}(\mathrm{j}-1)\sum\limits_{n=-\infty}^{\infty}X(\mathrm{j}n)\cdot X[\mathrm{j}(\omega-n)]+2\sum\limits_{n=0}^{\omega}X(\mathrm{j}n)\cdot X[\mathrm{j}(\omega-n)],\omega>0\\(\mathrm{j}-1)\sum\limits_{n=-\infty}^{\infty}X(\mathrm{j}n)\cdot X[\mathrm{j}(-n)]],\omega=0\\(\mathrm{j}-1)\sum\limits_{n=-\infty}^{\infty}X(\mathrm{j}n)\cdot X[\mathrm{j}(\omega-n)]+2\sum\limits_{n=\omega}^{0}X(\mathrm{j}n)\cdot X[\mathrm{j}(\omega-n)],\omega<0\end{cases}\end{aligned} \tag{8-17}$$

其中，H 是希尔伯特变换的频域响应，f 是傅里叶变换。式（8-16）展示了一阶的频域响应。二阶的展开式如式（8-17）所示。这里有一个很大的直流分量和在频域的非线性噪声。

为了对非线性噪声有一个更直观的印象，不同阶项的频谱示意图如图 8-3 所示，该信号是 26GBaud 的信号。图 8-3（a）是一阶的完美右边带信号。图 8-3（b）则是二阶项，有很高的直流成分和背景噪声。图 8-3（c）则展示了三阶项，从这里可以看到这是以左边带为主的噪声，这也是生成双边带信号时最严重的非线性串扰项。具体如图 8-3（d）所示，黑色为完美右边带信号，灰色则是三阶信号项。当使用双边带信号时，灰色部分就会对左边带信号带来巨大干扰。如进一步考虑高阶项，那么第 3、7、11 阶项都会在左边带产生非线性噪声，第 5、9、13 项则是在右边带本身的非线性噪声，而所有偶数项会是整个频段的背景非线性噪声。如果不考虑接收机端的非线性噪声，如 PD 或者电放大器，那么一般五阶项的影响就远小于三阶项的影响了。因此，在文献[11]中，相比较传统 SSB 信号，双边带独立信号只带来了 10%的速率提升（145Gbit/s 的 Twin-SSB 和 133Gbit/s 的传统 SSB）。而文献[1]使用了频域的 MIMO 算法，但只得到了 20%的速率提升（不使用 MIMO 算法达到 210Gbit/s，使用 MIMO 算法达到 260Gbit/s）。同样的，如果生成左边带信号，同样会对右边带信号产生非线性噪声和影响。

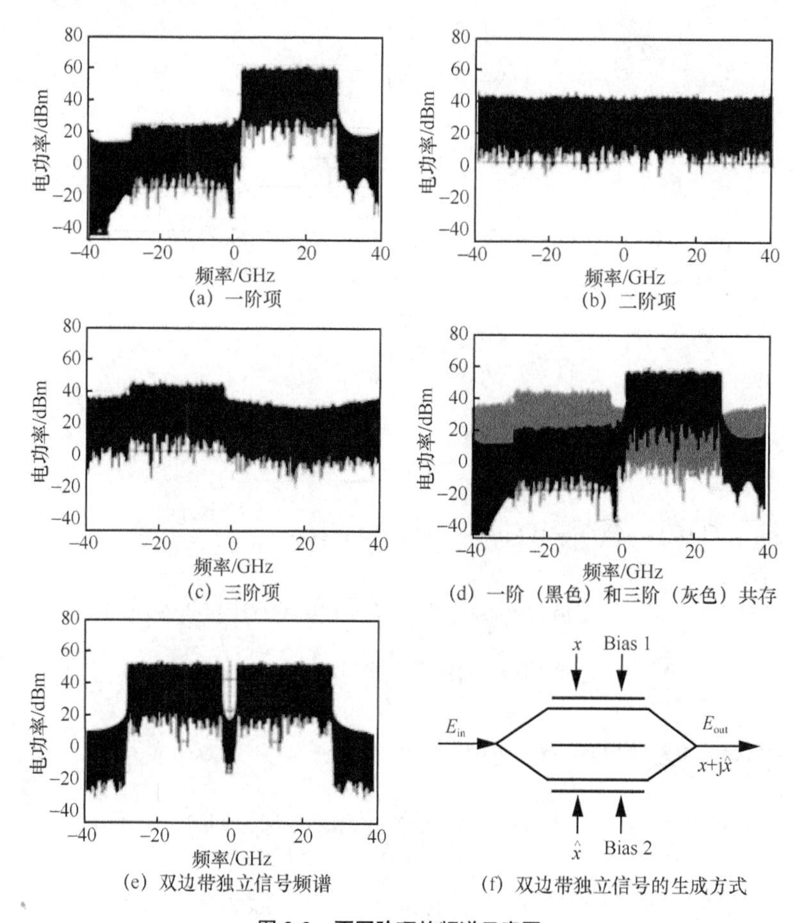

(a) 一阶项

(b) 二阶项

(c) 三阶项

(d) 一阶（黑色）和三阶（灰色）共存

(e) 双边带独立信号频谱

(f) 双边带独立信号的生成方式

图 8-3　不同阶项的频谱示意图

为了解决这一问题，文献[2]提出了一种级联镜像消除和非线性均衡的算法。但是，该算法只是一种简单的级联，其中，MIMO 效应只在线性域中考虑。MIMO 处理后的信号再经过非线性恢复，只恢复了信号本身的非线性，没有考虑非线性的串扰。因为需要同时解决在双边带独立信号的线性和非线性串扰问题，所以首先可以分开考虑，对于线性串扰，传统的 MIMO 算法[12]可以将两个带的信号认为是两个输入两个输出的系统；对于非线性影响，基于 Volterra 序列的非线性均衡器是一个很好的选择。Volterra 序列能够同时用来估计非线性系统的非线性响应和器件或光纤的记忆效应[13]。并且无论是线性串扰还是非线性串扰，都是从另一个带的信号引入的，因此可以将其结合到同一个 MIMO 系统里。时域 MIMO-Volterra 均衡器架构如图 8-4 所示。

Volterra 级数的展开式包括线性项和非线性项，考虑计算复杂度和均衡效果的折中，我们只考虑展开式的一阶项和二阶项。因此，其输出计算式如式（8-18）和式（8-19）所示。

$$y_{\mathrm{l}}(n)=\sum_{i=0}^{N-1}h_{\mathrm{ll}}(n)x_{\mathrm{l}}(n-i)+\sum_{i=0}^{N-1}h_{\mathrm{lr}}(n)x_{\mathrm{r}}(n-i)+\sum_{k=0}^{L-1}\sum_{i=k}^{N-1}w_{\mathrm{ll}}(n)x_{\mathrm{l}}(n-k)x_{\mathrm{l}}(n-i)+\sum_{k=0}^{L-1}\sum_{i=k}^{L-1}w_{\mathrm{lr}}(n)x_{\mathrm{r}}(n-k)x_{\mathrm{r}}(n-i) \tag{8-18}$$

$$
\begin{aligned}
y_{\mathrm{r}}(n) = & \sum_{i=0}^{N-1} h_{\mathrm{rr}}(n) x_{\mathrm{r}}(n-i) + \sum_{i=0}^{N-1} h_{\mathrm{rl}}(n) x_{\mathrm{l}}(n-i) + \\
& \sum_{k=0}^{L-1} \sum_{i=k}^{N-1} w_{\mathrm{rr}}(n) x_{\mathrm{r}}(n-k) x_{\mathrm{r}}(n-i) + \sum_{k=0}^{L-1} \sum_{i=k}^{L-1} w_{\mathrm{rl}}(n) x_{\mathrm{l}}(n-k) x_{\mathrm{l}}(n-i)
\end{aligned} \tag{8-19}
$$

其中，N 和 L 分别是线性和非线性抽头数。在式（8-19）中的 4 项分别是线性项、线性串扰项、非线性项和非线性串扰项。使用 LMS 误差函数和训练序列更新抽头数作为一个准静态传输系统，一旦训练完成，更新后的抽头可以使用相当长的时间。

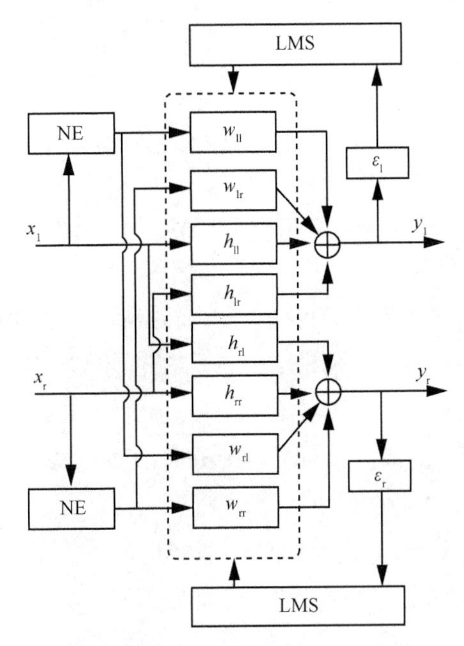

图 8-4　时域 MIMO-Volterra 均衡器架构

8.5.2　实验系统及参数

为了验证 MIMO-Volterra 算法能够缓解双边带独立信号引入的非线性串扰，我们建立了一个光纤大容量传输系统平台。基于双边带信号非线性串扰消除算法的光纤大容量传输系统框架如图 8-5 所示，通过一个 80GSa/s 的 DAC 生成驱动信号，它的带宽为 20GHz。在驱动 DD-MZM 的上下臂前，信号会先经过一个 EA（32GHz 带宽、20dB 增益）和 6dB 的电衰减控制信号的振幅，从而满足调制器的线性区。发出连续波的激光器的波长为 1549.76nm，然后进入 DD-MZM 中，该调制器有 25GHz 的光带宽和 1.8V 的驱动电压。在 40km SSMF 光纤传输前后，分别使用一个 EDFA 放大光信号，使用光耦合器和光滤波器分开左右边带光信号，然后两个光信号分别进入两个 50GHz 带宽的探测器。最终，探测的信号会由一个 80GSa/s 采样率、36GHz 电带宽的数字实时示波器采样。

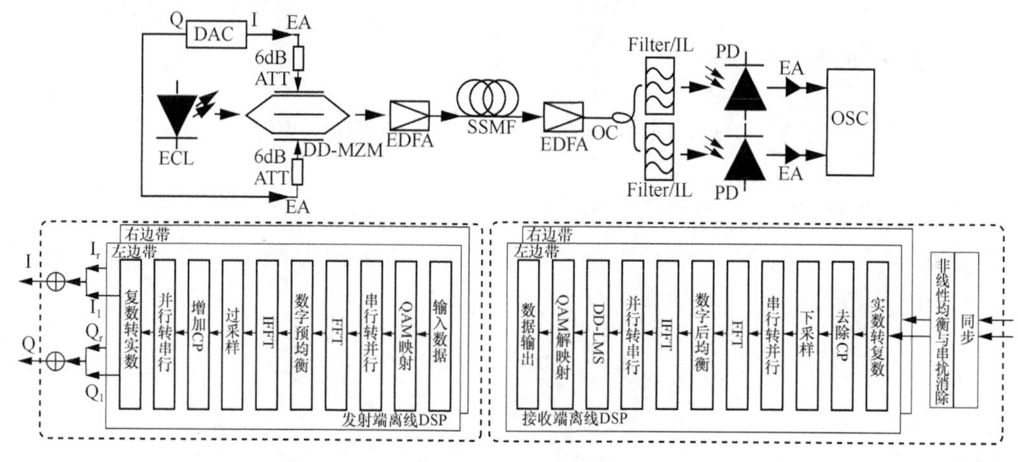

图 8-5 基于双边带信号非线性串扰消除算法的光纤大容量传输系统框架

在发射端的 DSP 中，比特数据首先映射成 16QAM 或者 32QAM 信号；其次，使用 2048 长度的傅里叶变换生成 DFT-S 信号；然后用 IFFT 生成拥有 2048 个子载波的 OFDM 调制信号。由于 CD 时延的存在，我们会加入 CP 抑制 ISI。在并串转换后，我们使用副载波调制方式生成实数的 DFT-S OFDM 信号，即将信号从基带搬到中频。在这个实验中，OFDM 信号的带宽为 24～30GHz，我们会根据实验需要改变上采样倍数从而改变带宽。在接收离线处理 DSP 中，左右两边带两个信号在同步后首先经过所提 MIMO-Volterra 均衡器算法，然后分别经过 OFDM 解调和 DFT-S 解调，最终的比特误码率会在解映射后计算。

信号光谱图如图 8-6 所示。根据第 8.5.1 节独立单边带生成技术生成以上信号，可以看出左右单边带信号分别会引入的串扰。这也就意味着，如果不能解决这一问题，那么将会对性能造成很严重的影响。

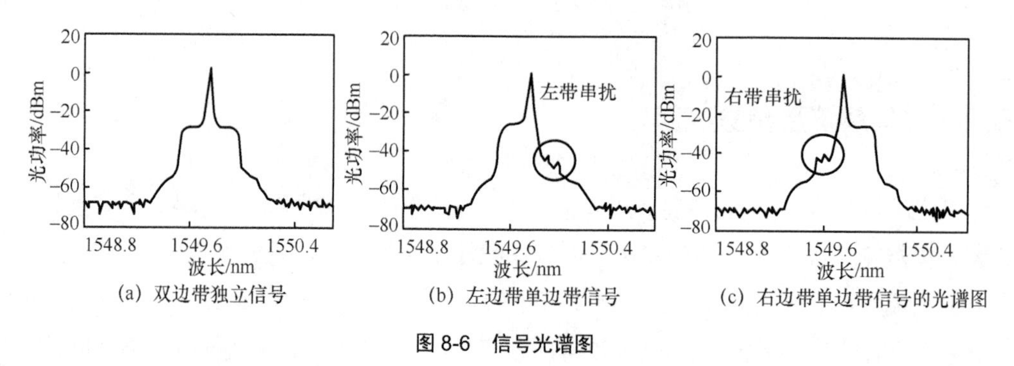

(a) 双边带独立信号 (b) 左边带单边带信号 (c) 右边带单边带信号的光谱图

图 8-6 信号光谱图

8.5.3 实验结果

左右边带信号在背靠背情形下的误码率性能和传输速率的关系如图 8-7 所示，MIMO 干扰消除（Interference Cancellation，IC）算法拥有比 NLE 更好的效果。这一结果也与第 8.5.1 节的推导相符。我们也发现，两个边带的信号并不完全相同，这是因为所使用的光滤波器没法完美滤出两个相同的单边带信号，但这样的误差是可以接受的。由此可见，所提 MIMO-Volterra 均衡器有很好的性能，能够很好地消除双边带独立信号引入的非线性串扰。

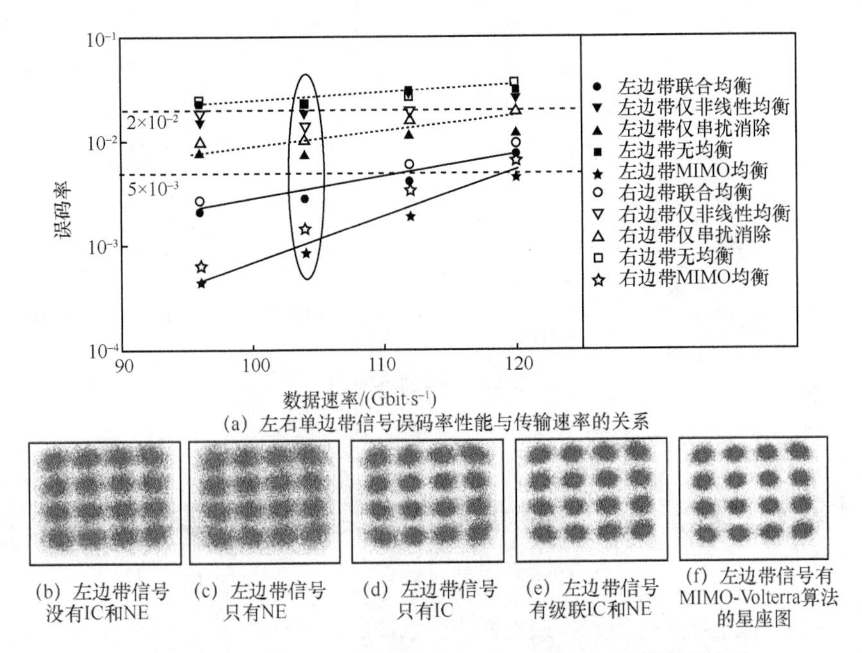

(a) 左右单边带信号误码率性能与传输速率的关系

(b) 左边带信号没有IC和NE　(c) 左边带信号只有NE　(d) 左边带信号只有IC　(e) 左边带信号有级联IC和NE　(f) 左边带信号有MIMO-Volterra算法的星座图

图 8-7　左右边带信号在背靠背情形下的误码率性能和传输速率的关系

传输实验结果如图 8-8（a）展示了双边带独立信号的传输容量在不同算法下和传统单边带信号的对比。传统 SSB 信号有着明显更抖的斜率，这是因为对于单边带信号而言，要达到双边带独立信号同样的速率，需要更高的带宽（如 45GHz 带宽、16QAM）或者更高的频谱效率（如 36GHz 带宽、32QAM），无论哪种方式，都达到了这套系统平台的极限。然而，对于双边带独立信号而言，即使需要传输 240Gbit/s，带宽只需要 30GHz，调制阶数只需要 16QAM。通过使用我们提出的 MIMO-Volterra 算法，实现在背靠背条件下低于 5×10^{-3} 门限的 240Gbit/(s·λ) 双边带独立 DFT-S OFDM 信号，而当没有 MIMO 算法时只能实现 165Gbit/(s·λ)，级联算法[2]只能实现 224Gbit/(s·λ)，传统单边带只能实现 164Gbit/(s·λ)。因此，根据 7%冗余的单 BCH 前向纠错编码[14]，在门限 5×10^{-3} 下使用 MIMO-Volterra 算法能够传输的净速率为 224Gbit/(s·λ)。这个结果相较于 SSB 信号提高了近 45%，而在文献[1]中只提高了 20%（背靠背下 210Gbit/s 的总速率没有 MIMO 算法，260Gbit/s 有 MIMO 算法，误码率门限为 4.5×10^{-3}）。

最终我们实现了 208Gbit/(s·λ)的 DFT-S OFDM 传输，传输距离为 40km SSMF，没有色散补偿，误码率门限为 2×10^{-2}，如图 8-8（b）所示。在 40km SMF 传输后，左右单边带信号的误码率分别为 1.138×10^{-2} 和 1.229×10^{-2}。因此在 40km 传输后，考虑使用 20%冗余的 FEC 编码，净速率为 173Gbit/(s·λ)。该双边带非线性串扰消除算法的提出，在低成本直接检测的前提下，为短距大容量接入网通信提供了一个新的选择，相较于传统 SSB 信号的提升比例，传输双边带独立信号增添的成本具有更高的性价比。

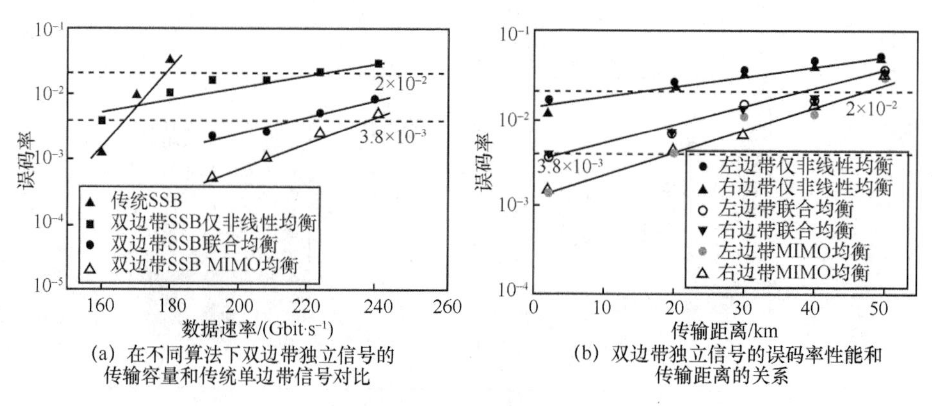

(a) 在不同算法下双边带独立信号的传输容量和传统单边带信号对比

(b) 双边带独立信号的误码率性能和传输距离的关系

图 8-8 传输实验结果

8.6 基于 OFDM 调制的高谱效率概率编码技术

为了同时满足基于接入网的大容量光纤传输系统的成本与性能，必须要在强度调制直接检测系统的大前提下不断探索能够进一步提高系统容量的方法。概率编码作为一种新的技术手段，在长距离单载波相干光调制系统中被广泛研究，其能够在一定信噪比下进一步提高频谱效率[3-8]。

可至今，对于概率编码的工作主要集中在单载波光纤相干传输系统。由于其理论推导主要依据信号的高斯噪声模型，所以概率编码技术能否在强度调制直接检测系统中使用，能否在正交频分复用调制中起到相应的效果，需要不断地进行深入研究。

8.6.1 基于概率编码的 OFDM 光纤强度调制直接检测传输实验

为了验证概率编码在 OFDM 强度调制直接检测系统中的效果，我们搭建了一个基于概率编码的 OFDM 光纤强度调制直接检测传输系统平台。将 CCDM 作为分布匹配器，概率编码的映射和解映射如图 8-9 所示。在整个实验中，为了只关注概率编码的性能，省去了虚线框里的 FEC 模块，因此，我们不会将误码率性能作为衡量标准，取而代之的是互信息（Mutual Information，MI）。同时在实验中，我们没有使用每个信道条件下的最佳概率分布，而是使用一个固定的分布传输数据。这是因为根据文献[8]所述，一个仔细选择的固定分布也可以在一定 SNR 范围内提供很大的性能增益，而且在这样次理想状态下也不会带来太大的性能损失。因此，为了便于实验的开展，我们只针对平均 SNR 进行分布优化，然后其他条件下都使用同一个分布。在这个实验中，我们设计 PS-1024QAM 的熵为 9.5344bit/QAM Symbol。此外，为了比较标准 QAM 信号和

PS-QAM 信号之间的性能，我们保持了相同的总速率（熵×带宽）。

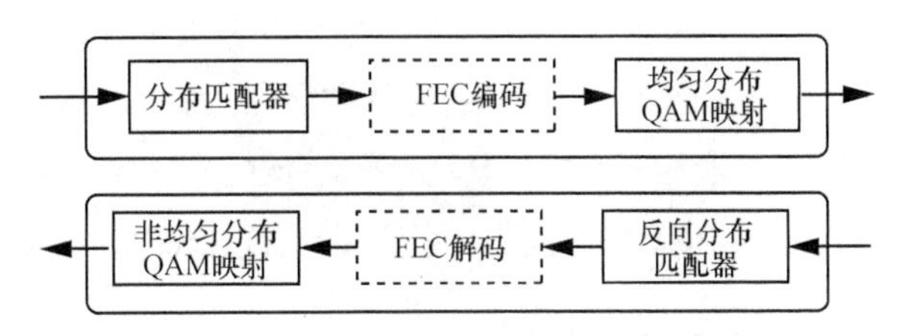

图 8-9 概率编码的映射和解映射

实验装置和方法如图 8-10 所示，图 8-10（a）展示了 PS-1024QAM DFT-S OFDM 信号在强度调制直接检测系统传输 40km SSMF 的系统架构。通过一个 12GSa/s 的任意波形发生器（Tektronix AWG7122B，AWG）产生信号，信号首先经过一个 EA 放大，然后驱动强度调制器（Intensity Modulator，IM）。首先通过 ECL 或者分布反馈（Distributed Feedback，DFB）激光器分别产生线宽约 100kHz 或 1MHz，波长在 1549.76nm 的连续波；然后输入光带宽为 30GHz 的强度调制器中。因为传输距离较近，我们没有使用 EDFA 放大信号；最后，光信号被一个 15GHz 带宽的集成探测器（PD, Agilent 11982A）接收，由一台 50GSa/s 的数字实时示波器采样。

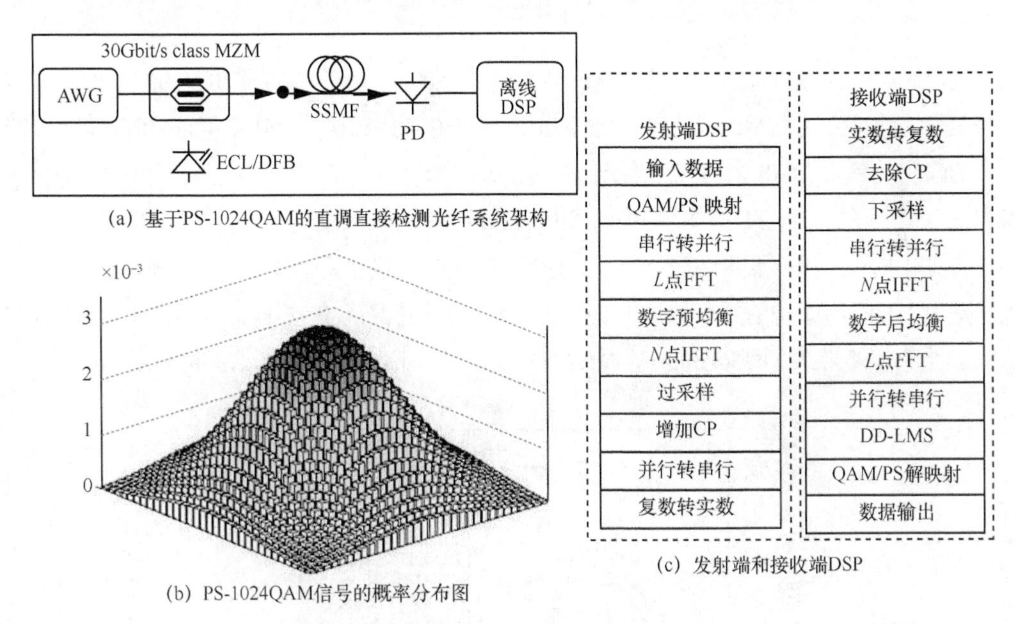

(a) 基于PS-1024QAM的直调直接检测光纤系统架构

(b) PS-1024QAM信号的概率分布图

(c) 发射端和接收端DSP

图 8-10 实验装置和方法

在发射端 DSP 中，数据首先映射成复数符号，分别为标准 1024QAM 和 PS-1024QAM。在这个实验中，我们分别生成了 OFDM 信号和 DFT-S OFDM 信号。其 FFT 的大小都是 2048 个点。在除权预均衡后，通过增加 CP 避免 CD 引起的 ISI。在并串转换后，使用副载波调制技术将复数基带信号转换到中频从而得到实数信号。在整个实验中，对于标准 1024QAM 来说，波特率为 3GBaud，对于 PS-1024QAM 来说，波特率为 3.147GBaud。这样总速率都统一为 30Gbit/s。在接收端 DSP 中，我们只使用了基于迫零均衡的后均衡和 DD-LMS 恢复系统性能。

在传输基于 OFDM 的概率编码前，首先需要验证强度调制直接检测系统里的噪声分布。因为概率编码的提出建立在高斯噪声信道之上。传输后信号的概率密度函数（Probability Density Function，PDF）如图 8-11 所示，将一条拥有相同均值和方差的高斯曲线作为对照，可以看到，接收到的信号的噪声分布非常接近高斯分布，这也证明了我们在强度调制直接检测系统中使用概率编码是可行的。

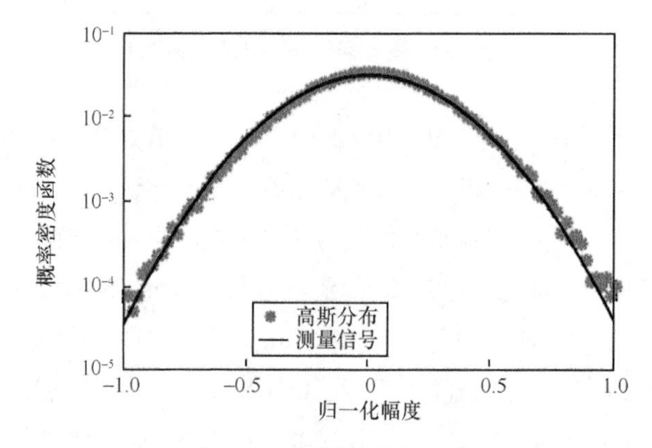

图 8-11　传输后信号的 PDF

不同调制格式在背靠背、10km 和 20km 传输情况下的净速率与接收光功率的关系如图 8-12 所示，净速率的计算公式为 MI×波特率。我们使用一个 VOA 控制接收光功率测量接收灵敏度，强度调制器的输出功率为 7.8dBm，可以看出，无论 DFT-S OFDM 还是 OFDM 信号，在使用 PS-1024QAM 时都带来了不小的提升。DFT-S OFDM 和 OFDM 有无概率编码的星座点如图 8-13 所示。PS-1024QAM 信号的星座点集中在中间，而标准 1024QAM 则不是。DFT-S OFDM 相较于 OFDM 的提升是由于 DFT-S 带来的更小的 PAPR[15]。在 20km 传输情况下，PS 星座点与标准星座点在 DFT-S OFDM 调制下能够带来 1.4356Gbit/s 的提升，OFDM 调制下能带来 1.9072Gbit/s 的提升。

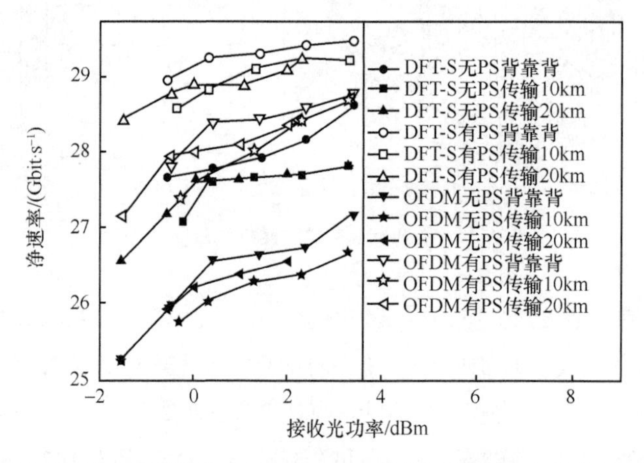

图 8-12　不同调试格式在背靠背、10km 和 20km 传输下的净速率与接收光功率的关系

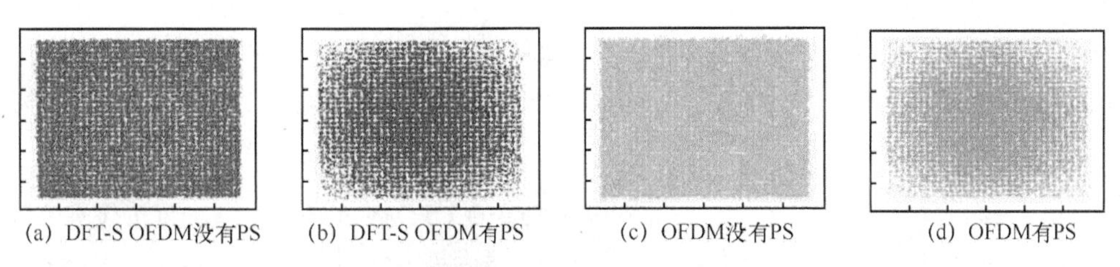

(a) DFT-S OFDM没有PS　(b) DFT-S OFDM有PS　(c) OFDM没有PS　(d) OFDM有PS

图 8-13　DFT-S OFDM 和 OFDM 有无概率编码的星座点

此外，不同激光器在 20km 传输下对性能的影响对比如图 8-14 所示。对于 4 种不同的 OFDM 信号，ECL 和 DFB 激光器的性能，没有太多的区别。这就证明了该系统对于激光器的线宽和输出功率有着很好的鲁棒性，也说明了低成本短距离光纤传输系统的可能性。

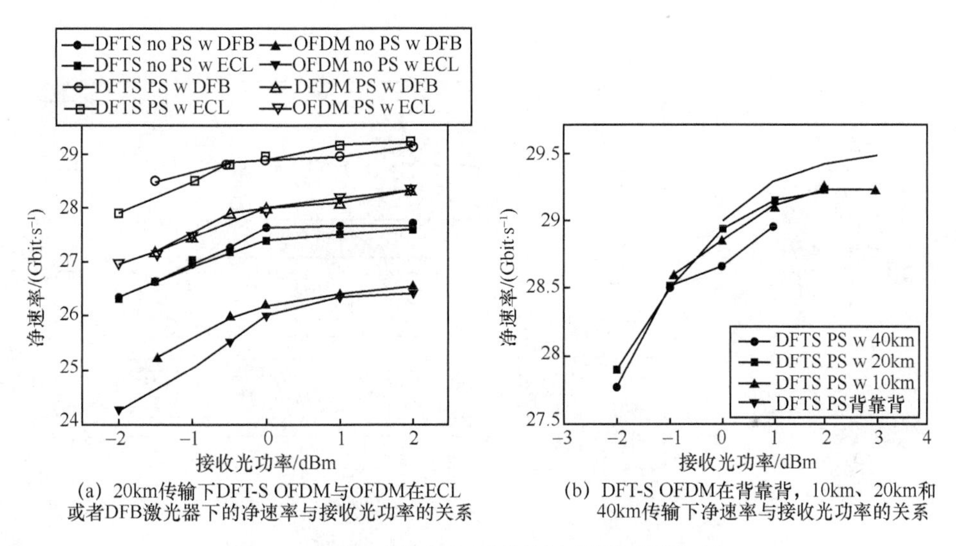

(a) 20km传输下DFT-S OFDM与OFDM在ECL或者DFB激光器下的净速率与接收光功率的关系

(b) DFT-S OFDM在背靠背，10km、20km和40km传输下净速率与接收光功率的关系

图 8-14　不同激光器在 20km 传输下对性能的影响对比

最终，我们成功传输了 40km 光纤的 PS-1024QAM 信号，如图 8-14（b）所示。最后的净速率有 28.95Gbit/(s·λ)，而标准 1024QAM 只能有 27.1Gbit/s。据我们所知，该实验结果是当时第一个在强度调制直接检测系统中使用如此高阶的 PS-QAM OFDM 信号。该实验也证明了概率编码在短距传输的可行性，考虑低成本要求，固定概率分布的 PS 可能会是一种最佳选择。

8.6.2　基于升阶等熵概率编码的 OFDM 光纤强度调制直接检测传输实验

在第 8.6.1 节的实验中，我们已经验证了概率编码在 OFDM 光纤强度调制直接检测系统里的提升效果，同时也证明了使用次理想的概率分布也可以获得不小的增益。但我们发现，所有概率编码的性能比较都基于相同的星座点，如标准 64QAM 与 PS-64QAM，并且由于概率分布的改变，PS-QAM 总是小于标准 QAM 的信息熵，所以概率编码主要在两个调制阶数之间作为更接近香农界限的一种方式，如某个信道无法传输 64QAM 信号，但却能够传输 32QAM 信号，那么 PS-64QAM

信号就可以传输。继续考虑下去，如果该信道本身只能传输32QAM信号，那么PS-64QAM信号是否还会存在增益。换句话说，如果我们将概率编码信号进行升阶，然后与低一阶信号等熵，是否还能继续提供性能的增长。

为此，我们需要搭建一个基于升阶等熵概率编码的OFDM光纤强度调制直接检测传输系统平台。实验装置和方法如图8-15所示，图8-15（b）展示了实验系统架构，通过一个80GSa/s的DAC生成PS-256QAM DFT-S OFDM信号。该PS-256QAM信号的熵固定为7bit/QAM Symbol，与标准128QAM一样。其概率分布如图8-15（a）所示。信号经过EA后会驱动30GHz的强度调制器。同样我们没有使用EDFA在光纤传输前后放大信号。最后，通过一个50GHz的PD探测信号，由一个80GSa/s的示波器采样。

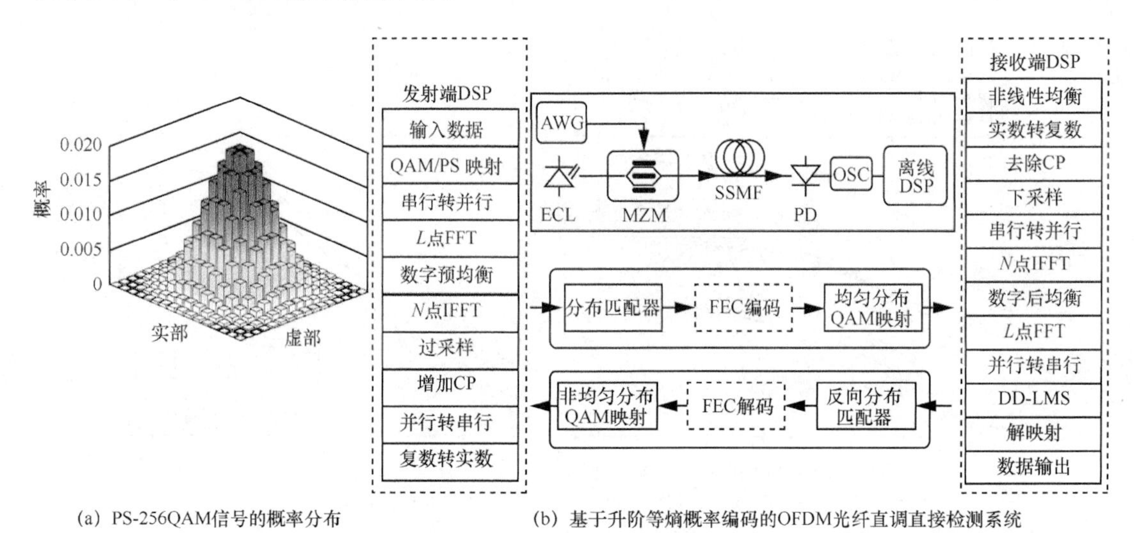

（a）PS-256QAM信号的概率分布　　（b）基于升阶等熵概率编码的OFDM光纤直调直接检测系统

图8-15　实验装置和方法

在发射端DSP中，数据比特流首先映射成复数信号128QAM或者PS-256QAM信号。同样，在PS映射和解映射中，我们省略了虚线框的FEC编码部分，专注于系统容量性能MI。然后OFDM信号在除权预均衡后生产一个2048点的DFT-S OFDM信号，一段CP会加载在信号前端避免光纤色散引入的ISI。在并串转换后，使用副载波调制生产实数的中频OFDM信号。在整个实验中，对128QAM和PS-256QAM均使用20GBaud的波特率，因此总速率为140Gbit/s。而在接收端的DSP中将使用基于Volterra级数的非线性均衡器消除非线性系统的非线性响应和一些设备及光纤的时延效应。同时在这里说明，非线性抽头的表现形式是一个$N \times N$的矩阵，其中，N是非线性抽头的数量，该矩阵将会在下文中出现。

与第8.6.2节相同，为了将PS使用在OFDM强度调制直接检测系统中，需要首先验证该系统的噪声分布。传输后归一化信号的PDF如图8-16所示。根据与之相同均值和方差的高斯参考线可以看出，高、低电平的信号，几乎都满足高斯噪声分布的特性，因此可以在该系统中使用PS。

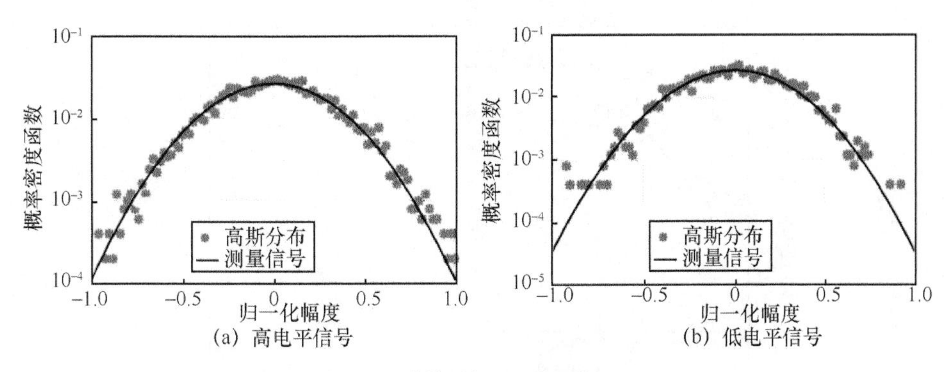

图 8-16　传输后归一化信号的 PDF

MI 和净速率与接收光功率的关系如图 8-17 所示，该结果同时比较了在背靠背、2km 和 5km 光纤传输情况下的性能。一个 VOA 被用来调整接收光功率，而强度调制器的输出光功率为 3.8dBm。对于 PS-256QAM 而言，在 5km 光纤传输后，MI 有 6.4409bit/QAM Symbol（净速率 128.82Gbit/s），而对于标准 128QAM，MI 只有 6.374bit/QAM Symbol（净速率 127.48Gbit/s）。在背靠背情况下，使用概率编码的净速率提升 1.36Gbit/s，而在 5km 光纤传输后，净速率提升 1.338Gbit/s。

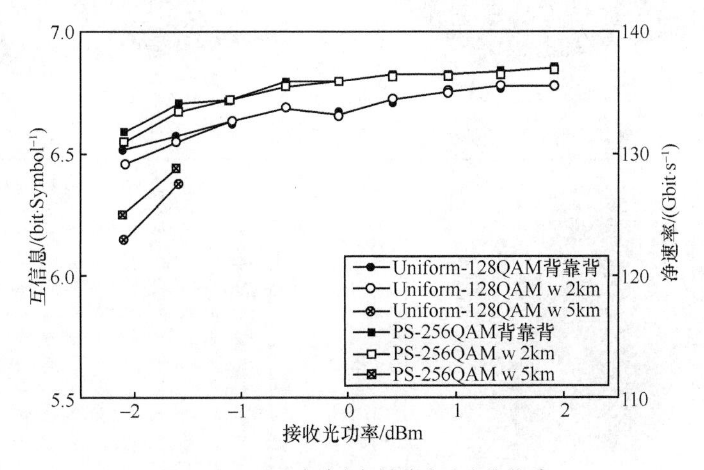

图 8-17　MI 和净速率与接收光功率的关系

MI 和净速率与非线性均衡器抽头数的关系如图 8-18 所示，该结果比较了两种调制方式在 5km 光纤传输下的性能。可以看出，如果使用了非线性恢复算法，那么标准 128QAM 能够得到 4.276Gbit/s 的净速率提升，而 PS-256QAM 只能得到 1.456Gbit/s 提升。非线性均衡器测试结果如图 8-19 所示，图 8-19（a）、图 8-19（b）清晰展示了两种调制格式在非线性均衡器抽头数为 51 时的抽头数。很明显可以看到，标准 128QAM 信号有着更严重的时延效应和非线性干扰。这也证明了升阶等熵的概率编码有着很好的非线性鲁棒性，能够应用于短距离低成本系统。

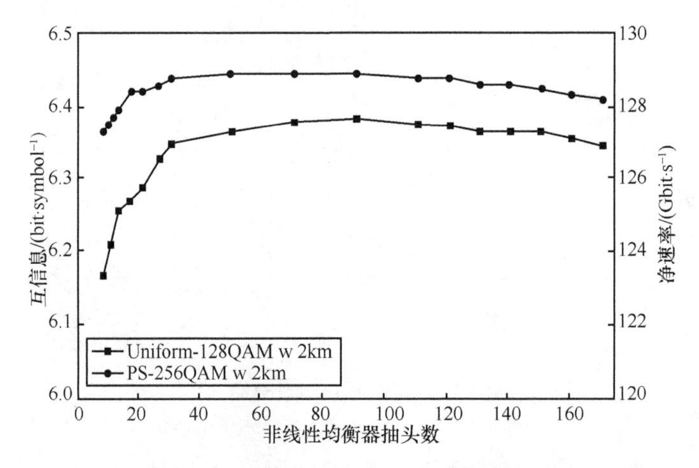

图 8-18　MI 和净速率与非线性均衡器抽头数的关系

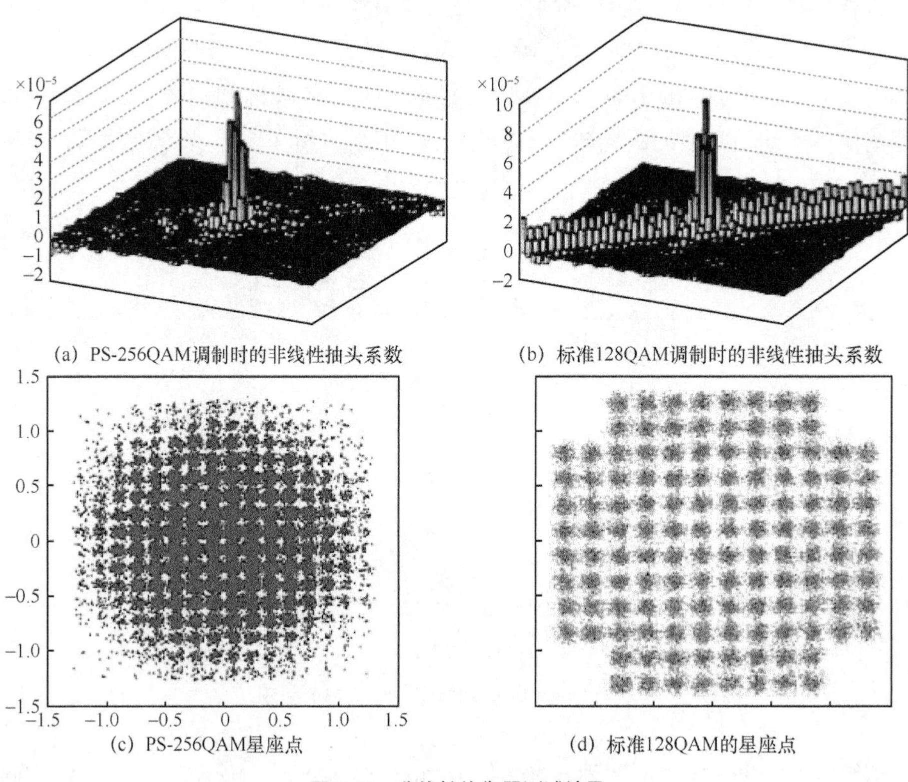

图 8-19　非线性均衡器测试结果

8.6.3　基于超高升阶等熵概率编码和除权预均衡技术的 OFDM 光纤强度调制直接检测传输实验

上述实验已经验证了升阶等熵概率编码性能的优越，仅升了一阶信号就有极大的性能提升，那么，是否可能进行更多的升阶获得更好的非线性鲁棒性。为此，我们希望提出一种超高阶的 PS-QAM 星座点，选取 16384QAM 实现熵为 10bit/QAM Symbol 的标准 1024QAM。但值得注意的是，由于超高阶的星座点，与目标 1024QAM 有着比较大的差距，将麦克斯韦-玻尔兹曼概率分布计算进去后，我们发现 16384QAM 外围的一些星座点没有自己的概率权重，所以我们提出了截断的 PS-16384QAM 调制，即在概率编码后，将外围概率权重为零的星座点截断，保留到有概率权重的星座点。

为了验证这样截断的 PS-16384QAM 的性能，我们又建立了一个基于升阶等熵概率编码的 OFDM 光纤强度调制直接检测传输系统平台。实验装置和方法如图 8-20 所示，图 8-20（a）展示了截断的 PS-16384QAM 调制的系统框图和整个光传输系统的端对端频率响应。我们希望将整个系统建立在 10GHz 带宽的器件基础上，实现高谱效率低带宽的传输，但这又对信噪比提出了很高的要求，因此我们还提出了一种新的除权的预均衡技术。图 8-20（b）展示了 PS-16384QAM 星座点的概率分布图，可以看到外围的星座点有很多都是零概率分布，这也是我们需要使用截断的概率分布编码的原因。

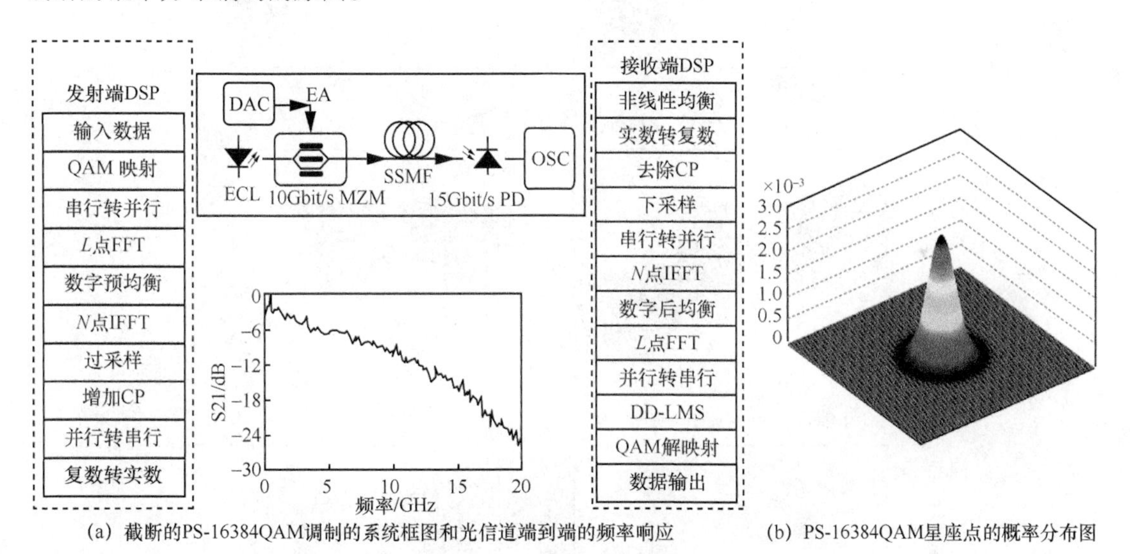

(a) 截断的PS-16384QAM调制的系统框图和光信道端到端的频率响应　　(b) PS-16384QAM星座点的概率分布图

图 8-20　实验装置和方法

首先，通过一个 64GSa/s 的 DAC 生成信号；然后，信号经过一个电放大器后驱动强度调制器。我们使用外腔激光器生成线宽 100kHz、波长在 1549.76nm 的 CW 光，并将它加载到带宽为 10GHz 的强度调制器中，在整个传输过程中没有使用 EDFA 在接收端信号被一个 15GHz 的探测器探测，然后被一个 80GSa/s 的示波器采样。根据我们测量的光链路频谱响应，整个链路的 3dB 带宽为 2GHz、6dB 带宽为 4.5GHz、10dB 带宽为 10.5GHz。

在发射端 DSP 中，数据首先映射成标准的 1024QAM 或者 PS-16384QAM。然后在除权预均衡后经过一个长度为 2048 的 DFT-S FFT。在信号前端加载一段循环前缀缓解色散引入的 ISI。在并串转换后使用副载波调制生成实数 OFDM 信号。在整个实验中，信号的带宽为 20GBaud。在接收端 DSP 中，只用了迫零均衡和 DD-LMS 算法。在整个实验中，使用归一化的 NGMI 评估系统性能，其中使用文献[16]中的 NGMI 门限，包括硬判决和软判决 FEC。

不同预均衡下的系统频谱如图 8-21 所示。在这个实验中，由于带宽的极度受限，对信噪比提出了很高的要求，因此预均衡需要很好地考量。传统的预均衡技术使用了信道响应的线性滤波器的逆变换。但是对于带宽受限系统而言，高频拥有很低的响应，那么在预均衡时就会有极大的增益补偿，可在拉高高频的同时，进一步放大高频噪声，这也叫边带效应。考虑信道响应和放大噪声的折中，我们提出了一种除权的预均衡技术，其实现过程也相对比较简单，只需要将信道响应开根号再进行预均衡，实现了既拉高了高频信号，又没有过分放大高频噪声。可以看出，使用我们的除权预均衡技术后，频谱并没有完全补平，在高频处仍然有轻微下降。

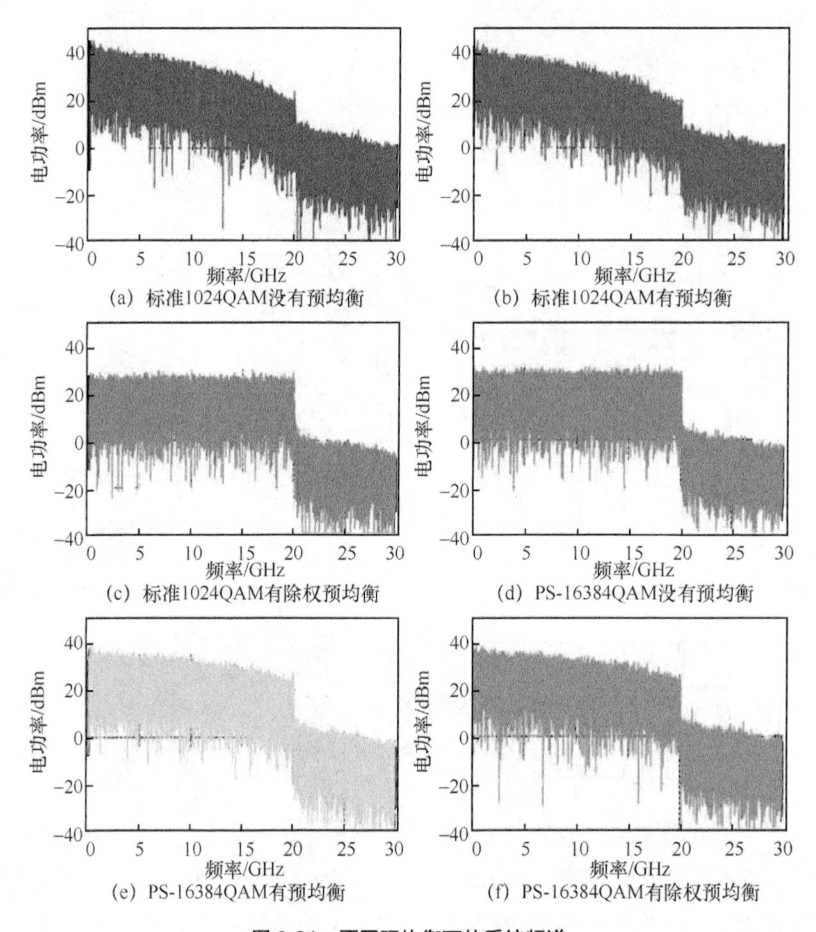

图 8-21　不同预均衡下的系统频谱

不同均衡和传输条件的实验测试结果如图 8-22 所示，本实验选择了 4 个 NGMI 门限，分别是 0.64、0.54、0.44 和 0.37，都使用 LDPC 编码，其对应的编码速率为 3/5、1/2、2/5 和 1/3，对应的总码率为 0.56、0.47、0.38 和 0.31。可以看到，我们提出的除权预均衡技术无论在标准 1024QAM 还是 PS-16384QAM 中都有最佳的性能。相较于传统补平的预均衡技术，我们提出的预均衡技术对于概率编码信号可以从 NGMI 0.61（94Gbit/(s·λ)）到 0.65（112Gbit/(s·λ)），对于标准信号可以从 0.50（76Gbit/(s·λ)）到 0.55（94Gbit/(s·λ)）。除此之外，超高升阶等熵概率编码信号总是比标准信号好。这也证明了高阶的概率编码会在一定程度下拥有较佳的性能。

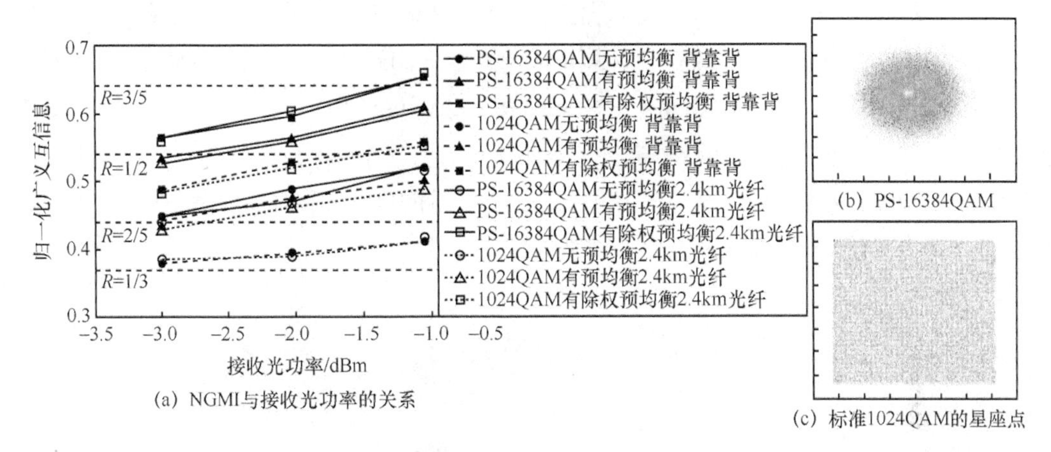

(a) NGMI与接收光功率的关系　(b) PS-16384QAM　(c) 标准1024QAM的星座点

图 8-22　不同均衡和传输条件的实验测试结果

最终，我们完成了传输距离为 2.4km 的光纤系统实验。在背靠背条件和光纤传输条件下，系统性能没有太多的代价损失。对于 PS-16384QAM 信号，达到的最高的 NGMI 为 0.65，而标准 1024QAM 只有 0.55。所以净速率分别是 112Gbit/(s·λ)和 94Gbit/(s·λ)。为了便于分析，下面列出不同情形下的净速率（PS-16384QAM 没有预均衡为 76Gbit/(s·λ)；PS-16384QAM 有预均衡为 94Gbit/(s·λ)；PS-16384QAM 有除权预均衡为 112Gbit/(s·λ)；1024QAM 没有预均衡为 62Gbit/(s·λ)；1024QAM 有预均衡为 76Gbit/(s·λ)；1024QAM 有除权预均衡为 94Gbit/(s·λ)）。在 OFDM 调制中使用 PS-16384QAM 格式为低成本短距离通信传输提供了一种新的可能。

8.7　小结

本章主要介绍了 OFDM 和 DFT-S OFDM 调制格式、信号均衡技术及编码技术的研究工作。首先，介绍了光纤通信中一种新的除权预均衡技术。其次，介绍和理论推导了光纤系统中的独立单边带生成技术和色散预补偿技术。然后，针对光纤通信中的双边带独立信号的非线性串扰问题，提出了一种新的非线性串扰消除算法，解决了低成本不完美 IQ 函数的 DD-MZM 引入的非线性串扰问题。通过基于双边带独立信号的光纤大容量传输系统，我们成功实现了单波长 240Gbit/s 的背靠背传输，相较于单边带信号提高了 45%，而已有文献中，双边带独立信号的最佳提升仅为 20%。最终更是实现了单波长 208Gbit/s 和 40km 光纤传输，极大地提高了直接检测系统下的传输容量。该双边带非线性串扰消除算法的提出，在低成本直接检测的前提下，为短距大容量接入网通信提供了一个新的选择，其相对于传统 SSB 信号的提升比例，传输双边带独立信号增添的成本具有更高的性价比。接下来针对大容量光纤系统的进一步需求以及光电器件的受限，我们提出了概率编码 OFDM 技术在强度调制直接检测系统中的应用，解决在当前调制阶数下信噪比有所冗余，但又不足以升阶的问题，进一步提高频谱效率。并在此基础上，提出了升阶等熵概率编码技术，以克服高电平信号引入的非线性噪声和提高通信系统的鲁棒性。我们通过基于 PS-256QAM、PS-1024QAM 和截断 PS-16384QAM 的光纤强度调制直接检测传输平台，相对应地实现了净速率 128.82Gbit/(s·λ)（5km）、28.95Gbit/(s·λ)（40km）和 112Gbit/(s·λ)（2.4km）的传输，据我们所知，该实验结果是当时第一个将如此高阶的 PS-QAM OFDM 信号应用在强度调制直接检测系统中的。该实验也证明了概率编码在短距传输的可行性和其非线性鲁棒性，考虑低成本要求，固定概率分布的 PS 可能会是一种最佳选择。

参考文献

[1] ZHANG L, ZUO T, ZHANG Q, et al. Single wavelength 248-Gb/s transmission over 80-km SMF based on twin-SSB-DMT and direct detection[EB]. 2016.

[2] WANG Y Q, YU J J, CHIEN H C, et al. Transmission and direct detection of 300-Gbps DFT-S OFDM signals based on O-ISB modulation with joint image-cancellation and nonlinearity-mitigation[C]//Proceedings of ECOC 2016; 42nd European Conference on Optical Communication. VDE2016: 1-3.

[3] SCHULTE P, BÖCHERER G. Constant composition distribution matching[J]. IEEE Transactions on Information Theory, 2016, 62(1): 430-434.

[4] PAN C P, KSCHISCHANG F R. Probabilistic 16-QAM shaping in WDM systems[J]. Journal of Lightwave Technology, 2016, 34(18): 4285-4292.

[5] BUCHALI F, STEINER F, BÖCHERER G, et al. Rate adaptation and reach increase by probabilistically shaped 64-QAM: an experimental demonstration[J]. Journal of Lightwave Technology, 2016, 34(7): 1599-1609.

[6] DAR R, FEDER M, MECOZZI A, et al. On shaping gain in the nonlinear fiber-optic channel[C]// Proceedings of 2014 IEEE International Symposium on Information Theory. Piscataway: IEEE Press, 2014: 2794-2798.

[7] CHO J, CHANDRASEKHAR S, DAR R, et al. Low-complexity shaping for enhanced nonlinearity tolerance[C]// Proceedings of ECOC 2016; 42nd European Conference on Optical Communication. VDE2016: 1-3.

[8] FEHENBERGER T, ALVARADO A, BÖCHERER G, et al. On probabilistic shaping of quadrature amplitude modulation for the nonlinear fiber channel[J]. Journal of Lightwave Technology, 2016, 34(21): 5063-5073.

[9] SCHMUCK H. Comparison of optical millimetre-wave system concepts with regard to chromatic dispersion[J]. Electronics Letters, 1995, 31(21): 1848-1849.

[10] ZHANG L, QIANG Z, ZUO T J, et al. C-band single wavelength 100-Gb/s IM-DD transmission over 80-km SMF without CD compensation using SSB-DMT[C]//Proceedings of 2015 Optical Fiber Communications Conference and Exhibition (OFC). Piscataway: IEEE Press, 2015: 1-3.

[11] ZHANG L, ZUO T J, ZHANG Q, et al. Transmission of 112-Gb/s+ DMT over 80-km SMF enabled by twin-SSB technique at 1550nm[C]//Proceedings of 2015 European Conference on Optical Communication (ECOC). Piscataway: IEEE Press, 2015: 1-3.

[12] KING P R, STAVROU S. Low elevation wideband land mobile satellite MIMO channel characteristics[J]. IEEE Transactions on Wireless Communications, 2007, 6(7): 2712-2720.
[13] WANG Y G, TAO L, HUANG X X, et al. 8-Gbit/s RGBYLED-based WDM VLC system employing high-order CAP modulation and hybrid post equalizer[J]. IEEE Photonics Journal, 2015, 7(6): 1-7.
[14] LI M, XIAO Z Y, YUF, et al. Low-overhead low-power-consumption LDPC-based FEC solution for next-generation high-speed optical systems[C]//Proceedings of Optical Fiber Communication Conference. Washington, D.C.: OSA, 2015: Th3E. 2.
[15] CAO Z Z, YU J J, WANG W P, etal. Direct-detectionoptical OFDM transmission system with out frequency guard band[J]. IEEE Photonics Technology Letters, 2010, 22(11): 736-738.
[16] ALVARADO A, AGRELL E, LAVERY D, et al. Replacing the soft-decision FEC limit paradigm in the design of optical communication systems[J]. Journal of Lightwave Technology, 2015, 33(20): 4338-4352.

第 9 章

基于强度调制直接检测 DMT 调制的数据中心内光互连系统

9.1 引言

随着互联网行业的飞速发展，人们的日常生活也变得更加方便快捷和丰富多彩。与此同时，云计算、大数据、人工智能、5G 等新兴概念相继被提出，使得人们对通信容量的需求呈现出指数式的增长，整个通信网络也在经受前所未有的挑战[1]。为了满足与日俱增的速率需求，通信光网络势必要进一步向高速光网络迈进。而在骨干网层面，超高速率、超大容量的光通信系统已成为光通信业内非常火热的研究方向。如今，对 100Gbit/s 的通信系统的研究已经日益成熟，且已经标准化[2]，400Gbit/s 甚至 1Tbit/s 的光网络通信系统也已经成为大家的研究热点。通信速率需求的剧增不仅体现在骨干网中，在短距离的光接入网中表现得更为强烈。有分析指出在未来 3 年内，短距离通信产生的流量将占据全球流量总数的 70%以上。并且，短距离通信系统是连接骨干网和用户之间的媒介，是决定用户体验的关键所在。因此，如何提高短距离通信系统的容量对于整个通信网络来说变得十分重要。

与长距离通信系统不同，短距离通信系统对成本和复杂度十分敏感。这也使得低成本和低复杂度的 IMDD 方案成为短距离系统中的主流方案[3-6]。为了在基于带宽受限的低成本器件、低系统复杂度的短距离 IMDD 系统中实现尽可能高的传输速率，一些高频谱效率的先进调制格式受到广泛的关注。如 PAM[7-23]、DMT[24-33]、CAP[34-39]。对 PAM 而言，其系统复杂度要比 DMT 和 CAP 系统低，所以在要求低成本、结构简单且易实现的光接入网中得到广泛的研究，目前商用的光接入网系统大多是基于单载波的 PAM4 系统。为了追求更高的传输速率，高调制格式的 PAM 系统也成为业界研究的热点，如 PAM8 系统。但随着调制格式的增加，PAM 系统的接收灵敏度会急剧下降，并且更容易受到信道衰减、光纤色散以及一些非线性损伤的影响。因此，业界对 PAM 系统的研究主要集中在 PAM4 调制格式，而要利用 PAM4 系统达到高的传输速率必将会用到大带宽、高速率的通信器件，如高速的 DAC 和 ADC，大带宽的射频放大器、调制器、接收机等，这些器件的使用都将大大增加通信系统的成本。相比于 PAM 通信系统，多载波调制 OFDM 系统由于以下优点被视为在未来光接入网中最具有前景的解决方案之一：（1）具备高频谱效率，能够最大化地利用频谱资源；（2）由于 CP 的使用，OFDM 能够有效地减小 ISI，使得其对色度色散和偏振色散都具有很强的鲁棒性；（3）通过使用自适应比特功率加载（Adaptive Bit-Power Loading，ABPL）技术，能够对每个子载波进行独立的调控，从而更好地实现资源分配，进一步提高系统的频谱效率；（4）通过快速傅里叶变换算法，可以很方便地对信号进行调制解调，并且可以使用简单的频域均衡的方式补偿信号受到的线性损伤。在短距离光通信系统中，我们使用的是基于 IMDD 的 DMT 系统。DMT 被视为实值版的 OFDM，它具备 OFDM 所有的优点，但同时也继承了 OFDM 的一些缺点，如高 PAPR，即信号的波动范围很大。为了尽可能地减小信号的失真，这就要求系统使用的器件如射频放大器、调制器等具备很宽的线性范围，但这将降低系统功率的转化效率且增加系统的成本。因此，对 DMT 系统进行更加深入的研究，进一步探究其在短距离光互连系统内的应用潜力也变得意义重大。

9.2　DMT 调制关键技术

本节对 DMT 中的两个关键技术展开介绍，包括 DFT-S 技术[26,29,38]和自适应比特加载（Adaptive Bit-Loading，ABL）技术[40-41]。DFT-S 技术是一种预编码技术，不仅可以有效降低 DMT 信号的 PAPR，还能够有效增强 DMT 信号对色散的鲁棒性。ABPL 技术根据信噪比（Signal to Noise Ratio，SNR）对每个子载波进行不同调制格式的分配，从而在保证传输可靠性的同时最大化系统的频谱效率。

9.2.1　DFT-S

DMT 作为实值版的 OFDM，其具有所有 OFDM 的优点，也继承了 OFDM 的劣势，如高 PAPR。根据 DMT 的调制原理

$$s_k = \frac{1}{\sqrt{2N}} \sum_{n=0}^{2N-1} C_n \exp\left(\mathrm{j}2\pi k \frac{n}{2N}\right),\quad k = 0,1,\cdots,2N-1 \tag{9-1}$$

其中，C_n 表示要传输的信号。当子载波之间同相时，s_k 会出现很高的峰值，这势必会导致 DMT 信号出现高的 PAPR。在众多减小 DMT 信号 PAPR 的方案中，DFT-S 方案被认为是最佳选择。因为其能够在有效减小 PAPR 的同时，降低由色散导致的功率衰减引起的系统损伤，此外，DFT-S 方案的实施也十分便捷。DFT-S 方案原理和性能比较如图 9-1 所示，图 9-1（a）给出了 DFT-S 方案的原理，在 M 个点信号进行共轭对称和 $2N$ 个点的 IFFT 之前先进行 M 个点的 DFT 操作。从相位层面来看，经过 DFT 后的信号具有混乱的相位，使得在进行 DMT 调制时出现同相的概率

变小，从而达到降低 DMT 信号 PAPR 的目的。图 9-1（b）给出了传统 DMT 信号和 DFT-S 信号的 PAPR 对比，可以看出在累积概率分布为 1×10^{-3} 时，DFT-S DMT 的 PAPR 比传统 DMT 的 PAPR 要小 2.5dB。

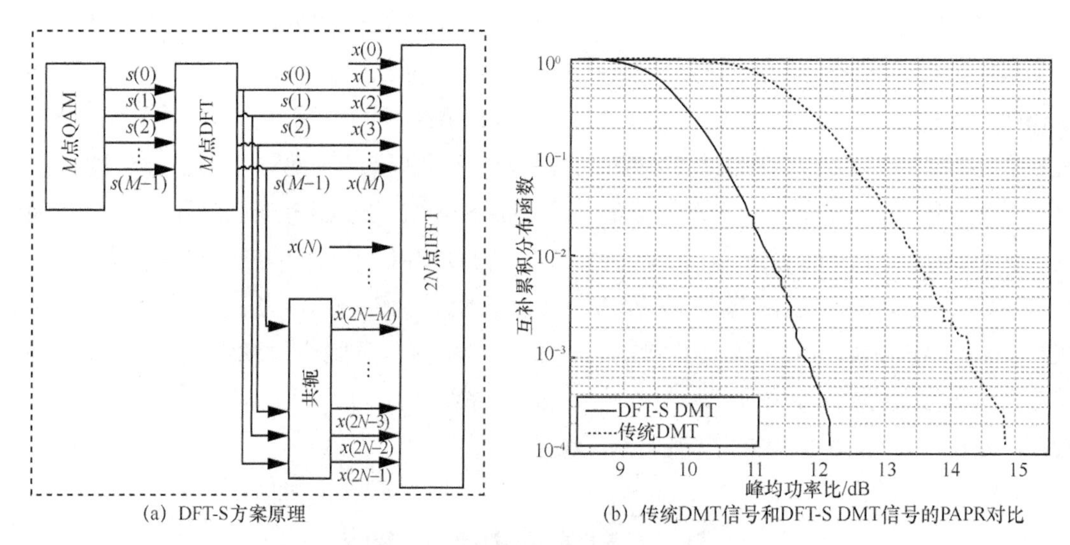

(a) DFT-S方案原理　　(b) 传统DMT信号和DFT-S DMT信号的PAPR对比

图 9-1　DFT-S 方案原理和性能比较

此外，由于在进行 DMT 调制之前先对信号做了 DFT 操作，每个符号都是由所有子载波共同传输的，最后的效果可视为对所有子载波的 SNR 进行平均。因此可以有效避免由选择性频率衰落引起的局部 SNR 恶化导致系统整体性能下降，提高系统对色散的鲁棒性。

9.2.2　ABPL

在短距离通信系统中，由于成本的限制，所使用的光电器件的带宽都要远小于传输信号的带宽。这种由带宽受限引起的高频功率的丢失会大大降低系统高频的 SNR，进而影响整个通信系统的传输性能。因此，有很多方法被提出来解决这个问题，包括 ABPL、Pre-EQ、预编码（pre-coding）以及预增强（pre-emphasis）等。其次，光纤色散引起的选择性频率衰落也是高速直接检测系统的一大通病，并且其将严重影响直接检测系统的性能。ABPL 作为一种高灵活度的调控技术，通过对每个子载波上传输信号调制格式进行独立的调控，避免所有子载波传输同样的调制格式，做到高 SNR 子载波传输高阶的调制格式，低 SNR 子载波传输低阶的调制格式，能有效地解决 SNR 分布不均匀引起的局部性能下降，实现频谱资源的最大化利用。因此，ABPL 能很好地解决直接检测系统中带宽受限引起的高频 SNR 恶化以及色散引起的选择性频率衰减问题。

ABPL 主要分为 3 种：（1）在一定的功率限制和一定的目标速率下最小化误码率；（2）在固定的功率消耗下最大化传输速率；（3）在固定的传输速率下最小化功率消耗。（2）和（3）分别叫作速率自适应（Rate Adaptive，RA）和边界自适应（Margin Adaptive，MA）。本文主要介绍基于 Chow、Cioffi、Bingham（CCB）算法的 RA 比特加载。其基本原理如下。

步骤 1 定义系统使用的总子载波数 N、系统的预留裕度 γ_{margin}、目标容量 B_{target}、误码率 $\text{BER}_{\text{target}}$ 以及最大迭代次数 M。根据在校准阶段测得的每个子载波的 SNR 进行初步比特分配

$$B = \lg 2\left(1 + \frac{\text{SNR}}{\Gamma \cdot \gamma_{\text{margin}}}\right) \tag{9-2}$$

$$B_{\text{round}} = \text{round}(B) \tag{9-3}$$

$$\text{Diff}_B = B - B_{\text{round}} \tag{9-4}$$

其中，B 表示加载到每个子载波上的比特数；B_{round} 表示对 B 取整后得到的值；SNR 表示测得的每个子载波上的信噪比，根据校准阶段测得的误差矢量幅度（Error Vector Magnitude，EVM）计算得到，SNR 和 EVM 的关系为

$$\text{SNR} = \frac{1}{\text{EVM}^2} \tag{9-5}$$

Γ 表示在目标误码率和确定调制格式下的 SNR 梯度，当调制格式为 QAM 时，其和 $\text{BER}_{\text{target}}$ 之间的关系为

$$\Gamma = -\ln\left(\frac{5 \cdot \text{BER}_{\text{target}}}{1.5}\right) \tag{9-6}$$

Diff_B 为取整前后的比特数差值。

步骤 2 根据得到的 B_{round} 可以计算总的加载比特数（即信道容量）

$$B_{\text{total}} = \text{sum}(B_{\text{round}}) \tag{9-7}$$

若 B_{total} 与目标容量 B_{target} 相同，则直接退出，按照计算得到的 B_{round} 传输信息，若不相等则进入步骤 3。

步骤 3 判断能用的总子载波数（初始为 N），若 B_{round} 中存在 m 个小于 1 的值，则对应的子载波不能使用，更新能传信号的子载波数为

$$N = N - m \tag{9-8}$$

步骤 4 根据式（9-9）调整 γ_{margin} 使得总比特数向目标比特数靠近，若 γ_{margin} 要小于初始设定的 γ_{margin}，则进入步骤 5，否则进入步骤 1 进行循环迭代。若迭代次数达到设定迭代次数 M，进入步骤 5。

$$\gamma_{\text{margin}} = \gamma_{\text{margin}} \cdot 2^{\frac{B_{\text{total}} - B_{\text{target}}}{N}} \tag{9-9}$$

步骤 5 判断 B_{round} 和 B_{target} 大小，若 $B_{\text{round}} > B_{\text{target}}$，找到 Diff_B 中最小的值，并在对应的 B_{round} 中减去 1，且更新 Diff_B，直到 $B_{\text{round}} = B_{\text{target}}$；若 $B_{\text{round}} < B_{\text{target}}$，找到 Diff_B 中最大的值，并在对应的 B_{round} 中加上 1，且更新 Diff_B，直到 $B_{\text{round}} = B_{\text{target}}$。

利用 CCB 算法根据计算得到的 SNR 在 25GHz 带宽内传输 120Gbit/s DMT 信号的比特分配如图 9-2 所示，在 25GHz 的带宽内，最高可传输的调制格式为 128QAM，最低为 OOK 信号。

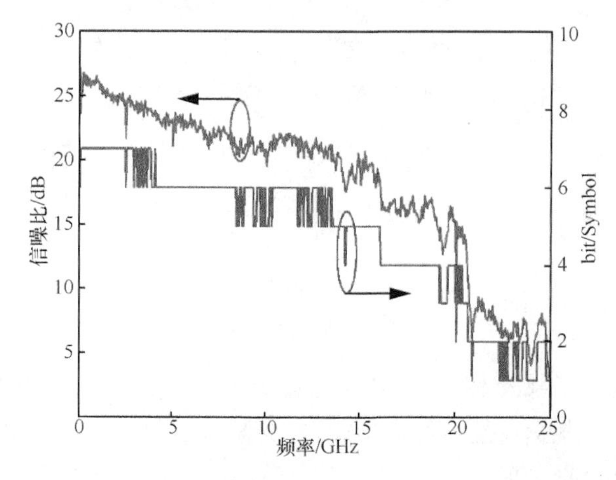

图 9-2 SNR 在 25GHz 带宽内传输 120Gbit/s DMT 信号的比特分配

9.3 采用高阶调制格式的 DMT 大容量数据中心内光互连系统研究

过去 10 年由于高速宽带、高清视频等业务的不断涌现，用户对光通信系统容量的需求呈现出指数式的增长。随着数据中心的不断增加，短距离接入网的容量需求已经达到 400Gbit/s 甚至更高。同时，400Gbit/s 的以太网标准已经在 IEEE 的 802.3 标准得以讨论。基于同轴电缆的传统电互联已经满足不了 400Gbit/s 高速信号的传输，而光互连由于超高的传输带宽、超低的系统开销以及功率消耗成为很好的取代方案。2km 400Gbit/s 的光互连已经在传输网络和核心路由以及数据中心内部得以广泛研究，而 IMDD 方案由于其低成本的优势在短距离通信系统中得以广泛应用。为了实现 400Gbit/s 的传输速率，利用 4 个波长的波分复用技术可以很好地将 100Gbit/s 的以太网升级到 400Gbit/s[42-49]。同时为了实现单通道 100Gbit/s 的高速传输，一些先进的调制格式被用来提高系统的频谱效率，如 PAM、DMT 以及 CAP。在 IMDD 系统中，已有 4 通道 500Gbit/s PAM4 信号的传输的研究[43]，但是由于 PAM4 信号频谱效率低，使用器件的带宽相对较高，达到 25GHz。相比于 PAM 调制格式，DMT 作为实值版的 OFDM 信号，其具备 OFDM 的所有优点，如高频谱效率、高色散抵抗能力、高灵活性等。这就使得 DMT 成为下一代 400Gbit/s 光互连应用中最具备潜力的调制格式之一。

为了控制系统的成本，在 DMT 信号中利用高阶 QAM 调制格式提高系统的频谱效率，并且结合有效的 DSP 算法减小系统带宽不足带来的影响，从而可以最大限度地减轻对系统带宽的要求。Li 等[26]结合 DFT-S 预编码、预均衡和 DD-LMS 均衡技术，在基于 10Gbit/s 类型低成本器件的系统中将 4 个波长 20GHz 的 64/128QAM DMT 信号在 SSMF 中传输了 2.4km，并且误码率能低于硬判决前向纠错门限 3.8×10^{-3}。除去训练序列、循环前缀以及前向纠错的开销，实现的最大净速率为 513.9Gbit/s。

9.3.1 实验系统及参数

4 通道波分复用 560Gbit/s DMT IMDD 实验系统如图 9-3 所示。4 个线宽小于 100kHz 的外腔激光器用来产生 4 个复用的光载波，其波长分别为 1538.19nm、1539.77nm、1541.35nm 和 1542.94nm。这 4 个光载波分别输入 4 个带宽为 30GHz、消光比为 20dB 的 MZM 中，然后被 4 个不同的基带 DMT 信号调制。所有基带 DMT 信号都是离线生成的，然后经过分辨率为 8bit、3dB 带宽为 16GHz、采样率为 80GSa/s 的 DAC 采样，并被 3dB 带宽为 25GHz 的 EA 放大以提高信号的 SNR。实验中传输的为 64/128QAM 的 DMT 信号，而用于产生 DMT 信号的 IFFT 长度为 8192。在 8192 个子载波中，其中，2048 个子载波搭载的是有效信息，这使得在 DAC 采样率为 80GSa/s 时产生的 DMT 信号的带宽为 20GHz。之所以把 IFFT 尺寸选为 8192 是为了提高频域分辨率，使得在信道均衡时能够得到更加准确的信道信息。在进行 IFFT 之前，DFT-S 预编码技术可以用来降低 DMT 信号的 PAPR 并且在一定程度上减小带宽受限引起的 ISI。经过 IFFT 之后，16 点的 CP 用来增强 DMT 信号对色散的抵抗力。有实验表明，DFT-S 技术对带宽受限引起的 ISI 消除能力有限，因此频域的预补偿技术被用来进一步消除带宽受限引起的 ISI。而后，每传输 60 个 DMT 符号便有一个训练序列来进行数据的同步和信道估计。在进行 DMT 信号的电光调制时，MZM 偏置在正交点，此时 MZM 的平均输出功率为 7.8dBm。生成的 4 个独立调制的信号通过一个 1×4 的波分复用器耦合到 SSMF 中进行传输。图 9-6 中还给出了经过预补偿和未经预补偿的 20GHz DMT 信号的光谱图，经过预补偿后，高频端信号的功率有明显的提高。

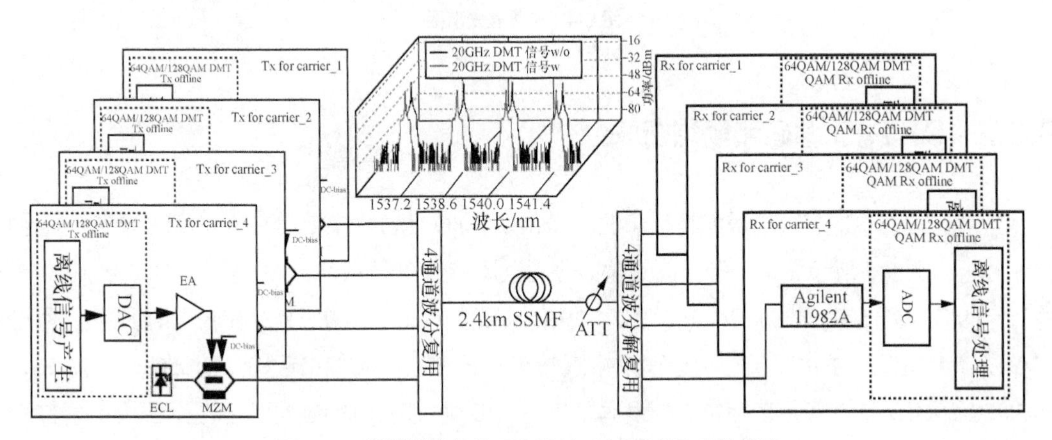

图 9-3 4 通道波分复用 560Gbit/s DMT IMDD 实验系统

经过 2.4km SSMF 的传输，一个 VOA 被用来调节接收信号的光功率。而后，一个波分解复用器被用来将复用的信号进行解复用（4 通道光谱图如图 9-4 所示），接着分别被 4 个电带宽为 11GHz

的光电探测器探测。4 个分辨率为 8bit、3dB 带宽为 32GHz、采样率为 80GSa/s 的 ADC 被用来采样光电转换后的电信号。最后，离线进行 DSP 处理。

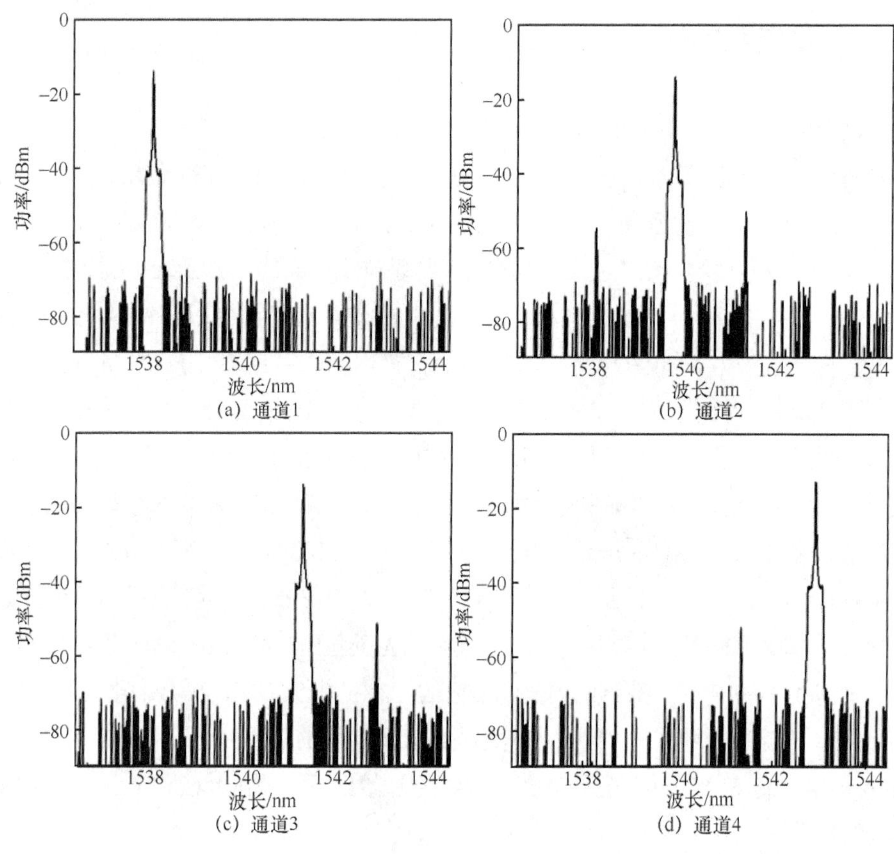

图 9-4　4 通道光谱图

9.3.2　DFT-S 编码和预均衡联合技术

为了更加直观地表现信道的特征情况，20GHz 128QAM DMT 信号在光背靠背传输的误比特性能分析如图 9-5 所示，每个子载波传输信号的误比特数在图 9-5（a）中给出。可以看到，在一些特定的频率如 5GHz、10GHz、15GHz、20GHz 以及零频附近的低频存在较大的误码。零频附近存在较大的误码是由直接检测过程中子载波与子载波之间互拍引起的。而 5GHz、10GHz、15GHz、20GHz 这些频点存在较大的误码是使用的 DAC 存在时钟泄漏引起的。为了避免这些频点引起的系统性能下降，在后续试验中零频附近 6 个子载波以及 5GHz、10GHz、15GHz、20GHz 这几个子载波都被设置为 0。除此之外，可以看到高频端的误比特数明显要高于低频端，这反映出由于带宽受限，高频端的 SNR 要显著低于低频端。图 9-5（b）给出了传统 20GHz 128QAM DMT 信号在背靠背传输时的星座图，可以看到存在较多的散点。

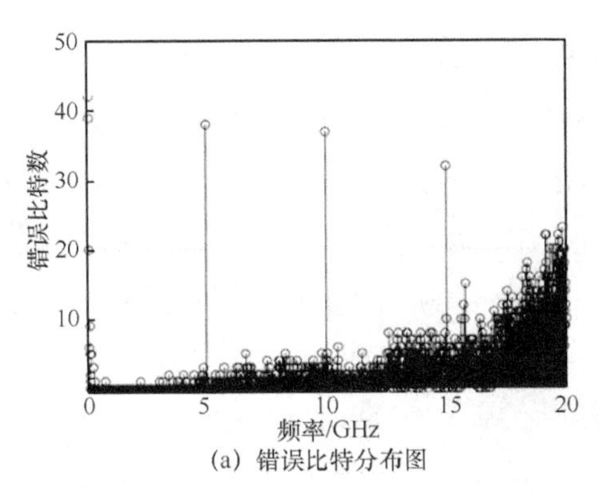

(a) 错误比特分布图

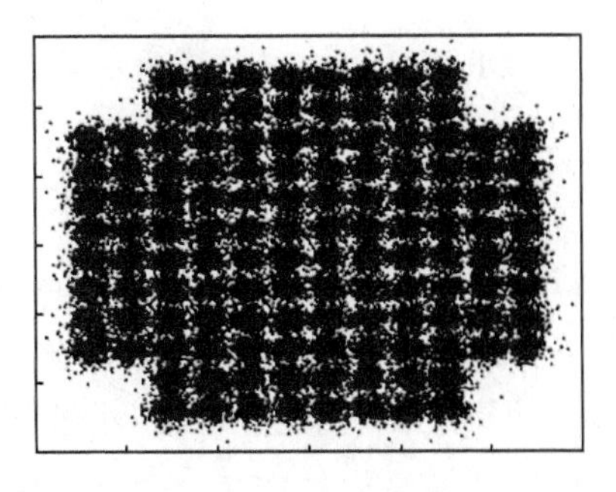
(b) 20GHz 128QAM DMT信号在背靠背传输时的星座图

图 9-5　误比特性能分析

DFT-S 预编码技术被用来在发射端抑制 DMT 信号的 PAPR 和在一定程度上解决高频衰减带来的系统性能下降。但是 DFT-S 预编码技术不能很好地处理带宽受限引起的 ISI。而预均衡作为一种简单有效的消除带宽受限引起 ISI 的技术，存在增大信号 PAPR 的缺点。因此，结合 DFT-S 预编码和预均衡技术，一方面既能有效地消除带宽受限引起的 ISI，另一方面又能有效地降低 DMT 信号的 PAPR。预均衡性能测试结果如图 9-6 所示，图 9-6（a）给出了在校准阶段测试得到的预补偿系数，系统在 20GHz 的衰减已经达到 12dB。图 9-6（b）和图 9-6（c）分别给出未做预补偿和预补偿后 DFT-S DMT 信号的电谱图，预补偿技术可以很好地补偿带宽受限引起的高频衰减。图 9-6（d）给出的是预补偿 DFT-S DMT 信号经过 2.4km SSMF 传输后的电谱图。由于传输距离很短，未能在频谱中观察到色散引起的功率衰减。

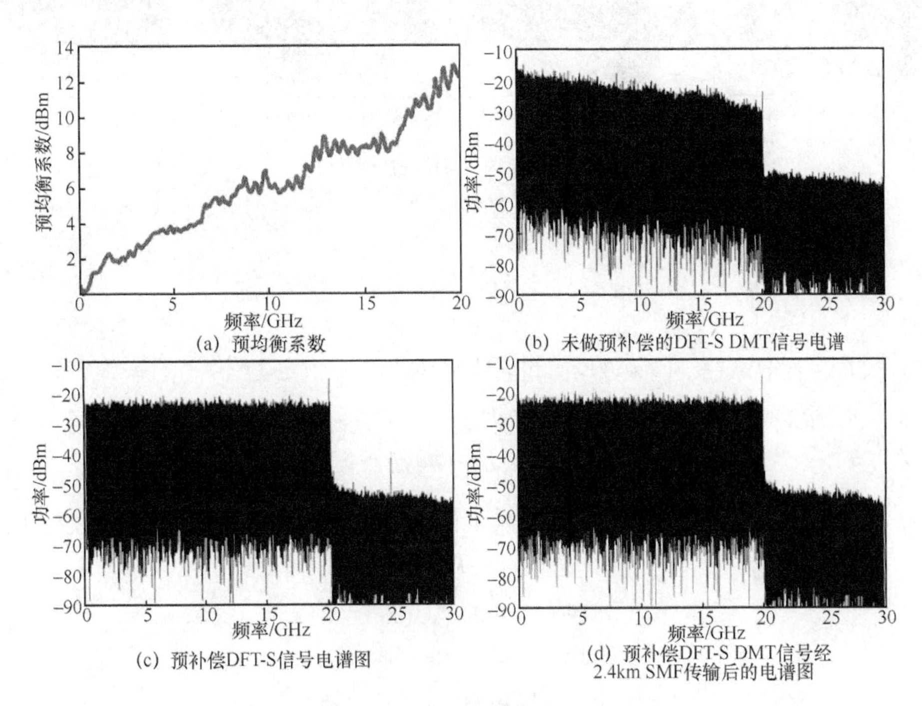

图 9-6　预均衡性能测试结果

为了验证 DFT-S 预编码和预均衡方案联合使用的有效性，4 种 20GHz 128QAM DMT 信号被作为发射信号在光背靠背情况下进行对比试验，分别为传统的 DMT 信号、DFT-S DMT 信号、预均衡 DMT 信号和预均衡的 DFT-S DMT 信号。不同方案误码性能对比如图 9-7 所示。图 9-7（a）～图 9-7（d）分别是上述 4 种 DMT 信号在不同频点的误比特分布。可以看到，传统 DMT 在高频存在严重的误码。经过 DFT-S 预编码后，误码分布变得均匀，但是带限引起的 ISI 并没有被很好地消除，其整体误码还是比较严重。预均衡能有效地减小带限引起的 ISI，因此预均衡后的 DMT 误码分布变得均匀，且各个子载波上的误码相对 DFT-S DMT 有所改善。最后，将 DFT-S 预编码和预均衡技术结合后，系统的误码性能得到很大的改善。图 9-7（e）～图 9-7（h）分别是对应接收端的星座图，很明显地可以看到，DFT-S 预编码结合预均衡技术在很大程度上改善了系统的性能。

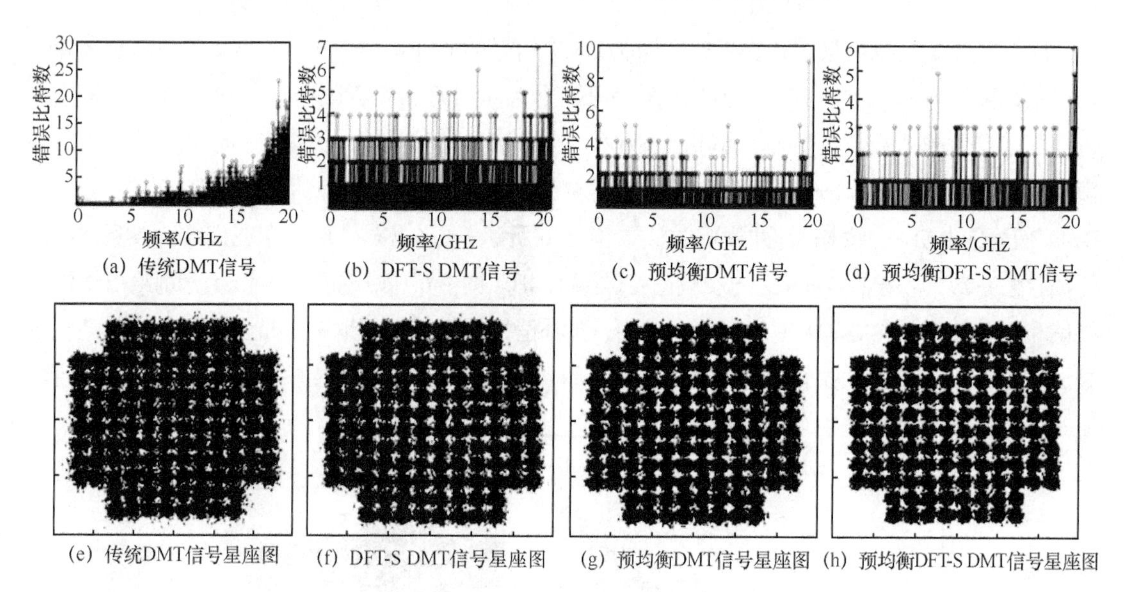

图 9-7　不同方案误码性能对比

9.3.3　DD-LMS 均衡器

DFT-S DMT 接收端在经过频域均衡和额外的 IFFT 之后，DD-LMS 均衡器可以被用来对系统损伤做进一步的消除。DD-LMS 的代价函数为

$$J_{\text{DD-LMS}}=E\left\{\left|d(k)-y(k)\right|^2\right\} \tag{9-10}$$

其中，$d(k)$为判决后的理想输出，$y(k)$为均衡输出。根据梯度下降准则，DD-LMS 的抽头更新可描述为

$$y(k)=\boldsymbol{w}^{\mathrm{H}}(k)\boldsymbol{X}(k) \tag{9-11}$$

$$e(k)=d(k)-y(k) \tag{9-12}$$

$$\boldsymbol{w}(k+1)=\boldsymbol{w}(k)+\mu e(k)\boldsymbol{X}(k)^{*} \tag{9-13}$$

其中，$\boldsymbol{X}(k)$和 $\boldsymbol{w}(k)$分别表示均衡器输入信号和均衡器的抽头数，$e(k)$和 μ 表示误差和步长因子。

20GHz 128QAM 预均衡 DFT-S DMT 信号在背靠背和经过 2.4km SSMF 传输后的 Q 值随着 DD-LMS 均衡器抽头数的变化情况如图 9-8 所示。信号的 Q 值和误码率的关系为

$$Q^2 = 20\lg 10(\sqrt{2}\mathrm{efcinv}(2\mathrm{BER})) \tag{9-14}$$

由图 9-8 可见，不管在光背靠背情况下还是经过 2.4km SSMF 传输，DD-LMS 最佳的均衡器抽头数都位于 101～127。

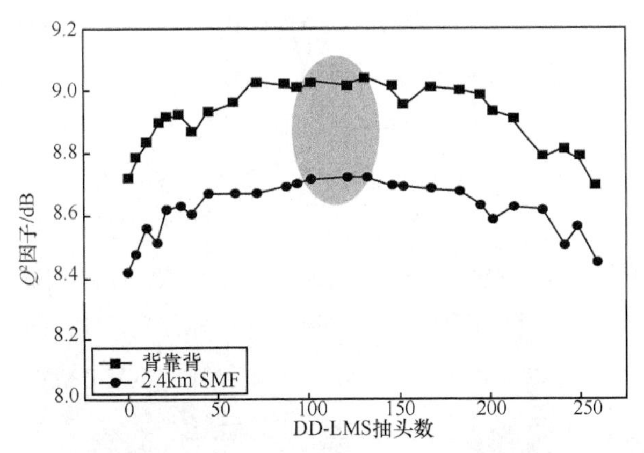

图 9-8　20GHz 128QAM 预均衡 DFT-S DMT 信号在背靠背和经过 2.4km SSMF 传输后的 Q 值随着 DD-LMS 均衡器抽头数的变化情况

9.3.4　实验结果

为了得到更好的均衡效果，在进行 20GHz 128QAM DMT 背靠背的传输时，对 IFFT 的尺寸进行具体的研究，20GHz 128QAM DMT 信号背靠背传输时的误码率与 IFFT 长度的关系图 9-9 所示。可以看到，当 IFFT 尺寸增大时，系统的误码率逐渐降低，但逐渐趋于平稳。为了权衡系统的计算复杂度和误码率，最后 IFFT 的尺寸选为 8192。

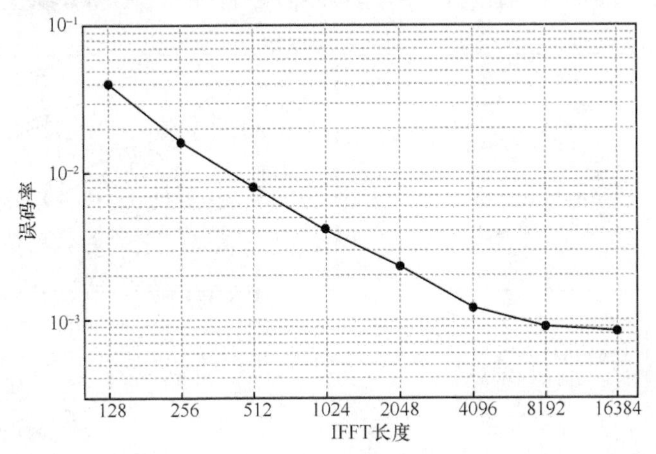

图 9-9　20GHz 128QAM DMT 信号背靠背传输时的误码率与 IFFT 长度的关系

实验选用 64QAM 和 128QAM 两种高阶调制格式验证 DFT-S 预编码和预均衡两种方案的有效性。在测试误码率时，选用的是第二个窗口，即携带 1539.77nm 载波上的信号。20GHz 64QAM DMT 信号在背靠背和 2.4km SSMF 传输后误码率和接收光功率的关系如图 9-10 所示。在背靠背传输时，DFT-S 可以减小 DMT 信号的 PAPR 以及在一定程度上减轻高频衰减带来的影响，因此，DFT-S DMT 的性能要优于传统的 DMT。而预均衡 DMT 的误码率要比 DFT-S DMT 低，其原因是预均衡能更有效地消除带宽受限引起的 ISI。当预均衡和 DFT-S 预编码结合使用时，能够同时消除带限引起的 ISI 和降低信号的 PAPR，具备最佳的误码率。在经过 2.4km SSMF 传输后，由于色散的影响，DMT 信号整体的误码率要比在背靠背传输时差。当系统误码率为 HD-FEC 门限 3.8×10^{-3} 时，预补偿的 20GHz 64QAM DMT 所要求的接收光功率为−1.2dBm，而在利用 DD-LMS 进一步消除系统的损伤后可以得到额外的 0.6dB 的接收灵敏度提升。同样的，20GHz 128QAM DMT 信号在背靠背和 2.4km SSMF 传输后的误码率和接收光功率的关系如图 9-11 所示。与 64QAM DMT 结果一致，经预补偿和 DFT-S 预编码后的 DMT 信号具有最佳的误码性能。结合预补偿、DFT-S 预编码和 DD-LMS 均衡的 20GHz 64QAM 和 128QAM DMT 信号在经过 2.4km SSMF 传输后，接收光功率为 2.5dBm 时的星座图如图 9-12 所示。

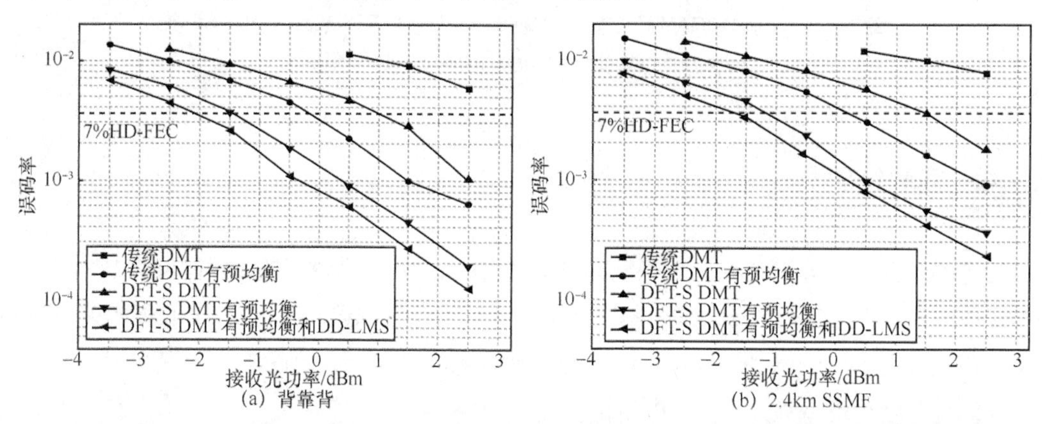

图 9-10 20GHz 64QAM DMT 信号在背靠背和 2.4km SSMF 传输后误码率和接收光功率的关系

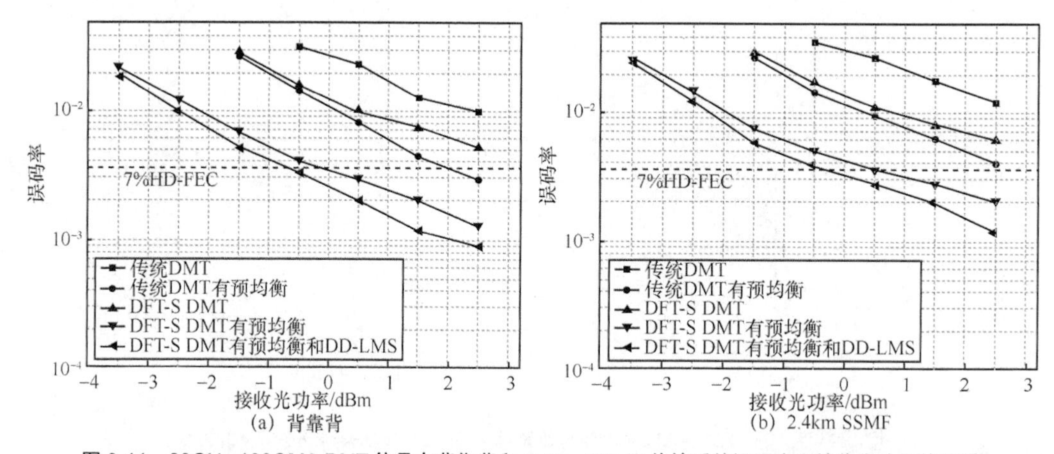

图 9-11 20GHz 128QMA DMT 信号在背靠背和 2.4km SSMF 传输后的误码率和接收光功率的关系

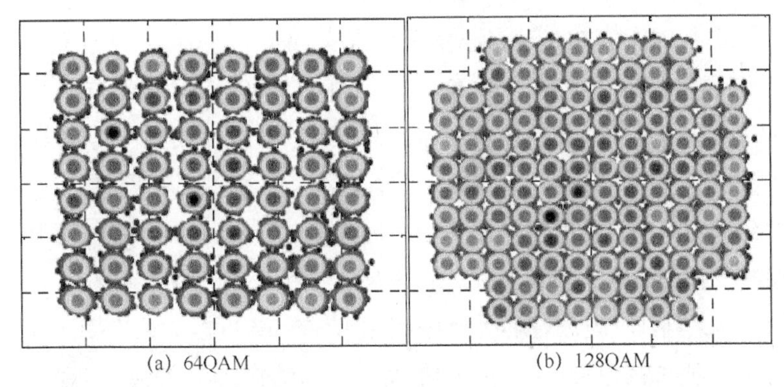

(a) 64QAM　　(b) 128QAM

图 9-12　结合预补偿、DFT-S 预编码和 DD-LMS 均衡的 20GHz 64QAM 和 128QAM DMT 信号在经过 24km SSMF 传输后，接收光功率为 2.5dBm 时的星座图

20GHz 64QAM DMT 和 128QAM DMT 信号在 WDM 系统中的测试结果如图 9-13 所示，4 个子信道的误码情况基本一致，当 Q 值为 HD-FEC 门限 8.53dB 时，20GHz 64QAM DMT 和 20GHz 128QAM DMT 所需要的接收光功率分别为−1.8dBm 和−0.2dBm。除去训练序列，循环前缀和前向纠错的开销，实现的最大净速率为 513.9Gbit/s。显然，该实验为下一代 400Gbit/s 短距离光互连提供了重要的参考。

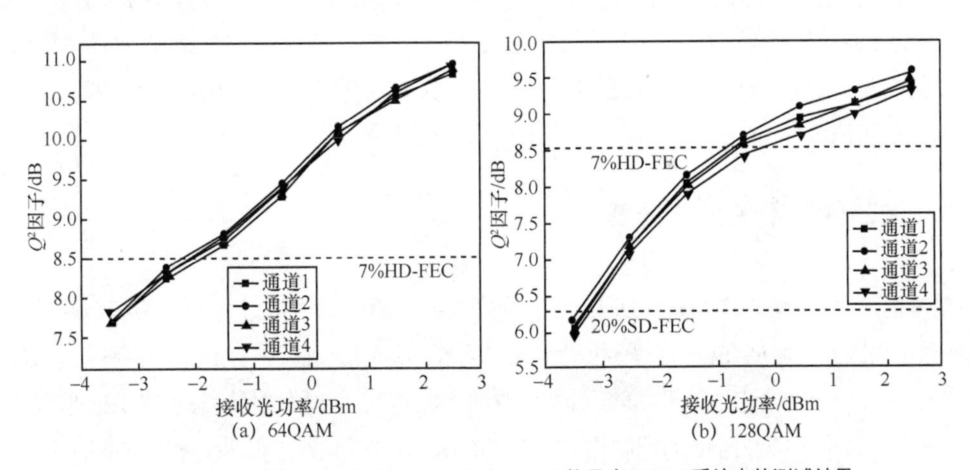

(a) 64QAM　　(b) 128QAM

图 9-13　20GHz 64QAM DMT 和 128QAM DMT 信号在 WDM 系统中的测试结果

9.4　DFT-S DMT 和 ABPL DMT 的性能比较

在短距离直接检测系统中，系统成本的要求使得器件的带宽受到严格的限制，传输信号的带宽远大于系统的 3dB 带宽，而这种由器件带宽受限引起高频端信号功率的丢失会降低高频的 SNR，从而严重影响系统的传输性能。为了解决这种由带宽受限引起的性能下降问题，基于 DFT-S 的预编码、预均衡和 ABPL 等技术受到广泛的研究。在基于 DFT-S 的预编码方案中，在信号进

行 DMT 调制（$2N$ 点 IFFT）之前先对信号进行 M 点的 DFT，使得每个符号都由所有子载波共同传输，最终可视为所有符号经历了同一个 SNR 的信道，即 DFT-S 预编码技术可视为对系统 SNR 进行平均分配的过程。与此同时，从相位层面来看，经过 DFT 后的信号具有混乱的相位，使得在进行 DMT 调制时不同子载波上出现同相的概率变小，从而可以达到降低 DMT 信号 PAPR 的目的。DFT-S 预编码方案虽然能有效地降低 DMT 信号的 PAPR，在一定程度上减轻系统带限引起的高频衰减带来的损伤，但由于其在收发端各需要一个 M 点的 DFT 操作，其系统计算复杂度要比传统的 DMT 高，且其不能很好解决带宽受限引起的 ISI 问题。预均衡技术可以看成一种简单的功率加载方案，通过在发射端将更多的功率分配给高频端抵抗高频功率丢失引起的 SNR 急剧恶化，因此可以很好地解决带宽受限引起的 ISI 问题。但直接检测系统是功率受限系统，当更多的功率分配到高频时，带限引起的功率丢失变得更为严重，所以预均衡后的信号通过系统后会造成更大整体功率的丢失，降低系统整体的 SNR。因此，在预补偿方案中，存在补偿深度和系统整体功率丢失之间的权衡。在以上两种方案中，由于经过预编码和预补偿之后所有子载波的 SNR 基本一致，因此所有子载波上传输信号的调制格式都是统一的。而 ABPL 方案则是根据在校准阶段测得的 SNR 对每个子载波进行独立的调制格式分配，从而在最大化传输速率的同时保证每个子载波上传输信号的可靠性。相比于预均衡和 DFT-S 方案，ABPL 方案需要在发射端具备更加准确的系统信道信息，因此其对系统信道状况更为敏感。以上 3 种方案在低成本的短距离光接入网中都被广泛地研究，中山大学的 Li 等[42]在 120Gbit/s 的短距离 IMDD 系统中对这 3 种方案进行了详细的比较。

9.4.1 信道估计及 SNR 计算

在传输预均衡 DMT 和 ABPL-DMT 之前分别需要利用信道响应进行预均衡和信道的 SNR 进行比特分配。因此，需要在校准阶段利用训练序列提前对信道进行估计，得到预补偿系数以及各子载波的 SNR 分布。信道估计及 SNR 计算如图 9-14 所示，通过发射传统的 24GHz 带宽的 DMT 信号（其中，每个子载波所用的调制格式都是 QPSK），在接收端可以计算出信道响应 H，而基于迫零算法的预均衡系数 C 与 H 之间的关系为

$$C=\frac{1}{H} \tag{9-15}$$

考虑补偿深度与信号整体功率丢失之间的权衡，为实现最佳的预均衡，提出了新型的基于二次拟合的预均衡方案其预均衡系数 C' 可表示为

$$C'=A\cdot X^2+1 \tag{9-16}$$

其中，A 为可以调整的变量，X 为子载波的序号。为了方便描述，补偿深度定义为补偿系数之间的差值（以 dB 为单位）。因此，可以通过调整 A 的大小得到想要的补偿深度。

图 9-14（a）给出了不同补偿深度的预均衡方案，其中，包括基于迫零算法的完全补偿，基

于 3dB、6dB、9dB 以及 11dB 二次拟合预补偿。从基于迫零算法的完全预补偿方案中可以看出，在传输 24GHz DMT 信号的情况下，系统的高频衰减已经达到 11dB。而每个子载波的 SNR 是通过计算每个子载波携带信息的 EVM 得到的，SNR 与 EVM 之间的关系可表示为

$$\mathrm{SNR}=\frac{1}{\mathrm{EVM}^2} \tag{9-17}$$

图 9-14（b）给出的是根据计算得到的 SNR 在 24GHz 带宽内传输 120Gbit/s DMT 信号的比特分配结果。

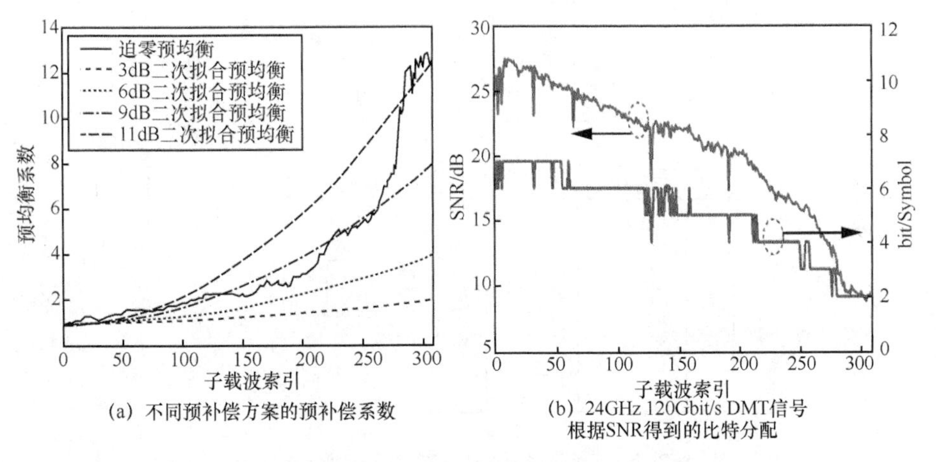

(a) 不同预补偿方案的预补偿系数

(b) 24GHz 120Gbit/s DMT信号根据SNR得到的比特分配

图 9-14　信道估计及 SNR 计算

9.4.2　实验传输系统

实验的系统图以及 DMT 系统收发端的 DSP 如图 9-15 所示。首先，在 MATLAB 中产生 PRBS 作为本实验需要传输的比特；其次，将比特序列根据需求映射为需要传输的 QAM 信号（在 DFT-S DMT 中，只存在 32QAM 的调制格式，在 ABPL-DMT 中存在多种调制格式）。在 DFT-S DMT 中，310 个点的 DFT 处理和预均衡用来减小信号的 PAPR 和带宽受限引起的 ISI，而 ABPL-DMT 中不存在这两个处理过程；然后，将 5 个已知序列插在 110 个有效信号的前面作为训练序列在接收端进行同步和信道估计。然后，经过厄米特共轭对称和 1024 点的 IFFT 实现 DMT 信号的调制。同时 32 个点的 CP 被用来提高 DMT 信号对色散的抵抗能力；再次，产生的信号被直接导入 DAC 中实现信号的数模转换得到模拟的 DMT 信号。该 DAC 由 Fujitsu（富士通）生产，其 3dB 带宽为 16.7GHz，且其采样率可通过加载的时钟信号调整，本实验的采样速率设为 80GSa/s。DAC 产生的模拟信号首先经过 3dB 带宽为 30GHz、增益为 20dB 的电放大器放大，然后将其输入带宽为 30GHz 的双臂 MZM 中进行信号的电光调制。实验中 MZM 是偏置在正交偏置点，此时的输出功率为 9dBm；最后，调制到光载波上的信号被耦合到普通的单模光纤中传输。在接收端，一个可调的光衰减器被接在光电探测器之前用来改变接收到信号的光功率。紧接着，光信号被一个带宽

为 20GHz 的光电探测器转换为电信号，并且经过一个采样率为 80GSa/s 的实时示波器的采样，进入离线处理。在接收端的 DSP 中，包括同步、循环前缀去除、1024 点的 FFT、基于训练序列的信道估计和频域均衡、额外的 310 点的离散傅立叶反变换（Inverse Discrete Fourier Transform，IDFT）（只在 DFT-S 中）、信号的解调与误码率的计算。

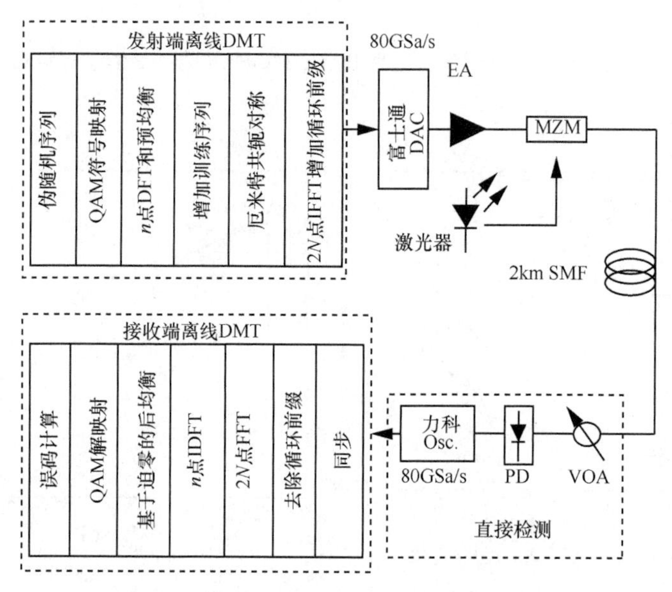

图 9-15　实验系统图以及 DMT 系统收发端的 DSP

9.4.3　实验结果

在进行预均衡时，为了得到最佳的预补偿效果，我们利用二次拟合算法测试最佳的预补偿深度。基于不同二次拟合预补偿深度下 24GHz 32QAM DFT-S DMT 的误码情况如图 9-16 所示。从结果可以看出，对于具有 11dB 高频衰减的 DMT 系统，最佳二次拟合预补偿深度是 6dB。图 9-16（i）～图 9-16（iv）给出的是接收光功率为 0dBm 时，二次拟合预补偿深度为 3dB、6dB、9dB 和 11dB 时的星座图，同样可以看出 6dB 的二次拟合预补偿可以得到最好的性能。

带宽为 24GHz、速率为 120Gbit/s 的不同 DMT 信号在光背靠背的灵敏度测试结果如图 9-17 所示。可以看出，由于系统带宽受限，传统的 DMT 无法实现误码率低于 3.8×10^{-3} 的传输。而 ABPL-DMT 通过对信道进行最佳的调制格式分配，有效地提升了系统的性能。同样的，结合 DFT-S 和预均衡技术的 Pre-EQ DFT-S DMT 也对系统的性能有很大的改善作用。而对于预补偿技术，我们讨论了常用的基于迫零算法的完全预补偿和基于二次拟合的部分预补偿方案的性能。从图 9-17 可以看出，相比于常用的迫零预补偿算法，我们提出的基于最佳二次拟合的不完全补偿（补偿 6dB）具有更好的性能。基于最优二次拟合预补偿的 DFT-S DMT 相比于 ABPL-DMT 在误码率为 HD-FEC 门限 3.8×10^{-3} 时对系统接收光功率要低 1dB。

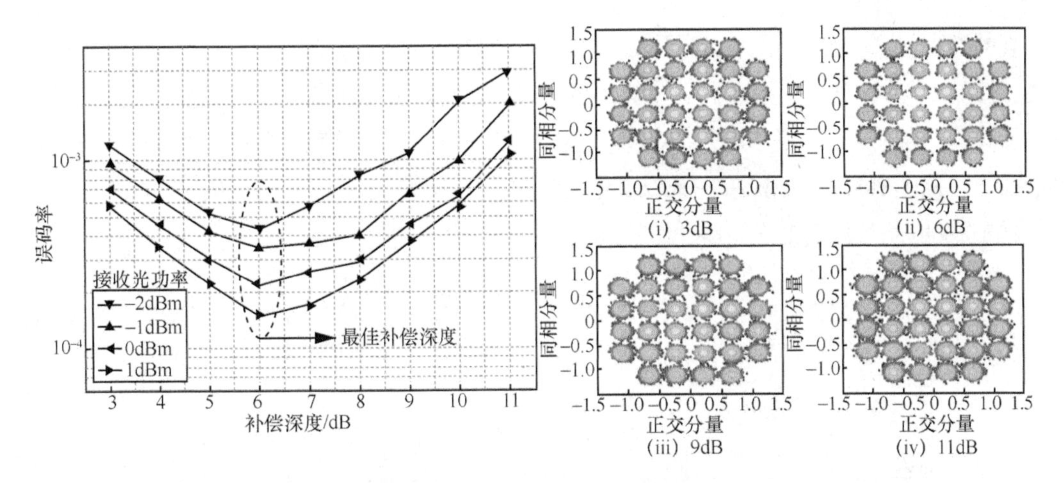

图 9-16　基于不同二次拟合预补偿深度下 24GHz 32QAM DFT-S DMT 的误码情况

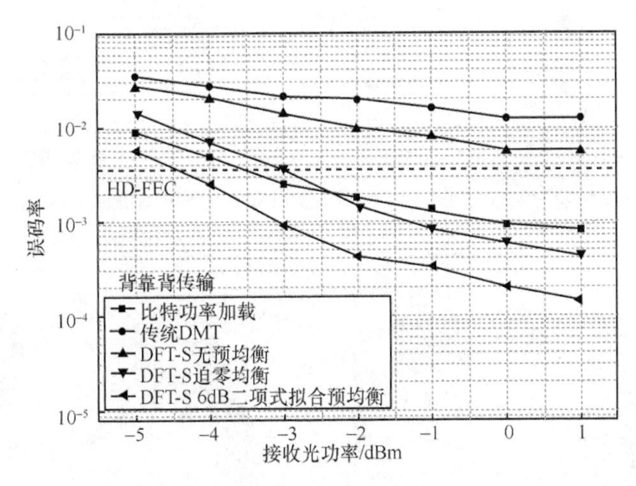

图 9-17　带宽为 24GHz、速率为 120Gbit/s 的不同 DMT 信号在光背靠背的灵敏度测试结果

带宽为 20GHz、速率为 120Gbit/s 的不同 DMT 信号在 2km SSMF 传输后的灵敏度测试结果如图 9-18 所示。信号的电光调制是利用 DD-MZM 实现的，但实际我们只使用了其中的一个臂，这将不可避免地引入调制的啁啾。图 9-18（a）和图 9-18（b）分别给出了当调制器带有负啁啾和正啁啾时，信号传输 2km SSMF 后的误码率曲线。与背靠背传输相比，当调制器带有负啁啾时，传输 2km SSMF 后的性能要比其在背靠背传输好；而当调制器带有正啁啾时，经过 2km SSMF 的传输会使得性能变差。出现这种现象的原因是啁啾与色散的相互作用，负啁啾能有效地补偿色散带来的损伤，而正啁啾却会加重色散带来的影响。从图 9-18（a）中可看到，当调制器带有负啁啾时，基于 6dB 二次拟合与补偿的 DFT-S DMT 的性能要明显优于基于迫零预补偿（背靠背的测试的补偿系数）。而当调制器带有正啁啾时，其结果正好相反。调制器带有正负啁啾时不同电谱对比如图 9-19 所示，当调制器带有负啁啾时，负啁啾与色散相互作用，使得高频衰减不仅没有加重，而且带宽受限引起的高频衰减得到了部分补偿。此时利用 6dB 补偿深度的二次拟合预补

偿实现的仍然是不完全预补偿，而利用背靠背测试的迫零完全预补偿实现的是过补偿（可从图 9-19（a）和图 9-19（b）中得到）。当调制器带有正啁啾时，正啁啾加重色散，使得色散导致的高频衰减变得更严重，此时 6dB 补偿深度的二次拟合预补偿和背靠背测试的完全预补偿实现的都是不完全预补偿（可从图 9-19（c）和图 9-19（d）中得到），但此时基于背靠背测试的完全预补偿能均衡更大的 ISI，因此其具备更好的预补偿效果。

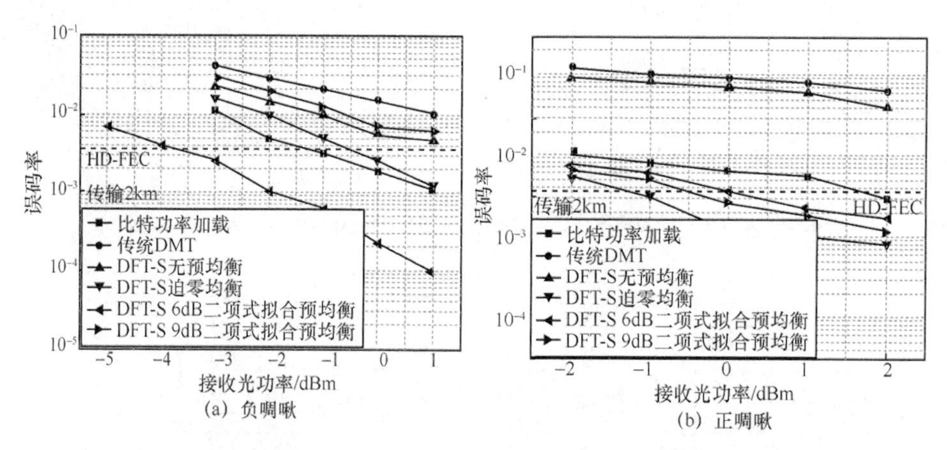

图 9-18　带宽为 20GHz、速率为 120Gbit/s 的不同 DMT 信号在 2km SSMF 传输后的灵敏度测试结果

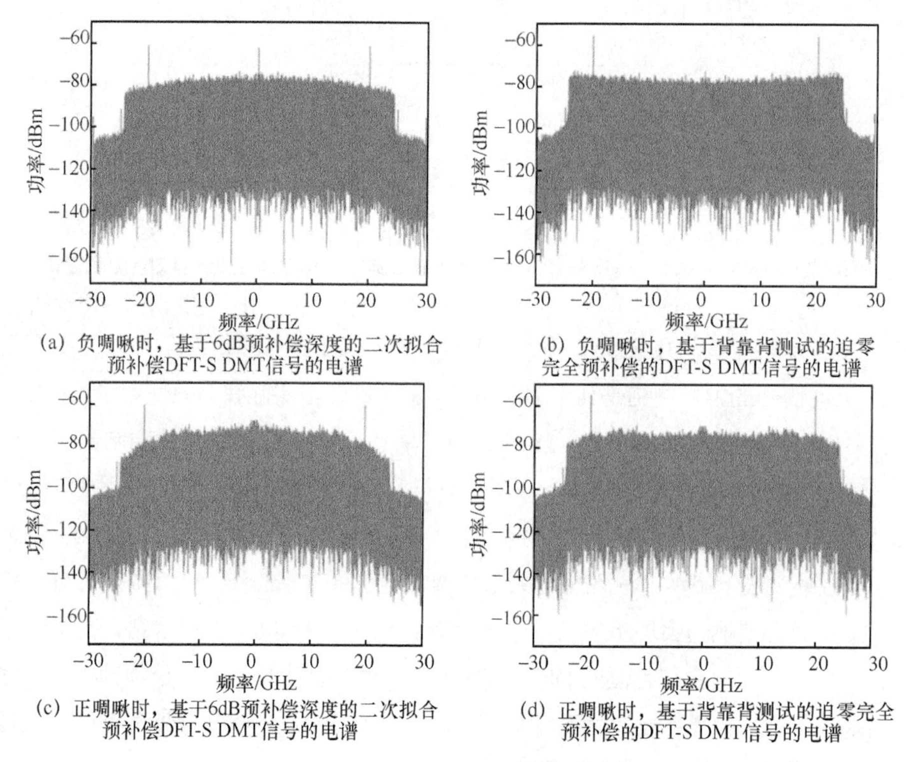

图 9-19　调制器带有正负啁啾时不同电谱对比

9.5 小结

本章着重介绍 DMT 调制格式在低成本短距离强度调制直接检测系统中的应用。第 9.1 节简单介绍了短距离光互连的研究背景，阐明了 DMT 调制格式在下一代短距离光互连中的应用前景。第 9.2 节重点介绍 DMT 中的关键技术，包括第 9.2.1 节中的 DFT-S 的预编码技术和第 9.2.2 节中的 ABPL 技术。DFT-S 技术既能有效地减轻 DMT 信号的 PAPR，又可以在一定程度上减轻带宽受限引起的系统性能下降，是一种十分有效的编码技术。但其对带限引起的 ISI 没有太有效的消除能力，因此将 DFT-S 预编码技术和预均衡技术相结合，能够更好地提升系统的性能。自适应比特加载技术是一种高灵活性的编码技术，根据测得的 SNR 对每个子载波进行独立的调制格式分配，在最大化传输速率的同时保证传输的可靠性。为了进一步提升传输速率，第 9.3 节研究了高阶 QAM 调制格式的 DMT 在大容量数据中心内光互连系统中的应用前景，具体探究了 4 个波长的 WDM 20GHz 64QAM DMT 和 128QAM DMT 在基于 10Gbit/s 类型器件 IMDD 系统内的传输效果。为下一代基于 DMT 的 400Gbit/s 短距离低成本光互连的研究提供有利依据。第 9.4 节进一步在 120Gbit/s 的 IMDD 系统内具体比较了预均衡 DFT-S DMT 和 ABPL-DMT 的性能。针对预均衡引起的系统功率丢失问题，具体讨论基于二次拟合不完全预补偿和基于迫零完全预补偿的性能。

参考文献

[1] WINZER P J, NEILSON D T, CHRAPLYVY A R. Fiber-optic transmission and networking: the previous 20 and the next 20 years[J]. Optics Express, 2018, 26(18): 24190-24239.

[2] IEEE 802.3bs-2017[R]. 2017.

[3] TAO L, JI Y, LIU J, et al. Advanced modulation formats for short reach optical communication systems[J]. IEEE Network, 2013, 27(6): 6-13.

[4] DAVEY R P. The future of optical transmission in access and metro networks-an operator's view[C]// Proceedings of 31st European Conference on Optical Communications(ECOC 2005). Piscataway: IEEE Press, 2005(5): 53-56.

[5] RASMUSSEN J C, TAKAHARA T, TANAKA T, et al. Digital signal processing for short reach optical links[C]//Proceedings of 2014 The European Conference on Optical Communication (ECOC). Piscataway: IEEE Press, 2014: 1-3.

[6] QIAN D Y, CVIJETIC N, HU J Q, et al. Optical OFDM transmission in metro/access networks[C]// Proceedings of Optical Fiber Communication Conference and National Fiber Optic Engineers Conference. Washington, D.C.: OSA, 2009: OMV1.

[7] ZHANG K, ZHUGE Q, XIN H Y, et al. Intensity directed equalizer for the mitigation of DML chirp induced distortion in dispersion-unmanaged C-band PAM transmission[J]. Optics Express, 2017, 25(23): 28123.

[8] GAO F, ZHOU S W, LI X, et al. 2 × 64 Gb/s PAM-4 transmission over 70 km SSMF using O-band 18G-class

directly modulated lasers (DMLs)[J]. Optics Express, 2017, 25(7): 7230-7237.

[9] ZHOU S, LI X, YI L, et al. Transmission of 2×64Gbit/s PAM-4 signal over 100km SSMF using 18 GHz DMLs[J]. Optics Letter, 2016, 41(8): 1805-1808.

[10] LEE J, KANEDA N, CHEN Y, et al. 112-Gbit/s Intensity-modulated direct-detect vestigial-sideband PAM-4 transmission over an 80-km SSMF link[C]//European Conference and Exhibition on Optical Communication (ECOC), 2016: M.2.D.3.

[11] GAO Y, CARTLEDGE C, YAM S, et al. 112Gbit/s PAM-4 using a directly modulated laser with linear pre-compensation and nonlinear post-compensation[C]//Proceedings of ECOC 2016; 42nd European Conference on Optical Communication. VDE, 2016: 1-3.

[12] STOJANOVIC N, QIANG Z, PRODANIUC C, et al. Performance and DSP complexity evaluation of a 112-Gbit/s PAM-4 transceiver employing a 25-GHz TOSA and ROSA[C]//Proceedings of 2015 European Conference on Optical Communication (ECOC). Piscataway: IEEE Press, 2015: 1-3.

[13] SUHR L, OLMOS J, MAO B, et al. 112-Gbit/s ×4-lane duobinary-4-PAM for 400G Base[C]//Proceedings of 2014 The European Conference on Optical Communication (ECOC). Piscataway: IEEE Press, 2014: 1-3.

[14] LI F, ZOU D, DING L, et al. 100 Gbit/s PAM4 signal transmission and reception for 2-km interconnect with adaptive notch filter for narrowband interference[J]. Optics Express, 2018, 26(18): 24066-24074.

[15] EISELT N, GRIESSER H, WEI J, et al. Experimental demonstration of 84 Gbit/s PAM-4 over up to 1.6 km SSMF using a 20-GHz VCSEL at 1525 nm[J]. Journal of Lightwave Technology, 2017, 35(8):1342-1349.

[16] MAN J W, CHEN W, SONG X L, et al. A low-cost 100GE optical transceiver module for 2km SMF interconnect with PAM4 modulation[C]//Proceedings of Optical Fiber Communication Conference. Washington, D.C.: OSA, 2014: M2E.7.

[17] MESTRE M A, MARDOYAN H, CAILLAUD C, et al. Compact InP-based DFB-EAM enabling PAM-4 112 Gbit/stransmission over 2 km[J]. Journal of Lightwave Technology, 2016, 34(7): 1572-1578.

[18] EISELT N, GRIESSER H, WEI J L, et al. Experimental demonstration of 56 Gbit/s PAM-4 over15 km and 84Gbit/s PAM-4 over 1 km SSMF at 1525 nm using a 25G VCSEL[C]// Proceedings of Journal of Lightwave Technology. Piscataway: IEEE Press: 1342-1349.

[19] ZHOU J J, YU C Y, KIM H. Transmission performance of OOK and 4-PAM signals using directly modulated 1.5-μm VCSEL for optical access network[J]. Journal of Lightwave Technology, 2015, 33(15): 3243-3249.

[20] EISELT N, WEI J L, GRIESSER H, et al. First real-time 400G PAM-4 demonstration for inter-data center transmission over 100 km of SSMF at 1550 nm[C]//Proceedings of Optical Fiber Communication Conference. Washington, D.C.:OSA, 2016: W1k.5.

[21] SADOT D, DORMAN G, GORSHTEIN A, et al. Single channel 112Gbit/sec PAM4 at 56Gbaud with digital signal processing for data centers applications[J]. Optics Express, 2015, 23(2): 991-997.

[22] LEE J, SHAHRAMIAN S, KANEDA N, et al. Demonstration of 112-Gbit/s optical transmission using 56GBaud PAM-4 driver and clock-and-data recovery ICs[C]//Proceedings of 2015 European Conference on Optical Communication (ECOC). Piscataway: IEEE Press, 2015: 1-3.

[23] MAZZINI M, TRAVERSO M, WEBSTER M, et al. 25GBaud PAM-4 error free transmission over both single mode fiber and multimode fiber in a QSFP form factor based on silicon photonics[C]//Proceedings of 2015 Optical Fiber Communications Conference and Exhibition (OFC). Piscataway: IEEE Press, 2015: 1-3.

[24] DONG P, LEE J, CHEN Y K, et al. Four-channel 100-Gbit/s per channel discrete multi-tone modulation using silicon photonic integrated circuits[C]//Proceedings of 2015 Optical Fiber Communications Conference and Exhibition (OFC). Piscataway: IEEE Press, 2015: 1-3.

[25] DOCHHAN A, GRIESER H, EISELT M, et al. Flexible bandwidth 448 Gbit/s DMT transmission for next

generation data center inter-connects[C]//Proceedings of 2014 The European Conference on Optical Communication (ECOC). Piscataway: IEEE Press, 2014: 1-3.

[26] LI F, YU J, CAO Z, et al. Experimental demonstration of four-channel WDM 560 Gbit/s 128QAM-DMT using IM/DD for 2-km optical interconnect[J]. Journal of Lightwave Technology, 2017, 35(4): 941-948.

[27] ZHANG L, ZUO T, MAO Y, et al. Beyond 100-Gbit/s transmission over 80-km SMF using direct-detection SSB-DMT at C-band[J]. Journal of Lightwave Technology, 2016, 34(2):723-729.

[28] NADAL L, MOREOLO M S, FÀBREGA J M, et al. DMT modulation with adaptive loading for high bit rate transmission over directly detected optical channels[J]. Journal of Lightwave Technology, 2014, 32(21): 4143-4153.

[29] LI F, YU J, CAO Z, et al. Demonstration of 520 Gbit/(s·λ) pre-equalized DFT-spread PDM-16QAM-OFDM signal transmission[J]. Optics Express, 2016, 24(3):2648-2654.

[30] ZHOU J, ZHANG L, ZUO T, et al. Transmission of 100-Gbit/s DSB-DMT over 80-km SMF Using 10-G class TTA and Direct-Detection[C]//European Conference and Exhibition on Optical Communication (ECOC). Piscataway: IEEE Press, 2016: Th3F.1.

[31] CHEN X, FENG Z H, TANG M, et al. Performance enhanced DDO-OFDM system with adaptively partitioned precoding and single sideband modulation[J]. Optics Express, 2017, 25(19): 23093-23108.

[32] FENG Z H, TANG M, FU S N, et al. Performance-enhanced direct detection optical OFDM transmission with CAZAC equalization[J]. IEEE Photonics Technology Letters, 2015, 27(14): 1507-1510.

[33] XIE C, DONG P, RANDEL S, et al. Single-VCSEL 100-Gbit/s short-reach system using discrete multi-tone modulation and direct detection[C]//Proceedings of Optical Fiber Communication Conference. Washington, D.C.: OSA, 2015:Tu2H.2.

[34] WEI J L, EISELT N, SANCHEZ C, et al. 56 Gbit/s multi-band CAP for data center interconnects up to an 80 km SMF[J]. Optics Letters, 2016, 41(17):4122-4125.

[35] TAO L, WANG Y G, GAO Y L, et al. 40 Gbit/s CAP32 system with DD-LMS equalizer for short reach optical transmissions[J]. IEEE Photonics Technology Letters, 2013, 25(23):2346-2349.

[36] OLMEDO M I, ZUO T J, JENSEN J B, et al. Towards 400GBASE 4-lane solution using direct detection of MultiCAPsignal in 14 GHz bandwidth per lane[C]//Proceedings of 2013 Optical Fiber Communication Conference and Exposition and the National Fiber Optic Engineers Conference (OFC/NFOEC). Piscataway: IEEE Press, 2013: 1-3.

[37] INGHAM J D, PENTY R V, WHITE I H, et al. 40 Gbit/s carrierless amplitude and phase modulation for low-cost optical data communication links[C]//Proceedings of 2011 Optical Fiber Communication Conference and Exposition and the National Fiber Optic Engineers Conference. Piscataway: IEEE Press, 2011: 1-3.

[38] SHI J Y, ZHANG J W, ZHOU Y J, et al. Transmission performance comparison for 100-Gbit/s PAM-4, CAP-16, and DFT-S OFDM with direct detection[J]. Journal of Lightwave Technology, 2017, 35(23): 5127-5133.

[39] ZHONG K P, ZHOU X, GUI T, et al. Experimental study of PAM-4, CAP-16, and DMT for 100 Gbit/s short reach optical transmission systems[J]. Optics Express, 2015, 23(2): 1176-1189.

[40] SHAFIK R A, RAHMAN M S, ISLAM A H M R. On the extended relationships among EVM, BER and SNR as performance metrics[C]//Proceedings of 2006 International Conference on Electrical and Computer Engineering. Piscataway: IEEE Press, 2006: 408-411.

[41] SCHMOGROW R, NEBENDAHL B, WINTER M, et al. Error vector magnitude as a performance measure for advanced modulation formats[J]. IEEE Photonics Technology Letters, 2012, 24(1): 61-63.

[42] ZOU D D, CHEN Y C, LI F, et al. Comparison of bit-loading DMT and pre-equalized DFT-spread DMT for

2-km optical interconnect system[J]. Journal of Lightwave Technology, 2019, 37(10): 2194-2200.

[43] ZHONG K P, WEIC, QIS, et al. Experimental demonstration of 500Gbit/s short reach transmission employing PAM4 signal and direct detection with 25Gbps device[C]//Proceedings of 2015 Optical Fiber Communications Conference and Exhibition(OFC). Piscataway: IEEE Press, 2015: 1-3.

[44] SUHR L F, OLMOS J J V, MAO B, et al. 112-Gbit/s× 4-lane duobinary-4-PAM for 400GBase[C]//Proceedings of 2014 The European Conference on Optical Communication (ECOC). Piscataway: IEEE Press, 2014: 1-3.

[45] CHAN T, LU I C, CHEN J, et al. 400-Gb/s transmission over 10-km SSMF using discrete multitone and 1.3-μm EMLs[J]. IEEE Photonics Technology Letters, 2014, 26(16): 1657-1660.

[46] TANAKA T, NISHIHARA M, TAKAHARA T, et al. Experimental demonstration of 448-Gbps+ DMT transmission over 30-km SMF[C]//Proceedings of Optical Fiber Communication Conference. Washington, D.C.: OSA, 2014: M2I. 5.

[47] DONG P, LEE J, CHEN Y K, et al. Four-channel 100-Gb/s per channel discrete multitone modulation using silicon photonic integrated circuits[J]. Journal of Lightwave Technology, 2015, 34(1): 79-84.

[48] OLMEDO M I, TIANJIAN Z, JENSEN J B, et al. Towards 400GBASE 4-lane solution using direct detection of MultiCAP signal in 14 GHz bandwidth per lane[C]//Proceedings of 2013 Optical Fiber Communication Conference and Exposition and the National Fiber Optic Engineers Conference (OFC/NFOEC). Piscataway: IEEE Press, 2013: 1-3.

[49] ZUO T, TATARCZAK A, OLMEDO M I, et al. O-band 400 Gbit/s client side optical transmission link[C]//Proceedings of Optical Fiber Communication Conference. Washington, D.C.: OSA, 2014: M2E. 4.

第10章 基于城域网直接检测通信系统非线性补偿技术

10.1 引言

近几年来，WDM和超密集波分复用（Ultra Dense Wavelength Division Multiplexer，UDWDM）被广泛应用于相干通信系统实现400Gbit/s网络传输和1Tbit/s网络传输。与接入网不同的是，城域网传输的距离较长，但没有长距离跨洋传输那样的超长距离，因此，无论相干探测还是强度调制直接检测都有应用的可能。由于成本和传输距离互相制约，出现使用直接探测技术无法实现城域网传输，使用相干探测又无法降低成本的问题。但随着前几年色散预补偿技术的提出，直接检测技术重新回到了城域网的视野中。在基于城域网的强度调制直接检测光纤通信系统中，传输速率的制约因素除了色散外，最严重的就是光纤非线性效应。

针对光纤长距离传输引入的非线性噪声，研究学者提出用机器学习的方法恢复光纤传输中的线性和非线性损伤以及估计重要的信号参数[1]。ANN作为一种光性能检测器，同时也可以被用作信道均衡器，如基于MLP的均衡器[2]、基于FLANN的均衡器[3]、基于RNN的均衡器[4]和基于DNN的均衡器[5]。面对以上需求，多种常用的ANN非线性均衡器被从理论上进行了分析和实验验证。为了解决CAP信号受到非线性影响产生的IQ不平衡问题，我们提出了一种新的级联复数信号实、虚部非线性串扰消除算法，并针对城域网中的PAM4、CAP16和DFT-S OFDM 16QAM调制格式进行了详细的分析和比较。

本章针对城域网中现有传输的瓶颈因素——非线性损伤，提出了基于神经网络的信道均衡技术。为了对多种神经网络技术进行横向比较，我们分别研究了用MLP、FLANN、RNN和DNN进行非线性补偿。我们通过建立的基于神经网络均衡器的城域网光纤直接检测传输系统，实现了基于DNN的400km 112Gbit/(s·λ^{-1}) PAM4传输和基于MLP、FLANN和RNN的320km传输。综合考虑性能与计算复杂度，FLANN技术有着较好的性价比。针对光纤通信中的CAP复数信号的IQ不平衡问题，我们提出了一种新的级联复数信号实、虚部非线性串扰消除算法，解决了中长距离光纤传输引入的非线性导致的 IQ 不平衡问题。我们通过建立的基于中长距CAP 信号的光纤大容量传输系统平台，成功实现了单波长 112Gbit/s 距离 480km 的传输，相较于其他均衡算法提高了超过 3dB 的接收灵敏度，极大地提高了 CAP 信号在直接检测系统下的传输容量和传输距离。

10.2 基于 ANN 的信道均衡技术

本章引言介绍了最近城域网传输的最新进展，可以看到，在现有器件的基础上，如果要有所突破，那么大部分成果都集中在攻克非线性处理上。文献[6]通过基于 ANN 的均衡器实现了传输 2000km 光纤的 40Gbit/s 相干光 OFDM。而在 IMDD 系统中，文献[7]通过 ANN 成功传输了 84GBaud PAM4 信号，传输距离仅有 1.5km。此外，文献[8]通过 NN 成功传输了多信道的 200Gbit/s（4×50Gbit/s）PAM4 信号，传输距离为 80km。在现有的成果中，并没有对城域网中的 IMDD 系统进行探讨，并且也没有几种神经网络算法的横向比较。考虑神经网络在光通信领域未来的应用，在这里对其进行了比较和归纳。

基于 ANN 的均衡器主要被用于接收机解决 ISI。标准的均衡技术首先会通过带有特殊转移函数的自适应滤波器建立一个通信模型。均衡器通过最小输出误差估计出未知转移函数的参数，输入为有时延的训练数据。为了从接收数据中得到信道的相位信息和非线性信息，需要使用接收信号的高维统计分量，ANN 中非线性激活函数则提供了能够提取出高维分量的能力。

10.2.1 基于 MLP 的均衡器原理

MLP 是一种最简单的 ANN[2]，MLP 架构如图 10-1 所示，包括一个输入层、一个隐藏层和一个输出层。

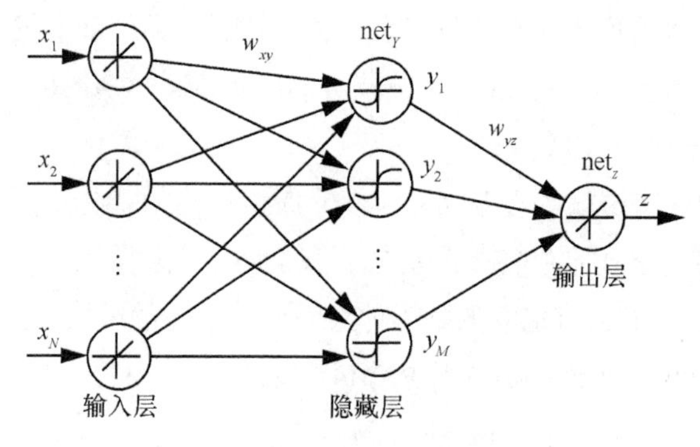

图 10-1 MLP 架构

MLP 的输出可以表示为

$$\mathrm{net}_Y = X \cdot W_{xy} + b_y \tag{10-1}$$

$$Y = f(\mathrm{net}_Y) \tag{10-2}$$

$$\mathrm{net}_Z = Y \cdot W_{yz} + b_z \tag{10-3}$$

$$Z = g(\mathrm{net}_Z) \tag{10-4}$$

其中，转移函数 $g(\cdot)$是一个可导的激活函数，在此，我们使用恒等式，输出层的节点为 net_Z ，W_{yz} 是 Y 和 Z 之间的抽头。对于隐藏层，在这个实验中 tanh 被用来作为激活函数 $f(\cdot)$ 。隐藏层的节点为 net_Y ，W_{xy} 是 X 和 Y 之间的节点。考虑输入 $X = x_1, x_2, \cdots, x_N$ 和目标，MLP 可以通过反向传播（Back Propagation，BP）训练算法[9]得到一个非线性模型。BP 是利用梯度下降最优算法计算代价函数的梯度以此决定神经元的抽头，其误差函数如下，其中 $\hat{Z}$ 是目标值。

$$E = \frac{1}{2}(\hat{Z} - Z)^2 \tag{10-5}$$

所以抽头 W_{yz} 的梯度可以定义为

$$\Delta w_{y_m z} = -\eta \frac{\partial E}{\partial w_{y_m z}} = -\eta \frac{\partial E}{\partial \mathrm{net}_z} \frac{\partial \mathrm{net}_z}{\partial w_{y_m z}} = \eta \delta_z \frac{\partial \mathrm{net}_z}{\partial w_{y_m z}} = \eta \delta_z y_m \tag{10-6}$$

其中，η 是学习速度，δ_z 是残差，δ_z 被定义为

$$\delta_z = -\frac{\partial E}{\partial \mathrm{net}_z} = -\frac{\partial E}{\partial Z} \frac{\partial Z}{\partial \mathrm{net}_z} = (\hat{Z} - Z) g'(\mathrm{net}_Z) \tag{10-7}$$

所以抽头 W_{yz} 的梯度可以定义为

$$\Delta w_{x_n y_m} = -\eta \frac{\partial E}{\partial w_{x_n y_m}} = -\eta \frac{\partial E}{\partial y_m} \frac{\partial y_m}{\partial \mathrm{net}_{y_m}} \frac{\partial \mathrm{net}_{y_m}}{\partial w_{x_n y_m}} = \eta \delta_m \frac{\partial \mathrm{net}_{y_m}}{\partial w_{x_n y_m}} = \eta \delta_m x_n \tag{10-8}$$

$$\delta_m = -\frac{\partial E}{\partial \mathrm{net}_{y_m}} = -\frac{\partial E}{\partial y_m} \frac{\partial y_m}{\partial \mathrm{net}_{y_m}} = -\left[\sum_Z \frac{\partial E}{\partial \mathrm{net}_z} \frac{\partial \mathrm{net}_z}{\partial y_m}\right] \frac{\partial y_m}{\partial \mathrm{net}_{y_m}} = w_{y_m z} \delta_z f'(\mathrm{net}_{y_m}) \tag{10-9}$$

10.2.2　基于 FLANN 的均衡器原理

基于 FLANN 的均衡器只有输入层和输出层，相较于 MLP 隐藏层完全通过非线性映射代替。FLANN 架构[3]如图 10-2 所示。在这个均衡器中，非线性通过输入信号的函数展开获得，如三角函数、多项式、高斯级数、勒让德和切比雪夫级数[3]等。除此之外，交叉项也可以在函数展开中被考虑进来。由于有许多函数的展开都考虑到了展开项，在此，我们使用了一个包含时延输入信号和非线性展开的级数，与只有二阶的 Volterra 级数相似。这个非线性函数的展开表示为

$$
\begin{aligned}
&\varphi_1(n) = x(n) \\
&\varphi_2(n) = x(n-1) \\
&\vdots \quad = \quad \vdots \\
&\varphi_N(n) = x(n-N+1) \\
&\varphi_{N+1}(n) = x(n)x(n) \\
&\varphi_{N+2}(n) = x(n)x(n-1) \\
&\vdots \quad = \quad \vdots \\
&\varphi_M(n) = x(n-N+1)x(n-N+1)
\end{aligned} \tag{10-10}
$$

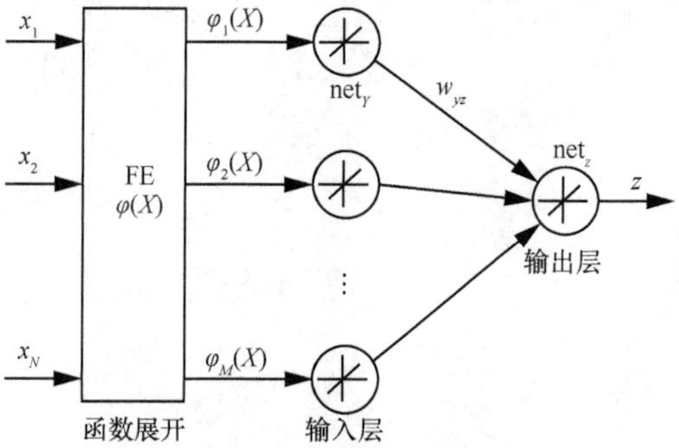

x1
x2
xN
FE
φ(X)
φ1(X)
φ2(X)
φM(X)
netY
wyz
netz
z
输出层
函数展开
输入层

图 10-2　FLANN 架构

10.2.3　基于 RNN 的均衡器原理

RNN 是一种神经元会回传反馈信息的神经网络。RNN 架构[4]如图 10-3 所示。

Y(t−1)
Y(t)
Z-1
wyy
x1(t)
x2(t)
xN(t)
Y1(t)
Y2(t)
YM(t)
wyz
netz
z
输出层
wxy
netY
输入层
隐藏层

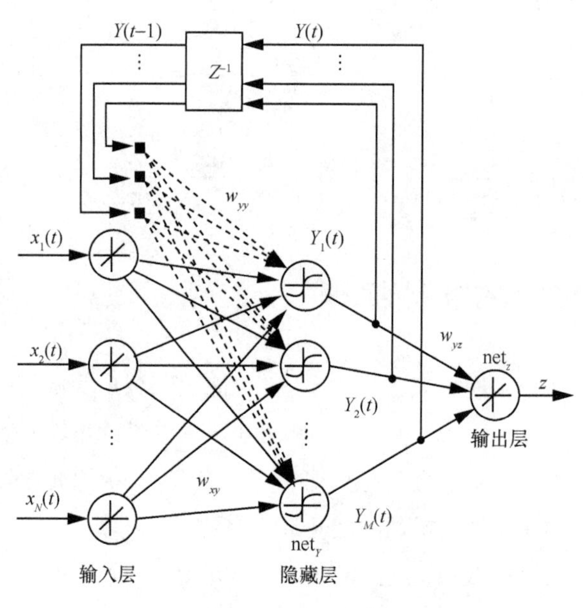

图 10-3　RNN 架构

隐藏层的 net_Y 的输入不仅跟输入层的 X 相关，也跟隐藏层上一时刻的输出 Y_{k-1} 相关，表示为

$$\text{net}_{Y_t} = X \cdot W_{xy} + Y_{t-1} \cdot W_{yy} + b_y \tag{10-11}$$

由于这个额外的时间参数，BP 不再适用于 RNN。所以学者们提出了反向传播算法[10]和截断反向传播算法[11]解决这一问题。在这里，我们将使用截断的反向传播算法估计神经元的抽头数，其截断深度 T 设为 5。因此隐藏层的残差可以定义为

$$\begin{aligned}\delta_m^t &= -\frac{\partial}{\partial \text{net}_{y_{m(t)}}}\sum_{j=t}^{T} E_j = -\frac{\partial E_t}{\partial \text{net}_{y_{m(t)}}} - \frac{\partial}{\partial \text{net}_{y_{m(t)}}}\sum_{j=t+1}^{T} E_j \\ &= -\delta_z^t \frac{\partial \text{net}_{z_t}}{\partial \text{net}_{y_{m(t)}}} - \delta_m^{t+1}\frac{\partial \text{net}_{y_{m(t+1)}}}{\partial \text{net}_{y_{m(t)}}} \\ &= -\delta_z^t w_{y_m z} f'(\text{net}_{y_{m(t)}}) - \sum_M \delta_m^{t+1} w_{y_M y_m} f'(\text{net}_{y_{m(t)}})\end{aligned} \tag{10-12}$$

抽头的梯度可以定义为

$$\Delta w_{x_n y_m} = \sum_{t=1}^{T} \eta \delta_m^t x_{n(t)} \tag{10-13}$$

$$\Delta w_{y_{\hat{m}} y_m} = \sum_{t=1}^{T} \eta \delta_m^t y_{\hat{m}(t-1)} \tag{10-14}$$

10.2.4　基于 DNN 的均衡器原理

DNN 是一个有多个隐藏层的神经网络[5]，DNN 架构如图 10-4 所示。额外的隐藏层能够从较低的层中提取更多的特征分量。对于 DNN 有两个普遍的问题，一个是过度学习，另一个是过长的学习时间。本节将隐藏层的数目设为 3 并对收敛次数与性能的关系进行了评估。抽头 W_{yz} 的梯度可以定义为

$$\Delta w_{y_{\hat{m}_l} y_{m_{l+1}}} = \eta \delta_m^{l+1} y_{\hat{m}_l} \tag{10-15}$$

$$\delta_m^l = \sum_{M_{l+1}} \eta \delta_m^{l+1} w_{y_{m_l} y_{M_{l+1}}} f_l'(\text{net}_{y_{m_l}}) \tag{10-16}$$

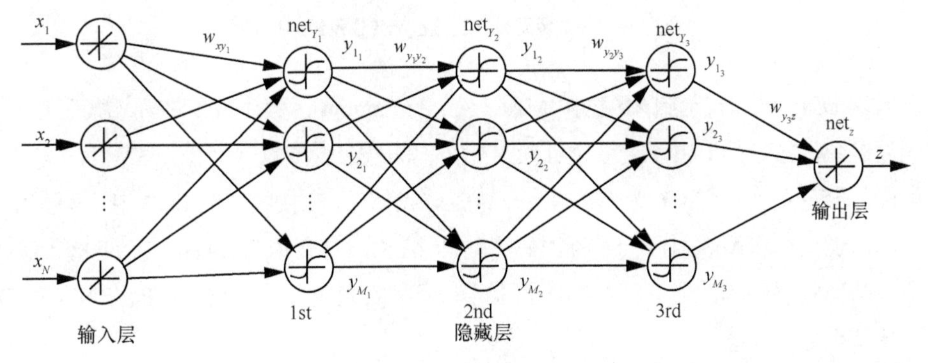

图 10-4　DNN 架构

10.3 基于 ANN 均衡器的城域网光纤直接检测传输实验

以上 4 种基于 ANN 的均衡器都可以从接收信号中得到高维度统计分量，其中，MLP、RNN 和 DNN 通过其激活函数得到，而 FLANN 则通过函数展开得到。ANN 模型的建立相对比较简单，其主要的难点在于参数的调节，即调参步骤。例如，如何选择激活函数或者函数展开式、学习速率或者隐藏层的层数、每层的节点数。每一项都会对系统性能产生很大的影响，而且越复杂的模型代表了更高的计算复杂度和理论上更好的性能。本节聚焦不同的 ANN 架构在光纤传输系统中的应用。因此在实验中考虑了常用的激活函数、函数展开和架构。ANN 不同参数对性能的影响会在未来工作中详细展开。

为了比较不同 ANN 均衡器的性能，城域网光纤直接检测传输系统架构如图 10-5 所示。该系统是一个传输 400km 光纤 112Gbit/(s·λ^{-1})的 PAM4 信号的直接检测系统。我们通过一个 81.92GSa/s DAC 生成信号，信号通过 EA 放大后驱动 IQ 调制器，调制器的偏置点设置在正交点。ECL 生成线宽为 100kHz、波长在 1542.9nm 的连续波。光纤传输链路包含了 6 段 80km 光纤，每段 80km 光纤前有一个 EDFA 进行光信号放大。最终信号经过 EDFA 放大后通过一个 50GHz 的 PD 探测，一个 80GSa/s 33GHz 电带宽的数字实时示波器对其进行采样。

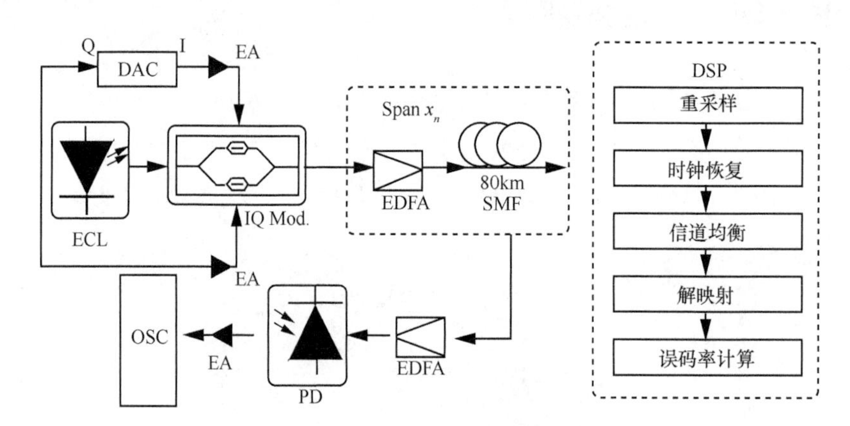

图 10-5 城域网光纤直接检测传输系统架构

在发射端 DSP 中，比特流的数据由 MATLAB 的 random 函数生成。在预均衡和重采样后，信号首先通过色散预补偿。由于色散预补偿这一步，信号会变成复数信号。在这个实验中，信号的实部和虚部会分别加载入 IQ 调制器的上下臂生成光信号。在接收端的 DSP 中，信号在重采样、时钟恢复、信道均衡和解映射后会进行误码率估计。LMS、MLP、FLANN、RNN 和 DNN 作为信道均衡算法比较误码率性能。在这些均衡器中，记忆深度都设为 33。MLP、RNN 和 DNN 每个隐藏层的节点数为 33。

400km 光纤传输下误码率性能与接收光功率及传输距离的关系如图 10-6 所示，在图 10-6（a）中可以看到 4 种 ANN 算法都优于 LMS 算法。而在这些算法中，FLANN 与 RNN 有类似的性能，而 DNN 有着最佳性能。DNN 算法相比于其他算法可以获得约 1.5dB 接收灵敏度增益。传输距离的结果如图 10-6（b）所示，400km PAM4 传输通过使用 DNN 成功实现了误码率低于 HD-FEC 门限 3.8×10^{-3}，而 MLP、FLANN 和 RNN 则只能传输 320km。

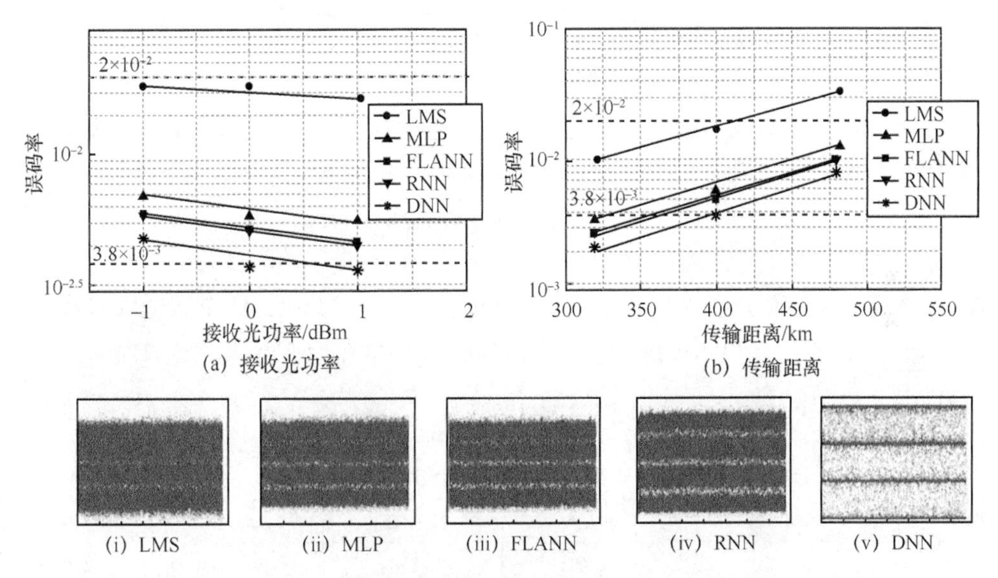

图 10-6　400km 光纤传输下误码率性能与接收光功率及传输距离的关系

图 10-6 同时给出了经过不同信道均衡器后的 PAM4 信号示意图。可以看到，DNN 有着完全不同的信号示意图。考虑 DNN 可能会有过拟合现象，需要对过拟合和计算复杂度两个问题进行讨论。

DNN 误码率性能与迭代次数的关系如图 10-7 所示，包括 3 种不同的训练和使用 DNN 方式。第 1 种训练序列和测试序列相同，训练序列同时也作为误码率计算的数据。这在传统光纤离线传输系统中没有足够大的数据流，在使用时域均衡器时经常会使用。第 2 种训练序列和测试序列不同，测试序列使用训练序列得到的抽头数。这是最理想的状态，但是这要求系统是一个基本时不变的系统。第 3 种训练序列和测试序列不同，测试序列使用训练序列得到的抽头数后再训练 3 次。当信道模型过于复杂，那么不仅信道响应，就连噪声也会被认为是信道本身的参数。如果我们不断训练方法 1，那么我们可以得到一个非常好的误码率性能，但这又是没有任意意义的。所以我们不可能选择无穷大的迭代进行性能收敛。所以这就有必要提供一张如图 10-7 所示的收敛图选择收敛次数。本节根据收敛图选择 100 作为迭代次数。同时我们也相信训练方法 2 和方法 3 是更为合理的在光传输系统中使用 DNN 的方式。

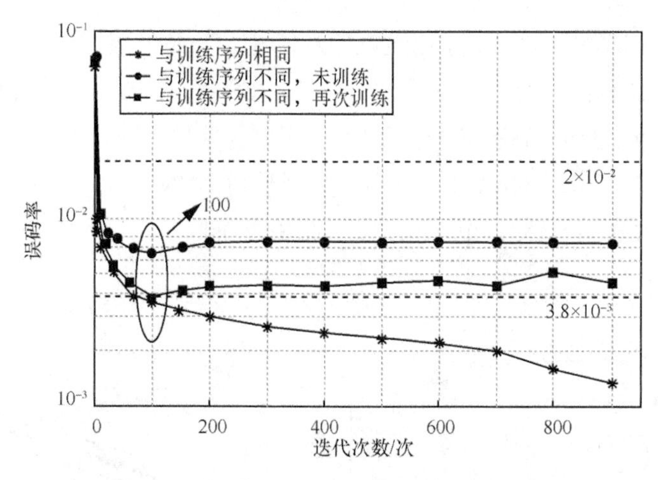

图 10-7 DNN 误码率性能与迭代次数的关系

DNN 的深度学习问题导致它有很慢的收敛速度。对于 3 次迭代，MLP、FLANN 和 RNN 都已经可以达到收敛状态，但 DNN 需要近 100 次迭代，这就需要远超 10 倍的计算时间，计算时间见表 10-1。

表 10-1 计算时间（1.4GHz i5 w.MATLAB）

迭代次数	LMS	MLP	FLANN	RNN	DNN
3	28.713s	36.407s	39.894s	59.787s	60.446s
100	—	—	—	—	912.215s

最终，我们通过 DNN 实现了 112Gbit/(s·λ^{-1}) PAM4 传输 400km 光纤以及使用 MLP、FLANN 和 RNN 传输 320km。据我们所知，这是首次使用 FLANN 和 RNN 在城域网中均衡 PAM 信号。根据我们的结果，可以看到 DNN 由于过拟合问题，很容易产生性能过好的假象，这就需要类似提供收敛图的方式保证没有过拟合。而综合几种神经网络算法，FLANN 在光纤传输系统中有很大的发展前景，其计算复杂度与 MLP 接近，但性能却能与 RNN 保持一致。希望该结果能够为神经网络未来在光纤通信系统中的应用起到借鉴意义。

10.4 级联复数信号实虚部非线性串扰消除算法

近年来，CAP 作为一种单载波调制格式，能够用于低成本、带宽受限的光系统，得到了不少研究人员的青睐[12-14]。相比于 PAM，CAP 在短距离、中距离光传输中也有自己的优势。对于单信道信号，PAM 信号由于其更低的 PAPR，有更好的误码率性能[13]。然而，当使用了色散预补偿技术，CAP 和 PAM 信号的 PAPR 基本一致，因此具有相似的性能[13]。除此之外，CAP 作为一种中频信号，其对于一些系统有着更强的鲁棒性，如某些低频响应较差的系统或者有很高直流分量的系统。同时，相比于 PAM 信号，CAP 能够实现多带信号。

文献[12]通过偏振复用的多带 CAP 和相干接收机实现了 221Gbit/s 和 336Gbit/s 传输 225km 和 451km 光纤。我们之前的工作在带宽受限系统实现了 112Gbit/s CAP 传输 40km[13]。然而，在低成本直接检测系统中，100Gbit/s 单通道 CAP 的性能并不是特别令人满意，这是因为在中长距光纤传输中会有色散和非线性损伤。文献[13-14]中一个 LMS Volterra 滤波器被用作 CAP 的非线性恢复算法。在较长的光纤传输后，由于 IQ 不平衡，传统的非线性恢复算法会受到制约，这也在我们最近的工作中有提到[15]。为此我们提出了一种新的级联处理算法，其中，包括传统的 Volterra 滤波器和新提出的 MIMO Volterra 滤波器克服非线性问题和 IQ 不平衡问题。

10.4.1　级联复数信号实虚部非线性串扰消除算法原理

提出级联算法的理由主要是，在绝大多数 CAP 恢复算法流程中，非线性均衡器会用在第二级均衡器位置，CAP 算法的系统流程如图 10-8 所示。作为第二级均衡器，其输入数据是复数信号。然而，传统的 Volterra 滤波器会因为光纤传输导致的 IQ 不平衡而出现性能受损。传统的 Volterra 滤波器的简化输出可以表示为[16]

$$Y = h \cdot X + w \cdot \hat{X} \tag{10-17}$$

其中，Y 是输出，X 是线性均衡器的输入，$\hat{X}$ 是非线性均衡器的输入。h 和 w 分别是线性和非线性均衡器的抽头。如果输入信号是一个复数信号，那么输出可以表示为

$$Y_{\text{real}} + \mathrm{j}Y_{\text{imag}} = h(X_{\text{real}} + \mathrm{j}X_{\text{imag}}) + w(\hat{X}_{\text{real}} + \mathrm{j}\hat{X}_{\text{imag}}) \tag{10-18}$$

$$Y_{\text{real}} = h \cdot X_{\text{real}} + w \cdot \hat{X}_{\text{real}} \tag{10-19}$$

$$Y_{\text{imag}} = h \cdot X_{\text{imag}} + w \cdot \hat{X}_{\text{imag}} \tag{10-20}$$

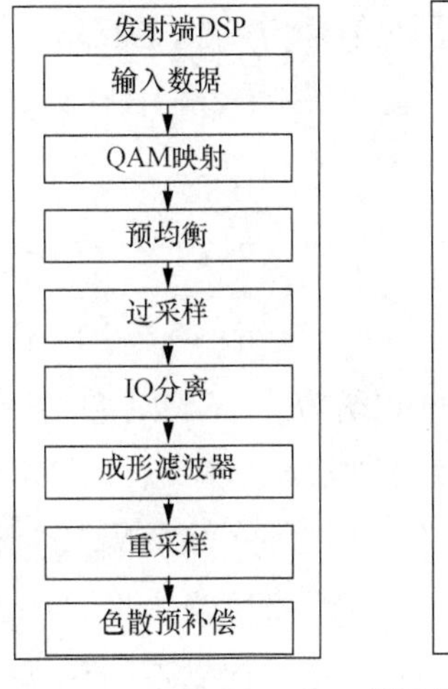

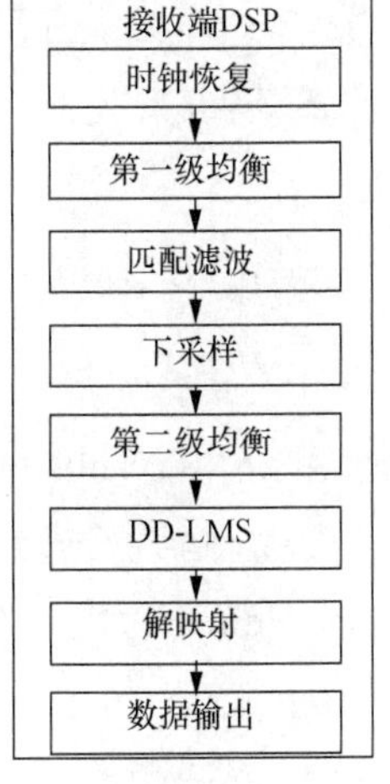

图 10-8　CAP 算法的系统流程

根据式（10-18），在传统 Volterra 滤波器中输出信号的实部和虚部经过了相同的抽头数对信号进行补偿。而实际上，光纤传输引入的非线性会干扰 CAP 的匹配滤波器，导致生成 IQ 不平衡的信号，如文献[14, 17]。在这些文献中，作者虽然没有提到这一现象，但从他们的星座点（文献[17]的图 8 和文献[14]的图 7）中可以看到，在光传输后 CAP 调制的 IQ 不平衡早就存在。对于一个 IQ 不平衡的信号，实部和虚部部分经历了不同的非线性损伤。16QAM 示例如图 10-9 所示，展示了一个 IQ 不平衡的 16QAM 信号以及该信号的实部与虚部。16QAM 信号的实部和虚部可以看作 PAM4 信号。很明显可以看到，实部和虚部有着不同的非线性损伤，因此这两部分信号无法通过相同的抽头数进行非线性补偿。

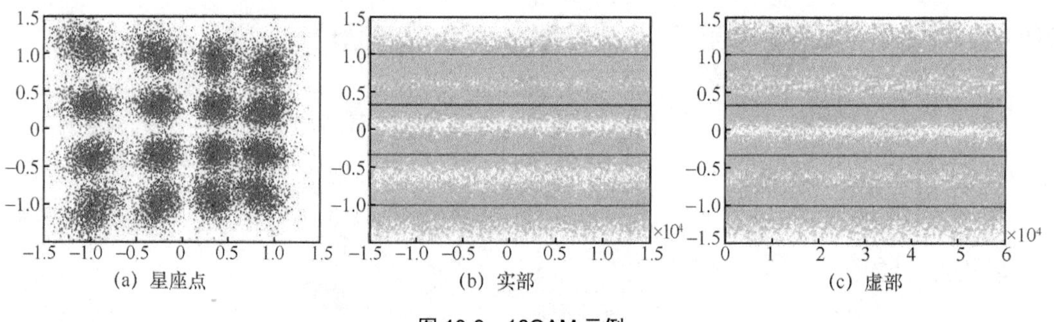

图 10-9　16QAM 示例

解决该问题主要有两种方式，第一种就是将传统的非线性均衡器用作第一级均衡器。第一级均衡器的输入是实数信号，并且是光信道中传输的实际模拟信号。光纤引入的非线性叠加在这实数信号之上，因此使用传统的 Volterra 滤波器能够进行很好的补偿。

另一种方式是使用一个广义线性均衡器作为第二级均衡器克服 IQ 不平衡[18]。然而，这样的广义线性均衡器只是一个线性均衡器。而我们已经提出过一种 MIMO Volterra 滤波器解决独立双边带信号之间的串扰问题[16]。本节用其解决 IQ 不平衡问题和非线性损伤。MIMO Volterra 均衡器架构如图 10-10 所示。该均衡器的输入分别是信号的实部和虚部。同时，线性和非线性项被考虑到 IQ 不平衡中。考虑计算复杂度和均衡性能的折中，我们在计算中只使用二阶的 Volterra 级数。该均衡器的输出表达式为

$$Y_{\text{real}} = h_{\text{rr}} \cdot X_{\text{real}} + h_{\text{ri}} \cdot X_{\text{imag}} + w_{\text{rr}} \cdot \hat{X}_{\text{real}} + w_{\text{ri}} \cdot \hat{X}_{\text{imag}} \tag{10-21}$$

$$Y_{\text{imag}} = h_{\text{ir}} \cdot X_{\text{real}} + h_{\text{ii}} \cdot X_{\text{imag}} + w_{\text{ir}} \cdot \hat{X}_{\text{real}} + w_{\text{ii}} \cdot \hat{X}_{\text{imag}} \tag{10-22}$$

对传统 Volterra 均衡器和 MIMO Volterra 均衡器的计算复杂度进行评估时，考虑在 ASIC 中芯片资源与 DSP 的功耗，乘法器的代价远大于加法器，因此，计算复杂度的估计主要估计实数乘法器的数量。对于传统的 Volterra 均衡器，线性部分包含 N_{linear} 个复数乘法器。二阶项包含 $N_{\text{nonlinear}}(N_{\text{nonlinear}}+1)/2$ 个复数乘法器。这里 N_{linear} 是线性抽头长度，$N_{\text{nonlinear}}$ 是非线性抽头长度。对于 MIMO Volterra 均衡器，信号的每个部分需要两个线性部分和两个二阶项部分。但是，在 MIMO Volterra 均衡器中，乘法器都是实数乘法器。这里，一个复数乘法器等价于 3 个实数乘法

器[19]。因此，这两个均衡器的计算复杂度可以表示为

$$C_{\text{tranditioanl}} = 3 \cdot N_{\text{linear}} + 3 \cdot \frac{N_{\text{nonlinear}}(N_{\text{nonlinear}}+1)}{2} \tag{10-23}$$

$$C_{\text{MIMO\_Vol}} = 2\left\{N_{\text{linear}} + N_{\text{linear}} + N_{\text{nonlinear}}(N_{\text{nonlinear}}+1)/2 + N_{\text{nonlinear}}(N_{\text{nonlinear}}+1)/2\right\} \tag{10-24}$$

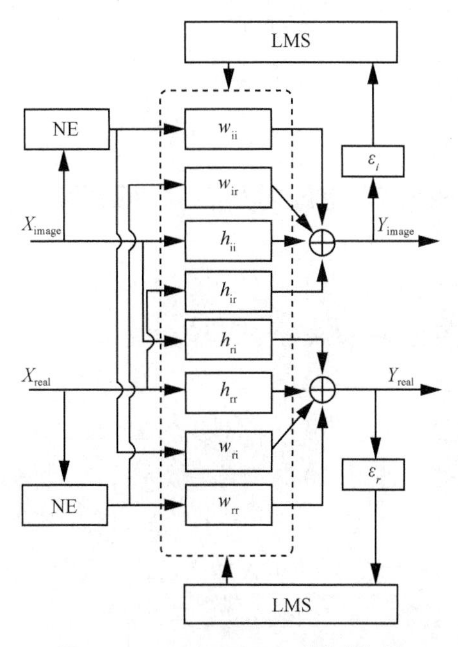

图 10-10　MIMO Volterra 均衡器架构

传统 Volterra 均衡器和 MIMO Volterra 均衡器计算复杂度对比如图 10-11 所示。为了便于比较，本文定义线性抽头长度等于非线性抽头长度。这里抽头长度意味着均衡器的记忆深度。相比较于传统 Volterra 均衡器，MIMO Volterra 均衡器带来一定量可接受的额外开销。在整个实验中，本文使用抽头数为 55，对应的乘法器数量分别为 4785 和 6380。

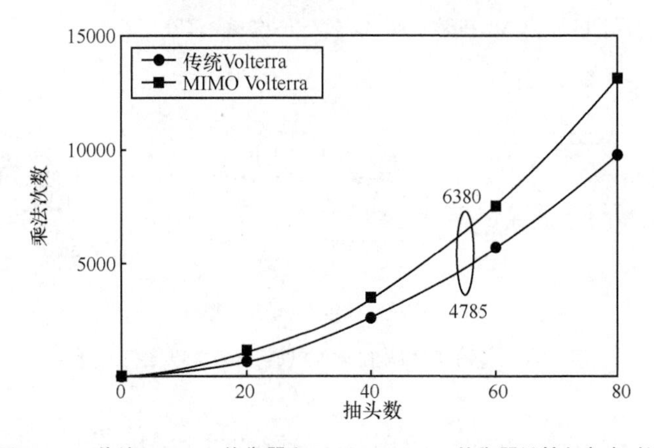

图 10-11　传统 Volterra 均衡器和 MIMO Volterra 均衡器计算复杂度对比

经过上述讨论后，可以发现，两个解决 IQ 不平衡问题的方法处于算法流程中不同位置。因此我们提出了一种级联算法，将传统 Volterra 滤波器作为第一级均衡器，将 MIMO Volterra 滤波器作为第二级均衡器。所提级联算法中，第一级均衡器能够补偿低阶的非线性。在下变频后，没有补偿的高阶非线性会扩散到实数信号的低阶非线性中，然后第二级均衡器就能够进一步补偿非线性损伤。除此之外，同样的训练序列在不同流程状态下可以给两个均衡器使用。即第一级均衡器使用的训练序列还包括上变频和上采样，第二级均衡器用的训练序列则是 QAM 符号。

10.4.2 基于级联复数信号实虚部非线性串扰消除算法的光纤直接检测传输实验

本节将通过两个实验详细地评估所提级联算法。一个是在带宽受限的情况下传输高阶调制格式信号，另一个则是在带宽不受限的情况下传输低阶长距离信号。基于 DD-MZM 和 IQ 调制器的实验装置示意图如图 10-12 所示，图 10-12（a）展示了 112Gbit/(s·λ^{-1}) CAP64 在带宽受限接收机下传输 50km 光纤的系统框图。我们通过一个带宽为 20GHz、采样率为 81.92 GSa/s 的 DAC 生成信号，信号经过 EA（32GHz 带宽和 20dB 增益）放大后，分别驱动 DD-MZM（35GHz 带宽）的上下臂。我们使用一个 6dB 的电衰减让信号处于调制器的线性区，一个 ECL 生成线宽为 100kHz、波长为 1542.9nm 的连续波。经 EDFA 放大后，信号由一个 15GHz 带宽的 PD 探测。最终由一个 30GHz 电带宽 80GSa/s 采样率的数字实时示波器采样。

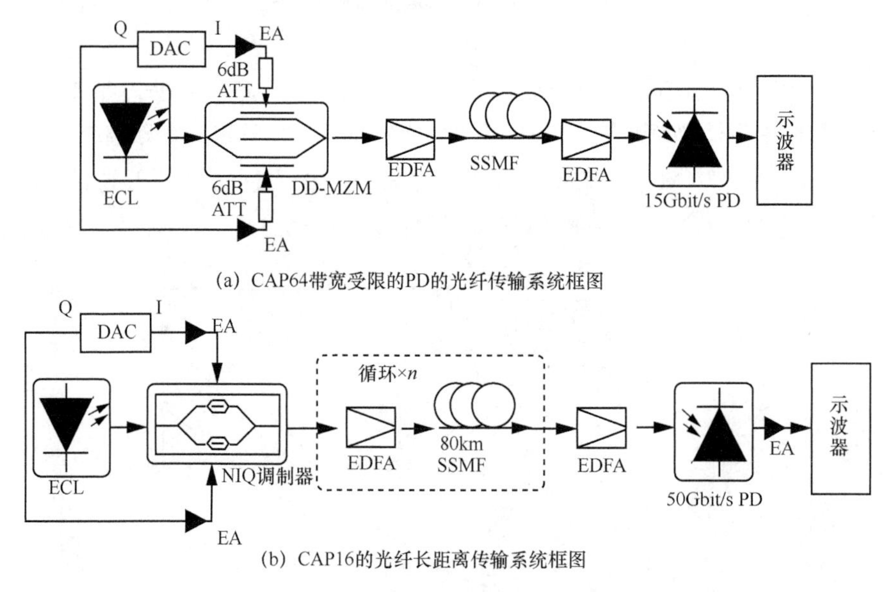

(a) CAP64带宽受限的PD的光纤传输系统框图

(b) CAP16的光纤长距离传输系统框图

图 10-12 基于 DD-MZM 和 IQ 调制器的实验装置示意图

图 10-12（b）展示了 112Gbit/(s·λ^{-1}) CAP16 传输 480km SSMF 的系统框图。我们使用偏置在正交点的 IQ 调制器（30GHz 带宽）代替了 DD-MZM。光纤传输链路包括 6 段 80km SSMF，每

段 80km SSMF 前有一个 EDFA 进行光信号放大，一个 50GHz 的 PD 用于探测。

在发射端 DSP 中，数据首先映射成复数 QAM 信号。在时域预均衡后，数据经过 4 倍上采样，然后 IQ 分离的信号被送进成形滤波器构成希尔伯特对。两个滤波器的脉冲响应为 $g(t)\cos(2\pi f_c t)$ 和 $g(t)\sin(2\pi f_c t)$。滚降系数 0.1 的 RRC 函数 $g(t)$ 被用作基带脉冲响应。成形和匹配滤波器的抽头长度是 33。CAP64 的中频为 10.3GHz，CAP16 为 15.6GHz，而 CAP64 的带宽为 18.7GBaud，CAP16 为 28GBaud。因此总的速率都是 112Gbit/s。在重采样后，信号经过色散预补偿，这一步骤也会使信号变为一个复数信号，信号的实部和虚部会分别驱动调制器的上下臂。

在接收机的 DSP 中，信号在 Gardner 时钟恢复和第一级均衡器后先送入匹配滤波器中分开实、虚部信号。对于第二级均衡器，训练序列的长度为 10000 符号。最终的误码率性能在 DD-LMS 和解映射后计算。在整个实验中，线性 LMS 或者传统 Volterra 滤波器被当作第一级均衡器，线性 LMS、MIMO、LMS，传统 Volttera 或者 MIMO Volterra 滤波器被当作第二级均衡器。这些线性和非线性均衡器的抽头长度都统一设为 55。这里抽头长度就是均衡器的记忆深度。因此，线性均衡器，如 LMS 有着 55 的复数抽头，MIMO LMS 有着 55×2=110 个实数抽头，而 Volterra 均衡器大概有 55×56/2=1540 个复数抽头，MIMO Volterra 大概有 55×56/2×2=3080 个实数抽头。考虑计算复杂度与均衡性能的折中，只有二阶的 Volterra 级数在计算中被考虑。在整个实验中，使用的所有均衡器都为 FFE。

在 CAP 调制中，成形和匹配滤波器的抽头长度是一个影响系统性能的重要参数。较短的 RRC 滤波器会引入比较严重的 ISI。然而，同时，较长的滤波器会带来 PAPR 损伤。抽头长度为 13、23、33 和 153 的 CCDF 与 PAPR 的关系如图 10-13 所示。出现这种现象，也因为较长的滤波器意味着更长序列的相加。

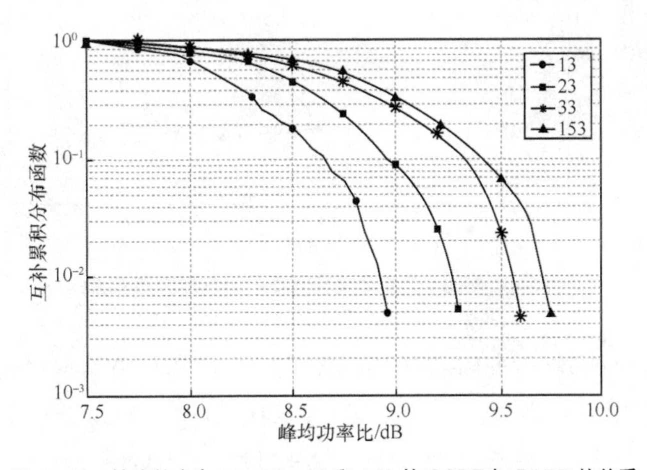

图 10-13　抽头长度为 13、23、33 和 153 的 CCDF 与 PAPR 的关系

另一个较长滤波器会带来的损失就是 RRC 滤波器的频域响应，抽头长度为 13、33 和 153 的

RRC 滤波器的频域响应如图 10-14 所示。滚降系数为 0.1。很明显可以看到，滤波器越长，其主瓣会越陡峭。

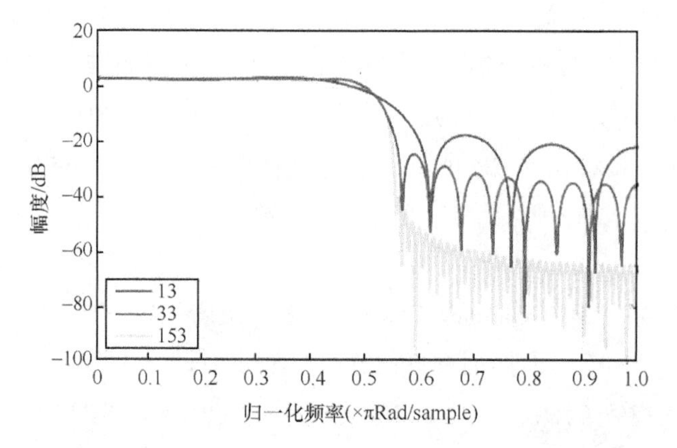

图 10-14　抽头长度为 13、33 和 153 的 RRC 滤波器的频域响应

所以，我们需要首先在背靠背下评估成形和匹配滤波器的抽头长度对误码率的影响，如图 10-15 所示。这里，只有 LMS 算法被用作第一级均衡器和第二级均衡器。根据这个结果，考虑到计算复杂度，我们选择成形和匹配滤波器的抽头为 33。

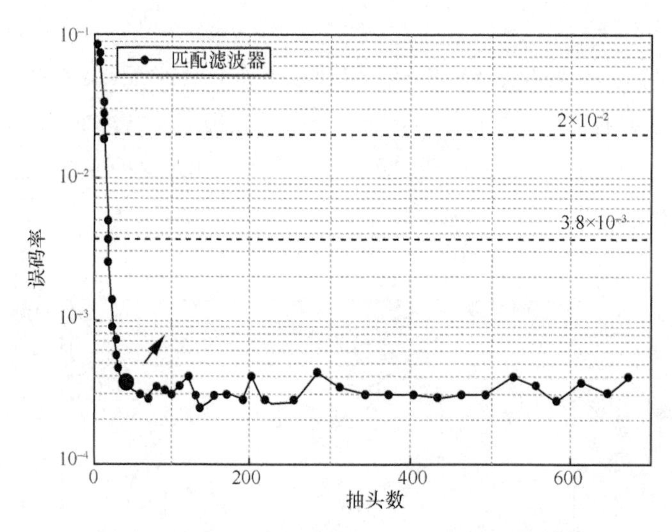

图 10-15　成形和匹配滤波器的抽头长度对误码率的影响

在背靠背下 CAP64 误码率性能与接收光功率的关系如图 10-16 所示，用一个 VOA 改变接收光功率以测试接收灵敏度，展示了不同算法组合的星座点。可以看出，并没有明显的 IQ 不平衡现象或者非线性损伤。这 8 个算法组合（LMS + LMS、LMS + Volterra、LMS + MIMO LMS、LMS+ MIMO Volterra、Volterra + LMS、Volterra + Volterra、Volterra + MIMO LMS、Volterra + MIMO Volterra）在背靠背下只有很小的区别。

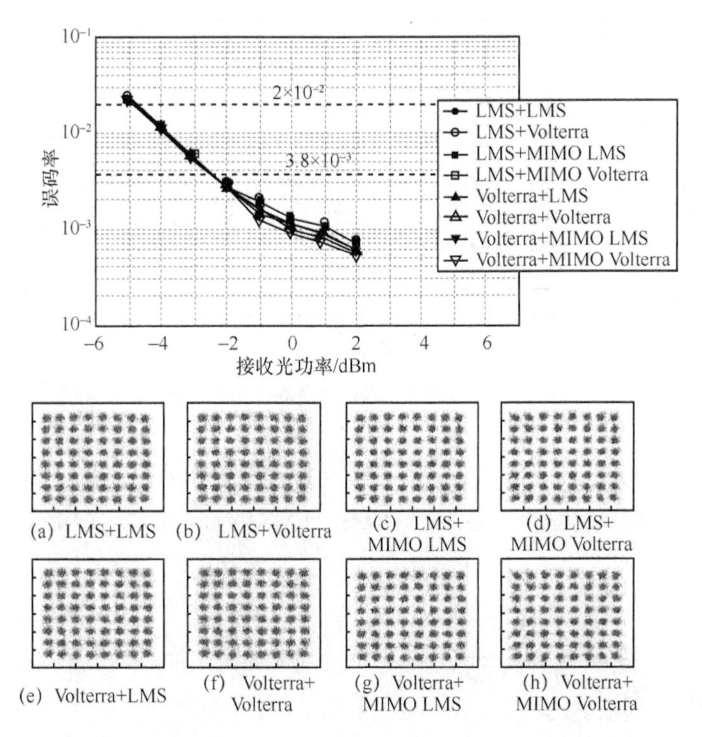

图 10-16　在背靠背下 CAP64 误码率性能与接收光功率的关系

在 40km 传输下 CAP64 的误码率性能与接收光功率的关系如图 10-17 所示，可以看出在这个系统中存在非线性和 IQ 不平衡。LMS+LMS、LMS+Volterra、LMS+MIMO LMS 性能最差。这是因为这些算法没法补偿非线性损伤。即使算法 LMS+Volterra 中有着 Voltter 算法作为第二级均衡器，但由于光纤传输引入的 IQ 不平衡，非线性均衡器无法正常工作。而本文提出的级联算法，相比于其他算法在 HD-FEC 门限上有 0.6dB 的接收灵敏度增益。

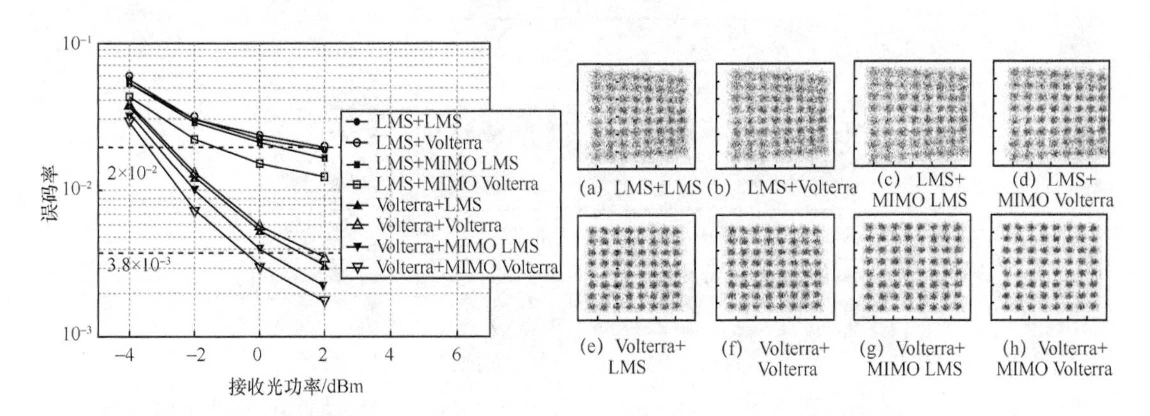

图 10-17　在 40km 传输下 CAP64 的误码率性能与接收光功率的关系

CAP64 的误码率性能与传输距离的关系如图 10-18 所示。最终，在 15GHz 的 PD 条件下，CAP64 成功传输了 50km 光纤，低于 HD-FEC 门限（3.8×10^{-3}）。而其他算法最好的误码率为 4.76×10^{-3}。

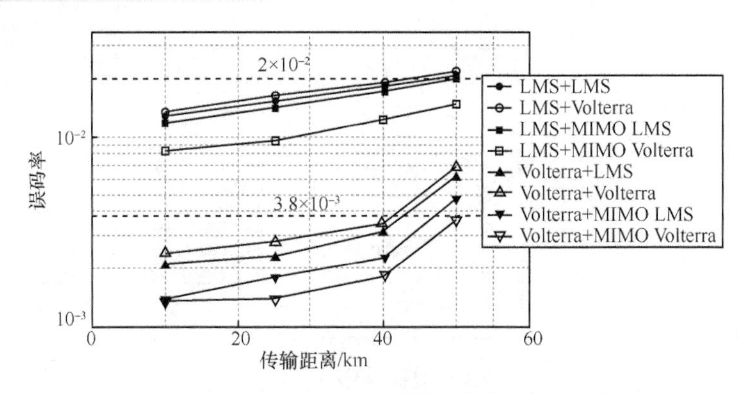

图 10-18　CAP64 的误码率性能与传输距离的关系

在 400km 光纤传输下 CAP16 的误码率性能与接收光功率的关系如图 10-19 所示，其系统框图为图 10-12（b）。可以看到，算法 LMS+LMS、LMS+Volterra 和 LMS+MIMO LMS 性能仍然最差。而图 10-19（d）、（e）、（f）和（g）对应的算法则有中等的性能。相较于其他算法，所提算法能有超过 3dB 的接收灵敏度增益。这里的增益明显高于 40km 传输的情形，这也意味着 IQ 不平衡的源头是光传输，而且会随着传输距离的增加而更加严重。结果表明所提级联算法能够在长距离传输中起到很好的作用。

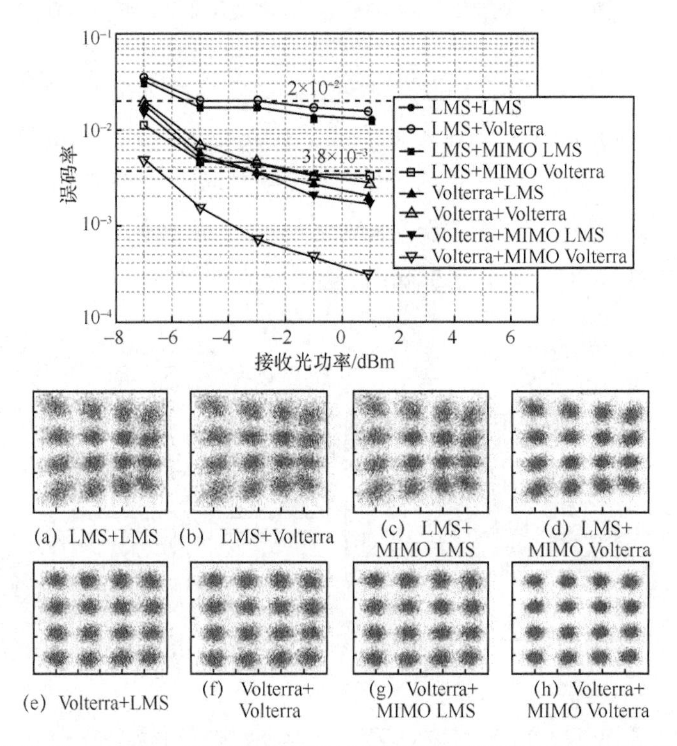

图 10-19　在 400km 光纤传输下 CAP16 的误码率性能与接收光功率的关系

最后，我们成功实现了 480km 的 CAP16 误码率低于 1×10^{-3} 的传输，CAP16 的误码率性能与

OSNR和传输距离的关系如图10-20所示。而CAP16信号在480km光纤传输后的光谱图如图10-21所示。

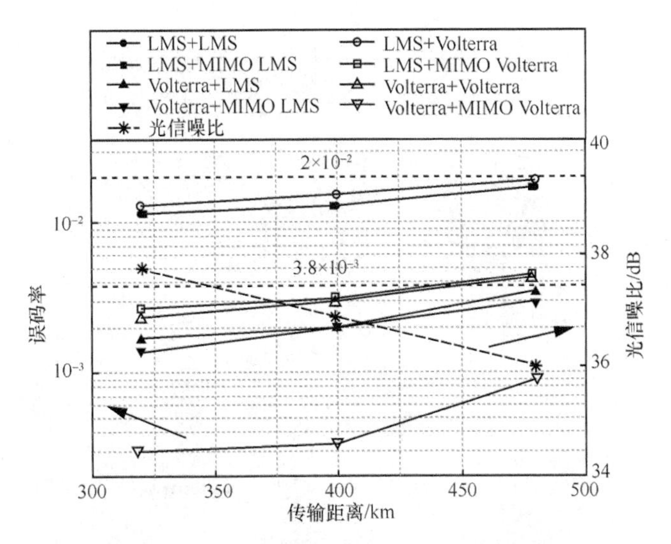

图 10-20　CAP16 的误码率性能与 OSNR 和传输距离的关系

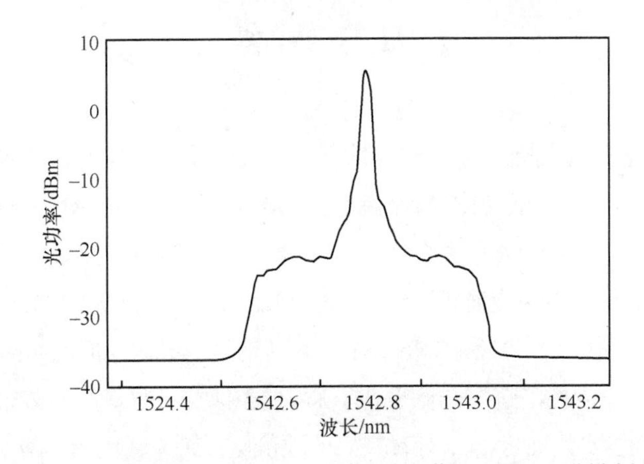

图 10-21　CAP16 信号在 480km 传输后的光谱图（0.01nm 分辨率）

最终，为了验证 MIMO Volterra 算法能够在下变频后补偿没有补偿的高阶非线性，我们测量了 LMS+LMS、Volterra+LMS 和 Volterra+MIMO Volterra 算法在误码率计算前的噪声频谱图，将归一化后的 480km 接收信号与发射信号相减得到噪声频谱，LMS+LMS、Volterra+LMS 和 Volterra+MIMO Volterra 误码率计算前的噪声频谱图如图 10-22 所示，可以看出，第一级非线性均衡器能够极大地补偿非线性损伤。此外，MIMO Volterra 由于能够在第一级非线性均衡器后补偿没有补偿的高阶非线性，所以有小幅提升。事实上，这样很小的提升也是合理的。因为高阶非线性的幅度远小于低阶项。所以在所提级联算法中，第一级 Volterra 滤波器能够补偿非线性和 SSBI 噪声，第二级 MIMO Volterra 滤波器能够补偿 IQ 不平衡和少量非线性噪声。我们希望该算法能够进一步提升中长距离中 CAP 调制格式的性能，为未来单载波调制在城域网中的应用打下基础。

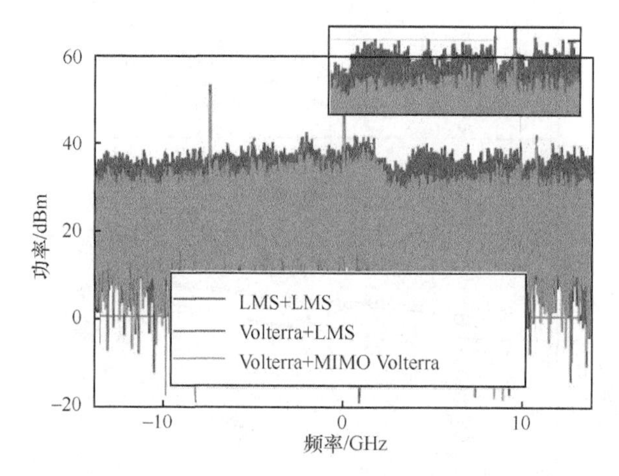

图 10-22 LMS+LMS、Volterra+LMS 和 Volterra+MIMO Volterra 误码率计算前的噪声频谱图

10.5 小结

针对城域网中现有传输的瓶颈——非线性损伤，我们提出了基于神经网络的信道均衡技术。为了对多种神经网络技术进行横向比较，分别通过 MLP、FLANN、RNN 和 DNN 实现非线性补偿。我们通过建立的基于神经网络均衡器的城域网光纤直接检测传输系统，成功实现了基于 DNN 的 400km 112Gbit/(s·λ^{-1}) PAM4 传输和基于 MLP、FLANN 和 RNN 的 320km 传输。据我们所知，这是首次在城域网中使用 FLANN 和 RNN 均衡 PAM 信号。根据我们的结果，可以看到 DNN 由于过拟合问题，很容易产生性能过好的假象，这就需要类似提供收敛图的方式保证其没有过拟合。综合考虑性能与计算复杂度，FLANN 有着较好的性价比，其计算复杂度与 MLP 接近，但性能却与 RNN 保持一致。希望该结果能够为神经网络未来在光纤通信系统中的应用起到借鉴意义。针对光纤通信中的 CAP 复数信号的 IQ 不平衡问题，我们提出了一种新的级联复数信号实虚部非线性串扰消除算法，解决了中长距离光纤传输引入的非线性导致的 IQ 不平衡问题。通过搭建的基于 CAP 信号的光纤大容量中长距传输系统平台，成功实验演示了 480km 单波长 112Gbit/s CAP 传输，相较于其他均衡算法提高了超过 3dB 的接收灵敏度，极大提升了 CAP 信号在直接检测系统下的传输容量和传输距离。此外，根据我们的实验结果，在我们提出的级联算法中，第一级 Volterra 滤波器能够有效补偿二阶非线性和 SSBI，第二级 MIMO Volterra 滤波器能够补偿 IQ 不平衡和少量非线性噪声。最后，针对中长距离的城域网传输特性，城域网传输的距离介于接入网和骨干网之间，因此，无论相干探测还是直调探测都有应用的可能，同时由于成本和传输距离相互制约，使用直接探测技术无法实现城域网传输，使用相干探测又无法降低成本的问题。在色散

预补偿技术被出来以前，使用相干探测技术才是传输城域网数据的主要光纤通信手段。在色散预补偿技术被提出后，我们才能在直接探测条件下进行城域网传输。

参考文献

[1] KHAN F N, LU C, LAU A P T. Machine learning methods for optical communication systems[C]// Proceedings of Advanced Photonics 2017 (IPR, NOMA, Sensors, Networks, SPPCom, PS). Washington, D.C.: OSA, 2017: SpW2F. 3.

[2] CHEN S, GIBSON G J, COWAN C F N, et al. Adaptive equalization of finite non-linear channels using multilayer perceptrons[J]. Signal Processing, 1990, 20(2): 107-119.

[3] SICURANZA G L, CARINI A. A generalized FLANN filter for nonlinear active noise control[J]. IEEE Transactions on Audio, Speech, and Language Processing, 2011, 19(8): 2412-2417.

[4] KECHRIOTIS G, ZERVAS E, MANOLAKOS E S. Using recurrent neural networks for adaptive communication channel equalization[J]. IEEE Transactions on Neural Networks, 1994, 5(2): 267-278.

[5] XIE J, XU L, CHEN E. Image denoising and inpainting with deep neural networks[C]//Advances in Neural Information Processing Systems, 2019: 341-349.

[6] GIACOUMIDIS E, LE S T, ALDAYA I, et al. Experimental comparison of artificial neural network and Volterra based nonlinear equalization for CO-OFDM[C]//Proceedings of 2016 Optical Fiber Communications Conference and Exhibition (OFC). Piscataway: IEEE Press, 2016: 1-3.

[7] ESTARAN J, RIOS-MUELLER R, MESTRE M A, et al. Artificial neural networks for linear and non-linear impairment mitigation in high-baudrate IM/DD systems[C]//Proceedings of ECOC 2016; 42nd European Conference on Optical Communication. VDE 2016: 1-3.

[8] LUO M, FAN G, HE Z, et al. Transmission of 4× 50-Gb/s PAM-4 signal over 80-km single mode fiber using neural network[C]//Proceedings of Optical Fiber Communication Conference. Washington, D.C.: OSA, 2018: M2F. 2.

[9] RUMELHART D E, HINTON G E, WILLIAMS R J. Learning internal representations by error propagation[R]. City: California Univ San Diego La Jolla Inst for Cognitive Science, 1985.

[10] WERBOS P J. Backpropagation through time: what it does and how to do it[J]. Proceedings of the IEEE, 1990, 78(10): 1550-1560.

[11] WILLIAMS R J, PENG J. An efficient gradient-based algorithm for on-line training of recurrent network trajectories[J]. Neural Computation, 1990, 2(4): 490-501.

[12] ESTARAN J, IGLESIAS M, ZIBAR D, et al. First experimental demonstration of coherent CAP for 300-Gb/s metropolitan optical networks[C]//Proceedings of Optical Fiber Communication Conference. Washington, D.C.: OSA, 2014:Th3K. 3.

[13] SHI J Y, ZHANG J W, CHI N, et al. Comparison of 100G PAM-8, CAP-64 and DFT-S OFDM with a bandwidth-limited direct-detection receiver[J]. Optics Express, 2017, 25(26): 32254.

[14] WANG Y G, TAO L, HUANG X X, et al. Enhanced performance of a high-speed WDM CAP64 VLC system employing Volterra series-based nonlinear equalizer[J]. IEEE Photonics Journal, 2015, 7(3): 1-7.

[15] SHI J, ZHANG J, LI X, et al. 112 Gbit/($s \cdot \lambda^{-1}$) CAP signals transmission over 480 km in IM-DD system[C]// Proceedings of Optical Fiber Communication Conference.Washington, D.C.:OSA, 2018: 1-3.

[16] SHI J, ZHOU Y, XU Y, et al. 200-Gbps DFT-S OFDM using DD-MZM-based twin-SSB with a MI-

MO-Volterra equalizer[J]. IEEE Photonics Technology Letters, 2017, 29(14): 1183-1186.

[17] TAO L, WANG Y G, XIAO J N, et al. Enhanced performance of 400 Gb/s DML-based CAP systems using optical filtering technique for short reach communication[J]. Optics Express, 2014, 22(24): 29331-29339.

[18] DA SILVA E P, ZIBAR D. Widely linear equalization for IQ imbalance and skew compensation in optical coherent receivers[J]. Journal of Lightwave Technology, 2016, 34(15): 3577-3586.

[19] LEIBRICH J, ROSENKRANZ W. Frequency domain equalization with minimum complexity in coherent optical transmission systems[C]//Proceedings of Optical Fiber Communication Conference. Washington, D.C.: OSA, 2010: OWV1.

第 11 章

接入网系统在带宽受限情况下的调制格式最佳化

11.1 引言

随着高速光传输的需求在接入网中不断提高，越来越多的研究者开始聚焦 400Gbit/s 光传输网络。不同于长距离骨干传输，短距离的接入网对系统实验成本极其敏感。这也就预示着摆在众多研究者面前的是带宽受限的收发器以及强度调制直接检测系统的低灵敏度（相较于相干系统）。在众多的 400Gbit/s 方案中，现在最为可行的方案是基于 4 路信号的波分复用光互连系统，单路单波长传输 100Gbit/s 信号。但在这些方案中，对于系统使用的调制方式的选择并没有一个明确的答案。文献[1]对比了不同的调制方式，但只比较了较低频谱效率的 PAM4、CAP-16QAM 和 DMT-16QAM 信号，并且都是基于 1310nm 的波长和 10km 的光纤传输。这就在主流的 EDFA 的波长 1550nm 下缺乏了参考价值，并且较低的频谱效率也就意味着较大带宽的调制器和探测器，这也缺乏实际应用价值。

而单看这几个调制方式在接入网中的传输结果，在强度调制直接检测系统中，对于 PAM 调制格式，文献[2]实现了 100Gbit/s 偏振分集复用的 PAM4，传输距离为 100km 的 SSMF。文献[3]则实现了 150Gbit/s PAM8 传输 2km 光纤，文献[4]实现了 120Gbit/s PAM8 传输 2km SMF 或者传输 20km 大有效面积光纤。对于 CAP 调制格式，文献[5]使用了相干接收机与 PDM 多带 CAP 实现了 221Gbit/s 传输 225km 和 336Gbit/s 传输 451km。如果使用强度调制直接检测系统，文献[6]实现了 CAP 64QAM 传输 60Gbit/s 20km 光纤。对于 OFDM 调制格式，文献[7]基于一个 8×11.5Gbit/s 的单边带 OFDM 系统，使用了 8 信道信号传输了 1000km SMF。文献[8]实现了单信道 128Gbit/s OFDM 传输 10km SSMF。文献[9]通过一个多带的 100Gbit/s OFDM 基于偏移 64QAM 传输了 80km 光纤。此外，DFT-S OFDM 也被提出用于抑制 OFDM 信号的 PAPR。文献[10]基于 DFT-S OFDM 实现了 560Gbit/s 2.4km 的传输实验。

从这些结果可以看到，这些调制格式都只有独立的传输实验，并没有横向之间的性能比较，尤其是在低成本的短距离传输场景中，对于低成本的带宽受限系统的性能比较。而这样的性能比较，对于接入网系统的应用具有极高的实际价值。而且，一旦接收机 3dB 带宽低于 15GHz，那么必须使用类似 PAM8、CAP64 或 OFDM 64QAM 等相对较高调制阶数的调制格式，这也对系统提出了一定的挑战。

本章将对 PAM8、CAP64 和 DFT-S OFDM 64QAM 这 3 种调制格式在接入网低成本、带宽受限系统下进行性能对比。为了对比 3 种调制格式，我们将对其使用相同的恢复算法和相同的参数，如均衡器的抽头数和步长。3 种调制格式都需要在发射端进行映射、预均衡、上采样和色散预补偿，除此之外，CAP 需要一个代价为卷积的额外 IQ 分路和成形滤波器，DFT-S OFDM 需要额外的 FFT 和 IFFT。

11.2 面向低成本接入网的 100Gbit/s 光纤强度调制直接检测通信系统实验

11.2.1 算法流程

PAM8 调制信号算法流程如图 11-1 所示。在发射端，数据首先映射成 PAM8 信号，然后在时域通过一个相反的线性滤波器进行除权预均衡，上采样倍数为 2。一个整形参数为 5 的 Kaiser 窗函数在重采样时进行信号成形滤波。波特率设置为 37.5GBaud 得到 112Gbit/s 的 PAM8 信号，DAC 的采样率为 81.92GSa/s。在重采样后，信号会经过色散预补偿[11]。但由于色散预均衡后，信号会变为一个复数信号，因此需要使用 DD-MZM，将信号的实部和虚部分别驱动 DD-MZM 的上下臂。在离线处理中，采样后的信号首先经过 Gardner 重定时恢复算法，然后数据被送进非线性均衡器模块中，该非线性模块使用基于 LMS 的 Volterra 滤波器。考虑计算复杂度和均衡性能的折中，只有一阶和二阶 Volterra 系数在此次运算中被考虑。在 DD-LMS 和解映射之后计算误码率性能。非线性滤波器和 DD-LMS 的抽头长度在整个实验中都设为 189，这也是为了使 3 种调制方式都能获得最佳性能。

CAP64 调制信号算法流程如图 11-2 所示。在发射端，数据首先映射成复数的 64QAM 信号。在时域除权预均衡后，数据首先通过 4 倍的上采样。通过一个 IQ 分离器和一个滚降系数为 0.1 的 RRC 成形滤波器形成希尔伯特对。该 CAP64 信号的中频的频率设置为 10.3GHz，波特率为 18.7GBaud，最终速率为 112Gbit/s，并且经过了相同的色散预补偿模块。在接收端，信号首先在时钟恢复和非线性恢复后送进匹配滤波器分离实部和虚部信号。误码率性能也是在 DD-LMS 和解映射后计算。

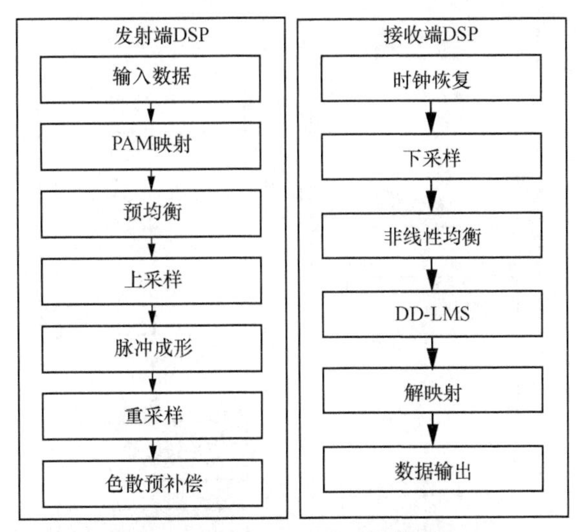

图 11-1　PAM8 调制信号算法流程

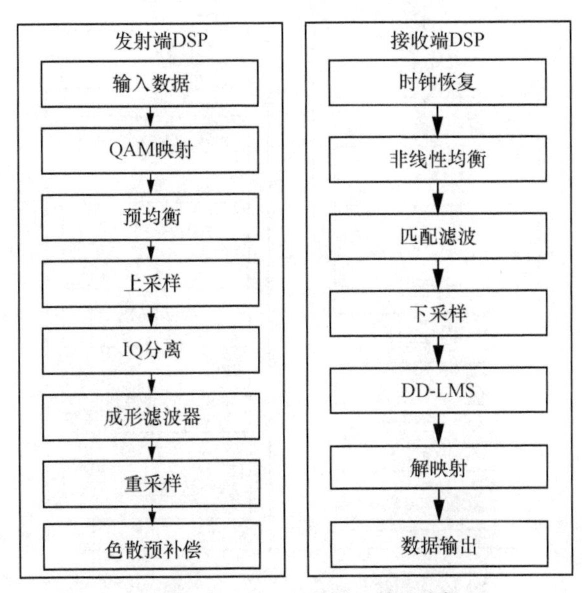

图 11-2　CAP64 调制信号算法流程

DFT-S OFDM 调制信号算法流程如图 11-3 所示。在发射端，数据首先映射成复数的 64QAM 信号。除权预均衡后，一个 2048 点长度的 FFT 被用来生成 DFT-S 信号，预均衡后一个 IFFT 被用来生成 2048 个子载波的 OFDM 信号。其中，2040 个子载波被用来进行数据传输[10]。一个符号作为训练序列恢复剩余 19 个符号的信道。一个 32 样本的 CP 被加入以减轻色散引入的 ISI。在并串转换后，将信号上变换到中频信号生成实数的 DFT-S OFDM 信号[12]。在这个实验中，OFDM 信号的带宽为 20GHz，最终的总速率为 111.8077Gbit/s（$20\times6\times\frac{2048}{2048+32}\times\frac{2040}{2048}\times\frac{19}{20}$），而且也经过了相同的色散预补偿模块。实现了信号的同步，后均衡是基于 1 个训练符号的迫零均衡，误码率性能也是在 DD-LMS 和解映射后计算。

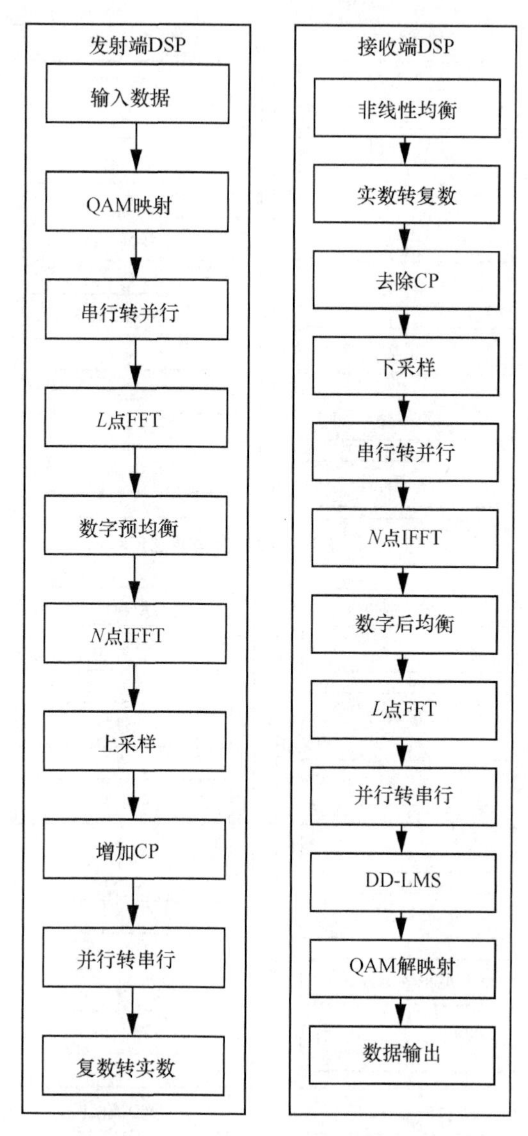

图 11-3　DFT-S OFDM 调制信号算法流程

11.2.2　实验装置及系统参数

低成本接入网带宽受限系统实验装置如图 11-4 所示。我们通过一个 81.92GSa/s 的 DAC 生成信号，其带宽为 20GHz。DD-MZM（35GHz）的两个相位调制器的偏置电压有 $V_\pi/2$ 的差值，以此实现 IQ 调制功能。在驱动调制器的上下臂前，信号首先通过 EA（32GHz 带宽和 20dB 增益）放大。激光器产生波长在 1542.9 nm 的连续波，然后加载入调制器中。信号经过 EDFA 放大后，通过一个 TIA 集成的探测器探测，整个器件的光带宽为 15GHz，电带宽为 11GHz。最后探测的信号由一台采样率为 80GSa/s 的数字实时示波器采样，其电带宽为 30GHz。实验系统参数见表 11-1。光信道端到端频率响应如图 11-5 所示。根据测量的结果，光信道的 3dB 带宽为 5.4GHz，6dB 带宽为 11.1GHz，10dB 带宽为 16.2GHz。

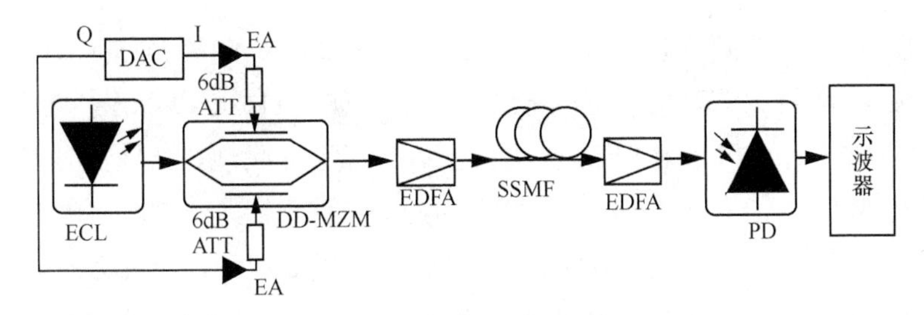

图 11-4　低成本接入网带宽受限系统实验装置

表 11-1　实验系统参数

参数	值
波长	1542.9nm
DAC 取样速率	81.92GSa/s
DAC 带宽	20GHz
DD-MZM 带宽	35GHz
电放大器带宽	32GHz
电放大器增益	20dB
光接收光带宽	15GHz
光接收机电带宽	11GHz
示波器取样速率	80GSa/s
示波器带宽	30GHz

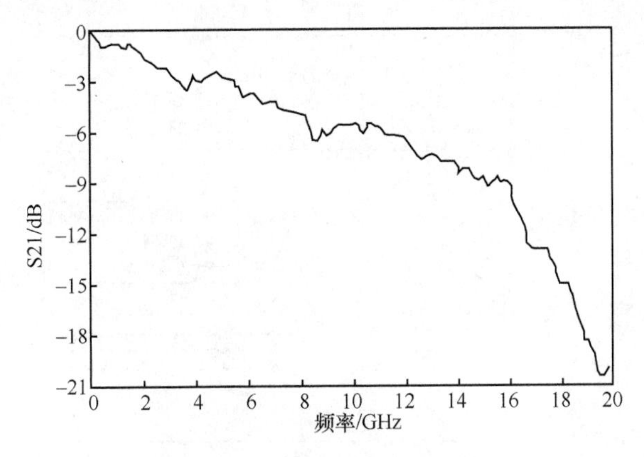

图 11-5　光信道端到端频率响应

11.2.3 实验结果与讨论

非线性均衡器性能分析如图 11-6 所示，首先，评估 PAM、CAP 和 DFT-S OFDM 在背靠背情况下有无非线性均衡器的误码率性能和接收光功率的关系如图 11-6（a）所示。接收光功率在接收端的 EDFA 放大后测量，主要是为了衡量接收机的灵敏度。我们发现 PAM 信号在使用非线性均衡后拥有最佳的误码率性能。原因是，对于 PAM 调制格式而言，信号是数字多电平信号，而 CAP 和 DFT-S OFDM 信号则是模拟信号。在实验中，DAC 生成的 PAM、CAP 和 DFT-S OFDM 信号有相同的输出幅度。然而，PAM 信号因为其较低的 PAPR，相比于其他两个调制方式有更高的平均功率。PAM 信号在 2dBm 接收光功率下没有非线性均衡器下的电平图如图 11-7 所示，PAM8 信号的高电平有更为严重的非线性损伤，这也导致误码率较高。使用非线性均衡器可以缓解非线性。这时候误码率性能主要由 SNR 决定而不是非线性决定。更高的 SNR 使得 PAM 信号性能在有非线性均衡时优于 CAP 和 DFT-S OFDM 信号。我们也考虑了 Volterra 滤波器抽头和误码率的关系，结果如图 11-6（b）所示，该结果在 40km 光纤传输后测量，可以看到，如果增加抽头的数量，系统的性能会逐渐变好，并在某个最大值趋于稳定。而 3 种调制格式的最大值完全不同。因此，为了减少抽头数量对系统性能的影响，我们会选择尽可能大的抽头保证 3 种调制格式都处于最优性能。因此在接下来的光纤传输实验中选择 189 个抽头作为非线性均衡器的抽头。

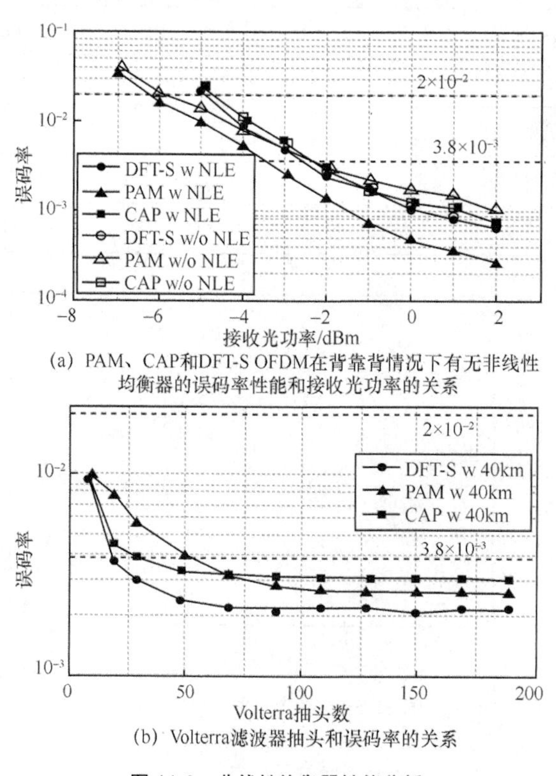

(a) PAM、CAP和DFT-S OFDM在背靠背情况下有无非线性均衡器的误码率性能和接收光功率的关系

(b) Volterra滤波器抽头和误码率的关系

图 11-6 非线性均衡器性能分析

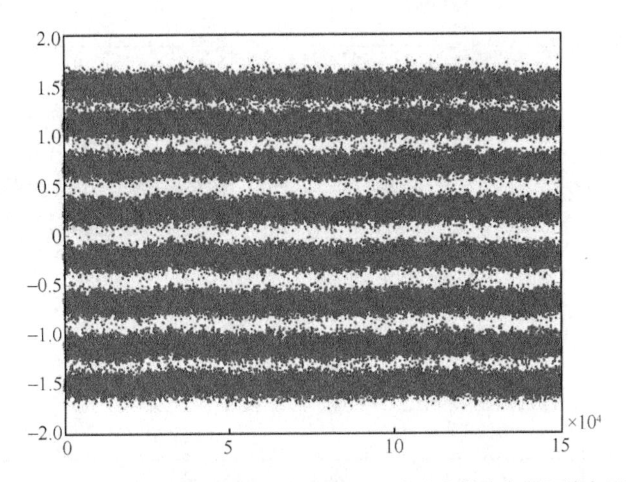

图 11-7　PAM 信号在 2dBm 接收光功率下没有非线性均衡器下的电平图

PAM、CAP 和 DFT-S OFDM 在背靠背、10km、25km 和 40km 传输下误码率性能与接收光功率的关系如图 11-8 所示。对于 PAM 信号，接收光功率在 HD-FEC 门限 3.8×10^{-3} 时从背靠背到 10km 的代价为 3.4dB，而 CAP 为 2.5dB，DFT-S OFDM 为 2dB。在光纤传输后，DFT-S OFDM 的性能优于 PAM 和 CAP 信号。这里有两个原因，一个是在色散预补偿后改变的 PAPR，PAM、CAP 和 DFT-S OFDM 调制 PAPR 分析如图 11-9 所示，在色散补偿后，PAM、CAP 和 DFT-S OFDM 拥有几乎相同的 PAPR；另一个是带宽受限的接收机，由于接收器的光带宽只有 15GHz，而 PAM 的总带宽为 37.5GHz，CAP 为 20.57GHz（18.7×1.1），DFT-S OFDM 为 20GHz。这两个因素导致 DFT-S OFDM 在光纤传输后拥有最佳的性能。

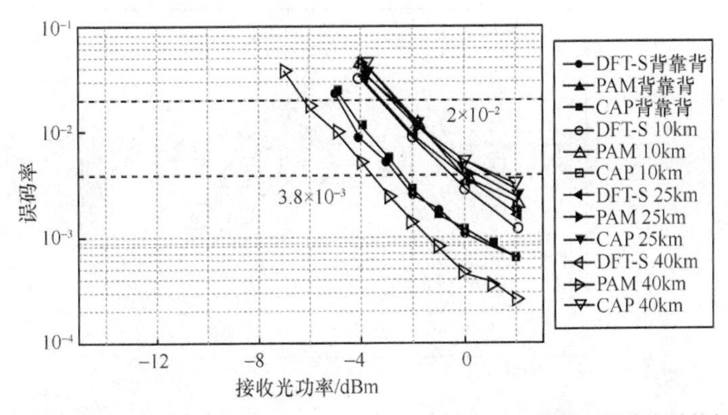

图 11-8　PAM、CAP 和 DFT-S OFDM 在背靠背、10km、25km 和 40km 传输下误码率性能与接收光功率的关系

PAM、CAP 和 DFT-S OFDM 在背靠背、25km 和 40km 光纤传输下误码率与 OSNR 的关系如图 11-10 所示。本节通过一个 VOA 改变 OSNR。对于 PAN 信号，从背靠背到 25km OSNR 在 HD-FEC 门限的损失约为 5.2dB，而 CAP 为 2.9dB，DFT-S OFDM 仅为 1.2dB。如果光纤传输距离为 25～40km，那么 3 种调制格式的 OSNR 损失基本相同。这是因为光纤传输距离为 25～40km 时，3 种调制格式的 PAPR 的改变都很小。

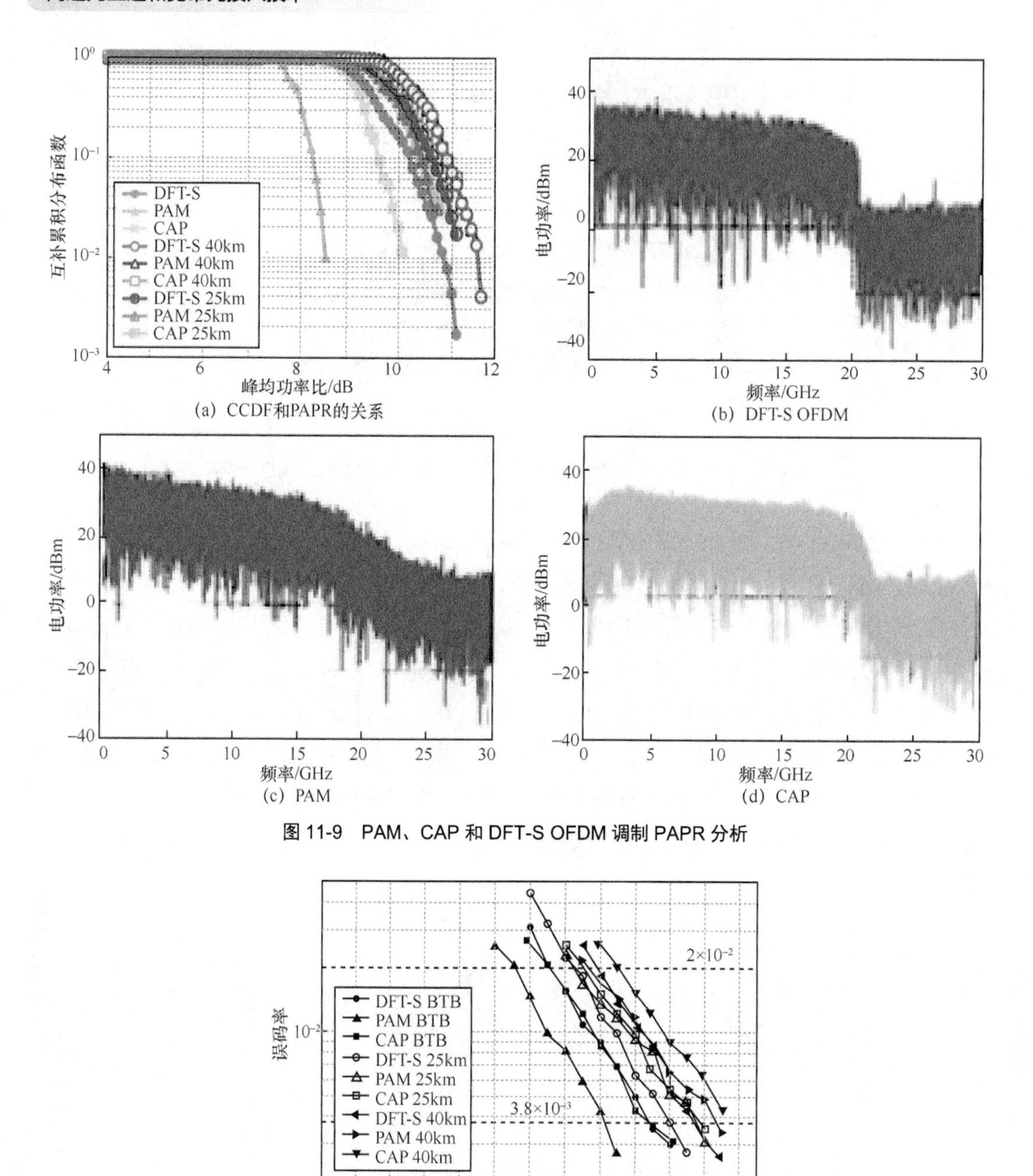

图 11-9 PAM、CAP 和 DFT-S OFDM 调制 PAPR 分析

图 11-10 PAM、CAP 和 DFT-S OFDM 在背靠背、25km 和 40km 光纤传输下误码率与 OSNR 的关系

最后，我们成功传输了 50km 光纤的 DFT-S OFDM 信号，低于 HD-FEC 门限 3.8×10^{-3}，PAM、CAP 和 DFT-S OFDM 的误码率性能与传输距离的关系如图 11-11 所示。而在 50km 的传输时，PAM 信号只能达到 5.75×10^{-3}，CAP 只能达到 6.24×10^{-3}。3 种调制格式的星座点或示意图也分别在图 11-11 插图中展示。

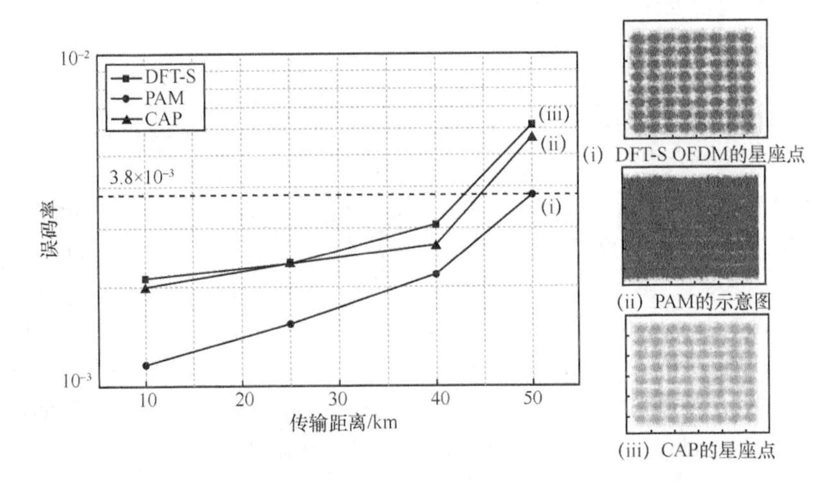

图 11-11　PAM、CAP 和 DFT-S OFDM 的误码率性能与传输距离的关系

11.3　小结

针对低成本接入网中的 PAM8、CAP64 和 DFT-S OFDM 64QAM 调制格式进行了详细的分析和比较。通过建立的 15Gbit/s 光带宽 100Gbit/s 传输的光纤强度调制直接检测系统，成功实现了 50km 的 DFT-S OFDM 传输与 40km 的 PAM 和 CAP 传输。通过对比实验结果可知，如果在 100Gbit/s 光传输低成本接入网系统中使用带宽受限的直接检测的接收机，那么 DFT-S OFDM 64QAM 相比于 PAM8 和 CAP 64QAM 有着更好的性能，能够成为一个不错的选择。

参考文献

[1] ZHONG K P, ZHOU X, GUI T, et al. Experimental study of PAM-4, CAP-16, and DMT for 100 Gb/s short reach optical transmission systems[J]. Optics Express, 2015, 23(2): 1176-1189.

[2] CHAGNON M, OSMAN M, POULIN M, et al. Experimental study of 112 Gb/s short reach transmission employing PAM formats and SiP intensity modulator at 1.3 μm[J]. Optics Express, 2014, 22(17): 21018-21036.

[3] MESTRE M A, MARDOYAN H, KONCZYKOWSKA A, et al. Direct detection transceiver at 150-Gbit/s net data rate using PAM 8 for optical interconnects[C]//Proceedings of 2015 European Conference on Optical Communication (ECOC). Piscataway: IEEE Press, 2015: 1-3.

[4] WANG Y Q, YU J J, CHI N, et al. Experimental demonstration of 120-Gb/s Nyquist PAM8-SCFDE for short-reach optical communication[J]. IEEE Photonics Journal, 2015, 7(4): 1-5.

[5] ESTARAN J, IGLESIAS M, ZIBAR D, et al. First experimental demonstration of coherent CAP for 300-Gb/s metropolitan optical networks[C]//Proceedings of Optical Fiber Communication Conference. Washington,

D.C.: OSA, 2014: Th3K. 3.

[6] ZHANG J, LI X, XIA Y, et al. 60-Gb/s CAP-64QAM transmission using DML with direct detection and digital equalization[C]//Proceedings of Optical Fiber Communication Conference. Washington, D.C.: OSA, 2014: 1-3.

[7] QIAN D, CVIJETIC N, HU J, et al. Optical OFDM transmission in metro/access networks[C]//Proceedings of Optical Fiber Communication Conference and National Fiber Optic Engineers Conference. Washington, D.C.: OSA, 2009: OMV1.

[8] WU X R, HUANG C R, XU K, et al. 128-Gb/s line rate OFDM signal modulation using an integrated silicon microring modulator[J]. IEEE Photonics Technology Letters, 2016, 28(19): 2058-2061.

[9] LI C, LI H B, YANG Q, et al. Single photodiode direct detection system of 100-Gb/s OFDM/OQAM-64QAM over 80-km SSMF within a 50-GHz optical grid[J]. Optics Express, 2014, 22(19): 22490-22497.

[10] LI F, CAO Z, CHEN M, et al. Demonstration of four-channel CWDM 560 Gbit/s 128QAM-OFDM for optical inter-connection[C]//Proceedings of 2016 Optical Fiber Communications Conference and Exhibition (OFC). Piscataway: IEEE Press, 2016: 1-3.

[11] ZHOU J, ZHANG L, ZUO T, et al. Transmission of 100-Gb/s DSB-DMT over 80-km SMF Using 10-G class TTA and Direct-Detection[C]//Proceedings of 42nd European Conference on Optical Communicatio VDE, 2016: 1-3.

[12] WANG Y Q, YU J J, CHI N. Demonstration of 4times 128-Gb/s DFT-S OFDM signal transmission over 320-km SMF with IM/DD[J]. IEEE Photonics Journal, 2016, 8(2): 1-9.

第12章

城域网传输系统的调制格式最佳化

12.1 引言

在如今的光互连网络、城域网以及接入网络中，400Gbit/s 的传输已经成为无法忽视的重中之重。在第 11 章中，我们讨论了低成本接入网中不同调制格式的选择。本章将继续讨论不同调制格式在城域网中的应用前景。与接入网不同的是，城域网传输的距离较长，但又没有长距离跨洋传输那样的超长距离，因此，无论相干检测还是直调检测都有应用的可能。

由于成本和传输距离互相制约，使用直接检测技术无法实现城域网传输，使用相干检测又无法降低成本。对于 PAM 调制格式，文献[1]使用相干检测传输了 83.3Gbit/s PAM4 信号 400km 光纤。如果使用直接检测，文献[2]传输了 100Gbit/s PDM-PAM4 信号 100m 光纤，文献[3]在 1310nm 下传输了 140Gbit/s PAM4 信号 20km 光纤，文献[4]传输了 112Gbit/s PAM4 信号 1km 光纤。对于单载波调制格式 CAP 而言，文献[5]使用相干检测传输了 221Gbit/s 和 336Gbit/s PDM 多带 CAP 信号 225km 和 451km 光纤。如果使用直接检测，文献[6]传输了 56Gbit/s PDM CAP 信号 15km 光纤。此外，对于 OFDM 调制格式，文献[7]传输了 8×11.5Gbit/s 8 个单边带 OFDM 信号 1000km。文献[8]传输了单带 128Gbit/s OFDM 信号 10km 光纤，文献[9]传输了多带 100Gbit/s 单边带 OFDM 信号 320km。

可以看到，虽然很多学者围绕这 3 种调制格式做了不少工作，但还没有在直接检测系统下传输 100Gbit/s 速率和 400km 光纤，主要因为在这样长的光纤传输后，色散会引入不少的损伤，尤其在直接检测中，会引起功率幂衰落。一些文章使用单边带或者残留单边带方式避免该现象，如文献[10]传输了 80km 和文献[11]传输了 100km。然而，使用单边带信号相较于双边带信号会导致 3dB 的 SNR 损失[12]。因此，在色散预补偿技术被提出以前，使用直接检测技术实现基于城域网的光纤通信是比较困难的事情。在现有技术下，我们才能在直接检测条件下进行城域网传输。

12.2 面向中长距城域网的 100Gbit/s 强度调制直接检测通信系统实验

12.2.1 算法流程

为了进行实验验证，我们首先给出了 3 种调制格式的算法流程。PAM4 调制信号算法流程如图 12-1 所示。在发射端，数据首先映射为 PAM4 实数符号。抽头长度为 189 的反向线性滤波器用于在时域中进行预均衡，再进行两倍上采样。为了避免混叠，使用整形参数为 5 的 Kaiser 窗口进行脉冲成形。发射数据波特率为 56GBaud，以获得 112Gbit/s 的 PAM4 信号，DAC 的采样率为 81.92GSa/s。重采样后，信号的实部和虚部分别馈入 DD-MZM 或 IQ 调制器的上臂和下臂进行数字色散预补偿。在接收端，首先通过 Gardner 时钟恢复算法处理采样信号。然后，使用 Volterra 滤波器进行非线性均衡。考虑计算复杂度和均衡性能之间的折中，在计算中仅使用 Volterra 级数的一阶和二阶项。最终数据的误码率性能在 DD-LMS 和解映射过程之后进行测量。在整个实验中，对于 3 种调制格式，非线性均衡器和 DD-LMS 的抽头长度都设置为 189。

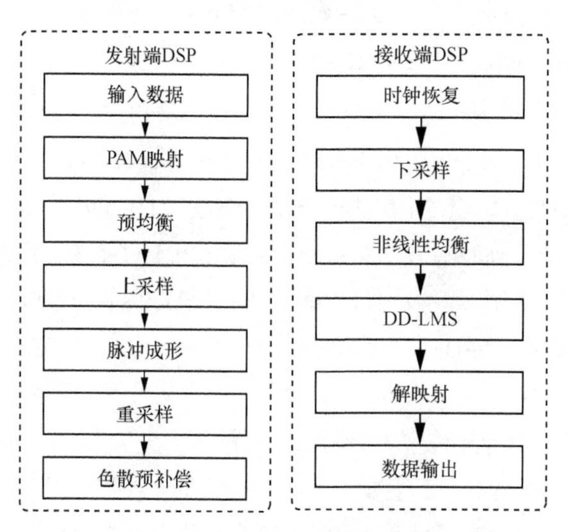

图 12-1 PAM4 调制信号算法流程

CAP16 调制信号算法流程如图 12-2 所示。在发射端，数据首先映射为 16QAM 复数符号。经过预均衡后，数据进行 4 倍上采样。IQ 分离用于形成希尔伯特对，滚降因子为 0.1 的平方根升余弦整形滤波器用作成形过滤器。中心频率设置为 15.6GHz，而 CAP16 的波特率为 28GBaud，比特率为 112Gbit/s，并且执行相同的 CD 预补偿过程。在接收端中，信号被发送到匹配的滤波器中，在时钟恢复和非线性均衡器之后分离同相和正交分量。最终误码率在 DD-LMS 和解映射过程之后进行计算。

图 12-2　CAP16 调制信号算法流程

DFT-S OFDM 调制信号算法流程如图 12-3 所示。在发射端，首先将数据映射为 16QAM 复数符号，然后使用 2048 点 FFT 生成 DFT-S 信号，并使用 IFFT 生成预均衡后具有 2048 个子载波的 OFDM 信号，接着使用 1 个训练符号恢复其他 19 个符号以进行信道估计。同时，添加了 32 个样本的 CP 以减轻 CD 引起的 ISI。经过并行到串行（Parallel/Serial，P/S）转换后，使用副载波调制生成实值 DFT-S OFDM 信号。在此实验中，OFDM 信号的带宽为 30GHz。总比特率为 111.8077Gbit/s（30×4×2048 /（2048 + 32）×2040/2048×19/20），并添加了相同的 CD 预补偿过程。在离线过程中，同步信号首先由非线性均衡器处理。后均衡器基于利用 1 个训练符号的迫零方法。最终数据的误码率性能在 DD-LMS 和解映射过程之后进行评估。

12.2.2　实验装置及系统参数

直接检测光传输系统实验装置如图 12-4 所示。在整个实验中，通过一个 81.92GSa/s 采样率 20GHz 带宽的 DAC 生成信号，用到一个 35GHz 的 DD-MZM 和一个 30GHz 的 IQ 调制器。DD-MZM 的两个相位调制器的偏置之间有 V_π / 2 的差值，IQ 调制器则偏置在正交点。信号在驱动调制器前，首先经过一个 32GHz 带宽和 20dB 增益的 EA。6dB 和 0dB 电衰减分别被用在 DD-MZM 和 IQ 调制器前，使信号处于调制器的线性范围。激光器生成了 1542.9nm 的连续波。光纤循环链路包含了一个 EDFA 和 80km SMF。当使用 DCF 时，DCF 被放置在光纤传输链路之前。进入 DCF 和

SMF 的入纤光功率分别为 2dBm 和 7dBm。信号最后在 EDFA 放大后由一个 50GHz 的探测器探测。最终由一个 80GSa/s 采样率 33GHz 电带宽的数字实时示波器采样。

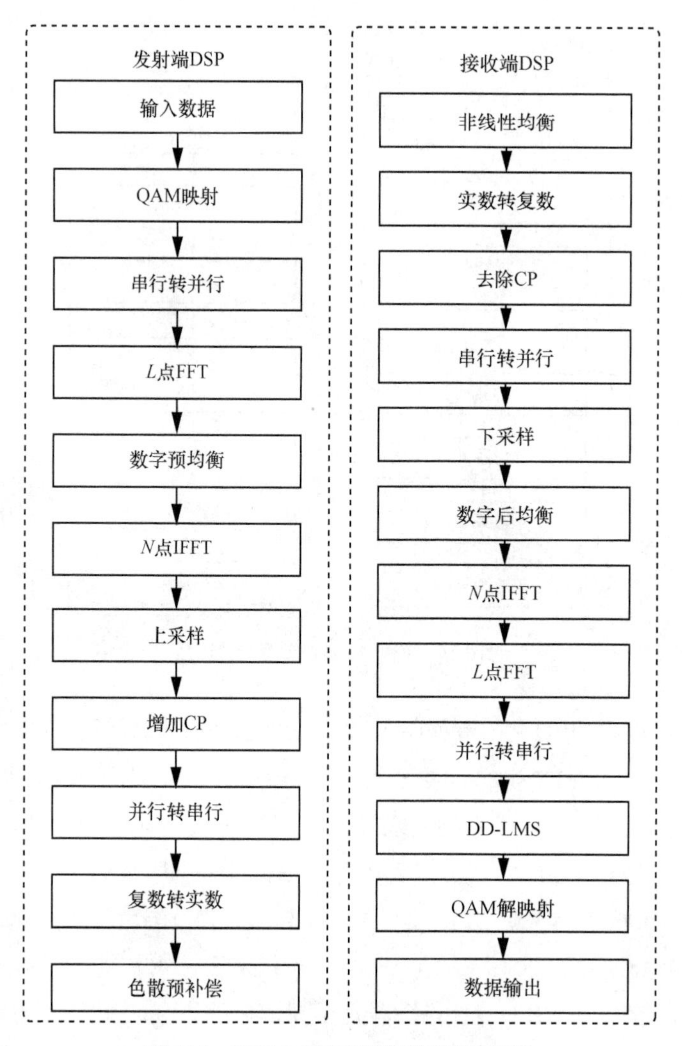

图 12-3 DFT-S OFDM 调制信号算法流程

12.2.3 实验结果与讨论

PAM4、CAP16 和 DFT-S OFDM 16QAM 在背靠背和 80km 光纤传输下的误码率性能与接收光功率的关系如图 12-5 所示，使用色散补偿光纤补偿 80km 光纤引入的色散。接收光功率在 EDFA 放大后测量，以显示接收机的灵敏度。很明显可以看到，PAM4 信号要优于 DFT-S OFDM 信号，而对 CAP16 信号，它在高接收光功率时接近 DFT-S OFDM，在低接收光功率时接近 PAM4。DFT-S OFDM 信号较差的性能是由于相较于单载波调制较高的 PAPR。

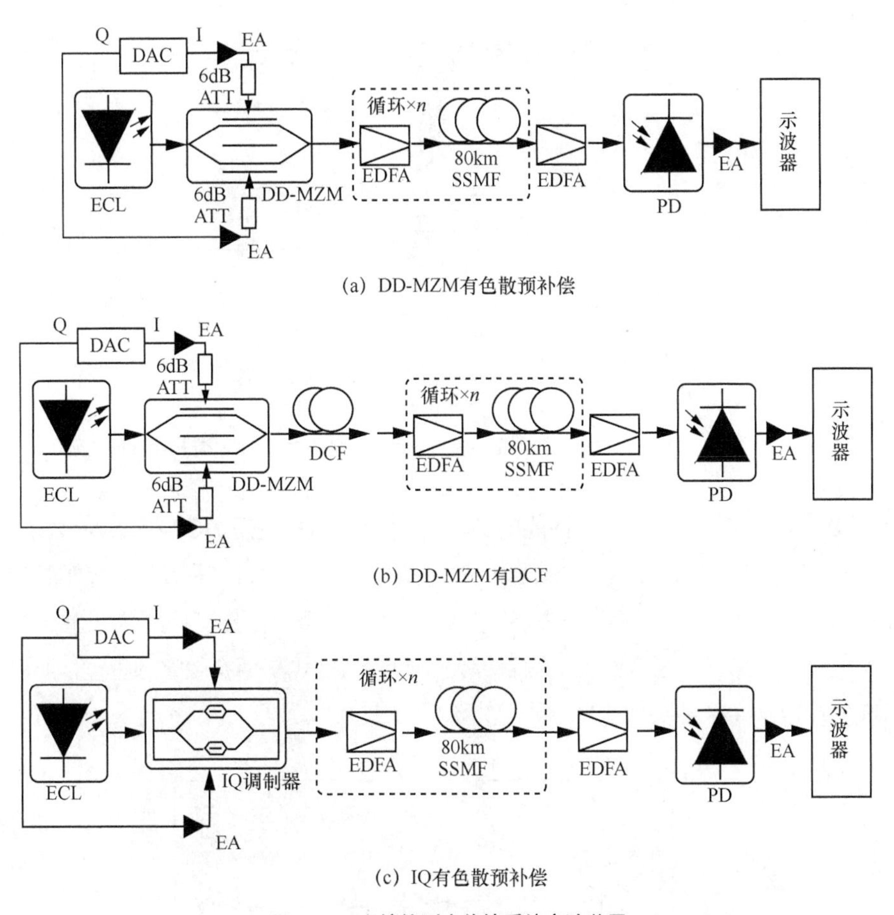

图 12-4　直接检测光传输系统实验装置

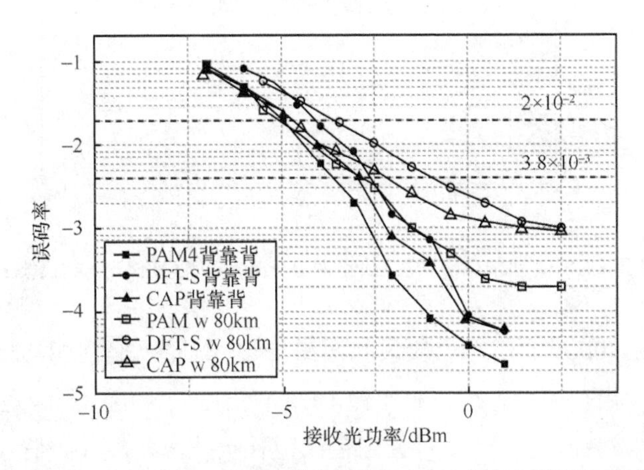

图 12-5　PAM4、CAP16 和 DFT-S OFDM 16QAM 在背靠背和 80km 传输下的误码率性能与接收光功率的关系

为了进一步研究 PAPR 的影响，3 种调制格式在有无预均衡、有无色散预补偿下的 CCDF 与 PAPR 的关系如图 12-6 所示。相较于其他调制格式，PAM 信号总是有着最低的 PAPR，无论是否有预均衡，DFT-S OFDM 总有最高的 PAPR，与图 11-9 的结果相吻合。

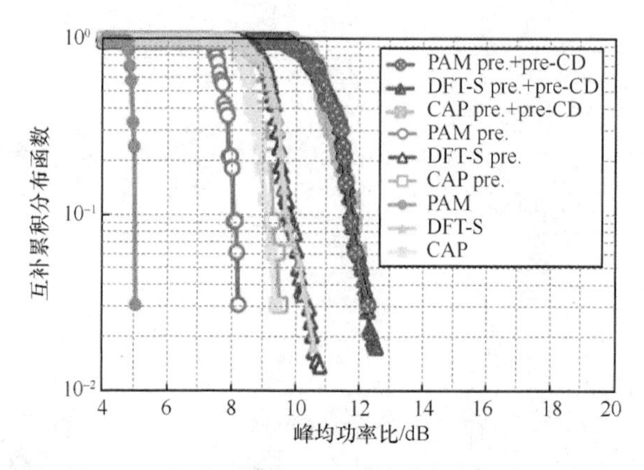

图 12-6　3 种调制格式在有无预均衡、有无色散预补偿下的 CCDF 与 PAPR 的关系

考虑 Volterra 滤波器抽头对系统性能的影响,3 种调制格式使用 DCF 和 DD-MZM 时在 80km 和 0.5dBm 接收光功率下误码率性能与非线性抽头数的关系如图 12-7 所示,系统性能会随着抽头数增加而提高直到饱和，但 3 种调制格式的最佳抽头数目是不同的，因此，为了减少抽头对系统性能的影响，我们选择一个较大的抽头数目保证 3 种调制格式都拥有较好的性能。所以，在整个实验中，我们使用 189 个抽头作为实验参数。

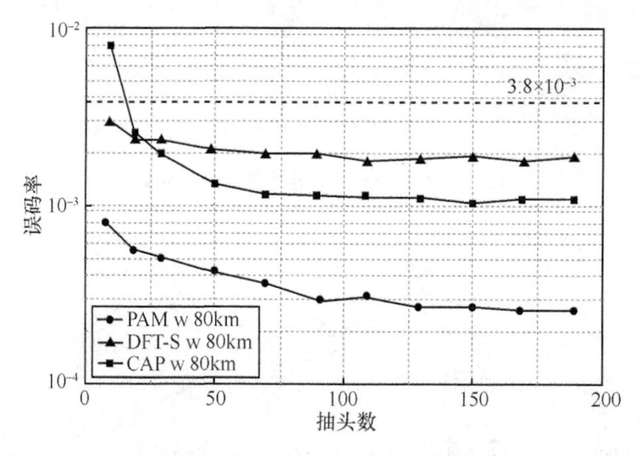

图 12-7　3 种调制格式使用 DCF 和 DD-MZM 时在 80km 和 0.5dBm 接收光功率下误码率性能与非线性抽头数的关系

3 种调制格式在 80km 下使用色散预补偿和 DCF 的误码率性能与接收光功率的关系如图 12-8 所示，可以看出，使用色散预补偿比 DCF 有更好的性能，原因是 DCF 光纤没法完美匹配我们实际传输的 80km 光纤。通过使用色散预补偿技术，PAM4 信号能够在 HD-FEC 门限下得到 1.5dB 的接收灵敏度增益，而 CAP16 能够得到 2dB，DFT-S OFDM 能够得到 3dB。一旦使用了色散预补偿技术，就会增加调制信号的 PAPR，PAM 信号增加的 PAPR 最多，而 DFT-S OFDM 增加的最少。而且最终 3 种调制格式的 PAPR 也基本相同，误码率性能也显示了同样的结果。

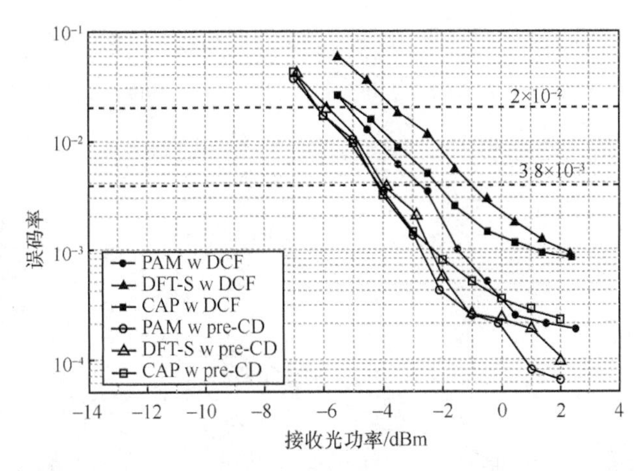

图 12-8　3 种调制格式在 80km 下使用色散预补偿和 DCF 的误码率性能与接收光功率的关系

除了 DCF 和色散预补偿技术，SSB 信号是另一种能够在直接检测系统里克服色散的方式。3 种调制格式在 240km 下使用色散预补偿和 SSB 的误码率性能与接收光功率的关系如图 12-9 所示，SSB 略微优于色散预补偿的性能。但是，单边带信号会引入 3dB 的 SNR 损失，文献[12]在 80km 下已经验证了这一结论。3dB 的 SNR 损失意味着对于 16QAM 调制而言，有一个数量级的误码率性能差异[13]。为了进一步探究实验结果与理论分析的差距，我们继续研究两种色散补偿方式在不同光纤传输下的性能。

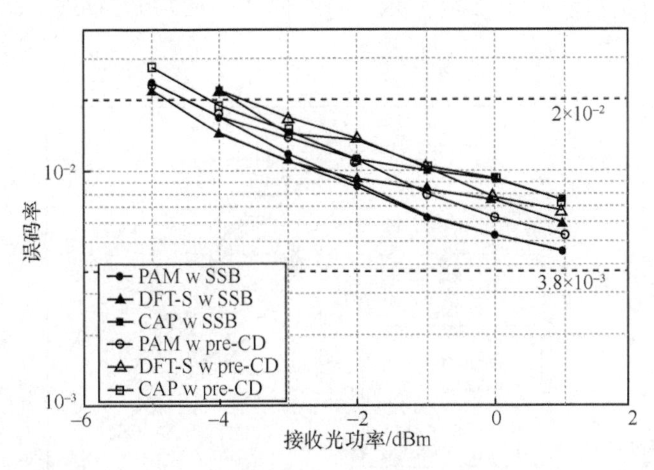

图 12-9　3 种调制格式在 240km 下使用色散预补偿和 SSB 的误码率性能与接收光功率的关系

3 种调制格式使用色散预补偿和 SSB 的误码率性能与传输距离的关系如图 12-10 所示。我们成功使用 DD-MZM 实现在 160km 误码率低于 HD-FEC 门限的传输。当传输距离比较短（≤240km）时，色散预补偿性能要优于 SSB 信号，这也与文献[12]中的结论相吻合。当传输距离增加时，SSB 信号反而开始有更好的性能。如果使用 DD-MZM，由于高阶展开项，会在 DSB 信号时引入串扰。当传输距离较短时，系统性能主要取决于 SNR，因此 DSB 信号 3dB 的增益会优于 SSB 信号，而传输距离较长时，光纤的非线性成为一个比较严重的制约因素，因此 DD-MZM 调制产生的非线性串扰和光纤非线性共同制约了 DSB 信号的性能。因此在 240km 之后，SSB 信号反而优于 DSB 信号。

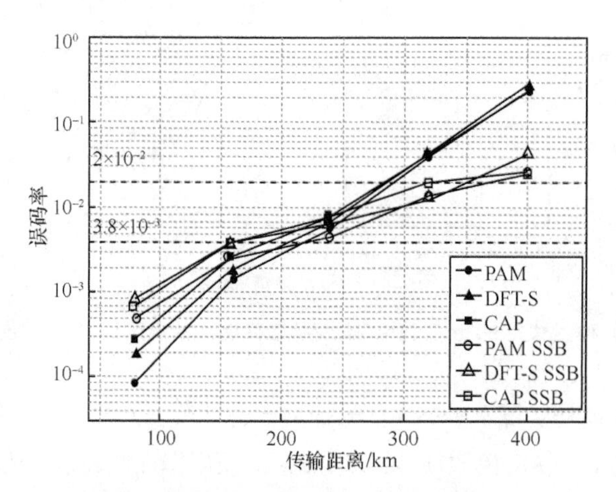

图 12-10　3 种调制格式使用色散预补偿和 SSB 的误码率性能与传输距离的关系

DSB 信号在长距离传输时会由于 DD-MZM 不完美的 IQ 传输函数出现性能恶化，因此直接使用 IQ 调制器进行长距离的传输。3 种调制格式在背靠背下使用 DD-MZM 和 IQ 调制器的误码率性能与接收光功率的关系如图 12-11 所示，IQ 调制器在 HD-FEC 门限下，已经有接近 2dB 的接收灵敏度增益。

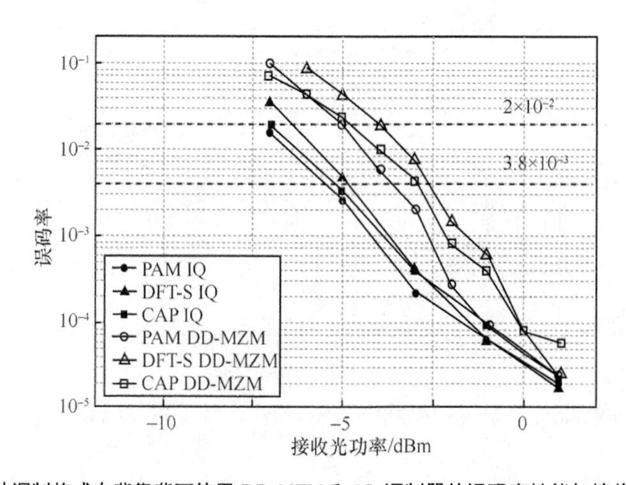

图 12-11　3 种调制格式在背靠背下使用 DD-MZM 和 IQ 调制器的误码率性能与接收光功率的关系

首先，3 种调制格式在 400km 下使用 IQ 调制器的误码率性能与接收光功率的关系如图 12-12 所示。可以看出，在色散预补偿之后，3 种调制格式的 PAPR 接近，因此它们的误码率性能接近。

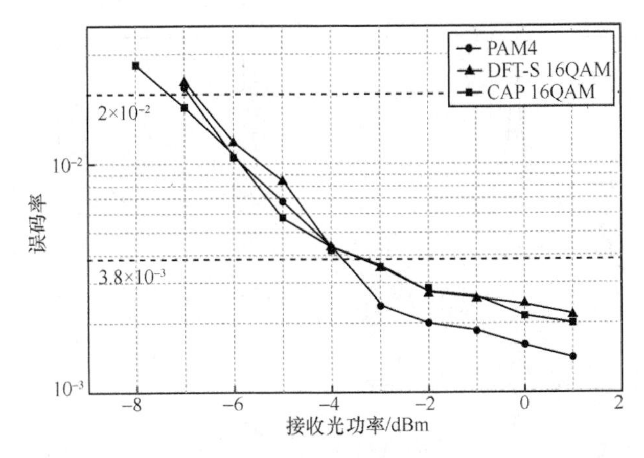

图 12-12　3 种调制格式在 400km 下使用 IQ 调制器的误码率性能与接收光功率的关系

然后，3 种调制格式在 IQ 调制下使用色散预补偿技术与 SSB 的误码率性能和 OSNR 与传输距离的关系如图 12-13 所示。不同于使用 DD-MZM 的结果，在 IQ 调制器下 DSB 信号永远比 SSB 信号有更好的误码率性能。最终，我们成功使用 PAM4、CAP16 和 DFT-S OFDM 传输了 480km 光纤，误码率低于 HD-FEC 门限 3.8×10^{-3}。在 480km 光纤传输时，使用色散预补偿，OSNR 约为 36dB。不同调制格式的光谱如图 12-14 所示。

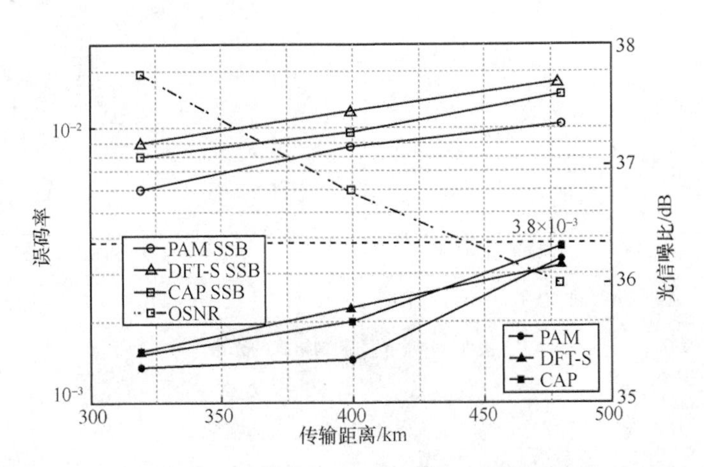

图 12-13　3 种调制格式在 IQ 调制下使用色散预补偿技术与 SSB 的误码率性能和 OSNR 与传输距离的关系

最终，本节成功在直接检测的条件下传输了 480km 的 100Gbit/s 信号，据我们所知，这是直接检测系统中最远的传输距离。同时，本节就 3 种色散预补偿技术和两种调制器进行了比较。在色散预补偿技术与 DCF 的比较中，我们发现 DCF 虽然不需要额外的 DSP 开销，但由于无法完美匹配实际使用的光纤，所以在性能上劣于色散预补偿技术。而使用 SSB 技术，则在 DD-MZM 和 IQ 调制器中有截然不同的结果。同时由于 DD-MZM 不完美的 IQ 函数，其无论背靠背还是光纤传输性能都劣于 IQ 调制器。根据我们的分析，IQ 调制器和色散预补偿技术能够很好地应用于城域网直接检测系统。

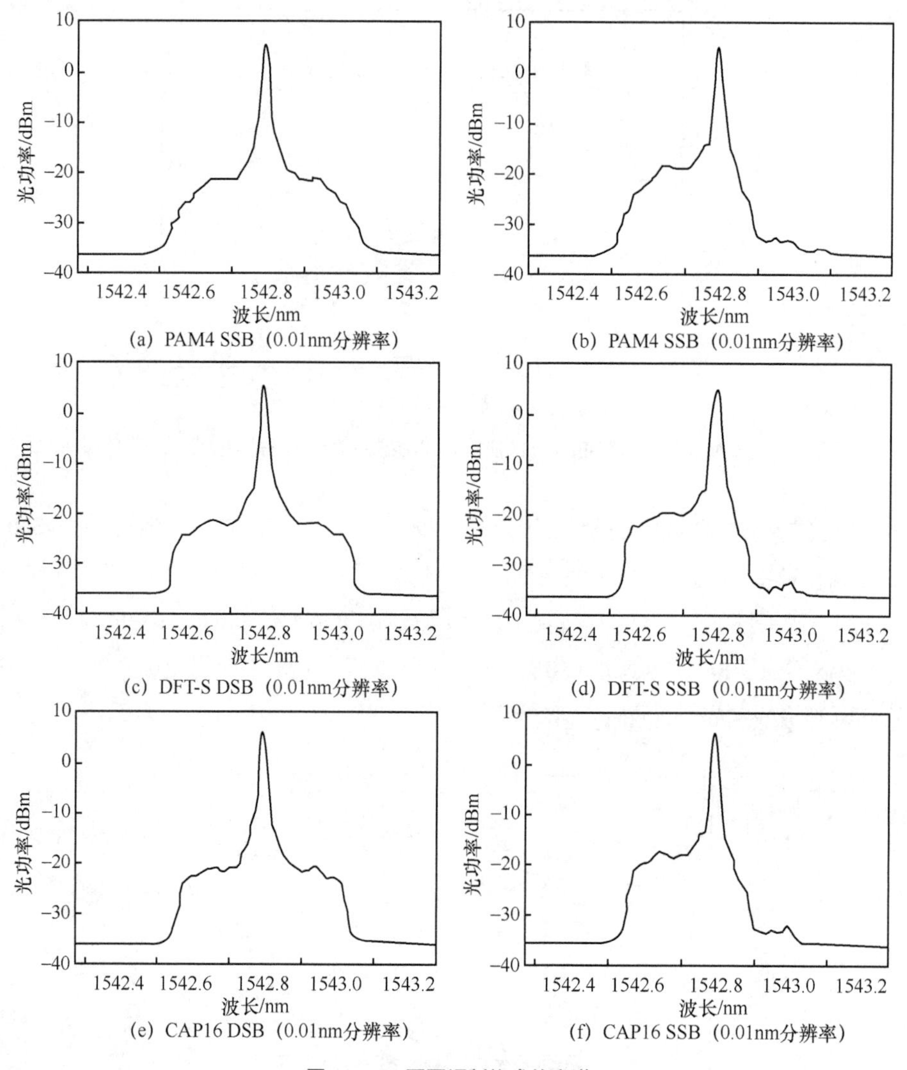

(a) PAM4 SSB（0.01nm分辨率）
(b) PAM4 SSB（0.01nm分辨率）
(c) DFT-S DSB（0.01nm分辨率）
(d) DFT-S SSB（0.01nm分辨率）
(e) CAP16 DSB（0.01nm分辨率）
(f) CAP16 SSB（0.01nm分辨率）

图 12-14 不同调制格式的光谱

12.3 小结

本章对强度调制直接检测城域网中的 PAM4、CAP16 和 DFT-S OFDM 16QAM 调制格式进行了详细的分析和比较。通过建立的 480km 的 100Gbit/s 传输光纤 IMDD 系统，针对 3 种色散补偿技术和两种调制器进行了深入的探究，同时实现了 3 种调制格式在 480km 下 100Gbit/s 的传输，据我们所知，这是 100Gbit/s IMDD 系统的最远传输距离。同时，本章对 3 种色散预补偿技术和两种调制器进行了比较。在色散预补偿技术与 DCF 的比较中，我们发现 DCF 虽然不需要额外的 DSP 开销，但由于无法完美匹配实际使用的光纤，在性能上劣于色散预补偿技术。而使用 SSB

技术，则在 DD-MZM 和 IQ 调制器中有截然不同的结果。同时由于 DD-MZM 不完美的 IQ 函数，其无论背靠背还是光纤传输性能都劣于 IQ 调制器。本文认为 IQ 调制器和色散预补偿技术能够很好地应用于城域网直接检测系统。

参考文献

[1] XIE C, SPIGA S, DONG P, et al. Generation and transmission of 100-Gb/s PDM 4-PAM using directly modulated VCSELs and coherent detection[C]//Proceedings of Optical Fiber Communication Conference. Washington, D.C.: OSA, 2014: Th3K. 2.

[2] RODES R, MÜELLER M, LI B M, et al. High-speed 1550 nm VCSEL data transmission link employing 25 GBd 4-PAM modulation and hard decision forward error correction[J]. Journal of Lightwave Technology, 2013, 31(4): 689-695.

[3] ZHONG K, ZHOU X, GAO Y, et al. 140 Gbit/s 20km transmission of PAM-4 signal at 1.3 μm for short reach communications[J]. IEEE Photonics Technology Letters, 2015, 27(16): 1757-1760.

[4] YANG C, HU R, LUO M, et al. IM/DD-based 112-Gb/s/lambda PAM-4 transmission using 18-Gbps DML[J]. IEEE Photonics Journal, 2016, 8(3): 1-7.

[5] ESTARAN J, IGLESIAS M, ZIBAR D, et al. First experimental demonstration of coherent CAP for 300-Gb/s metropolitan optical networks[C]//Proceedings of Optical Fiber Communication Conference. Washington, D.C.: OSA, 2014: Th3K. 3.

[6] WANG Z X, TAO L, WANG Y G, et al. 56 Gb/s direct-detection polarization multiplexing multi-band CAP transmission[J]. Chinese Optics Letters, 2015, 13(8): 80602-80605.

[7] QIAN D Y, CVIJETIC N, HU J Q, et al. Optical OFDM transmission in metro/access networks[C]//Proceedings of Optical Fiber Communication Conference and National Fiber Optic Engineers Conference. Washington, D.C.: OSA, 2009: OMV1.

[8] WU X R, HUANG C R, XU K, et al. 128-Gb/s line rate OFDM signal modulation using an integrated silicon microring modulator[J]. IEEE Photonics Technology Letters, 2016, 28(19): 2058-2061.

[9] ZHANG X B, LI Z H, LI C, et al. Transmission of 100-Gb/s DDO-OFDM/OQAM over 320-km SSMF with a single photodiode[J]. Optics Express, 2014, 22(10): 12079-12086.

[10] RANDEL S, PILORI D, CHANDRASEKHAR S, et al. 100-Gb/s discrete-multitone transmission over 80-km SSMF using single-sideband modulation with novel interference-cancellation scheme[C]//Proceedings of 2015 European Conference on Optical Communication (ECOC). Piscataway: IEEE Press, 2015: 1-3.

[11] OKABE R, LIU B, NISHIHARA M, et al. Unrepeated 100 km SMF Transmission of 110.3 Gbps/lambda DMT signal[C]//Proceedings of 2015 European Conference on Optical Communication (ECOC). Piscataway: IEEE Press, 2015: 1-3.

[12] ZHOU J, ZHANG L, ZUO T, et al. Transmission of 100-Gb/s DSB-DMT over 80-km SMF Using 10-G class TTA and Direct-Detection[C]. Proceedings of 42nd European Conference on Optical Communication, 2016: 1-3.

[12] ZHANG L, ZUO T J, ZHANG Q, et al. Transmission of 112-Gb/s+ DMT over 80-km SMF enabledbytwin-SSBtechniqueat 1550nm[C]//Proceedings of 2015 European Conference on Optical Communication (ECOC). Piscataway: IEEE Press, 2015: 1-3.

[13] PENG L, HÉLARD M, HAESE S. On bit-loading for discrete multi-tone transmission over short range POF systems[J]. Journal of Lightwave Technology, 2013, 31(24): 4155-4165.

第13章

强度调制直接检测中的子载波互拍噪声抑制

13.1 引言

在短距离光通信市场中，低成本和低功耗始终是最受关注的指标。直接检测系统由于其低成本、低功耗和低系统复杂度的特点，在数据中心光互连中具有良好的应用前景。虽然IMDD方案是目前数据中心互联和接入网的主要技术手段，但是DSB信号会受到色散导致的频率选择性衰落，严重影响系统性能，从而使得系统的传输容量和光纤传输距离受到限制。而基于SSB的直接检测方案对色散具有更好的容忍性，能有效抑制频率选择性衰落问题，因此SSB传输方案在直接检测系统中的研究受到了广泛的关注。但是在SSB直接检测系统中，信号经过直接检测后，信号除了和载波拍频得到我们所需的信号的线性分量，信号和信号之间也会拍频产生信号的非线性平方项，被称为SSBI[1]。SSBI是破坏SSB直接检测系统性能的主要原因之一，为了消除直接检测中SSBI的影响，现有的技术方案主要可以分为两大类：在载波和单边带信号之间保留一段足够的保护频带，使得SSBI部分落在信号的频带外[2]；通过DSP技术消除SSBI。前者引入了保护间隔，导致频谱效率降低，所以近年来，国内外很多研究学者对基于DSP技术消除直接检测中的SSBI展开研究[3-19]。

目前，消除SSBI的数字信号处理方法主要有迭代消除法[3-4]、多级线性化滤波器[5-7]和Volterra均衡器[8]等，但这些方案都存在计算复杂度高的问题，为了降低非线性均衡算法的实现复杂度，Mecozzi等[9]提出了Kramers-Kronig（KK）接收机的方案，通过利用KK关系，从接收到的强度信号中恢复出相位信息，重新构建SSB信号，从而消除SSBI。近年来有学者对基于KK接收机消除直接检测中SSBI的方案进行了深入的研究[10-17]，但是KK接收机的计算复杂度仍较高，因此对低复杂度的消除SSBI方案的研究得到了人们的关注[12,18-19]。其中，基于发射端的非线性预处理实现直接检测后无SSBI的方案，能够有效降低系统的计算复杂度[19]。本章将对SSBI产生的原理进行阐述，并且对基于发射端非线性预处理的无SSBI方案进行分析讨论。

13.2　SSBI 产生原理

虽然 IMDD 方案是目前数据中心互联和接入网的主要技术手段,但是由色散导致的频率选择性衰落影响是限制该系统的传输容量和传输距离的主要因素。相比于 IMDD 方案，基于 SSB 调制的直接检测对色散有更好的容忍性，能有效抑制频率选择性问题，且频谱效率更高，因此近年来 SSB 传输方案在直接检测系统中的研究受到了广泛的关注。

在传统的 SSB 直接检测系统中，接收端使用一个光电二极管（Photodiode，PD）对信号进行平方律检测，通常会引入由平方律检测导致的 SSBI。下面将以基于 IQ 调制器的 SSB 直接检测系统为例，对 SSBI 的产生原理进行分析。

一般地，IQ 调制器的调制表达式可表示为[20]

$$E_{\text{out}} = \frac{1}{2}E_{\text{in}} \cdot \left(\sin(s_1 \cdot \pi / V_\pi) + \text{j}\sin(s_2 \cdot \pi / V_\pi)\right) \tag{13-1}$$

其中，E_{in} 为输入的光载波，V_π 为调制器的半波电压，s_1 和 s_2 分别为加载到 IQ 调制器上的射频信号，当这两路射频信号为小信号时，式（13-1）可以近似表示为

$$E_{\text{out}} \approx \frac{1}{2}E_{\text{in}} \cdot \frac{\pi}{V_\pi}\left(s_1 + \text{j}s_2\right) \tag{13-2}$$

假设单边带信号为 $E_s = s(t) + \text{j}\hat{s}(t)$，$s(t)$ 为 SSB 信号的实部，虚部 $\hat{s}(t)$ 为 $s(t)$ 的希尔伯特变换。让 $s_1 = s(t)$、$s_2 = \hat{s}(t)$，则可将该 SSB 信号近似线性地调制到光载波上，式（13-2）可表示为

$$E_{\text{out}} \approx \frac{1}{2}E_{\text{in}} \cdot \frac{\pi}{V_\pi}\left(s(t) + \text{j}\hat{s}(t)\right) = \frac{1}{2}E_{\text{in}} \cdot \frac{\pi}{V_\pi}E_s \tag{13-3}$$

信号在接收端使用一个光电二极管进行平方律检测，直接检测的过程可表示为

$$V_{\text{DD}} = \left(E_{\text{LO}} + E_{\text{out}}\right) \cdot \left(E_{\text{LO}} + E_{\text{out}}\right)^* \approx E_{\text{LO}}{}^2 + E_{\text{LO}}E_{\text{in}}\pi \cdot s(t) / V_\pi + \left(\pi E_{\text{in}} / 2V_\pi\right)^2\left(s^2(t) + \hat{s}^2(t)\right) \tag{13-4}$$

其中，E_{LO} 表示光载波。式（13-4）右边的第一项为直流项，第二项为载波与信号的拍频项，也就是所需要的信号部分，而最后一项为 SSBI，通常我们可以使用迭代消除法、KK 算法等 DSP 方法消除，但是这些算法存在计算复杂度高的问题。目前，基于发射端非线性预处理的无 SSBI 直接检测方法被提出，系统复杂度得到了降低。第 13.3 节将对该方案进行介绍。

13.3　基于发射端非线性预处理的无 SSBI 直接检测

在 IMDD 系统中，DSB 信号受到色散引起的频率选择性衰落的影响，限制了光纤的传输距离[21]。相比之下，SSB 信号能够更好地克服这个问题[20-25]。IQ 调制器和 DD-MZM 都可以用来调

制产生复数信号，DD-MZM只包含一个MZM，相比于IQ调制器，DD-MZM是一种成本更低的方案。然而，光SSB信号的直接检测所引起的SSBI会降低系统性能，一些线性化技术被用来消除SSBI[3-19]。其中，KK接收机通过重新构建SSB信号消除SSBI的影响[10-19]。然而KK算法增加了接收端的计算复杂度，另外，KK算法所包含的平方根和指数运算等非线性运算，会使得信号频谱展宽，所以在进行KK运算之前，需要先对信号进行上采样。在本节的研究中，我们发现由DD-MZM调制得到的SSB信号，经过直接检测后不存在SSBI，因此可以避免使用KK算法，从而降低计算复杂度和对过采样率的要求。

本节通过分析基于DD-MZM的SSB直接检测原理，发现在背靠背传输中不存在SSBI，并且由于DD-MZM的调制非线性，发射端的色散预补偿将无法实现。因此，我们提出了一种新的基于DD-MZM的SSB直接检测系统，通过使用发射端非线性预处理和笛卡儿–极坐标转换（Cartesian to Polar Conversion，CPC）实现无SSBI的直接检测。

13.3.1 基于DD-MZM的单边带调制直接检测

本节将描述DD-MZM的SSB调制原理，并分析调制得到的SSB信号的直接检测过程。

DD-MZM由两个平行的相位调制器构成，如果DD-MZM的上下两臂由两路独立的驱动电压控制，则DD-MZM的输出信号可以表示为[16]

$$E_{\text{out}}=\frac{1}{2}E_{\text{in}}\cdot\left(\mathrm{e}^{\mathrm{j}V_1\cdot\pi/V_\pi}+\mathrm{e}^{\mathrm{j}V_2\cdot\pi/V_\pi}\right)\tag{13-5}$$

其中，V_1和V_2为加载到DD-MZM两个臂上的驱动电压，包括直流偏置电压和射频信号两部分。直流偏置电压通常用来在上下两臂之间引入一个$\pi/2$的相位差。驱动信号可表示为

$$V_1=V_{\text{bias1}}+s_1, V_2=V_{\text{bias2}}+s_2\tag{13-6}$$

其中，V_{bias1}和V_{bias2}为偏置电压，s_1和s_2表示射频信号。为了在上下两臂之间引入一个$\pi/2$的相位差，可以将两个偏置电压设为$V_{\text{bias1}}=-V_\pi/2$和$V_{\text{bias2}}=0$，即DD-MZM工作在正交点，此时，其输出信号为

$$E_{\text{out}}=\frac{1}{2}E_{\text{in}}\cdot\left(\mathrm{e}^{\mathrm{j}\left(\frac{s_1}{V_\pi}\pi-\frac{\pi}{2}\right)}+\mathrm{e}^{\mathrm{j}\frac{s_2}{V_\pi}\pi}\right)=\frac{1}{2}E_{\text{in}}\cdot\left(-\mathrm{j}\mathrm{e}^{\mathrm{j}\frac{s_1}{V_\pi}\pi}+\mathrm{e}^{\mathrm{j}\frac{s_2}{V_\pi}\pi}\right)\tag{13-7}$$

当输入的射频信号为小信号时，考虑泰勒展开的一阶近似$\mathrm{e}^x\approx 1+x$，则式（13-7）可以写为

$$E_{\text{out}}\approx\frac{1}{2}E_{\text{in}}\cdot\left(1-\mathrm{j}+\frac{\pi}{V_\pi}\left(s_1+\mathrm{j}s_2\right)\right)\tag{13-8}$$

由式（13-8）可知，当射频信号较小时，通过DD-MZM可以把复数信号近似线性地调制到光载波上。将式（13-7）所示的信号经过直接检测后可以表示为

$$V_{\mathrm{DD}}=\left(\mathrm{e}^{\mathrm{j}\left(\frac{s_1}{V_\pi}\pi-\frac{\pi}{2}\right)}+\mathrm{e}^{\mathrm{j}\frac{s_2}{V_\pi}\pi}\right)\cdot\left(\mathrm{e}^{\mathrm{j}\left(\frac{s_1}{V_\pi}\pi-\frac{\pi}{2}\right)}+\mathrm{e}^{\mathrm{j}\frac{s_2}{V_\pi}\pi}\right)^*=2+2\sin\left(\left(s_1-s_2\right)\pi/V_\pi\right) \tag{13-9}$$

假设单边带信号为 $E_s=s(t)+\mathrm{j}\hat{s}(t)$，根据式（13-9），为了得到 $\sin\left(2s(t)\cdot\pi/V_\pi\right)$，即 SSB 信号的实部，可以将加载到 DD-MZM 的射频信号设为[24]

$$s_1=s(t)+\hat{s}(t),s_2=\hat{s}(t)-s(t) \tag{13-10}$$

因此，式（13-9）可以写为

$$V_{\mathrm{DD}}=2+2\sin\left(2s(t)\cdot\pi/V_\pi\right) \tag{13-11}$$

由式（13-11）可知，在 DD-MZM 调制的 SSB 直接检测系统中，信号经过直接检测后不存在 SSBI，因此无须使用 KK 算法。另外，需要注意的是，由于 e^x 的泰勒展开存在二阶项，该二阶项会导致调制的非线性，从而影响 DD-MZM 的线性调制性能。

13.3.2　笛卡儿–极坐标转换

从第 13.3.1 节的分析中可知，DD-MZM 调制输出中包含的二阶项会影响其线性调制性能，从而使得发射端的色散预补偿不准确。为了解决色散预补偿问题，我们在发射端使用了笛卡儿–极坐标转换实现 DD-MZM 的线性调制，使得色散预补偿可以更加准确。CPC 原理如图 13-1 所示。

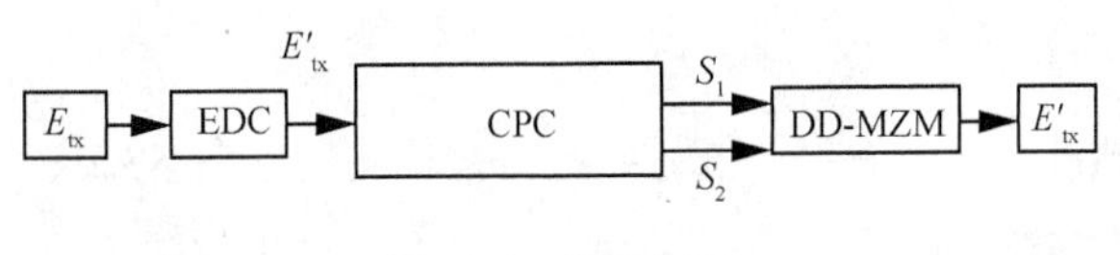

图 13-1　CPC 原理

首先假设调制后的目标信号为

$$E_{\mathrm{tx}}=s(t)+\mathrm{j}\hat{s}(t)=\left|E_{\mathrm{tx}}\right|\mathrm{e}^{\mathrm{j}\theta} \tag{13-12}$$

其中，$\left|E_{tx}\right|$和 θ 分别为单边带信号的幅度和相位。将式（13-7）重新写为

$$E_{\mathrm{out}}=\frac{1}{2}E_{\mathrm{in}}\cdot\left(\mathrm{e}^{\mathrm{j}\phi_1}+\mathrm{e}^{\mathrm{j}\phi_2}\right)=E_{\mathrm{in}}\cdot\cos\left(\frac{\phi_1-\phi_2}{2}\right)\cdot\mathrm{e}^{\mathrm{j}\frac{\phi_1+\phi_2}{2}} \tag{13-13}$$

式（13-13）中 $\phi_1=s_1\cdot\pi/V_\pi-\pi/2$，$\phi_2=s_2\cdot\pi/V_\pi$，根据式（13-12）可以逆推得到[26]

$$\begin{aligned}\phi_1&=\theta+\cos^{-1}\frac{\left|E_{\mathrm{tx}}\right|}{\left|E_{\mathrm{tx}}\right|_{\max}}\\\phi_2&=\theta-\cos^{-1}\frac{\left|E_{\mathrm{tx}}\right|}{\left|E_{\mathrm{tx}}\right|_{\max}}\end{aligned} \tag{13-14}$$

因此可以重新计算出需要输入 DD-MZM 中的射频信号

$$s_1=\frac{V_\pi}{\pi}\left(\theta+\cos^{-1}\frac{|E_{tx}|}{|E_{tx}|_{max}}+\frac{\pi}{2}\right)$$
$$s_2=\frac{V_\pi}{\pi}\left(\theta-\cos^{-1}\frac{|E_{tx}|}{|E_{tx}|_{max}}\right) \tag{13-15}$$

此时，将式（13-15）代入 DD-MZM 的调制表达式中，其输出信号即目标信号

$$E_{out}=E_{in}\cdot\frac{|E_{tx}|e^{j\theta}}{|E_{tx}|_{max}} \tag{13-16}$$

根据上面的推导可知，CPC 可以实现 DD-MZM 的线性调制，所以在 CPC 前进行色散预补偿，可以实现更加精确的色散补偿。

这里我们讨论了两种不同的目标信号：$E_{tx}=e^{j(s_1+\pi/4)}+e^{-j(s_2+\pi/4)}$和$E_{tx}=DC+s_1+js_2$。前者经过直接检测可以写为

$$V_{DD}=\left(e^{j(s_1+\pi/4)}+e^{-j(s_2+\pi/4)}\right)\cdot\left(e^{j(s_1+\pi/4)}+e^{-j(s_2+\pi/4)}\right)^*=2-2\sin\left(s_1+s_2\right)=2-2\sin\left(2s(t)\right) \tag{13-17}$$

其中，$s_1=s(t)-\hat{s}(t)$、$s_2=s(t)+\hat{s}(t)$。从式（13-17）可知，该信号在经过直接检测后不存在 SSBI。但是需要注意的是，如果$s(t)$的幅度不够小，式（13-17）中的$\sin(\cdot)$项展开的三阶项将会对性能产生影响，后一种目标信号$E_{tx}=DC+s_1+js_2$经过检测后可以表示为

$$\begin{aligned}V_{DD}&=\left(DC+s_1+js_2\right)\cdot\left(DC+s_1+js_2\right)^*=\\&DC^2+2DC\cdot s_1+s_1^2+s_2^2=\\&DC^2+2DC\cdot s(t)+s^2(t)+\hat{s}^2(t)\end{aligned} \tag{13-18}$$

其中，$s_1=s(t)$，$s_2=\hat{s}(t)$。可以看出，信号经过直接检测后存在 SSBI，因此 KK 算法或其他线性化技术通常被用来提升系统性能。

13.3.3 仿真系统及参数

本节将给出传统 DD-MZM 方案、CPC 方案 1 和 CPC 方案 2 的仿真设置，其中，CPC 方案 1 即提出的无 SSBI 方案。为了比较该方案和使用 KK 算法的传统 IQ 调制器单边带调制方案的性能，对传统的 IQ 调制器方案也进行了仿真分析，关键仿真参数设置见表 13-1。

基于 DD-MZM 的直接检测系统仿真结构如图 13-2 所示，传统 DD-MZM 方案和 CPC 方案分别在图 13-2(a)和图 13-2(b)中给出，图 13-2(c)和图 13-2(d)分别描述了接收端使用和不使用 KK 算法的数字信号处理框图。在传统的 DD-MZM 方案中，比特序列首先映射成 16QAM 符号，然后产生 25GHz 的 DFT-S DMT 信号$s(t)$。FFT 的长度为 1024，其中，640 个子载波用来加载数据，CP 的长度为 32。此外，将 20 个 DMT 符号作为训练序列插入负载 DMT 信号的前面。考虑 HD-FEC 编码，并且除去训练序列和 CP 长度，净速率大概为 83Gbit/s（80×4×320/1024×1024/1056×228/248×0.93≈83）。此外，预均衡被用来补偿信道的高频衰减，然后通过希尔伯特变

换产生 SSB 信号。对于传输光纤的情况，电色散预补偿用来补偿光纤的色散。DD-MZM 工作在正交点产生光 SSB 信号，并将发射功率统一固定为 7dBm。在基于 DD-MZM 的 SSB 调制中，可以通过改变驱动电压的大小调节载波信号功率比[20]，定义 $\mathrm{CSPR(dB)}=10\lg(P_c/P_s)$，$P_c$ 和 P_s 分别为光载波功率和信号功率[13]。从前面的讨论中可知，由 DD-MZM 调制得到的 SSB 信号经过直接检测后无 SSBI，因此在接收端无须使用 KK 算法。接收端 DSP 包括同步、信道均衡、星座点逆映射和误码率计算。

表 13-1　关键仿真参数设置

参数	数值	参数	数值
DAC 采样率	80Gsa/s	ECL 波长	1552.52nm
ECL 线宽	100kHz	ECL 平均功率	16dBm
VpiRF	5V	VpiDC	5V
消光比	90dB	工作温度	25℃
EDFA 噪声系数	4dB	EDFA 噪声带宽	4THz
色散系数	16ps/(nm·km)	色散斜率	0.08ps/(nm^2·km)
纤芯面积	80μm^2	光纤衰减系数	0.2dB/km
非线性折射系数	2.6×10^{-20}	最大步长	50km
平均步长	50km	OBPF 传输曲线	Gaussian
光带通滤波器（Optical Band-Pass Filter，OBPF）带宽	80GHz	OBPF 动态噪声	3dB
OBPF 高斯阶数	1	OBPF 噪声分辨率	2.5GHz
PD 响应度	1A/W	PD 热噪声	10pA/Hz$^{0.5}$
PD 带宽	40GHz	DAC 带宽	16GHz

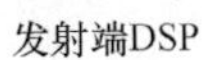

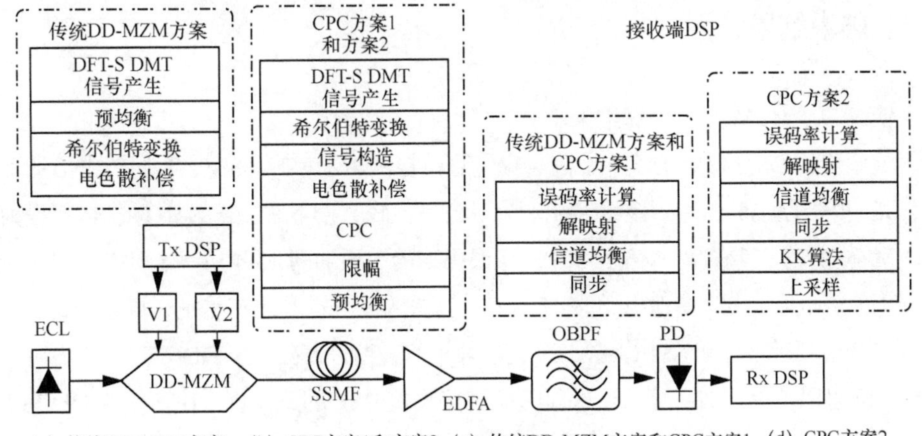

图 13-2　基于 DD-MZM 的直接检测系统仿真结构

在 CPC 方案中，和传统 DD-MZM 方案一样，发射端的 DSP 也包括 DFT-S DMT 信号产生、希尔伯特变换和电色散补偿。如图 13-2（b）所示，在希尔伯特变换后进行了信号的构造，以获得目标信号。在这里，我们讨论了两种目标信号，CPC 方案 1 和 CPC 方案 2 的目标信号分别为 $E_{\rm tx}={\rm e}^{{\rm j}(s_1+\pi/4)}+{\rm e}^{-{\rm j}(s_2+\pi/4)}$ 和 $E_{\rm tx}={\rm DC}+s_1+{\rm j}s_2$。电色散补偿用来补偿光纤色散的影响，且 CPC 被用来实现 DD-MZM 的线性调制。由于非线性过程 CPC 会导致信号的 PAPR，因此将信号加载到 DD-MZM 上之前，需要先对信号进行裁剪处理。在传统的 IQ 调制器方案中，信号的 PAPR 大概为 12dB，所以在仿真中将信号的 PAPR 通过裁剪处理后都固定为 12dB。由于 CPC 方案 1 在直接检测后也不存在 SSBI，所以其接收端 DSP 与传统 DD-MZM 方案相同，而 CPC 方案 2 的接收端需要使用 KK 算法，且在 KK 算法前需要先进行过采样。

此外，我们还与传统的 IQ 调制器方案的性能和计算复杂度进行了对比，基于 IQ 调制器的直接检测系统仿真结构如图 13-3 所示，其发射端和接收端的 DSP 流程分别在图 13-3（a）和图 13-3（b）中给出。由激光器发出的光被分为两路，其中，一路被输入 IQ 调制器中用来调制信号，另一路作为光载波插入信号频谱的一端，以产生光 SSB 信号。

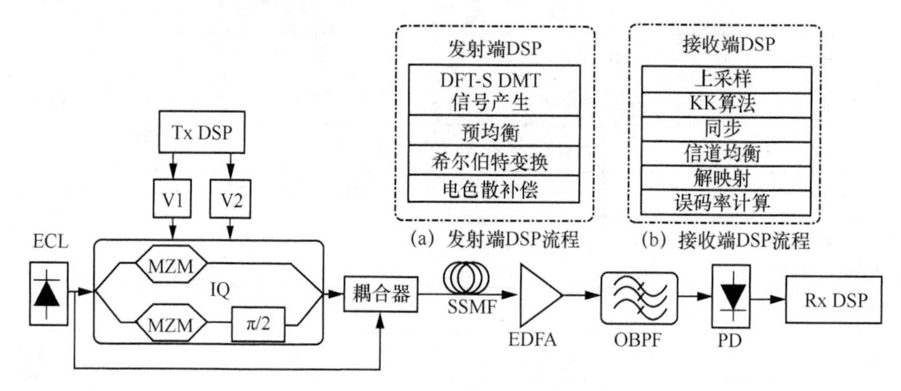

图 13-3 基于 IQ 调制器的直接检测系统仿真结构

13.3.4 仿真结果分析

（1）传统 DD-MZM 方案仿真结果

为了验证传统 DD-MZM 方案中，信号经过直接检测后不存在 SSBI，我们首先仿真了背靠背传输下，光信号比为 26dB 时的系统性能。为了公平比较，接下来的仿真中 OSNR 都设为 26dB。传统 DD-MZM 方案在背靠背传输下 CSPR 与误码率的关系如图 13-4 所示，可以看出，使用预均衡后的误码率降低了，另外，使用和不使用 KK 算法的性能基本没有差别，说明在这种情况下，信号经过直接检测后不存在 SSBI，这与理论推导相符合，因此在传统 DD-MZM 方案的背靠背传输中，接收端可以不使用 KK 算法，从而降低了接收端 DSP 的计算复杂度。传统 DD-MZM 方案在不同 OSNR 下的 CSPR 与误码率的关系如图 13-5 所示，误码率随着 OSNR 的增加而增加，并且其最佳 CSPR 也随之增加。

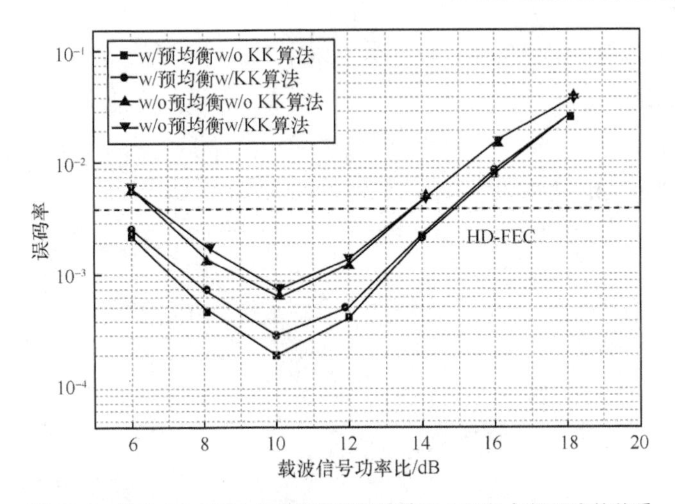

图 13-4　传统 DD-MZM 方案在背靠背传输下 CSPR 与误码率的关系

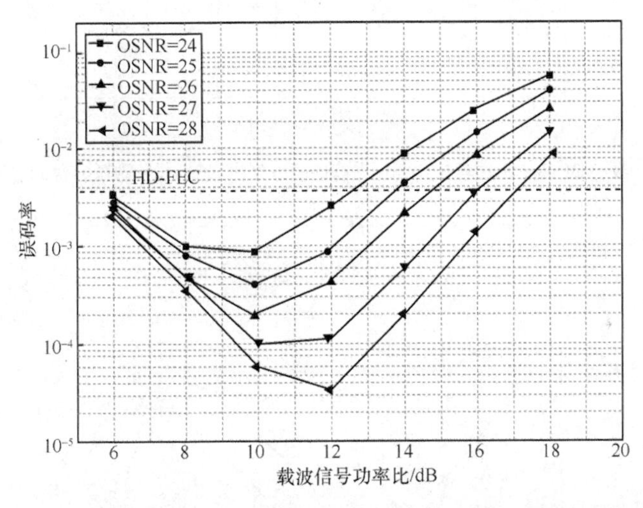

图 13-5　传统 DD-MZM 方案在不同 OSNR 下的 CSPR 与误码率的关系

此外，传统DD-MZM方案在80km光纤传输下采用DCF和色散预补偿的误码率性能如图13-6所示。其中，使用色散补偿光纤的性能与背靠背传输的性能相似，然而使用色散预补偿的误码率却无法达到硬判决门限以下，这说明在发射端进行色散预补偿不能完美地补偿光纤色散的影响，这是 DD-MZM 调制的二阶项导致的，此时，KK 算法可以提高系统的误码率性能。

（2）CPC 方案 1 仿真结果

由于在传统 DD-MZM 方案中，发射端的色散预补偿无法实现准确的色散补偿，因此使用 CPC 实现在发射端的色散预补偿。首先讨论 CPC 方案 1 的性能，仿真从背靠背传输和 80km 光纤传输两个方面进行讨论。CPC 方案 1 的背靠背传输下预均衡和非预均衡的误码率性能如图 13-7 所示，可以看出，进行预均衡后，误码率性能得到了提高，且是否使用 KK 算法对系统性能几乎没有影响，这说明在该方案中也不存在 SSBI。由于 CPC 会导致信号的高 PAPR，所以通过裁剪降低信号的 PAPR，CPC 方案 1 中驱动信号裁剪前后的幅度如图 13-8 所示，经过裁剪后，原来峰值较高的点降低了。CPC 方案 1 的 80km 光纤传输下采用 DCF 和色散预补偿的误码率性能如图 13-9 所示，此时在发射端进行色散预补偿后，系统的误码率可以达到硬判决门限之下。在最佳载波信号功率比的情况下，进行色散预补偿的性能要比使用色散补偿光纤的性能差一些，这是因为色散预补偿的性能会受到信道的影响。

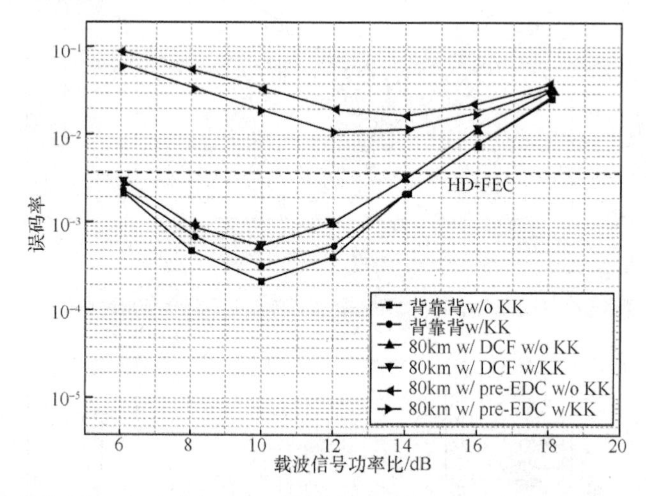

图 13-6　传统 DD-MZM 方案在 80km 光纤传输下采用 DCF 和色散预补偿的误码率性能

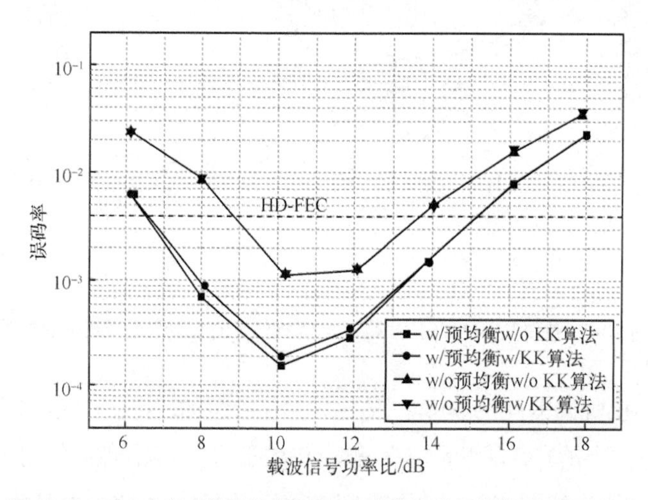

图 13-7　CPC 方案 1 的背靠背传输下预均衡和非预均衡的误码率性能

传统 DD-MZM 方案和 CPC 方案 1 在 OSNR 为 26dB 时，背靠背和 80km 光纤传输的误码率性能对比如图 13-10 所示。背靠背传输时两种方案的性能相似，而在传输 80km 光纤且在发射端进行色散预补偿的情况下，CPC 方案 1 要远优于传统 DD-MZM 方案，这表明 CPC 可以实现 DD-MZM 的线性调制，从而能实现发射端的色散预补偿。图 13-11（a）和图 13-11（b）分别给出了在背靠背和 80km 光纤传输情况下，不同 OSNR 下的误码率曲线。随着 OSNR 的增加，误码率性能也有所提高，在各自的最佳载波信号功率比下，其误码率都在硬判决门限之下。此外，在相同的 OSNR 条件下，背靠背传输和 80km 光纤传输的最佳载波信号功率比不同。

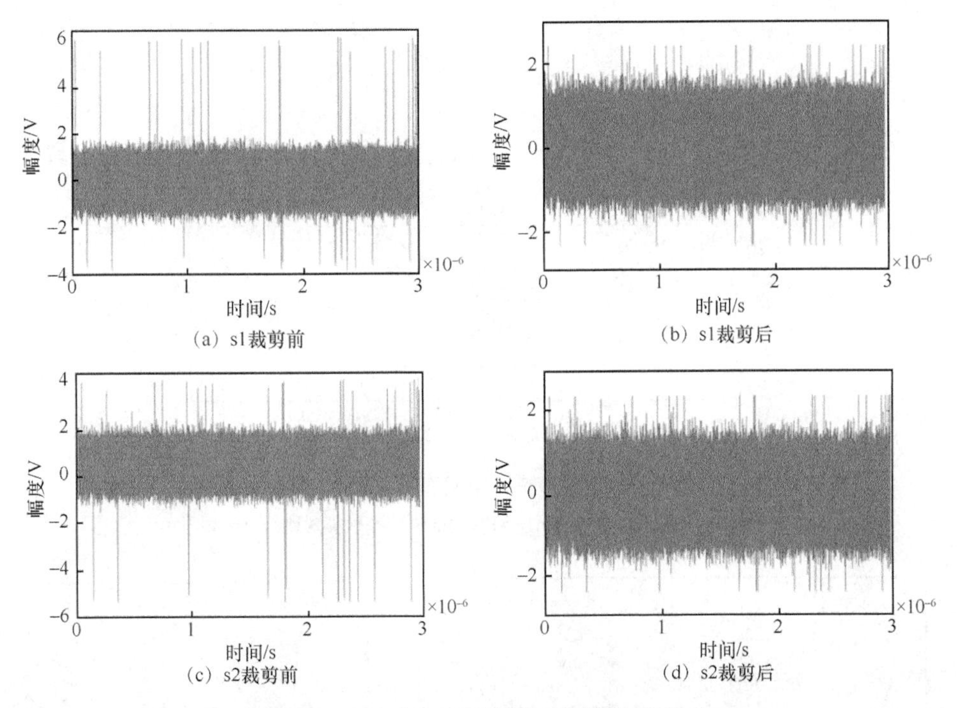

图 13-8　CPC 方案 1 中驱动信号裁剪前后的幅度

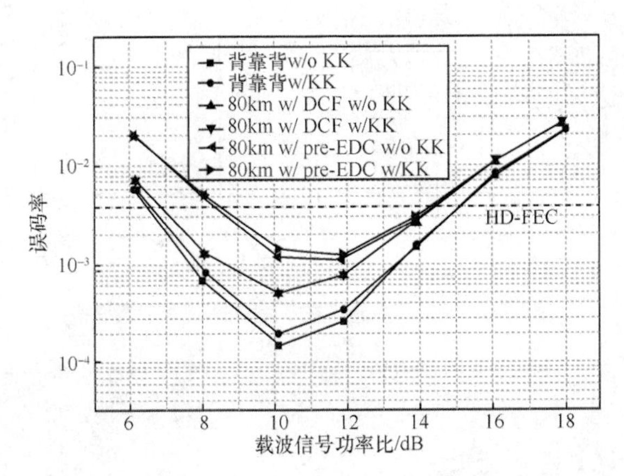

图 13-9　CPC 方案 1 的 80km 光纤传输下采用 DCF 和色散预补偿的误码率性能

（3）CPC 方案 2 仿真结果

为了验证 KK 算法在 CPC 方案中的性能，仿真了 CPC 方案中存在 SSBI 的情况。CPC 方案 2 在背靠背和 80km 光纤传输下的误码率性能如图 13-12 所示。由于此时信号经过直接检测后存在 SSBI，所以使用 KK 算法后性能得到了显著提升，而不使用 KK 算法的误码率无法达到硬判决门限以下。传输 80km 光纤后的性能要低于背靠背的性能，这是由于在 80km 光纤传输中使用了 EDFA，引入了额外的噪声。另外，背靠背和 80km 光纤传输在不同 OSNR 下的误码率分别由图 13-13（a）和图 13-13（b）给出，误码率随着 OSNR 的增加而降低，且不同 OSNR 条件下的最佳载波信号功率比不同。

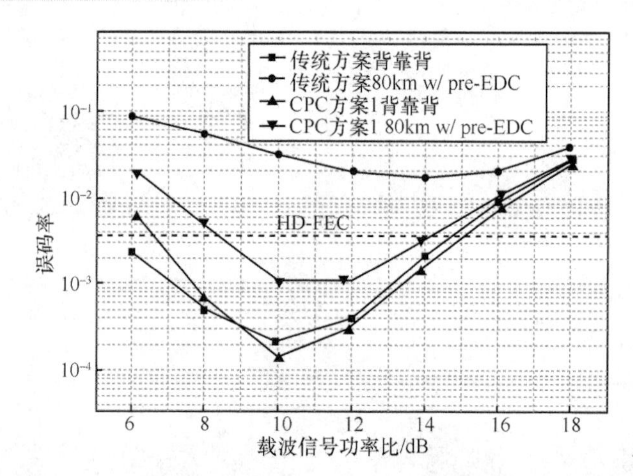

图 13-10 传统 DD-MZM 方案和 CPC 方案 1 在 OSNR 为 26dB 时，背靠背和 80km 光纤传输的误码率性能对比

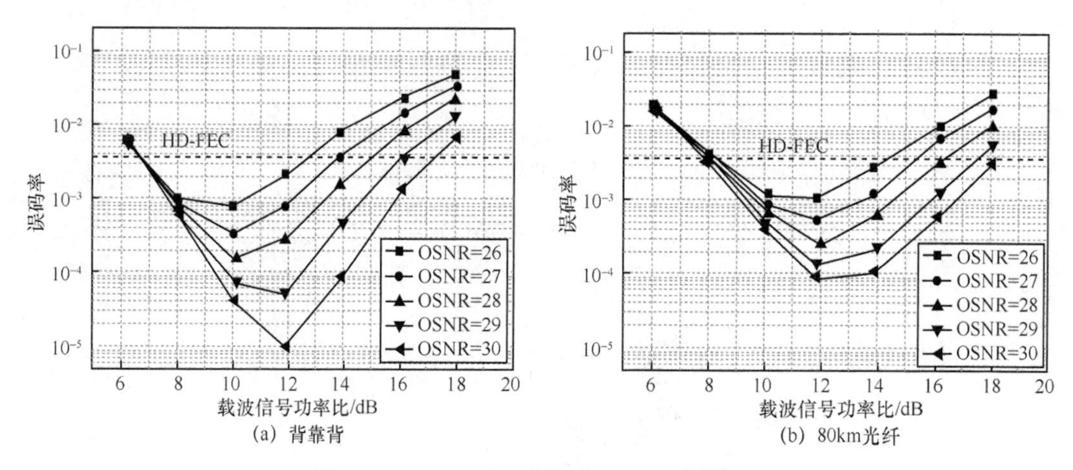

图 13-11 CPC 方案 1 在不同 OSNR 下的误码率

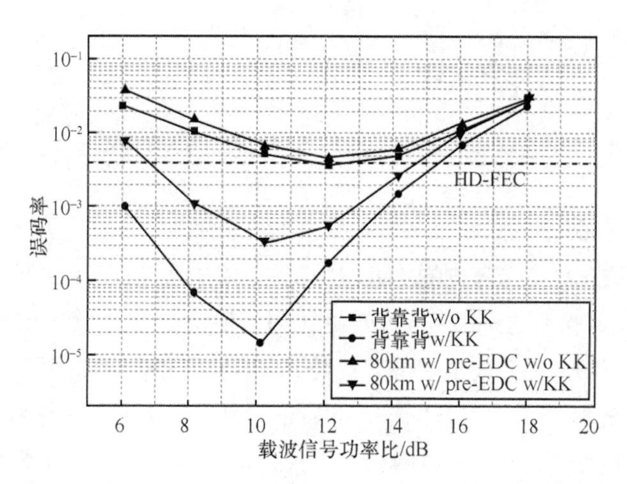

图 13-12 CPC 方案 2 在背靠背和 80km 光纤传输下的误码率性能

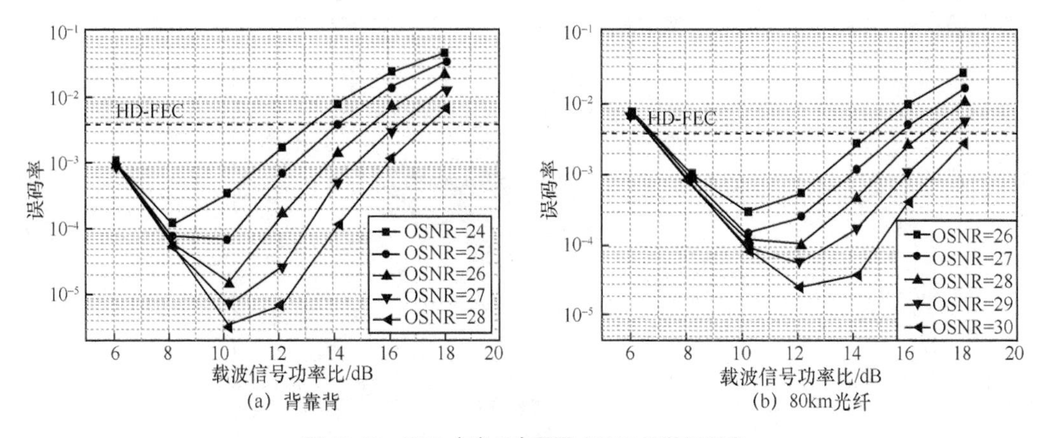

图 13-13　CPC 方案 2 在不同 OSNR 下的误码率

（4）基于 IQ 调制器的仿真结果

KK 算法通常在基于 IQ 调制器的直接检测系统中进行讨论，所以这里将比较 CPC 方案 1 和传统 IQ 调制器方案的性能和计算复杂度。对于 IQ 调制器方案的背靠背传输和 80km 光纤传输，在不同载波信号功率比条件下的误码率性能曲线，比较了使用和不使用 KK 算法的性能。IQ 调制器方案在背靠背传输和采用色散预补偿的 80km 光纤传输的误码率性能如图 13-14 所示。明显地，在背靠背和传输光纤情况下，KK 算法均可以有效提高系统的误码率性能，这与 CPC 方案 2 得到的结论一致。此外，传统 DD-MZM 方案、CPC 方案 1、CPC 方案 2 和 IQ 调制器方案的性能比较如图 13-15 所示。在背靠背情况下，CPC 方案 1 的性能与传统 DD-MZM 方案的性能相似，在载波信号功率比为 10dB 时，两者的误码率分别为 2×10^{-4} 和 1.5×10^{-4}。当载波信号功率比大于 10dB 时，CPC 方案 2 与传统 IQ 调制器方案性能基本相似。相比于 CPC 方案 2 与传统 IQ 调制器方案，在载波信号功率比低于 12dB 时，传统 DD-MZM 方案和 CPC 方案 1 的误码率更高，这是因为当载波信号功率较低时，信号的幅度不够小到能满足 $\sin(x)\approx x$，不能忽略非线性项的影响。在传输 80km 光纤情况下，由图 13-15（b）可知，CPC 方案 2 在最佳 CSPR 下的误码率可以达到硬判决门限以下，且不需要使用 KK 算法。然而在背靠背和 80km 光纤传输情况下，使用了 KK 算法的 CPC 方案 2 和传统 IQ 调制器方案的性能都要优于 CPC 方案 1。但是 KK 算法中所包含的非线性运算会导致信号的频谱展宽，使得在进行 KK 运算之前必须先进行过采样，在这里我们还讨论了不同过采样率的影响。

在传输 80km 光纤的情况下，当载波信号功率比和光信噪比分别为 10dB 和 26dB 时，不同过采样率对 CPC 方案 1、CPC 方案 2 和 IQ 调制器方案的影响如图 13-16 所示。对于 CPC 方案 2 和传统 IQ 调制器方案，误码率随着过采样率的增加而降低，且在 3.2Sa/Symbol 处收敛，因此在仿真中将 KK 运算前的过采样率固定为 3.2Sa/Symbol。而对于 CPC 方案 1，其关于过采样率的误码率曲线基本是平坦的，这表明该方案不受过采样率的影响，因此接收端对过采样率的要求更低。

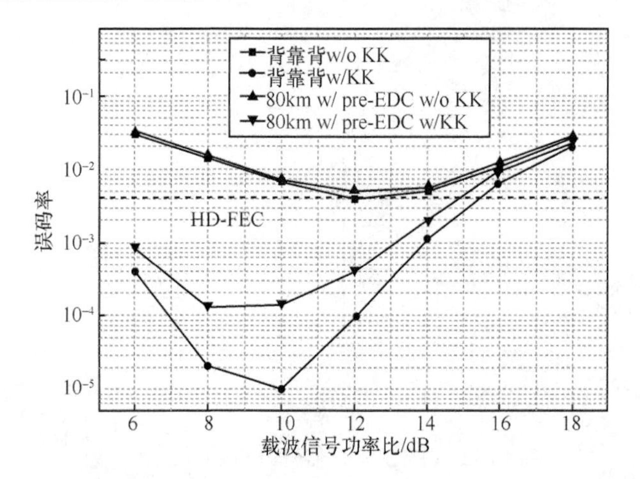

图 13-14　IQ 调制器方案在背靠背传输和采用色散预补偿的 80km 光纤传输的误码率性能

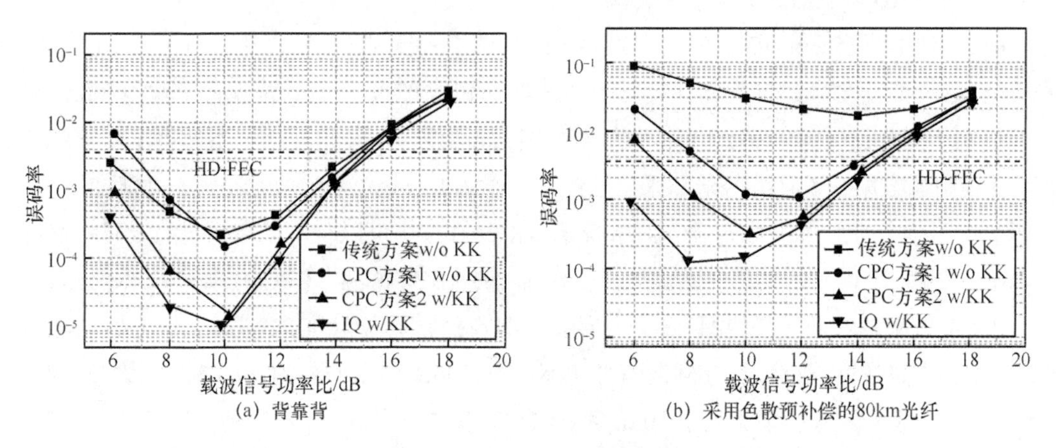

图 13-15　传统 DD-MZM 方案、CPC 方案 1、CPC 方案 2 和 IQ 调制器方案的性能比较

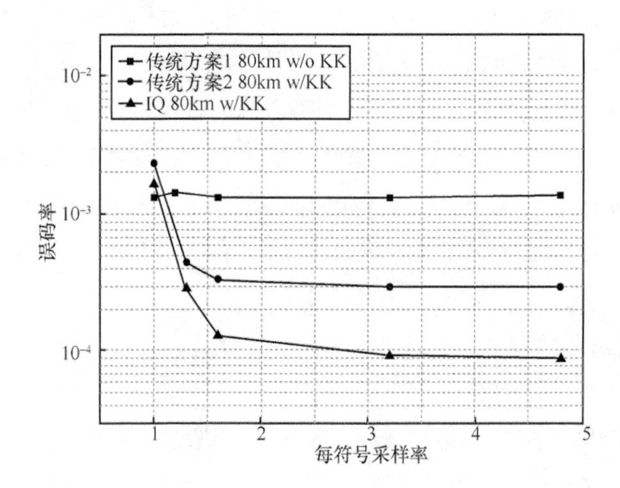

图 13-16　不同过采样率对 CPC 方案 1、CPC 方案 2 和 IQ 调制器方案的影响

13.3.5　算法计算复杂度分析

如上所述，在传统的 DD-MZM 方案和 CPC 方案 1 中都不存在 SSBI，所以接收端可以不需要 KK 算法，从而可以降低接收端 DSP 的计算复杂度。为了能够在发射端进行色散预补偿，CPC 被用来实现 DD-MZM 的线性调制。因此，接下来将对 KK 算法和 CPC 的计算复杂度进行讨论分析，每个并行单元的 DSP 原理如图 3-17 所示。

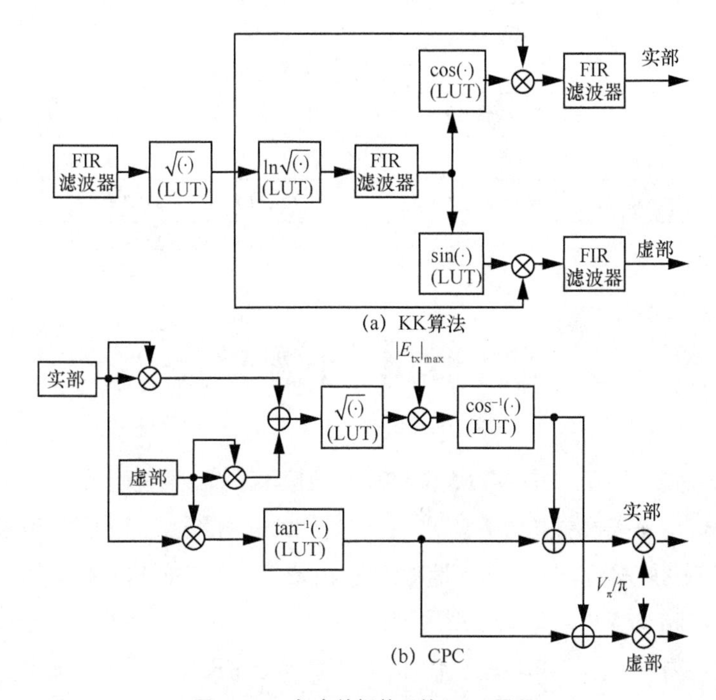

图 13-17　每个并行单元的 DSP 原理

假设 DAC 和 ADC 的采样率为 f_s，且满足 Nyquist 采样定理。但是 DSP 芯片的时钟频率 f_{clock} 要远小于 f_s，所以通常在 DSP 芯片中采用并行机制，则并行数目为 $N=\lceil f_s/f_{clock}\rceil$，其中，$\lceil\cdot\rceil$ 表示向上取整操作。KK 算法的复杂度在文献[27]中进行了讨论，其 DSP 原理如图 13-17（a）所示。由于 KK 算法中的非线性运算会导致频谱的展宽，所以通常在 KK 算法之前先进行过采样，这可以由 N_s 抽头数的 FIR 滤波器实现[28]。平方根和指数运算等非线性运算可以由 LUT 实现。假设 DAC 和 ADC 的量化比特数为 8bit，且 LUT 的存储类型为 2byte 的浮点数，则每个 LUT 的容量为 $2^8\times2^4$。KK 算法中包含的希尔伯特变换可以由 N_h 抽头数的 FIR 滤波器实现[29]，需要 $N_h/2$ 个加法器和 $N_h/2$ 个乘法器。在完成 KK 运算之后，还需要进行下采样，也可以通过 N_s 抽头数的 FIR 滤波器完成该过程，且需要两倍的器件实现信号实部和虚部的下采样。根据以上的讨论，KK 算法所需的加法器和乘法器的数量分别为 $(3N_s+N_h/2)RN$ 和 $(3(N_s+1)+N_h/2+2)RN$，其中，R 表示过采样因子。图 13-17（b）描述了 CPC 的 DSP 原理框图。与 KK 算法一样，其中，所包含的非线性运算，如平方根、反余弦和反正切运算，都可以由 LUT 实现，且每个 LUT 的容量为 $2^8 \times 2^4$。每个并行单元所需的加法器和乘法器分别为 3 和 6，因此其计算复杂度要远低于 KK 算法。

为了可以更清楚地比较，硬件复杂度对比见表 13-2，分析了这两种算法所需的加法器和乘法器的数量，以及 LUT 容量的大小。由图 13-16 可知，当过采样因子为 3.2 时，误码率曲线趋于平坦，因此我们将 R 设为 3.2。假设 $N_s = N_h$，且如文献[29]中的讨论，将 N_h 设为 32，因此与 KK 算法相比，CPC 在加法器和乘法器的数量上分别可以降低 1/119 和 1/62，LUT 的容量可以减小 1/4.3。综上所述，CPC 方案 1 可以有效降低系统的计算复杂度。

表 13-2　硬件复杂度对比

方案	加法器数目	乘法器数目	内存大小/kbit
CPC 方案 1	$3N$	$6N$	$12N$
CPC 方案 2	$(3N_s+N_h/2)RN$	$(3(N_s+1)+N_h/2+2)RN$	$16RN$
IQ 调制器方案	$(3N_s+N_h/2)RN$	$(3(N_s+1)+N_h/2+2)RN$	$16RN$

13.4　小结

本章提出了一种新的基于 DD-MZM 的 SSB 直接检测系统，通过使用发射端非线性预处理和 CPC 实现无 SSBI 的直接检测。结果表明，在传输 80km 光纤后，该方案的性能要优于传统的 DD-MZM SSB 调制直接检测方案。当光信噪比为 26dB，且各自的 CSPR 都最优的情况下，该方案和传统的 DD-MZM 方案的误码率分别为 1.2×10^{-3} 和 1.7×10^{-2}，而基于 KK 接收机的传统 IQ 调制器的 SSB 直接检测系统，其误码率为 4×10^{-4}。虽然基于 KK 接收机的传统 IQ 调制器方案仍优于这种新提出的无 SSBI 的方案，但是该方案中的 CPC 的计算复杂度要远低于 KK 算法。由于这种基于 DD-MZM 的 SSB 调制直接检测方案可以避免使用 KK 算法消除 SSBI，在 400Gbit/s 长距离光互连中具有良好的应用前景。

参考文献

[1] LOWERY A J. Amplified-spontaneous noise limit of optical OFDM lightwave systems[J]. Optics Express, 2008, 16(2): 860-865.

[2] PENG W R, WU X X, ARBAB V R, et al. Theoretical and experimental investigations of direct-detected RF-tone-assisted optical OFDM systems[J]. Journal of Lightwave Technology, 2009, 27(10): 1332-1339.

[3] PENG W R, WU X X, ARBAB V R, et al. Experimental demonstration of 340 km SSMF transmission using a virtual single sideband OFDM signal that employs carrier suppressed and iterative detection techniques[C]//Proceedings of OFC/NFOEC 2008 - 2008 Conference on Optical Fiber Communication/National Fiber Optic Engineers Conference. Piscataway: IEEE Press, 2008: 1-3.

[4] PENG W R, WU X X, FENG K M, et al. Spectrally efficient direct-detected OFDM transmission employing an iterative estimation and cancellation technique[J]. Optics Express, 2009, 17(11): 9099-9111.

[5] RANDEL S, PILORI D, CHANDRASEKHAR S, et al. 100-Gb/s discrete-multitone transmission over 80-km SSMF using single-sideband modulation with novel interference-cancellation scheme[C]//Proceedings of 2015 European Conference on Optical Communication (ECOC). Piscataway: IEEE Press, 2015: 1-3.

[6] LI Z, SEZER ERK1L1NÇ M, MAHER R, et al. Two-stage linearization filter for direct-detection subcarrier modulation[J]. IEEE Photonics Technology Letters, 2016, 28(24): 2838-2841.

[7] LI Z, ERKILINÇ M S, PACHNICKE S, et al. Direct-detection 16-QAM nyquist-shaped subcarrier modulation with SSBI mitigation[C]//Proceedings of 2015 IEEE International Conference on Communications. Piscataway: IEEE Press, 2015: 5204-5209.

[8] JU C, LIU N, CHEN X, et al. SSBI mitigation in A-RF-tone-based VSSB-OFDM system with a frequency-domain Volterra series equalizer[J]. Journal of Lightwave Technology, 2015, 33(23): 4997-5006.

[9] MECOZZI A, ANTONELLI C, SHTAIF M. Kramers–Kronig coherent receiver[J]. Optica, 2016, 3(11): 1220-1227.

[10] SUN C, CHE D, JI H L, et al. Towards low carrier-to-signal power ratio for Kramers-Kronig receiver[C]// Proceedings of Optical Fiber Communication Conference (OFC)2019. Washington, D.C.: OSA, 2019: M1H. 6.

[11] LOWERY A J, WANG T Y, CORCORAN B. Clipping-enhanced Kramers-Kronig receivers[C]//Proceedings of 2019 Optical Fiber Communications Conference andExhibition (OFC). Piscataway: IEEE Press, 2019: 1-3.

[12] AN S H, ZHU Q M, LI J C, et al. Modified KK receiver with accurate field reconstruction at low CSPR condition[C]//Proceedings of 2019 Optical Fiber Communications Conference and Exhibition (OFC). Piscataway: IEEE Press, 2019: 1-3.

[13] ZHU M Y, ZHANG J, YI X W, et al. Optical single side-band Nyquist PAM-4 transmission using dual-drive MZM modulation and direct detection[J]. Optics Express, 2018, 26(6): 6629-6638.

[14] LI Z, ERKILINÇ M S, SHI K, et al. SSBI mitigation and the Kramers-Kronig scheme in single-sideband direct-detection transmission with receiver-based electronic dispersion compensation[J]. Journal of Lightwave Technology, 2017, 35(10): 1887-1893.

[15] ZHOU Y J, YU J J, WEI Y R, et al. Four-channel WDM 640 Gb/s 256 QAM transmission utilizing Kramers-Kronig receiver[J]. Journal of Lightwave Technology, 2019, 37(21): 5466-5473.

[16] ZHU M Y, ZHANG J, YING H, et al. 56-gb/s optical SSB PAM-4 transmission over 800-km SSMF using DDMZM transmitter and simplified direct detection Kramers-Kronig receiver[C]//Proceedings of 2018 Optical Fiber Communications Conference and Exposition (OFC). Piscataway: IEEE Press, 2018: 1-3.

[17] ZHU Y X, JIANG M X, RUAN X K, et al. 16 × 112Gb/s single-sideband PAM4 WDM transmission over 80km SSMF with Kramers-Kronig receiver[C]//Proceedings of Optical Fiber Communication Conference. Washington, D.C.: OSA, 2018: Tu2D. 2.

[18] ISHIMURA S, KAO H Y, TANAKA K, et al. SSBI-free 1024QAM single-sideband direct-detection transmission using phase modulation for high-quality analog mobile fronthaul[C]//Proceedings of 45th European Conference on Optical Communication (ECOC 2019). Institution of Engineering and Technology, 2019: 1-4.

[19] WANG W, LI F, LI Z B, et al. Dual-drive Mach-Zehnder modulator-based single side-band modulation direct detection system without signal-to-signal beating interference[J]. Journal of Lightwave Technology, 2020, 38(16): 4341-4351.

[20] LU D X, ZHOU X, HUO J H, et al. Theoretical CSPR analysis and performance comparison for four single-sideband modulation schemes with Kramers-Kronig receiver[J]. IEEE Access, 2019, 7: 166257-166267.

[21] LIN B J, LI J H, YANG H, et al. Comparison of DSB and SSB transmission for OFDM-PON[J]. Journal of

Optical Communications and Networking, 2012, 4(11): B94-B100.

[22] ZHANG L, QIANGZ, ZUO T J, et al. C-band single wavelength 100-Gb/s IM-DD transmission over 80-km SMF without CD compensation using SSB-DMT[C]//Proceedings of 2015 Optical Fiber Communications Conference and Exhibition (OFC). Piscataway: IEEE Press, 2015: 1-3.

[23] ZHU M Y, ZHANG J, YI X W, et al. Hilbert superposition and modified signal-to-signal beating interference cancellation for single side-band optical NPAM-4 direct-detection system[J]. Optics Express, 2017, 25(11): 12622-12631.

[24] SHU L, LI J Q, WAN Z Q, et al. Single-lane 112-Gbit/s SSB-PAM4 transmission with dual-drive MZM and Kramers–Kronig detection over 80-km SSMF[J]. IEEE Photonics Journal, 2017, 9(6): 1-9.

[25] ZHU M Y, YING H, ZHANG J, et al. Experimental demonstration of an efficient hybrid equalizer for short-reach optical SSB systems[J]. Optics Communications, 2018, 409: 105-108.

[26] HO K P, CUEI H W. Generation of arbitrary quadrature signals using one dual-drive Modulator[J]. Journal of Lightwave Technology, 2005, 23(2): 764-770.

[27] BO T W, KIM H. Toward practical Kramers-Kronig receiver: resampling, performance, and implementation[J]. Journal of Lightwave Technology, 2019, 37(2): 461-469.

[28] OPPENHEIM A V, BUCK J R, SCHAFER R W. Discrete-time signal processing. Vol. 2[M]. Upper Saddle River, NJ: Prentice Hall, 2001.

[29] FÜLLNER C, WOLF S, KEMAL J N, et al. Transmission of 80-GBd 16-QAM over 300 km and Kramers-Kronig reception using a low-complexity FIR Hilbert filter approximation[C]//Proceedings of Optical Fiber Communication Conference. Optical Society of America, 2018: W4E. 3.

第 14 章

40Gbit/s 啁啾管理激光器在接入网和城域网中的应用

14.1 引言

本章研究了用于接入网和城域网的 40Gbit/s 具有成本效益的发射机。该 40Gbit/s 发射机包括一个标准的直接调制 DFB 激光器和一个后续的光学滤波器。该发射器较大的色散容限是通过线性调频控制实现的，基本原理是通过相消比特在相邻比特之间的相位相关性来消除“0”比特的功率，同时提高消光比。本章对 DFB 激光器的线性调频模型和光学滤波器的最佳参数进行了数值分析。同时，实验验证了在 20km SSMF 上没有啁啾管理的 42.8Gbit/s 线速率（包括额外的开销，如同频和 FEC 等，业内通常用 40Gbit/s 表述）传输和集中式 WDM-PON 系统。我们还实现了 100m GI-POF 的传输。此外，本章还研究了面向城域网应用的 240km SSMF 的传输。

随着云业务、视频流业务和移动互联业务的快速发展，企业对 Internet 流量和访问网络的带宽需求正在迅速增加。因此，每通道 40Gbit/s 的数据速率正在扩展到下一代光接入网络和超短距离（Very Short Reach，VSR）光链路。与长途和城域网络不同，接入网络和 VSR 网络较低的硬件成本和较低的运营费用具有吸引力和实用性。当前，在成本敏感的城域和接入光链路中使用 DML 引起了越来越多的关注，因为与使用该技术的其他发射源的外部调制（External Modulation，EM）方案（如 EAM 或 MZM[1-3]）相比，其具有潜在的低成本、紧凑的尺寸、低功耗和高输出功率特性。然而，DML 是通过驱动电流进行的载流子密度调制，会引起固有的且高度特定的频率线性调频，即伴随强度调制的残留相位调制（Phase Modulation，PM）。此线性调频脉冲产生的宽频谱严重限制了 SSMF 的最大传输距离。解决此问题的一种方法是使用具有负色散特性的特殊光纤，这是利用 DML 的正线性调频特性增加无色散补偿模块覆盖范围很好的选择，其成本可能与传输普通光纤[4-6]相同。但是，它仅适用于光传输系统的新部署，而不适合升级和更改已经部署好的城域光纤链路。啁啾管理激光器（Chirp Managed Laser，CML）可以为短距离光纤传输系统提供良好的光源[7-8]。为了支持高色散容限，实验使用了远高于阈值的高直流（Direct-Current，DC）偏置的 DFB 激光器，数字数据直接调制该 DFB 激光器，并使用合适的光学滤波器控制相邻位之间的相位。高偏置的其他好处是高输出功率、宽调制带宽、低时序抖动，并且可抑制瞬时啁啾。CML 技术同时满足两个市场需求：在新兴的城域市场中，数据速率从 2.5Gbit/s 升级到 10Gbit/s，甚至升级到 40Gbit/s；小型可插拔光学器件从短距离迁移到高性能长距离和 WDM 连接。直接调制的信号具有低 ER 和伴随绝热啁啾。光谱整形器（Optical Spectrum Reshaper，OSR）放置在激光输出处，以实现调频（FM）到调幅（Amplitude Modulation，AM）转换，以增加 ER 并将缓慢变化的绝热啁啾脉冲转换为具有突然相变的平顶啁啾脉冲[9]。对于 10Gbit/s 的光链路，CML 的输出已显示出对负色散和正色散都有容忍度[7]。CML 技术已应用于 10Gbit/s 数据链路中，通过 SMF 进行 200km 距离的传输而无色散补偿[10]，并结合了接收器的电子色散补偿和可调色散补偿模块，实现了 675km 传输[8]。本章使用直接调制的 DFB 激光器和传统光学滤波器的简单组合，开发了具有高色散容限的 40Gbit/s CML 发射机。

本章内容主要包括：第 14.2 节从理论上分析了 DML 的线性调频特性、这种高度线性调频发射机的工作原理以及 OSR 滤波器和 DML 的最佳参数，第 14.3 节演示了在 20km SSMF 上没有色散补偿的 40Gbit/s CML 传输的仿真和实验结果，第 14.4 节中将这种 40Gbit/s DML 应用于集中式 WDM-PON 系统中，第 14.5 节讨论了 100m GI-POF 上的 40Gbit/s CML 传输，第 14.6 节展示了 240km SSMF 上的 42.8Gbit/s 线速率 CML 传输。

| 14.2 CML 发射器原理 |

14.2.1 DML 的线性调频特性

DML 性能在很大限度上取决于激光频率线性调频脉冲的特性。在高数据速率（2.5Gbit/s）下，DML 的频率啁啾具有瞬态啁啾和绝热啁啾两个主要成分。在较低的数据速率下，绝热啁啾占主导。DML 的 $\Delta\nu(t)$ 通过表达式[11]与激光输出光功率 $P(t)$ 有关

$$\Delta\nu(t)=\frac{\alpha}{4\pi}\left(\frac{\mathrm{d}}{\mathrm{d}t}[\ln(P(t))]+\kappa P(t)\right) \tag{14-1}$$

其中，α 是线宽增强因子，κ 是绝热线性调频系数。在式（14-1）中，第一项是与结构无关的瞬态啁啾，第二项是与结构相关的绝热啁啾。瞬态啁啾为主的 DML 在输出功率和频率偏差方面表现出明显更多的过冲。稳态“1”和“0”之间的频率差相对较小。另一方面，以绝热啁啾为主的 DML 表现出阻尼振荡，并且稳态“1”和“0”之间存在较大的频率差。在式（14-1）中，输出功率 $P(t)$ 通过式（14-2）与光子密度相关。

$$P(t)=\frac{V\eta hv}{2\Gamma\tau_p}S(t) \tag{14-2}$$

光子密度 $S(t)$ 由众所周知的小信号单模激光速率方程式以如下简单形式确定。

$$\frac{\mathrm{d}S(t)}{\mathrm{d}t}=\frac{\Gamma g_0(N(t)-N_0)}{1+\varepsilon S(t)}S(t)-\frac{S(t)}{\tau_p}+\frac{\Gamma\beta N(t)}{\tau_c} \tag{14-3}$$

$$\frac{\mathrm{d}N(t)}{\mathrm{d}t}=\frac{I(t)}{\mathrm{e}V}-\frac{N(t)}{\tau_c}-\frac{g_0(N(t)-N_0)}{1+\varepsilon S(t)}S(t) \tag{14-4}$$

$$\frac{\mathrm{d}\varphi}{\mathrm{d}t}=\frac{\alpha}{2}\left[\Gamma g_0(N(t)-N_0)-\frac{1}{\tau_p}\right] \tag{14-5}$$

其中，$I(t)$ 是注入有源层中的电流波形，$N(t)$ 是载流子密度，v 是光频率，h 是普朗克常数，n 是微分量子效率，Γ 是限制因子，$N_0(t)$ 是透明时的载流子密度，β 代表耦合到激光模式的自发辐射噪声部分，g_0 是微分增益系数，ε 是非线性增益压缩因子（增益饱和系数），τ_p 是光子寿命，τ_c 是载波寿命，V 是活动层的体积，α 是线宽增强因子。应当注意，在第一个近似中，忽略了每个参数值的静态温度（25℃）依赖性。从式（14-1）～式（14-5），我们可以看到除了激射波长以外，必须估计的最小参数（$\Gamma,V,N_0,\beta,g_0,\varepsilon,\tau_p,\tau_c,\eta,\alpha$）。在式（14-1）中，可以计算 α 参数以及绝热线性调频系数 κ，该系数与非线性增益压缩系数直接相关

$$\kappa=\frac{2\Gamma}{\eta hvV}\varepsilon \tag{14-6}$$

因此，基于式（14-1）～式（14-6）的啁啾模型（已经包括驱动电流偏置），我们可以设计 DML 的参数实现合适的啁啾响应以产生相位相关性。

14.2.2　工作原理

较高的色散容限主要是因为通过精确控制 DML 调制中的频率线性调频，相邻位之间具有相位相关调制。绝热啁啾使“1”位相对于“0”位发生蓝移。通过控制调制深度，可以实现在“0”到空格位中间的相位翻转，从而导致在色散诱发的宽频谱之后，在空格中间的任一侧的能量之间发生破坏性干扰。异相是色散容差的关键。沿光纤传输产生的相位相关性和相消干涉与光学双二进制调制的相关性和相消干涉相似，但是在这里，我们不需要在发射端使用预编码器、编码器和外部调制器，在接收端不需要解码器。CML 发射机包括一个 DML 和光学滤波器，啁啾管理 DML 发射机原理如图 14-1 所示。DML 是高速标准 DFB 激光器，光学滤波器是常规的带通滤波器[12]。高度线性调频调制在图 14-1 插图（i）中创建了两个不同的频率峰值。滤波器的主要功能是通过使插图（ii）中的“0”位衰减同时通过传递“1”位增加 ER，同时抑制瞬态啁啾并将其整形为最平坦的啁啾。为了实现位之间的适当相位翻转，与常规直接调制相比，采用了更高的驱动偏置。高偏置电压的其他好处是，由于工作点较高，因此具有高输出功率和宽调制带宽。我们还可以实

现稳定的单模运行和低时序抖动，并且由于工作条件远离激光器的阈值，因此可以通过抑制瞬态啁啾使激光器成为绝热啁啾。对于 40Gbit/s 的数据速率，脉冲宽度为 25ps，要获得 π 相移，绝热啁啾必须等于 $\pi/(2\pi\times 25\text{ps})=20\text{GHz}$，这意味着“1”位相对于整个“0”位具有 20GHz 的蓝移。通过调整偏置和激光参数生成合适的绝热啁啾是实现更高色散容限的第一步，这是由于 AM 到 FM 的转换（“1”位由于比“0”位有更高的强度而产生蓝移）。但是，这会导致较低的 ER（1～2dB）伴随着较高的偏置。因此，通过传递“1”位并衰减“0”位以增加 ER，随后的光学滤波器被用于 FM 到 AM 的转换。考虑 1 0 1 位序列的原始二进制信号，经过 DML 直接调制和光滤波器滤波后，以及传输后的信号波形示意图如图 14-2 所示。相关相位翻转和 ER 的变化也在图 14-2 中描述。可以清楚地看到，如果相邻的“1”各位之间没有相消干涉，眼图将闭上并且无法识别原始位（“传输后”中的虚线）。

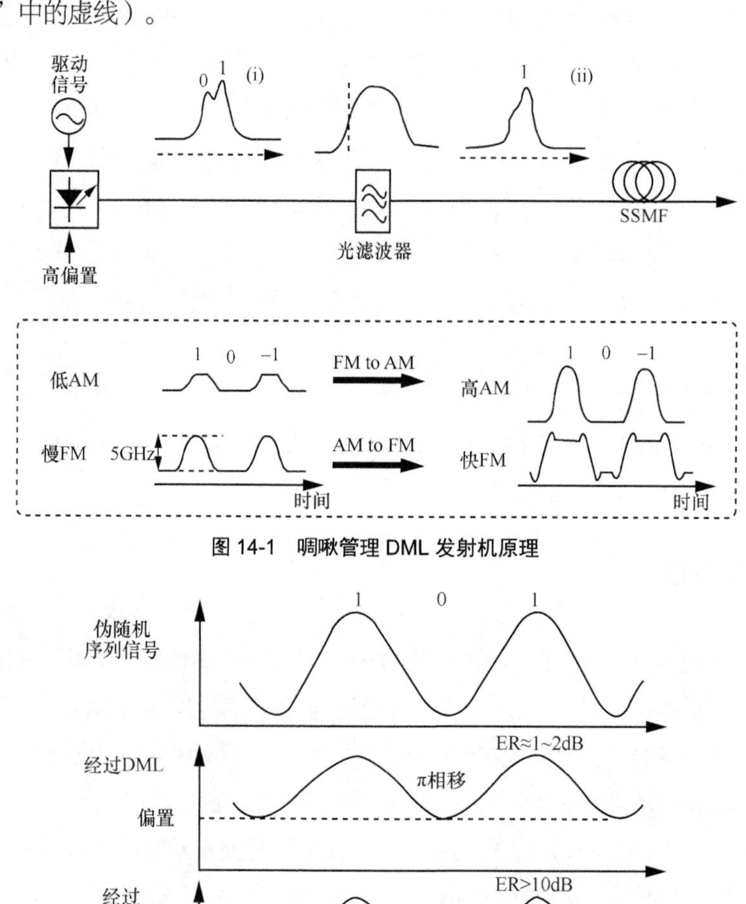

图 14-1　啁啾管理 DML 发射机原理

图 14-2　信号波形示意图

14.2.3　光学滤波器的参数优化

由于光学滤波器在 CML 生成中起着重要的作用，因此我们研究了它的优化参数。光学滤波器具有两个主要功能：一个功能是通过传递“1”位并衰减“0”位来执行 FM 到 AM 转换，以增加 ER；另一个主要功能是抑制瞬态线性调频并将其整形为最平坦的线性调频波形，以在“0”位期间保持异相。根据特定的应用，滤波器的设计包括开发具有规定幅度和相位响应的滤波器。各种类型的光学滤波器可以作为最佳 OSR 滤波器的候选者：巴特沃斯（Butterworth），通带中幅度响应最大，缺点是阶跃响应中会出现过冲和振铃；切比雪夫（Chebyshev），比巴特沃斯高得多的通带衰减率，其缺点是阶跃响应比巴特沃斯大得多；贝塞尔（Bessel），在通带内具有均匀的时延，并且具有最佳的阶跃响应，同时具有最小的过冲或振铃，优点是与巴特沃斯和其他滤波器相比，超过通带的初始衰减速率较慢；矩形和梯形，理想的选择，绝对平坦的幅度和频率响应的相位，缺点是在具有周期性边界条件的仿真中，它要求截断脉冲响应和信号时延；高斯，平滑的传递函数，没有色散，更重要的是，它在光通信系统中的实际设计和应用中很容易实现。

基于上述原因，我们在仿真模型中选择了高斯滤波器类型。高斯滤波器的传递特性取决于滤波器的参数带宽（$\Delta f_{3\text{dB}}$）、中心频率 f_c 和高斯阶数 n，其表达式表示为

$$T(f)=\exp\left(-\ln\sqrt{2}\left(\frac{f-f_c}{f_g}\right)^{2n}\right) \tag{14-7}$$

假设消失相位 $f_g=\Delta f_{3\text{dB}}/2$，滤波器阶数设置从通带到阻带过渡时的衰减率，高斯滤波器的传递函数如图 14-3 所示。

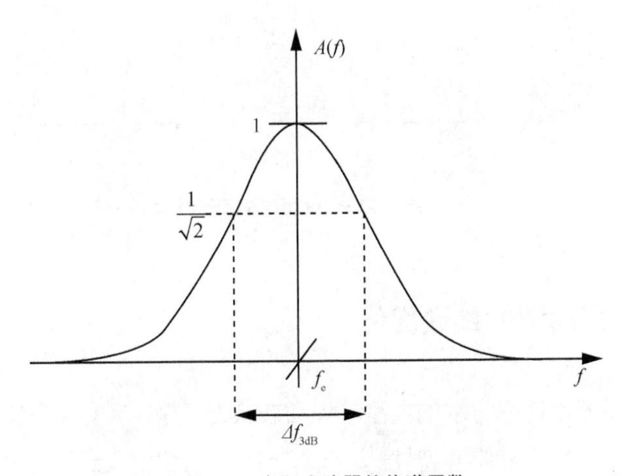

图 14-3　高斯滤波器的传递函数

如前所述，使信号通过滤波器的边缘不仅可以改善 ER，还可以产生 VSB 效果，从而在“1”至“0”和“0”至“1”处增加蓝色瞬态啁啾过渡，进一步改善了纤维分散后的眼图张开度。

VSB 过滤也减少了信息带宽。带通光学高斯滤波器的传输特性如图 14-4 所示，图 14-4（a）和图 14-4（b）分别示出了在设置的阶数和带宽不同的情况下该高斯滤光器的传输频谱。注意，可以将高斯阶设置为非整数值。可以清楚地看到，顶部变平并且滚降响应非常尖锐。对于 40Gbit/s 信号，我们以 54GHz 带宽和 1.7 的高斯阶数模拟最佳传输频谱。40Gbit/s 信号的传输频谱如图 14-5 所示。

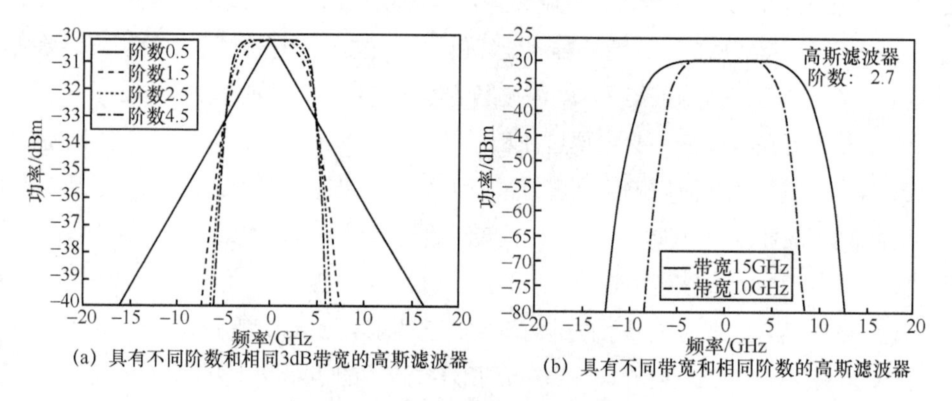

（a）具有不同阶数和相同3dB带宽的高斯滤波器

（b）具有不同带宽和相同阶数的高斯滤波器

图 14-4　带通光学高斯滤波器的传输特性

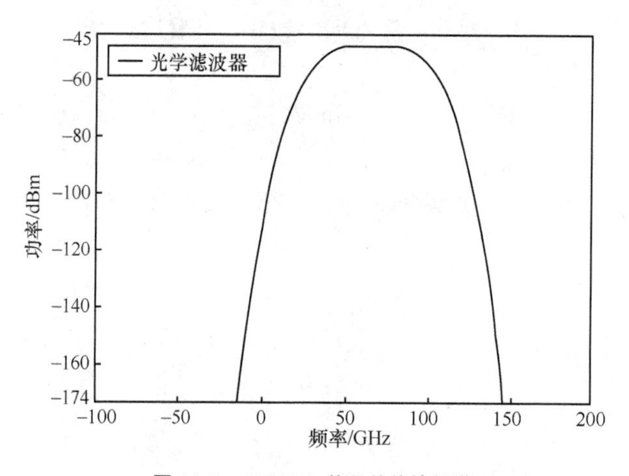

图 14-5　40Gbit/s 信号的传输频谱

14.2.4　DML 激光模型的参数优化

仿真中使用了基于标准速率方程的典型单模动态激光模型。该模块模拟由电流波形驱动的直接调制单模激光器的动态特性和噪声特性。该模型描述了在整个激光腔内平均的光功率、相位和载流子密度的变化。该模型非常适合使用直接调制的激光器对城域网传输系统进行建模，因为它考虑了会严重影响系统性能的张弛振荡、开启抖动、激光啁啾、强度和相位噪声。此直接调制发射机中的线性调频控制来自两个重要部分：在激光器中生成适当的线性调频频率；在随后的光学滤波器中进行线性调频滤波和转换。我们提供了具有很高偏置的激光器中适当啁啾声(绝热啁啾)的理论分析。根据线性调频模型的分析，我们进行了多参数扫描，以找到适合于异相传输直接调制信号的优化激光结构。激光器固有参数见表 14-1。以上所有参数均适用于 10Gbit/s 信号。对于 40Gbit/s 信号，驱动幅度为 21mA，偏置为 85mA，非线性增益系数更改为 5.0×10^{-23}，其他参数与 10Gbit/s 信号的参数相同。

表 14-1　激光器固有参数

参数	值
光波频率	193.1×10^{12}GHz
功率	6mW
激光器啁啾长度	200×10^{-6}m
线性材料增益系数	$9\times10^{-20}m^2$
透明载流子密度	$1.5\times10^{24}/m^3$
限制因子	0.3
群有效折射率	4.0
材料线宽增强因子	3.5
左端面反射率	0.3
右端面反射率	0.3
双分子复合系数	$1.0\times10^{-16}m^3/s$
自发辐射因子	1.0×10^{-4}
非线性增益系数	3.0×10^{-23}

（1）与偏置电流有关的特性

与传统 DML 相比，需要更低的阈值，因为我们需要将该激光器偏置约 5～6 倍阈值。低于阈值操作的结果不准确，因此会在高于激光阈值的情况下生成扫描，以获取整个工作条件。谐振频率和阻尼与偏置电流的关系如图 14-6 所示。两者通常随着偏置电流的增加而增加。在 60～80mA 偏置的工作范围内，两条曲线的斜率几乎保持稳定。

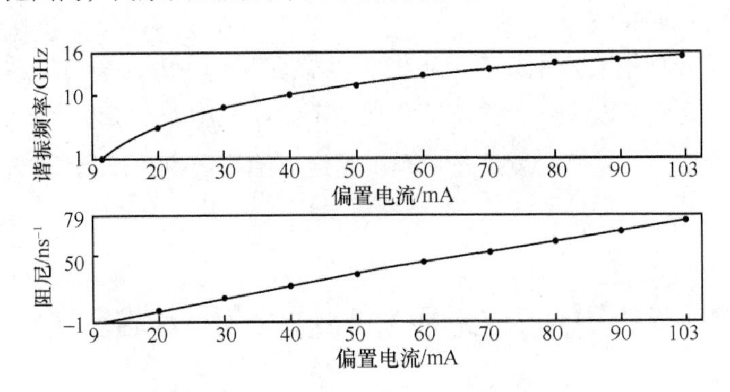

图 14-6　谐振频率和阻尼与偏置电流的关系

（2）与频率有关的特性

DML 强度调制中的幅度和相位响应如图 14-7 所示。这些响应曲线可以与测量数据进行比较，并用于帮助将模型参数拟合到实际设备中。在 14GHz 时，激光器在 72mA 的工作点具有最大幅度响应。在不同的偏置电流下，小信号调频响应和激光器的相对强度噪声频谱如图 14-8 所示。频率响应随光发射功率的增加而增加，偏置为 72mA 时的 3dB 带宽大于 10GHz，谐振频率的峰值为 15GHz。从图 14-8（b）可以看出，相对强度噪声（Relative Intensity Noise，RIN）在共振频率为 14GHz、偏置电流为 72mA 时足够低。

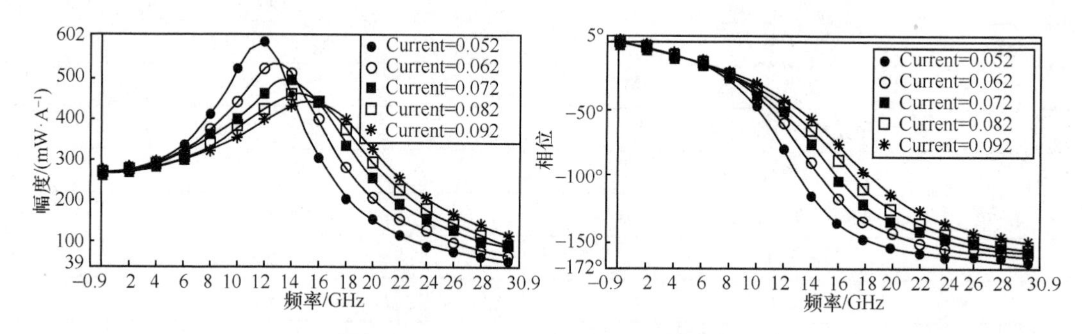

图 14-7　DML 强度调制中的幅度和相位响应

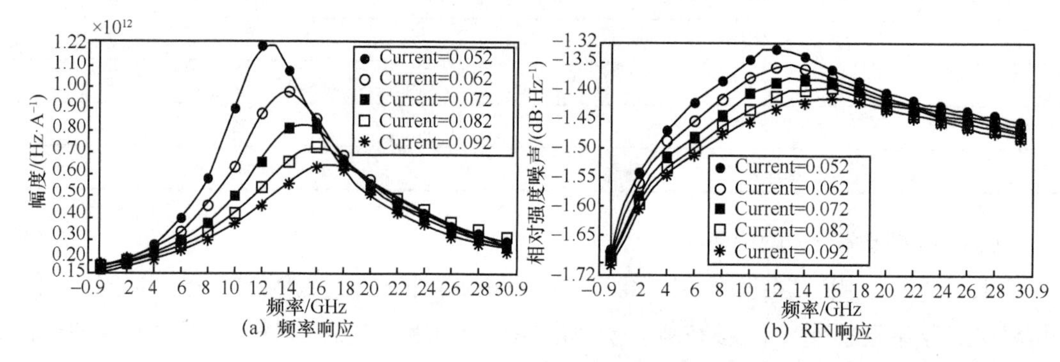

图 14-8　小信号调频响应和激光器的相对强度噪声频谱

（3）与时间有关的特性

载流子密度、光子密度和相位与时间的关系函数如图 14-9 所示。这些结果基于速率方程模型的内部状态。我们可以看到，载流子和光子密度在光脉冲下降和上升时都有瞬态变化，这与瞬态啁啾直接相关。光子密度（光功率）是通过绝热啁啾从振幅调制转换为频率调制的关键。

14.3　40Gbit/s 无色散补偿 20km SSMF 传输

使用前面提到的 DML 和光学滤波器的优化参数，我们使用商业软件来模拟此发射机的传输性能。某些参数（如链路中部署的光纤类型）是固定的。SSMF 的色散为 17ps/(nm·km^{-1})，衰减为 0.20dB/km，色散斜率为 0.08×10^3s/m^3。光纤的输入功率假定为 0dBm。此处的所有模拟都使用 1024 位的时间段，信号位由 PRBS 生成。使用图 14-5 所示的滤波器，光学滤波器的输出信号抑制了光学载波，并占据了 DML 输出的标准 NRZ 信号带宽的大约 1/2，对于 40Gbit/s，它是 20GHz。过滤前后的 40Gbit/s 信号频谱如图 14-10 所示，与外部调制方案相比，直接调制导致更宽的频谱。该 DML 输出的，经高斯滤波器和传输后的眼图及信号波形和线性调频响应的仿真结果如图 14-11 所示。该 DML 的驱动幅度为 21mA，偏置为 85mA。可以清楚地看到，线性调频响应是平坦的，并且眼图在 15km SSMF 传输中是张开的。

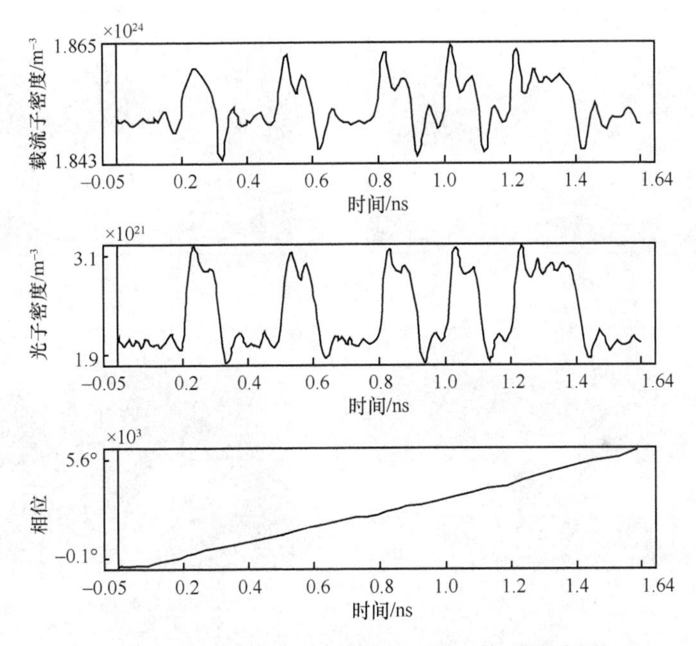

图 14-9　载流子密度、光子密度和相位与时间的关系函数

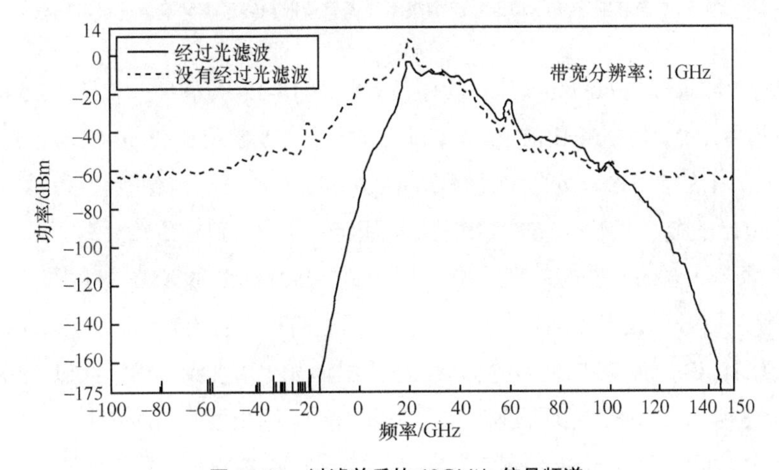

图 14-10　过滤前后的 40Gbit/s 信号频谱

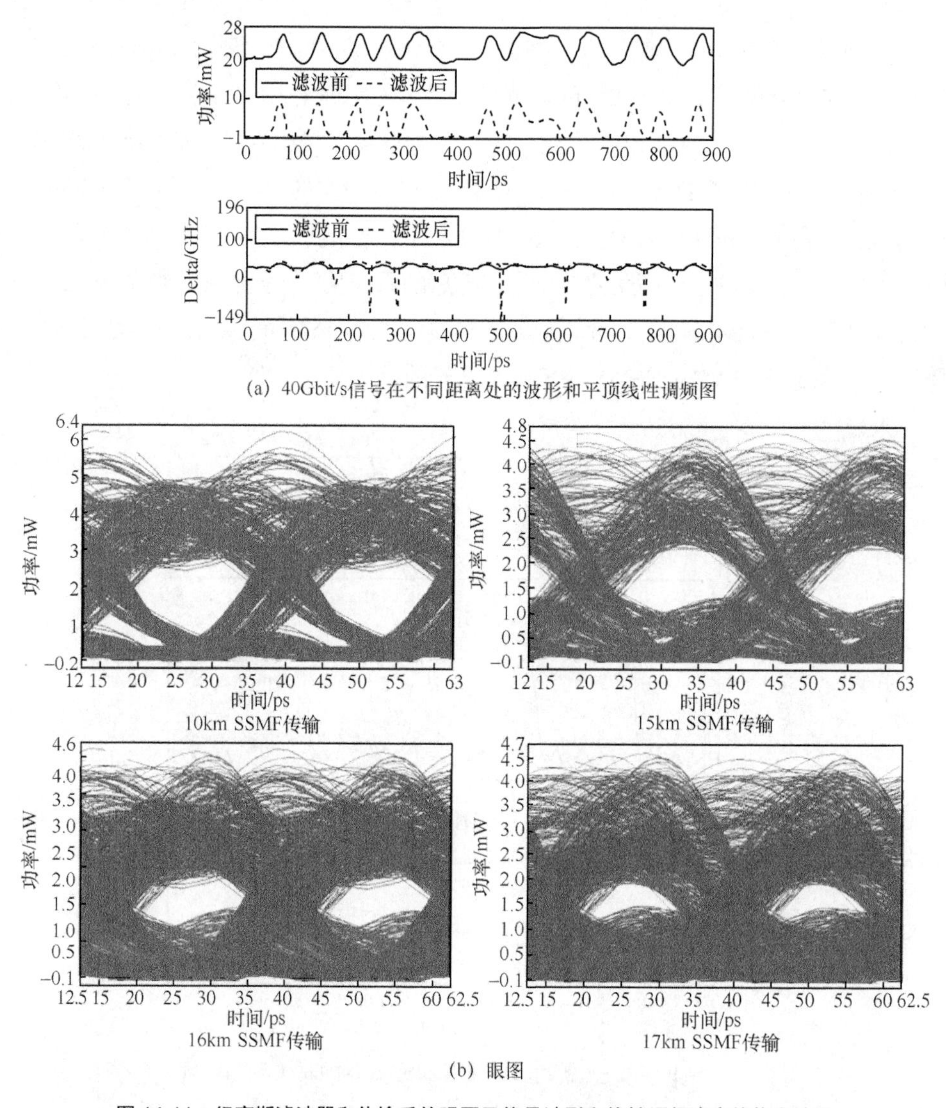

(a) 40Gbit/s信号在不同距离处的波形和平顶线性调频图

(b) 眼图

图 14-11 经高斯滤波器和传输后的眼图及信号波形和线性调频响应的仿真结果

由线性调频脉冲管理的 40Gbit/s 传输实验设置如图 14-12 所示[13]。波长在 1548.9nm 的商用 DFB 激光器直接使用 2^7-1 的 PRBS 进行 40Gbit/s 的调制，或使用 SHF 50-GHz 模式发生器（SHF 12100B）产生 $2^{23}-1$ 的 PRBS，激光偏置为 94mA，并以 2.7V（峰峰值）驱动，以产生 9dBm 的平均功率和 11GHz 的绝热啁啾声。偏置和驱动电压经过优化，可在传输后获得最佳误码率性能。在 DML 之后，具有 0.32nm 的 3dB 带宽和 0.76nm 的 20dB 带宽的 TOF 被用作 OSR，以生成所需的线性调频管理信号。在图 14-12 中插入了滤波器之前和之后的光学眼图。OSR 之前的 DML 输出的消光比为 1.3dB，而 OSR 之后的 DML 输出的消光比增加到 5dB。经过 OSR 之前和之后的光谱如图 14-13 所示。在 OSR 之后，CML 信号被发射到不同长度的 SSMF 中。该光纤在 1548.9nm 处的色散和损耗分别为 17ps/(nm·km)和 0.2dB/km。接收器由 EDFA 前置放大器和 50GHz PIN PD

组成。另一个具有 1.4nm 的 3dB 带宽的 TOF 用于减少 EDFA 的 ASE 噪声。使用 SHF 50GHz 误码分析仪（SHF11100A）来测量误码率性能。SHF 误码分析仪的时钟信号直接从码型发生器获得。40Gbit/s CML 信号在不同光纤长度上以不同模式传输后的误码率性能如图 14-14 所示。当 PRBS 模式为 2^7-1 时，在 14.8km 和 15.8km 上传输后的误码率处的接收灵敏度分别为 −17.6 和−16.5dBm。将码型长度增加到 $2^{23}-1$，在−16.5dBm 接收光功率下传输 15.8km 之后，误码率增加到 10^{-8}。模式相关性损失主要归因于 DFB 的低频热线性调频，该实验未对此进行补偿。

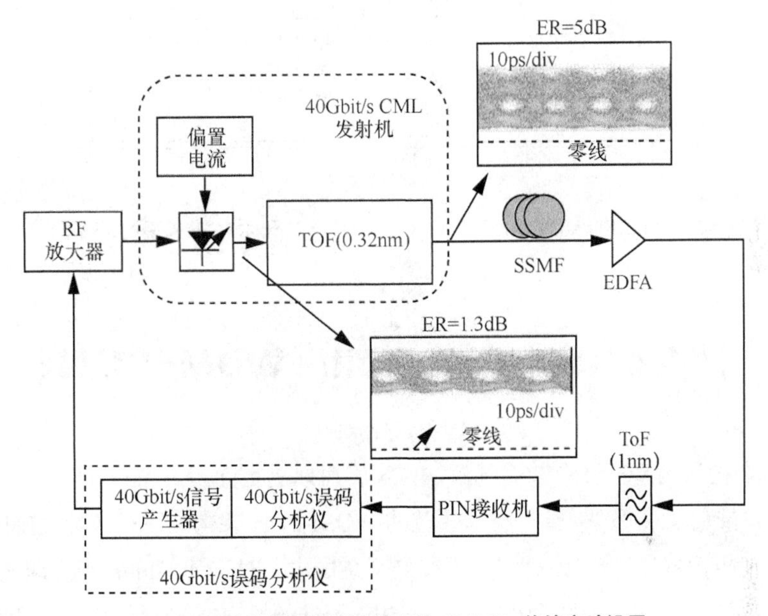

图 14-12　由线性调频脉冲管理的 40Gbit/s 传输实验设置

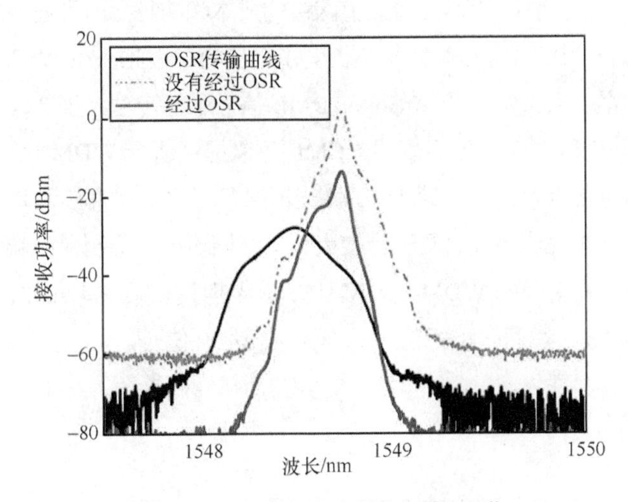

图 14-13　经过 OSR 之前和之后的光谱

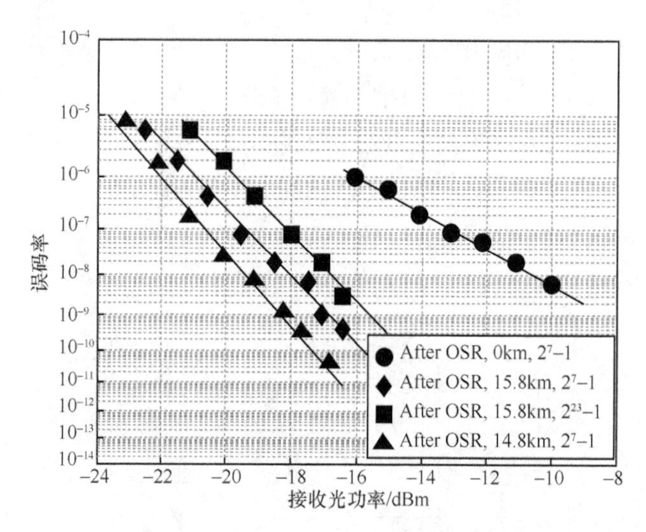

图 14-14 40Gbit/s CML 信号在不同光纤长度上以不同模式传输后的误码率性能

14.4 集中式 40Gbit/s WDM-PON

WDM-PON 被认为是一种有前途的解决方案，可以满足向大量用户提供千兆位/秒的数据和视频服务的访问带宽要求[14-15]。具有成本效益的 WDM-PON 架构始终是实际设施中的重要问题。DML 不需要昂贵的外部调制器，可以用于降低系统成本。对于 40Gbit/s 等高速光链路，光纤色散将传输距离限制在几千米之内。因此，对于 WDM-PON 中 40Gbit/s 的系统，距离可达 20km，将需要色散补偿。但是，色散补偿不仅增加了网络的成本和功耗，而且还降低了灵活性，因为从 ONU 到中心局（Center Office，CO）的光纤长度是可变的。因此，在 WDM-PON 中使用色散补偿不是可行的解决方案。通常常规的 40Gbit/s DML 信号不能传输大于 2.0km 的 SSMF，因为存在较大的频率啁啾[6-7]。第 14.3 节已经表明，CML 可以提供适合 WDM-PON 接入系统的良好选择。为了支持更高的色散容限，对高速 DFB 激光器采用了比常规直接调制高得多的驱动偏置，更高偏置的其他好处是输出功率高、调制带宽大、时序抖动小和抑制瞬时啁啾。在这里，我们将展示并通过实验演示一种新颖的 WDM-PON 架构，该架构具有集中式光波，可在 20km SSMF 上传输直接调制的 42.8Gbit/s 线速率下行信号，而无须色散补偿[16]。

14.4.1 网络设计

集中式光波 40Gbit/s WDM-PON 架构如图 14-15 所示。每个激光器都由下行数据直接调制。工作点远高于 DML 的阈值，通常是阈值的 3 倍，以生成较小的 ER、适当的线性调频和较高的输出功率。然后，将 DML 信号通过阵列波导（Arrayed Waveguide Grating，AWG）进行多路复用，然后再通过不同长度的馈线光纤发送到不同区域的不同远端节点（Remote Node，RN）。如果下行和上行由同一根光纤共享，则需要一个光环形器，如图 14-15 所示。在 RN 中，WDM DML 信号被光耦合器（Optical Coupler，OC）分为两部分。一部分通过每个通道的 AWG 和随后的光学滤波器，然后再传送到 ONU。尽管在这种体系结构中，下行信号不是由 CML 发射机生成的，但是我们利用 CML 激光器的特性提高色散容限。在这里，窄带滤波器被移动到 RN，而不是在发射机中。将窄带滤波器移到 RN 的一个主要好处是，从 OLT 传输到 RN 后，光信号的 ER 仍然很低。因此，可以对 DML 产生的下行光信号进行重新调制。显然，如果将窄带滤波器放在 OLT 中，则光信号的 ER 高；因此无法在 ONU 中对其进行重新调制。OC 之后的第二部分也将通过另一个 AWG，然后再发送到用户端（Customer Premise，CP）。在 CP 中，使用相同的波长对高速和低 ER 信号进行重新调制。可以在外部调制器[15]、直接调制的 SOA、集成的 SOA 和 EAM[17]、F-P 激光锁定或反射的 SOA[18]中实现重新调制。然后，经过调制的上行信号由相同的 AWG 组合并通过与下行相同的光纤传输后，被发送回 OC。为了避免瑞利背向散射的影响，可以将另一个单轴光纤用于上行链路，但这会增加额外的成本。

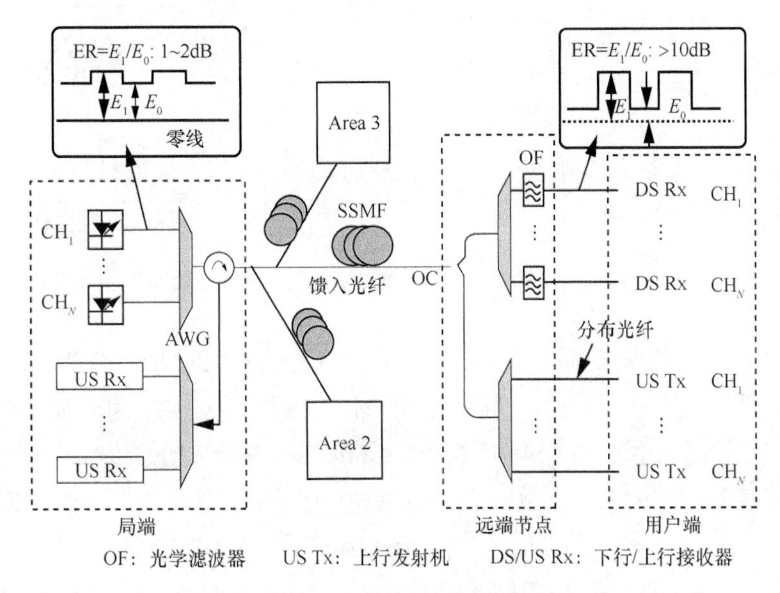

图 14-15　集中式光波 40Gbit/s WDM-PON 架构

14.4.2　WDM-PON 配置和实验结果

42.8Gbit/s 线速率集中式 WDM-PON 的实验装置及相应的眼图和 0.01nm 分辨率的光谱如图 14-16 所示。1547.5nm 的 CW 光源由商用 DFB 激光器产生，并直接以 42.8Gbit/s 的线速率进行调制。DML 输出的信号 ER 为 1.5dB。然后，将 DML 信号发射到不同长度的下行光纤中。传输后，我们使用 3dB OC 将信号分为两部分。第一部分通过基于薄膜的 TOF，该薄膜具有 3dB 的带宽

0.32nm 和 45dB 的抑制损耗，以生成所需的相位信号[17]。由 EDFA 前置放大器和 50GHz PIN PD 组成的接收器用于检测 42.8Gbit/s 的下行信号。

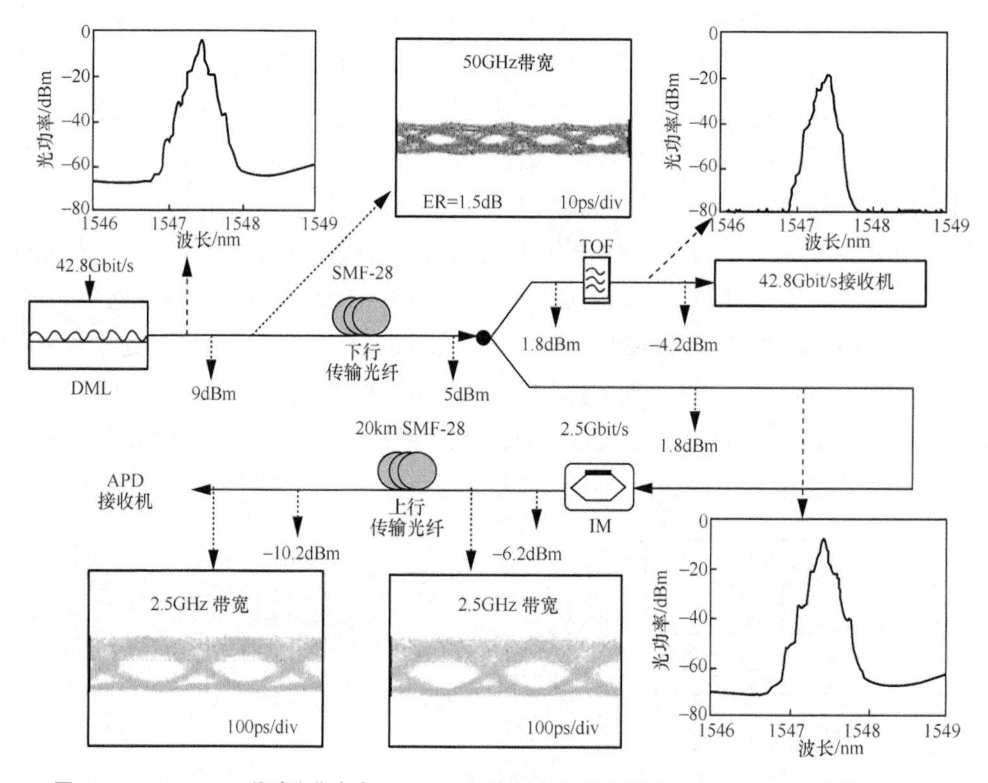

图 14-16　42.8Gbit/s 线速率集中式 WDM-PON 的实验装置及相应的眼图和 0.01nm 分辨率的光谱

传输不同光纤长度的误码率和 42.8Gbit/s 下行信号的相应眼图如图 14-17 所示。驱动电压和滤波器的工作损耗已进行优化，此时误码率性能最佳。在图 14-17 中，可以看到 CML 信号成功传输 20km 光纤，误码率小于 10^{-3}，可以实现使用 FEC 模块进行无差错传输。当光纤长度大约为 14.8km 时，误码率最低。原因是"1"位被"0"位分隔的特征性相消干涉使眼图睁开并改善了传输后的相位裕度[7]。当将下行光纤长度固定为 20km 时，比特率为 2.5175Gbit/s 的上行数据用于通过外部强度 $LiNbO_3$ 调制器重新调制低 ER 光波。在上行传输 20km 之后，采用带宽为 2GHz 的 3R（再生、重新计时和增幅器）APD 接收器检测上行数据。

传输前后的上行 2.5175Gbit/s 信号的误码率曲线如图 14-18 所示。由于光载波是一个线性调频信号，因此，光纤色散导致的误码率为 10^{-9} 传输后的功率损失约为 1dB。当下行链路光纤长度设置为 20km 时，我们在图 14-16 所示的不同位置测量功率。关于下行信号，由于我们采用了前置放大系统，因此误码率为 10^{-3} 时的接收器灵敏度高于−20dBm。因此，误码率为 10^{-3} 时的功率预算大于 15.8dB。而对于上行信号，误码率为 10^{-9} 时的功率预算大于 14.8dB（接收器灵敏度为−25dBm）。这些功率预算足以用于 WDM-PON 系统，包括额外的两个 AWG，每个单元的插入损耗为 4dB，以及一个环行器，其插入损耗为 2dB。

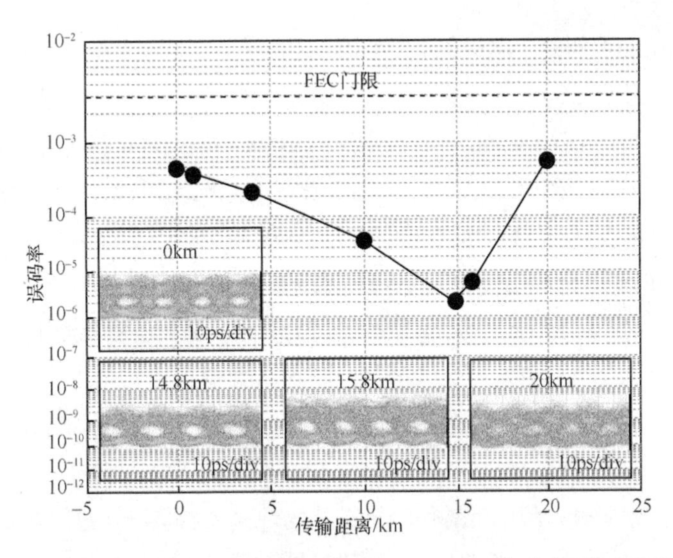

图 14-17 传输不同光纤长度的误码率和 42.8Gbit/s 下行信号的相应眼图

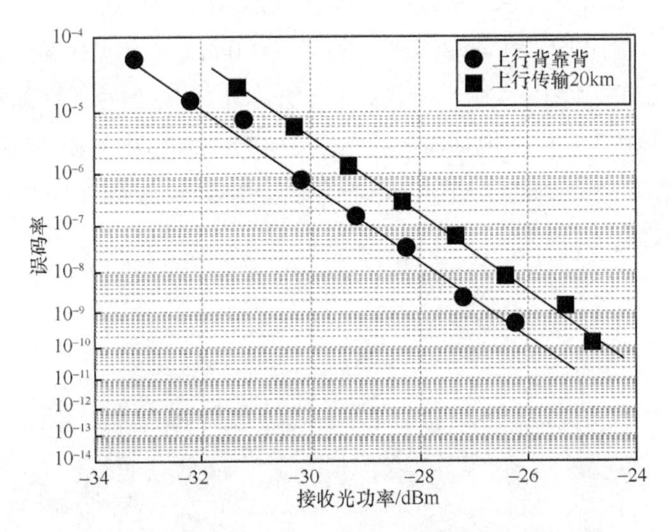

图 14-18 传输前后的上行 2.5175Gbit/s 信号的误码率曲线

14.5 100m 渐变型塑料光纤传输验证

GI-POF 已经成为一种用于接入网络和数据中心连接的有用介质。GI-POF 具有较大的芯径（约 500μm）和较小的弯曲半径（5mm），从而可以轻松连接其他设备而不需要昂贵的连接器，并且具有足够的灵活性以用于办公室和家庭网络[19-21]。此外，可以通过控制其折射率分布来增加 GI-POF 的带宽。本节将演示一种低成本的 CML 信号，它以 42.8Gbit/s 的线速率传输了 100m 的 GI-POF[22]。在 42.8Gbit/s 线速率下通过 100m GI-POF 进行线性调频管理信号传输的实验装置以及接收的光谱（0.01nm）如图 14-19 所示，CML 发射器设置（包括激光器的驱动电压和 OSR）与图 14-16 中的保持相似。OSR 前后的分辨率为 0.01nm 的光谱滤波器如图 14-19（a）和图 14-19（b）所示。在 OSR 和 EDFA 之后，CML 信号被发射到 100m 商用的 GI-POF（GigaPOF-50SR）中进行传输。由于缺少具有多模输入和高达 40GHz 带宽的光电二极管，我们使用具有单模输入和 45GHz 带宽的常规光电二极管。因此，当我们将 GI-POF 与 SSMF 连接时会产生额外的插入损耗。从 GI-POF 到 SSMF 的耦合器损耗约为 10dB。发射到 GI-POF 中的信号功率为 23dBm，100m GI-POF 之后的输出功率为 4dBm，插入损耗超过 27dB，但是，当激光器工作波长为 1310nm 或 850nm 时，该波长下的插入损耗可以大大降低。与 SSMF 耦合后，光功率为−14dBm。接收器由 EDFA 前置放大器和 45GHz 高速单模耦合光电二极管组成。前置放大器后的接收光谱如图 14-19（c）所示。另一个 3dB 带宽为 1nm 的 TOF 用于减少 EDFA 产生的 ASE 噪声。商用误码分析仪用于测量误码率性能，而误码分析仪的时钟信号直接从码型发生器获得。我们评估了此 CML 激光器在 42.8Gbit/s 时的 OSNR 要求，传输前测得的误码率是 CML 信号在 42.8Gbit/s 时 OSNR 的函数，传输 100m GI-POF 前误码率和 OSNR 的关系如图 14-20 所示。测量结果表明，对于 42.8Gbit/s CML 信号，所需的 OSNR 为 24.8dB 时误码率等于 2×10^{-3}（0.1nm）。传输 100m GI-POF 后不同比特率的误码率和相应的眼图如图 14-21 所示，对于传输前的 CML 信号，最低误码率为 3×10^{-6} 和 1×10^{-7}，比特率分别为 42.8Gbit/s 和 40Gbit/s。在通过 100m GI-POF 传输后，误码率从 1×10^{-9} 升至 3.6×10^{-4}，比特率从 34Gbit/s 增至 42.8Gbit/s。即使比特率是 42.8Gbit/s，也可以在使用 FEC 模块时实现无错误的传输。

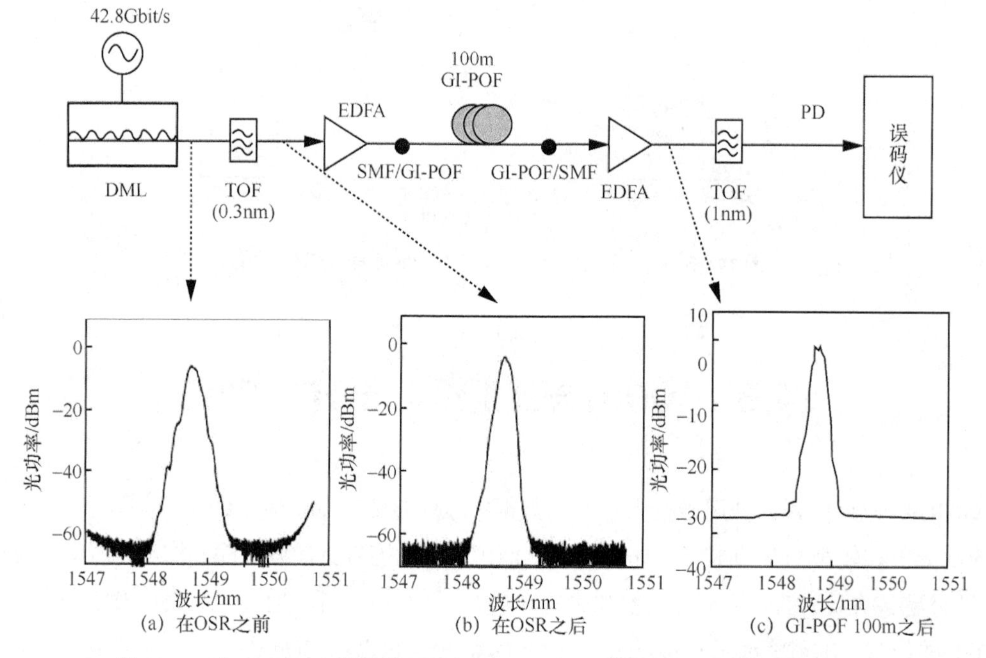

图 14-19　在 42.8Gbit/s 线速率下通过 100m GI-POF 进行线性调频管理信号传输的实验装置以及接收的光谱（0.01nm）

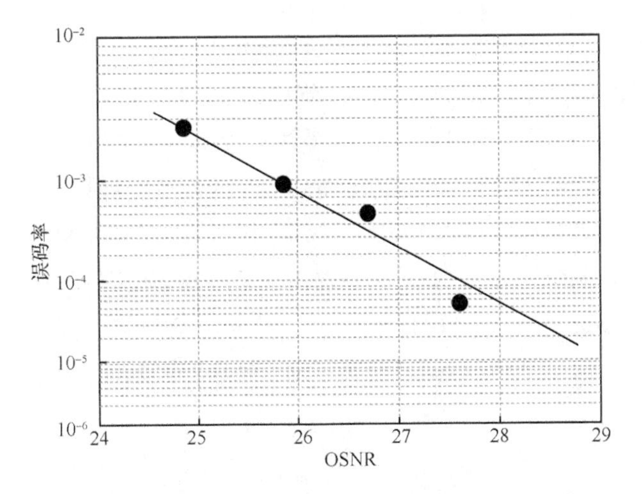

图 14-20　传输 100m GI-POF 前误码率和 OSNR 的关系

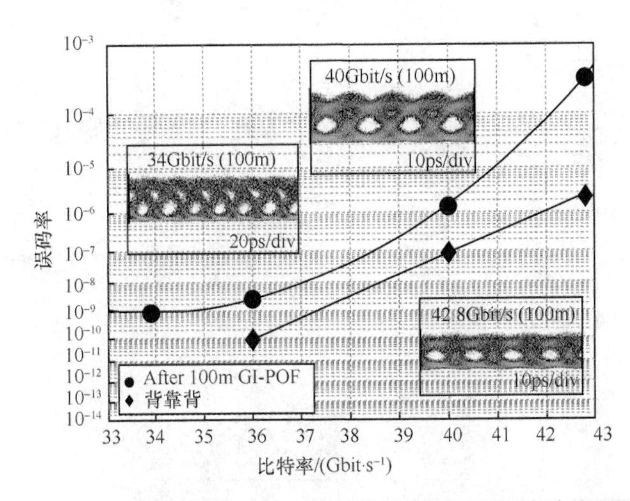

图 14-21　传输 100m GI-POF 后不同比特率的误码率和相应的眼图

14.6　城域网络应用

基于同步光网络、同步数字体系和 WDM 技术的城域光网络提供租用线路服务，以满足不同的连接需求。通常，城域网的跨度可达 200km，但是，现有的发射机都无法同时满足长距离、低成本和低功耗的要求。使用 EAM 可以实现低功耗[23-24]。但是，由于与瞬态啁啾相关的光谱，传输距离被限制在 10Gbit/s 比特率的 100km 范围内。文献[10]在 250km SMF 上传输了 10Gbit/s CML 信号，功率损失为 4.8dB。本节介绍了在 1547.38nm 处通过色数补偿的 240km SMMF 上传输 42.8Gbit/s 线速率 CML 信号，42.8Gbit 线速率 CML 信号传输 240km 光纤的实验装置以及传输后的眼图（10ps/div）如图 14-22 所示。DML 由 42.8Gbit/s NRZ 信号驱动，PRBS 长度为

$2^{31}-1$。对 DML 进行偏置，并使用 3dB 带宽为 0.32nm 的 OSR，这与前面的部分类似，用于生成 CML 信号。所得的 CML 信号发射到 80km SSMF 和匹配的 DCF 的 3 段传输链路中。EDFA 被用作在线放大器，以补偿光纤跨距的插入损耗。进入每个光纤跨度的输入总功率设置为 8dBm，进入相应 DCF 的输入功率设置为 0dBm，以减少非线性影响。在 80km SSMF 和 DCF 中，每个跨距的平均插入损耗分别为 17dB 和 5dB。使用 AWG 多路复用 7 个 DFB 激光器，它们在不同波长下的信道间隔为 200GHz。接收器由 EDFA 和 50GHz PIN PD 组成。另一个具有 0.5nm 的 3dB 带宽的 TOF 用于减少 EDFA 的 ASE 噪声。在传输之后测量误码率，其远高于允许校正误码率的 FEC 阈值。42.8Gbit/s 线速率 CML 信号传输 240km 光纤之前和之后的光谱图如图 14-23 所示。

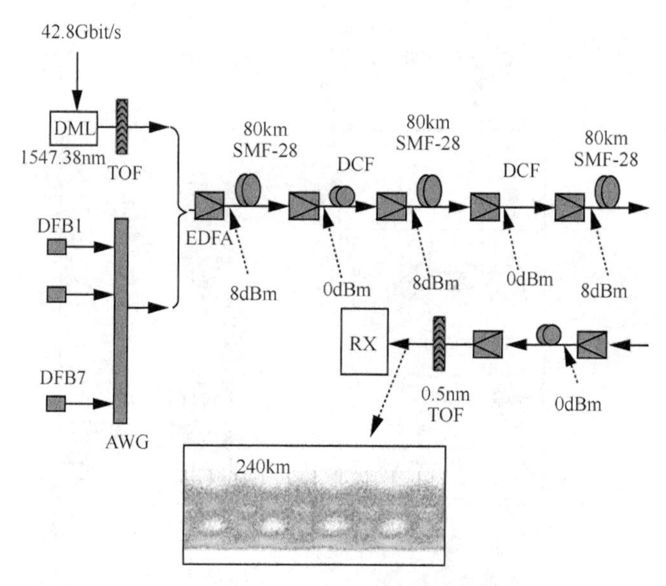

图 14-22　42.8Gbit 线速率 CML 信号传输 240km 光纤的实验装置以及传输后的眼图（10ps/div）

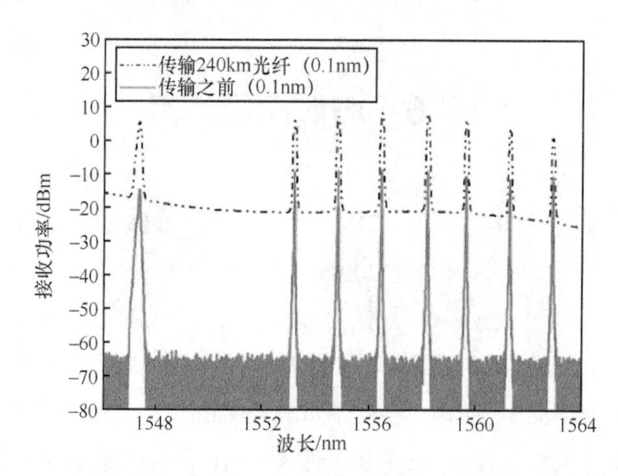

图 14-23　42.8Gbit/s 线速率 CML 信号传输 240km 光纤之前和之后的光谱图

14.7　小结

本章提出了一种新颖的发射机，其中包括 DML 和光学高斯滤波器啁啾管理。该发射机在没有色散补偿的情况下所能达到的范围要优于在接入网络应用中报告的基于 DML 的最好的双二进制发射机。较高的色散容限主要是由于在直接调制中控制绝热线性调频，从而在相邻位之间进行了与相位相关的调制。DML 信号可以通过 OSR 滤波器，以通过传递“1”位同时衰减“0”位以增加 ER 实现 FM 到 AM 转换。首先通过数值仿真找出 OSR 滤波器的最佳参数，数值模拟表明高度线性调频控制的 40Gbit/s NRZ 信号可以在 10km 的 SSMF 上传输，而无须色散补偿。接着，我们为接入网中的高速数据速率的超短距离光链路开发了 1550nm 的高色散容忍 40Gbit/s CML 发射机，并且成功演示了在 20km SSMF 上进行 40Gbit/s CML 传输的实验，与以前的 40Gbit/s 传输方案相比，这是一种经济高效的解决方案，无须额外的高带宽调制器即可实现高比特率传输。我们还提出并通过实验演示了集中式光 40Gbit/s WDM-PON。在该系统中，42.8Gbit/s 线速率 DML 信号以低 ER（1.5dB）传输 20km 的 SSMF，没有进行色散补偿。此外，还实现了通过 GI-POF 进行传输以满足网络系统的灵活性，GI-POF 可以使用商用组件构建而无须任何昂贵的元件。我们通过实验证明了在 100m GI-POF 上传输线速率为 42.8Gbit/s CML 信号的潜在技术。实验结果表明，对于 42.8Gbit/s 的 CML 信号，至少需要 24.8dB 的 OSNR。使用该方案，实现了具有不同比特率（34～42.8Gbit/s）的 CML 信号，传输 100m 后误码率小于 2×10^{-3}。通常，城域网络的跨度为 200km。我们还研究了 40Gbit/s CML 在由 240km SSMF 链路和色散补偿光纤组成的城域网中的应用。上述实验结果表明，所提 CML 发射机是一种高度实用的解决方案，可以同时满足当前和将来的高数据速率城域网和接入网中光链路的大小、功率、容量和成本要求。

参考文献

[1] DOWNIE J D, TOMKOS I, ANTONIADES N, et al. Effects of filter concatenation for directly modulated transmission lasers at 2.5 and 10 Gb/S[J]. Journal of Lightwave Technology, 2002, 20(2): 218-228.

[2] DAGENS B, MARTINEZ A, MAKE D, et al. Floor free 10-Gb/s transmission with directly modulated GaInNAs-GaAs 1.35-μm laser for metropolitan applications[J]. IEEE Photonics Technology Letters, 2005, 17(5):971-973.

[3] THIELE H J, WINZER P J, SINSKY J H, et al. 160-Gb/s CWDM capacity upgrade using 2.5-Gb/s rated uncooled directly modulated lasers[J]. IEEE Photonics Technology Letters, 2004, 16(10): 2389-2391.

[4] FEUER M D, HUANG S Y, WOODWARD S L, et al. Electronic dispersion compensation for a 10-Gb/s link using a directly modulated laser[J]. IEEE Photonics Technology Letters, 2003, 15(12): 1788-1790.

[5] MORGADO J A P, CARTAXO A V T. Directly modulated laser parameters optimization for metropolitan area networks utilizing negative dispersion fibers[J]. IEEE Journal of Selected Topics in Quantum Electronics,

2003, 9(5): 1315-1324.

[6] TOMKOS I, HALLOCK B, ROUDAS I, et al. Transmission of 1550 nm 10 Gb/s directly modulated signal over 100 km of negative dispersion fiber without any dispersion compensation[C]//Proceedings of OFC 2001. Optical Fiber Communication Conference and Exhibit. Technical Digest Postconference Edition (IEEE Cat. 01CH37171). Piscataway: IEEE Press, 2001: TuU6.

[7] MATSUI Y, MAHGEREFTEH D, ZHENG X Y, et al. Chirp-managed directly modulated laser (CML)[J]. IEEE Photonics Technology Letters, 2006, 18(2): 385-387.

[8] CHANDRASEKHAR S, DOERR C R, BUHL L L, et al. Flexible transport at 10-Gb/s from 0 to 675km (11,500 ps/nm) using a chirp-managed laser, no DCF, and a dynamically adjustable dispersion-compensating receiver[C]//Proceedings of OFC/NFOEC Technical Digest. Optical Fiber Communication Conference, 2005. Piscataway: IEEE Press, 2005.

[9] SATO K, KUWAHARA S, MIYAMOTO Y, et al. 40Gbit/s direct modulation of distributed feedback laser for very-short-reach optical links[J]. Electronics Letters, 2002, 38(15): 816-817.

[10] MAHGEREFTEH D, LIAO C, ZHENG X, et al. Error-free 250km transmission in standard fibre using compact 10Gbit/s chirp-managed directly modulated lasers (CML) at 1550nm[J]. Electronics Letters, 2005, 41(9): 543-544.

[11] TOMKOS I, ROUDAS I, HESSE R, et al. Extraction of laser rate equations parameters for representative simulations of metropolitan-area transmission systems and networks[J]. Optics communications, 2001, 194(1-3): 109-129.

[12] JIA Z S, YU J J, CHANG G K. Chirp-managed directly-modulated DFB laser[J]. Recent Patents on Engineering, 2007, 1(1): 43-47.

[13] JI P N, YU J J, JIAZ S, et al. Chirp-managed 42.8 Gbit/s transmission over 20 km standard SMF without DCF using directly modulated laser[C]//Proceedings of 33rd European Conference and Exhibition on Optical Communication - ECOC 2007. Piscataway: IEEE Press, 2007: 1-2.

[14] WONG E, LEE K L, ANDERSON T. Directly-modulated self-seeding reflective SOAs as colorless transmitters for WDM passive optical networks[C]//Proceedings of 2006 Optical Fiber Communication Conference and the National Fiber Optic Engineers Conference. Piscataway: IEEE Press, 2006: 1-3.

[15] XU Z W, WEN Y J, ZHONG W D, et al. Carrier-reuse WDM-PON using a shared delay interferometer for separating carriers and subcarriers[J]. IEEE Photonics Technology Letters, 2007, 19(11): 837-839.

[16] YU J J, JIA Z S, JI P N, et al. 40-gb/s wavelength-division-multiplexing passive optical network with centralized lightwave source[C]//Proceedings of OFC/NFOEC 2008 - 2008 Conference on Optical Fiber Communication/National Fiber Optic Engineers Conference. Piscataway: IEEE Press, 2008: 1-3.

[17] YU J J, AKANBI O, LUO Y Q, et al. Demonstration of a novel WDM passive optical network architecture with source-free optical network units[J]. IEEE Photonics Technology Letters, 2007, 19(8): 571-573.

[18] HUNG W, CHAN C K, CHEN L K, et al. An optical network unit for WDM access networks with downstream DPSK and upstream re-modulated OOK data using injection-locked FP laser[C]//Proceedings of OFC 2003 Optical Fiber Communications Conference, 2003. Piscataway: IEEE Press, 2003: 281-282.

[19] GIARETTA G, WHITE W, WEGMULLER M, et al. High-speed (11 Gbit/s) data transmission using perfluorinated graded-index polymer optical fibers for short interconnects (<100 m)[J]. IEEE Photonics Technology Letters, 2000, 12(3): 347-349.

[20] POLLEY A, RALPH S E. Mode coupling in plastic optical fiber enables 40-Gb/s performance[J]. IEEE Photonics Technology Letters, 2007, 19(16): 1254-1256.

[21] ASAI M, HIROSE R, KONDO A, et al. High-bandwidth graded-index plastic optical fiber by the dopant

diffusion coextrusion process[J]. Journal of Lightwave Technology, 2007, 25(10): 3062-3067.

[22] YU J, HUANG M F, JI P N, et al. 42.8 Gb/s chirp-managed signal transmission over 100 m graded-index plastic optical fiber[C]//National Fiber Optic Engineers Conference. Optical Society of America, 2008: PDP28.

[23] YU J, JI P N, JIA Z, et al. 42.8Gbit/s chirp-managed signal transmission over 20km standard SMF at 1550nm without DCF[J]. Electronics Letters, 2007, 43(23): 1302.

[24] BURIE J R, ANDRE P, RIET M, et al. Mux-driver-EAM in single module–a solution for ultra-high bit rate applications[J]. Electronics Letters, 2002, 38(14): 740-741.

第 15 章

基于空分复用实现超短距离的光互连

15.1 引言

随着物联网、云服务、网络购物、在线游戏和视频等业务的快速发展，人们对当今社会的信息传输速率和能力的要求也越来越高[1]。作为通信网络的枢纽，数据中心及超算中心的短距离光互连系统更需要提高传输容量[2-3]。为了满足日益增长的数据传输需求，多维光信号复用技术正在被广泛研究，并且成功运用于长距离的主干光通信网中。已经在光通信系统中被广泛利用的维度有时间、频率、偏振和相位等[4]。目前这些传统复用技术对传输能力的提升日益达到极限，为了进一步突破容量瓶颈，缓解带宽需求同时满足超大容量，研究者们提出了基于空间维度的空分复用（Spatial Division Multiplexing，SDM）新技术[5-6]。SDM 就是在传输介质中增加空间范围的信道，使不同的光信号在空间分离的信道中独立传输，如多芯光纤（Multi-Core Fiber，MCF）传输，MIMO 技术和基于少模光纤（Few Mode Fiber，FMF）或者 MMF 的模式复用（Mode Division Multiplexing，MDM）技术[7-8]。MDM 的原理就是利用相互正交的模式在光纤中作为独立平行的信道进行数据传输。

短距离光互连系统来说，低成本和低损耗是非常关键的。而传统的核心网中的 WDM[9]、PDM[10]和相干检测[11]等高成本的技术并不能在短距离光互连系统中被采用。将 MDM 技术结合低成本的直接检测技术[12]运用在大容量短距离光互连系统中，能够有效地控制系统的成本、复杂度和功率损耗等。基于 MDM 的短距离光互连技术方案是非常有优势和竞争力的。

目前 MDM 技术主要可以被划分为：线偏振模[13-14]（Linearly Polarized Mode，LPM）复用、轨道角动量[15-16]（Orbital Angular Momentum，OAM）模式复用传输和光纤本征模式的矢量模式[17]（Vector Mode，VM）复用三大类。本章将重点介绍基于 VM 和 LPM 的短距离光互连系统方面的研究。

15.2　矢量模式的传输特性

15.2.1　矢量模式的产生与基本特性

光场的偏振特性是光束的基本属性之一，探究光的偏振特性对于研究光的根本属性以及扩展应用有着非常重要的意义。矢量光束就是在垂直于光传输方向的横截面上光束的偏振态随着空间方位的改变而非均匀变化的一类光束，由于矢量光束独特的非均匀偏振分布而被研究学者们广泛关注。现今矢量光束的这种特性以及这种特性和物质之间的相互作用都已经得到了许多应用，如光学存储器、光纤通信、生物光子学和超分辨成像等科学领域。相比于普通高斯光束，其主要特点是光场偏振态的空间分布是非均匀的，当其偏振态分布以圆柱体中心轴为基准呈轴对称分布时，也可以称作柱矢量光束（Cylindrical Vector Beam，CVB）。如下琼斯矢量可用来表示 CVB 的偏振分布[18]。

$$|\ell,\gamma| = (\cos(\ell\phi+\gamma)\sin(\ell\phi+\gamma))^{\mathrm{T}} \tag{15-1}$$

其中，ℓ 表示 CVB 的阶数，φ表示坐标方位角，γ表示初始偏振旋转角。当 $\ell=1$、$\gamma=0$ 时，琼斯矢量（$\cos\varphi\ \sin\varphi$）^{T}对应于径向偏振模式，即 TM01 模式；而当 $\ell=1$、$\gamma=\pi/2$ 时，琼斯矢量（$-\sin\varphi\ \cos\varphi$）^{T}对应于方位角向偏振态，即 TE01 模式。CVB 的偏振分布如图 15-1 所示。

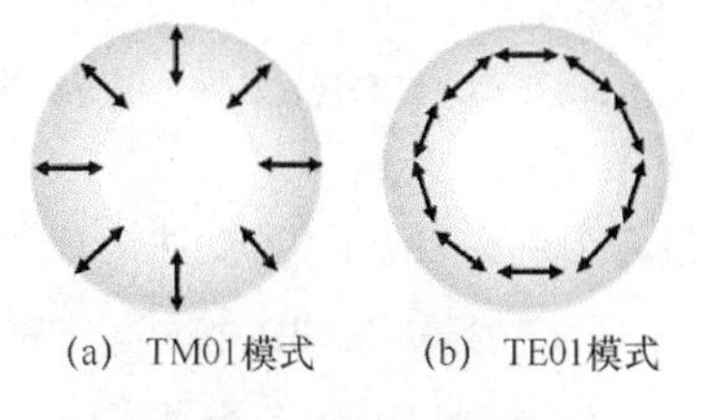

图 15-1　CVB 的偏振分布

目前已知很多可以用来产生矢量光束的方法，如利用腔内双折射透镜[19]、利用空间变换的偏振变换器、计算机生成的亚波长介质光栅或液晶玻片技术[20]等多种方法产生 CVB。在本实验中采用 ARC Opticx 公司制作生产的拓扑荷常数 q=1/2 的电驱动 Q 玻片完成高斯模式到 CVB 的转换（工作波长为 400～1700nm）。Q 玻片的本质是一个无须外接电源的液晶光学器件，可以改变透过其中的入射光场偏振态，其内部光轴分布可表达为[21]

$$\alpha_{\mathrm{q}}(r,\phi) = q\phi + \alpha_0 \tag{15-2}$$

Q 玻片内部的琼斯矩阵表达式可表示为[22]

$$J_s = \begin{bmatrix} \cos 2(q\varphi) & \sin 2(q\varphi+\alpha_0) \\ \sin 2(q\varphi) & -\cos 2(q\varphi+\alpha_0) \end{bmatrix} \tag{15-3}$$

其中，q 代表 Q 玻片的拓扑荷，r 代表在极坐标系下的极径，φ代表坐标方位角，α_0 是相对于φ=0 时 Q 玻片的定量补偿角，是一个既定常数。假设入射光偏振的电场表达为 E_{in}，当入射光垂直透过 Q 玻片后，则输出偏振态的电场 E_{out} 可表达为

$$E_{\text{out}} = J_S E_{\text{in}} \tag{15-4}$$

或者可以表达为

$$E_{\text{out}} = E_{\text{in}} \cos\psi x + E_{\text{in}} \sin\psi y = E_{\text{in}} r \tag{15-5}$$

当一束垂直线偏光笔直透过 Q 玻片后，便可以得到径向偏振光束 TM01。同理，而一束水平线偏光即对应了角向偏振光束 TE01，随后我们可以利用线性偏振器（Linear Polarizer，LP）检验不同角度下的矢量光束的偏振分布图。由电荷耦合器（Charge Coupled Devices，CCD）拍摄的不同 LP 角度下未经过 5m 少模光纤和经过 5m 少模光纤传输后的矢量光束强度分布图如图 15-2 所示。

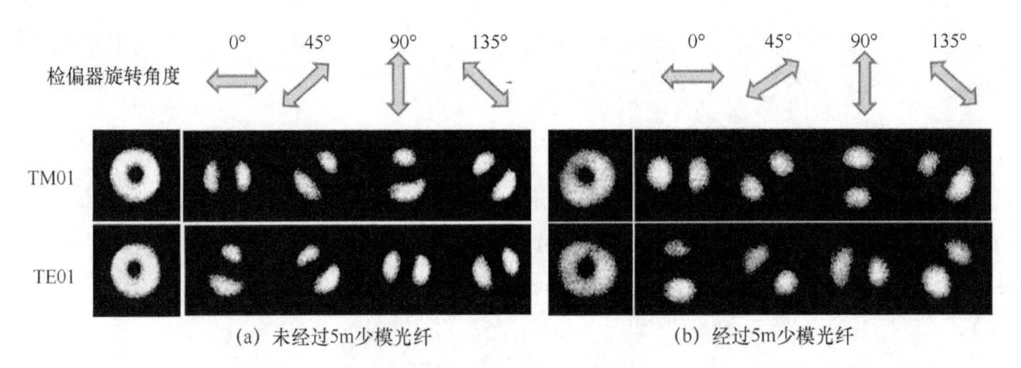

(a) 未经过5m少模光纤　　(b) 经过5m少模光纤

图 15-2　不同 LP 角度下未经过 5m 少模光纤和经过 5m 少模光纤传输后的矢量光束强度分布图

由图 15-2 可以看出，当检偏器沿逆时针方向旋转时，一个典型的双叶模式与一个黑色线出现在中间。通过旋转检偏器可以区分 TE01 和 TM01 模式。TE01 模式的黑线旋转方向与检偏器旋转方向相同，TM01 模式的黑线旋转方向与检偏器旋转方向相反。径向偏振光与角向偏振光以相互正交的强度分布沿逆时针旋转，这一特征还可以用来验证矢量光束的生成状态。

15.2.2　矢量模式在少模光纤中的传输特性

（1）少模光纤的结构特点与传输特性

按照光纤中传输模式数目划分，光纤可以分为 SMF、MMF 和 FMF 3 种，其中，FMF 的纤芯直径介于 SMF（4～10μm）与 MMF（50～100μm）之间，本文实验中使用的 FMF 为纤芯直径 19μm、包层直径 125μm、包层折射率 1.444、纤芯折射率 1.449 的四模-FMF，能够支持传输波长 1550nm 的 HE11、TE01、HE21、TM01、HE31、EH11 以及 HE12 模式。因为光纤的模场直径直接影响数据传输对非线性的容忍度，所以相较于 SMF，FMF 对非线性有更强的容忍度。而相较

于 MMF，FMF 中只容许传输几个固定传输模式，所以 FMF 可大大避免模间色散带来的影响。因此，选用 FMF 作为光通信传输系统的首选是十分有优势的。

在 FMF 中传输能够支持模式数由其归一化频率决定，是光纤的重要参量之一，归一化频率系数表达如下。

$$V = \frac{2\pi a}{\lambda}\sqrt{n_1^2 - n_2^2} \tag{15-6}$$

其中，a 表示 FMF 纤芯的半径，n_1 和 n_2 分别表示纤芯和包层的折射率，λ 为波长。在一根 FMF 中如果同时复用传输 N 个模式，则系统的通信容量就可扩增为原来的 N 倍。若想更进一步提高系统的频谱效率，还可以在此基础上复用其他维度的通信技术，那么传输容量也会显著提升。可以作为未来新一代通信光网络的备选方案之一。

（2）矢量模式在少模光纤中的传输理论

FMF MDM 传输示意图如图 15-3 所示，在 FMF 中传输的模式其实质是不同电磁场的场型结构分布。

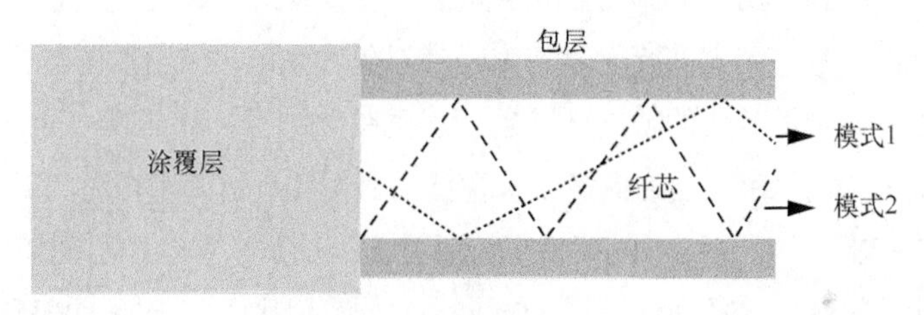

图 15-3 FMF MDM 传输示意图

除了基模高斯光束以外，FMF 还支持传输 LP11 模式（TE01、TM01 和 HE21）。这些模式让我们联系起 CVB。在这 3 个模式中，TE01 模式和 TM01 模式分别存在于方位极化电场和径向极化电场，而 HE21 模式为径向和方位角向的混合结构。我们关心的是在 FMF 中传输时的矢量光场，这里给出 4 种 LP11 模式的横向电场表达式[23]如下。

$$e_{\mathrm{TE}} = F(r)\{\sin(\phi)\hat{x} - \cos(\phi)\hat{y}\} \tag{15-7}$$

$$e_{\mathrm{TM}} = F(r)\{\cos(\phi)\hat{x} + \sin(\phi)\hat{y}\} \tag{15-8}$$

$$e_{\mathrm{HE}^e} = F(r)\{\cos(\phi)\hat{x} - \sin(\phi)\hat{y}\} \tag{15-9}$$

$$e_{\mathrm{HE}^o} = F(r)\{\sin(\phi)\hat{x} + \cos(\phi)\hat{y}\} \tag{15-10}$$

其中，$F(r)$ 表示径向函数，4 种模式的偏振形态如图 15-4 所示，整个光纤的场的偏振态分布随光纤传输常数的变化而变化，β_{HE} 对应奇偶 HE_{21} 模式，β_{TE} 对应 TE01 模式，β_{TM} 对应 TM01 模式。LP01 模式和 LP11 模式对光纤横截面模态功率分布区别在于前者功率集中在光纤轴线附近的一个小区域内，对于后者，它是一个分布在绕轴的甜甜圈形状。

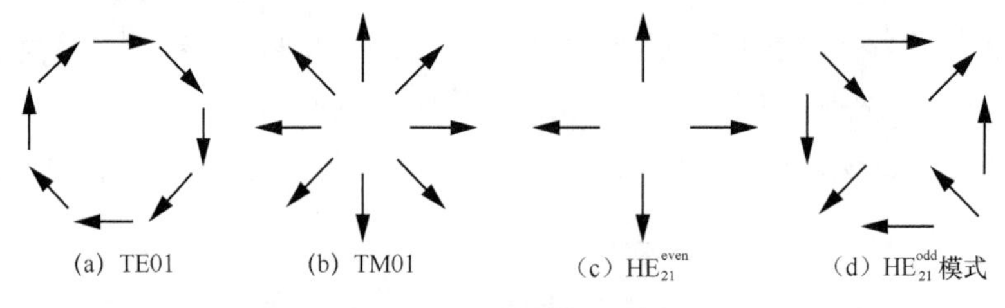

图 15-4　4 种模式的偏振形态

15.3　基于矢量模式复用的短距离光互连

15.3.1　DMT 调制技术

DMT 调制技术是由 OFDM 调制技术衍生而来的多载波结构方案，其信号被认为是一种特殊类型的正交频分复用信号，其虚部等于零。由于其对色散和偏振模色散的耐受性高，DMT 技术被认为是下一代光互连中最有效的候选技术之一。早在 20 世纪 90 年代中期，DMT 就被证实能够显著提高信号带宽的利用率，达到信道传输性能的最优化，但碍于当时的 DSP 技术尚不完善，所以 DMT 技术并未得到广泛认可，随着后来傅里叶变换的引入实现信号时域到频域的转换，大大减小了系统的计算复杂度，从而促进了 DMT 技术的实用化。与一般 OFDM 技术对比，DMT 的不同之处在于在 IFFT 前要对信号做共轭对称处理，以保证输入的信号不论是实数还是复数在 IFFT 后输出均为实数，这一特点可以直接应用在 IMDD 系统中并表现出明显的优越性。另外，DMT 技术的优点还包括：自适应的调制格式和动态的比特信号分布技术可以满足不同要求的数据传输，具有灵活高效的可操作性；通过利用 FFT 算法完成系统的信号调制解调过程，进一步降低了系统的复杂度；在数据前添加循环前缀作为隔离带，可以有效抵抗系统中色散或模间色散造成的 ISI。同时保护了子载波间的模式正交性不被破坏，优化了系统的传输性能。

但同时 DMT 技术也存在一些不足之处，例如多载波信号结构导致带来的固有缺陷：信号存在较大 PAPR。由于 OFDM 的符号是由独立且同分布的随机信号构成，当符号较长时可以近似于服从高斯分布，可能会出现大峰值功率信号，但是出现的概率不高，信号功率集中在较低幅值。所以高 PAPR 是多载波结构信号的固有缺陷。而过高的 PAPR 将导致光纤传输过程中产生严重的非线性信号失真，信号的传输性能更易受到系统中电/光器件的影响。所以如何通过 DSP 技术解决这一问题是本文关注的要点之一。光通信系统分为直接检测和相干检测，对于短距离光互连系统，直接检测具有成本较低、结构简单的优点，尤其适用于成本敏感的短距离光互连系统。另外，光 DMT 技术按照传输介质可以分为自由空间中的光 DMT 技术和以光纤信道作为传输载体的 DMT 光纤传输系统，下面介绍基于光纤传输信道的 DMT 调制解调流程。

传统光纤传输信道的 DMT 信号调制解调流程如图 15-5 所示，首先经过串并转换模块将串行的高速比特数据流拆分成数个并行的较低速比特数据流，并且运用动态的比特分配将数据分配至各个子载波。随后对各个子载波上加载的数据进行星座点映射，映射格式可以是 BPSK、QPSK 或 QAM。IFFT 模块直接计算出若干个子载波信号堆叠的结构，通过数学的手段在发射端中计算信号叠加波形，在接收端解调时通过 FFT 模块将多个信号全部计算出来去除其余正交子载波，将信号从时域转换到频域。接着再在数据前添加循环前缀以抵抗 ISI。经并串转换后通过 DAC 将数字信号转换为模拟信号，并进入光纤信道传输。在解调端的信号处理可以视为调制端的逆过程，接收到的信号依次经过模数转换、串并转换、去除循环前缀、IFFT、星座解映射和并/串转换得到数据的原始序列。

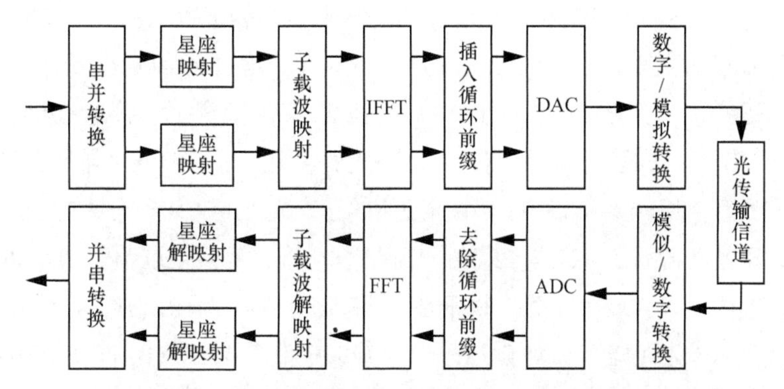

图 15-5　传统光纤传输信道的 DMT 信号调制解调流程

DMT 技术与 OFDM 相比，其子载波都具有正交性，二者之间的本质区别在于 DMT 利用共轭对称性和 IFFT 模块的特性生成实数值信号。DMT 相互重叠正交的并行子载波大大提高了系统的频谱效率，而且载波之间不存在互相干扰。除此之外，由于 DMT 增加了数据符号的持续时间，降低了数据速率，如此可以补偿 ISI 造成的影响。CP 作为 DMT 信号的保护间隔，选择适当长度的 CP 便可以在不造成信号带宽损失的前提下有效补偿信道间干扰（Inter Channel Interference，ICI）和 ISI。

15.3.2　基于 240Gbit/s DMT 信号的矢量模式复用系统

第 15.3.1 节详细介绍了 DMT 技术的调制解调流程以及所具有的独特优势。为了利用 DMT 技术达到大容量数据传输的目的，本节依照信号发射、传输与接收的理论结构，设计并搭建了利用 VM 复用的低成本大容量信号传输系统。基于 DMT 调制技术的 VM 复用系统如图 15-6 所示，系统主要分为信号发射端、VM 复用传输模块以及信号接收解调端。

在信号发射端，离线生成的 DMT 信号被上传到一个 3dB 带宽为 16.7GHz，采样率为 86GSa/s 的富士通 DAC 中进行信号的数模转换，随后 DAC 的输出信号被一个单端 30GHz 带宽，20dB 增益的电放大器放大，再将偏置三通的直接电流耦合 DMT 信号直接调制到一个由 3dB 带宽为 30GHz 的 EML 发射的波长为 1538.48nm 光载波上。在信号发射末端再采用一个低噪声 EDFA 对光信号进行功率放大，输出光功率为 20.5dBm 左右的基模高斯光束。在进入 VM 复用传输模块前，先插入一个 PC 调节输出光束的偏振态。然后用一个 3dB 保偏光耦合器（Polarization-Maintaining Optical Coupler，PM-OC）将光信号分成两个分支，在其中一个支路上添加基于保偏光纤的光延迟线（Optical Delay Line，ODL），目的是消除 x 偏振和 y 偏振两束光之间的相关性，随后用一个偏振合束器（Polarization Beam Combiner，PBC）将两个独立的信号组合起来进行数据传输。第一个 Q 玻片（Q-P1）用于将高斯光束转换为柱状矢量光束（TE01 模式和 TM01 模式）。在 Q-P1 前后光束的强度分布图由 CCD 拍下，如图 15-6 中插图（i）和插图（ii）所示，转换完成的 CVB 显示为类似甜甜圈的特征。在经过 5m 少模光纤传输后，连接一个基于少模光纤的偏振控制器（PC-FMF）调整输出的 CVB 的偏振和强度形态，这对于得到完善的接收端信号性能是必不可少的。插图（iii）为传输通过 5m FMF 后的强度分布图。然后，输出光束通过第二个 Q 玻片（Q-P2）将 CVB 转换成基模高斯光束，完成信号解复用。插图（iv）显示了解复用后得到的高斯光束图像。最后，用一个 PBS 对两个解复用的正交偏振光束进行分束并进入信号接收端进行信号解调。为了使解调后的光束与 PBS 的光轴方向一致，我们通过调节 PBS 可以进一步缩小两个信道之间的模式串扰。最后，两路分开的信号在信号接收端采用一个 VOA 对光信号进行功率衰减，防止因功率过大而烧坏 PD。随后采用一个 3dB 带宽 40GHz 的 PD（MPRV1332A）对衰减后的光信号进行检测，实现光电信号转换。转换后的电信号由 LeCroy 采样率 80GSa/s 的实时示波器（Oscilloscope，OSC）采集，并在 MATLAB 中进行离线数字信号处理，完成传输过程。

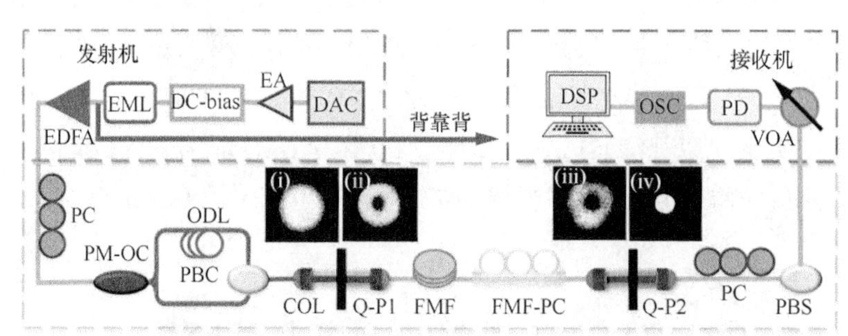

注：DC-bias：直流偏置；EDFA：掺铒光纤放大器；COL：准直透镜；PBC：偏振合束器；Q-P：Q玻片；OSC：示波器。

图 15-6 基于 DMT 调制技术的 VM 复用系统

15.3.3 离线 DSP 流程

传输系统用于 DFT-S DMT 信号产生和接收的 DSP 流程如图 15-7 所示。在发射机中，首先在 MATLAB 中产生一定长度的 PRBS 作为需要传输的二进制比特流，再将高速串行的比特流分成若干路低速并行比特流，接着将每一路数据映射生成复数值的数据符号（如 QPSK 映射格式是把两个连续的二进制比特流映射成一个复数符号）。在此基础上，增加 714 个 DFT，以降低 DMT 信号的 PAPR 同时优化系统的误码率性能。然后插入 5 个确定的 DMT 符号作为训练序列（TS）用于接收机同步和信道估计，并运用基于迫零（Zero Forcing，ZF）的预均衡补偿技术，以减小器件带宽限制引起的 ISI。为了保证经过 IFFT 后输出的数据为实数值，首先要经过复共轭操作，之后通过 2048 点 IFFT 实现信号从频域到时域的转换，并加入 32 个 CP 点来提高对色散的容忍度。这里添加 CP 的操作实际为将一帧数据的尾部复制并移至首部，如此便可以有效缓解光纤色散带来的 ISI。

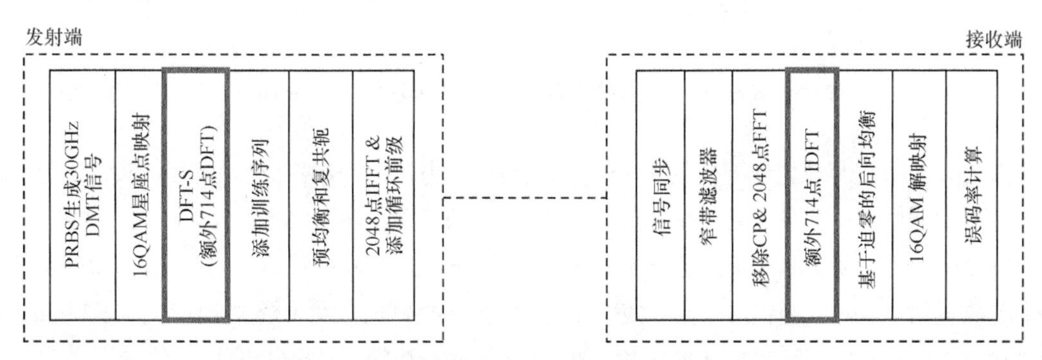

图 15-7　传输系统用于 DFT-S DMT 信号产生和接收的 DSP 流程

在接收端的离线数字信号处理依次包含信号同步、基于自适应窄带滤波器的窄带干扰消除、去除 CP、2048 点 FFT、714 点离散傅里叶逆变换、基于 ZF 的后向均衡以及 16QAM 信号解映射，将星座图上的复数值转换回二进制数据流。最后，利用 110 个 DMT 符号（714×110×4 = 314160 位）的误差计数直接计算 DMT 信号的误码率。

本文采用的直接检测方式，这种方式通过在发射端将信号加载到光载波上调制，光电检测器可以对强度调制的光信号进行直接包络检测，即可恢复出原始信号，本实验中利用 EAM 直接将信号调制到光载波上，省略了由 MZM 进行额外调制的步骤，简化了系统结构，节约了传输成本，达到利用较为简易的器件实现高性能信号传输的目的。

15.3.4　实验结果

误码率通常是一个最直观的用来判断信号性能的数据，它直接反映了系统接收端相对于发射端的错误比特百分比，在一定程度上反映了整个信道传输性能的优劣。误码率不仅可以判断出信号是否可以利用 FEC 技术进行恢复，还可以在某一个特定误码率值下测试系统的传输容量极限。

基于 DFT-S DMT 经 5m 四模光纤传输后的矢量模式复用传输误码率随接收光功率变化关系与星座图如图 15-8 所示，给出了在 QPSK 和 16QAM 两种映射格式下的误码率与接收光功率测量结果。

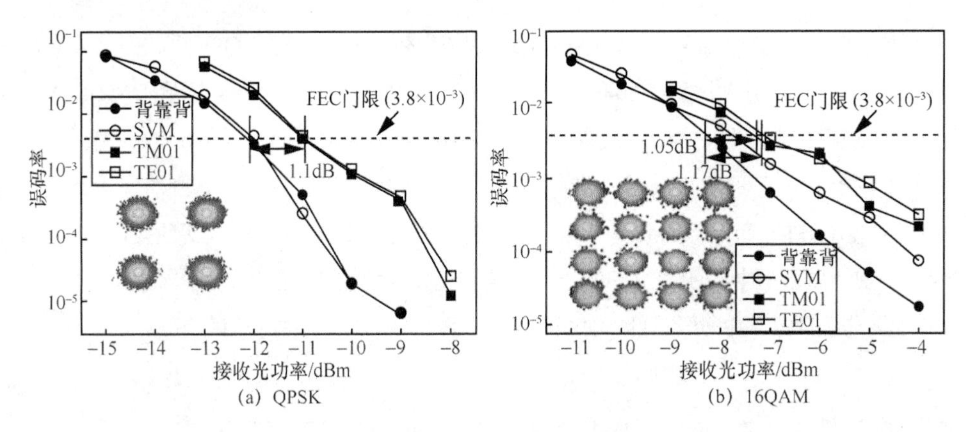

图 15-8　基于 DFT-S DMT 经 5m 四模光纤传输后的矢量模式复用传输误码率随接收光功率变化关系与星座图

在 QPSK 调制格式情况下，从图 15-8（a）可以看出，QPSK 接收光功率比 16QAM 低，这意味着在更高的数据速率或更长的传输距离情况下，可接受的功率代价则会更高。同时，我们在 HD-FEC 门限处测量两种 VM 在经光纤传输后与背靠背之间的功率代价，两个 VM 在 QPSK 格式下都有相同的 1.1dB 功率代价，而当使用 16QAM 调制格式时，两个模式光束分别有 1.05dB 和 1.17dB 的功率代价。两种调制格式对比可知，除了接收光功率明显提高以外，信号传输表现出相同的误码率性能。另外，我们分别测试了复用的两个模式在四模光纤中传输 5m 后的模式隔离度，在经过光纤传输后，模式隔离度能达到 16.7dB 左右。

在理论情况下，两个正交模式之间是没有相互交叉耦合和模式串扰的，光信号可以在独立的信道上并行地进行传输。但是在实验中光信号传输光纤的过程有很多其他因素将会导致不同模式发生交叉耦合，例如：（1）利用 Q 玻片转换生成的 VM 不完全，生成模式的纯度不够将会导致光纤传输中的模间串扰恶化；（2）由于光束的复用过程是在自由空间中将矢量光场由准直透镜准直后直接耦合进少模光纤链路中，光束可能没有完全对准，存在的耦合误差导致产生了光纤中的其他模式；（3）入射光场中高斯模式到矢量模式的转换纯度也会影响出光纤后的模间串扰；（4）拉制光纤过程中产生的“缺陷”可能导致折射率分布不均、纤芯尺寸微弯等，这些因素将会导致模式在光纤中发生一定程度的耦合；（5）实验过程中的环境影响，如实验台的轻微震动、周围环境的气流扰动、实验中的温度变化以及传输光纤的微弯或宏弯等因素。

15.3.5　几种补偿机制对系统性能的影响

FMF 与更加普遍的 SMF 相比，传输过程中信号较为不稳定，而当多个复用的 VM 在 FMF 中传输时，必将会发生模式耦合和模间串扰，如何从 DSP 的角度对系统的传输性能进行补偿和优化是我们研究的重点之一。

第 15.3.1 节中介绍了一种基于 DMT 调制技术与 VM 复用的传输系统，同时介绍了影响信号性能所存在的问题，如过高的 PAPR 与高频功率衰减问题。为了验证几种信号补偿机制对于系统性能的影响，本节通过实验验证分析具体优化效果。

（1）几种降低信号 PAPR 的方法

峰均功率比是指信号的最大峰值功率与平均功率之比，即

$$\mathrm{PAPR}=\frac{P_{\text{peak}}}{P_{\text{average}}}=10\lg\frac{\max\left[\left|x_n\right|^2\right]}{E\left[\left|x_n\right|^2\right]} \tag{15-11}$$

其中，$E[\cdot]$ 表示取数学期望，x_n 代表经过 IFFT 之后得到的一个符号，可以表述为

$$x_n=\frac{1}{\sqrt{N}}\sum_{k=0}^{N-1}X_K W_N^{nk} \tag{15-12}$$

对包含 N 个子信道的 OFDM 系统来说，若 N 个子信道以同一相位值求和，则所得信号的峰值功率将会是平均功率的 N 倍，基带信号的 PAPR 为[24]

$$\mathrm{PAPR}=10\lg N \tag{15-13}$$

由式（15-13）可知，当输入的数据序列较为一致时，信号的峰均功率比就会偏高。而要降低 PAPR 可以从两个角度考虑，从定义的角度考虑，降低这一时刻信号的峰值或提高信号的平均功率值；另一个从概率角度考虑，只要降低大的信号峰值功率出现的概率，就可以降低 PAPR。基于以上两个角度考虑目前已经提出了几种降低光通信系统中 PAPR 的方法。总体上可分为两种：第一种是信号预畸变法，第二种是非信号预畸变法。在第一种方法里应用最广泛的方案是直接剪切技术[25]，由于将信号的峰值包络线直接剪切成一个确定的值，因此也可以称为限幅技术。然而，剪切操作导致的信号失真会降低系统的误码率性能。因此在应用直接剪切技术时必须同时保证系统的传输性能。

此外，还有另一种信号压缩的方法可以降低信号的 PAPR，这种方法属于信号预畸变法，其基本思路是通过提升信号较低的幅值减小信号峰值跨度。但这种方法在增加信号平均发射功率的同时也会使提高后的信号功率值进一步靠近放大器的非线性区，增加了发生信号失真的概率。基于这种技术的改进方案是将发射信号中的较大功率信号进行压缩，将较小功率信号进行放大。从而保持总体发射信号的功率值平均化。这种方案可以有效降低信号的 PAPR，但从另一角度来说，对信号进行的压缩放大处理会使系统的抗干扰能力降低。

另一种众所周知的用以降低 PAPR 的方案是选择性映射（Selective Mapping，SLM）[26]，其基本原理是先产生含有相同信息的 M 个数量的 OFDM 信号，再选择时域具有最小 PAPR 的信号进行发送。它可以在不产生任何信号失真的情况下有效地降低 PAPR。但是，由于在发射端中每个 OFDM 符号需要多个 IFFT 处理，因此 SLM 方案的计算复杂度非常高。

（2）基于 DFT-S 技术的 DMT 信号传输

与上述的 PAPR 降低方案相比，DFT-S 技术被认为是一种更具吸引力的解决方案，不仅可以降低 DMT 信号的 PAPR，而且可以有效提高系统性能。为了验证 DMT 信号 PAPR 的降低可以改善 DMT 信号的误码率性能，我们在系统中传输了传统的 DMT 信号以及采用了 DFT-S 技术后

的 DMT 信号，其中，DMT 信号的 PAPR 可以通过 CCDF[27]描述。

按照中心极限定理，在 N 非常大的情况下，信号的幅度服从瑞利分布，信号功率服从 χ^2 分布。其中，χ^2 分布的累积概率分布函数为：$F(z)=1-\mathrm{e}^z$，若各个信道之间的采样结果相互独立并且不对信号进行过采样处理，则 DMT 的 PAPR 小于某一阈值的概率分布函数为

$$P(\mathrm{PAPR} \leqslant z) = (1-\mathrm{e}^z)^N \tag{15-14}$$

而在实际中，互补累积分布函数表示 DMT 信号的 PAPR 超过某一门限的概率分布。表达式为

$$P(\mathrm{PAPR} > z) = 1-(1-\mathrm{e}^z)^N \tag{15-15}$$

DFT-S DMT 和 CDMT 信号的 CCDF 与 PAPR 的关系如图 15-9 所示，通过计算发现，当分布概率为 1×10^{-3} 时，DFT-S DMT 信号和传统的 DMT 信号的 PAPR 分别为 11.75dB 和 14.25dB。测试结果表明，采用 DFT-S 技术后，PAPR 有效地降低了 2.5dB。

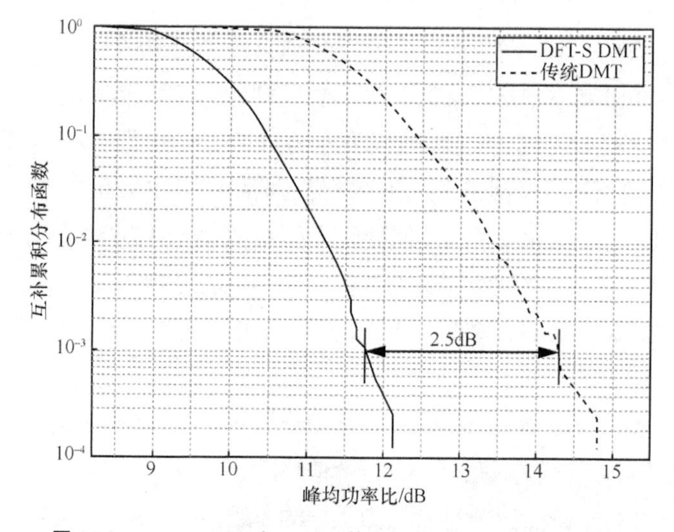

图 15-9　DFT-S DMT 和 CDMT 信号的 CCDF 与 PAPR 的关系

DFT 的表达式为

$$X_n = \frac{1}{\sqrt{N}}\sum_{k=0}^{N-1} x_k \exp\left(-\mathrm{j}2\pi\frac{kn}{N}\right),\quad n=0,1,\cdots,N-1 \tag{15-16}$$

IDFT 的表达式为

$$x_k = \frac{1}{\sqrt{N}}\sum_{n=0}^{N-1} X_n \exp\left(\mathrm{j}2\pi\frac{kn}{N}\right),\quad n=0,1,\cdots,N-1 \tag{15-17}$$

与传统离散多音频调制（Conventional DMT，CDMT）信号系统相比较，DFT-S DMT 在发送和接收时多出了一组额外的 L-点 DFT/IDFT。由于发射端只需要一个额外的 FFT 块，因此 DFT-S 的计算复杂度低于前文所述的 SLM 方案，但仍高于 CDMT。当 DFT-S DMT 的

计算复杂度与 CDMT 相同甚至更低时，DFT-S DMT 的性能是否优于 CDMT 将在第 15.3.6 节进行讨论。

15.3.6　基于 DFT-S 技术与预均衡技术的信号性能对比

为了实现传输速率为 240Gbit/s 的直接检测 DFT-S DMT 信号传输，本节继续讨论克服高频衰减问题对系统传输性能的影响。首先我们已经知道在系统传输时信号出现选择性衰减，造成这一现象的原因除了光纤传输中的色散影响，还包括一系列工作在高频区域的系统器件，如 DAC、EA 等。当同时考虑系统色散和系统中元器件带限导致的高频衰减时，系统整体的衰减系数可以表示为[28]

$$\mathrm{AC}(k)=\xi_k \mathrm{FC}(k)=\xi_k \cos(k\Delta\omega\omega_{\mathrm{RF}}\beta^*(\omega_c)z) \tag{15-18}$$

其中，ξ_k 表示电子元器件的带限问题导致在不同子载波上引入的衰减系数。由式（15-18）得到整体系统的衰减系数后，为了补偿这种衰减，可以采用预先补偿的方法对信号不同频率上的功率衰减进行预补偿，经过补偿后的信号误码率性能将会有所改善。光纤色散将会导致所有的子载波发生频率选择性衰减，但系统元器件中的带宽不足通常只对少数几个子载波产生影响，因此可以假设 ξ_k 在少数几个子载波上随频率的改变而变化，但在其他子载波上 ξ_k 为常数，当得到这个常数 ξ_k 后，就可以得到整个系统的衰减系数 AC，并可以按照子载波的频率高低分配补偿系数进行信号补偿。

信号带宽 30GHz 的 DFT-S DMT 信号未经过预均衡补偿与经过预均衡补偿的系统传输电谱对比如图 15-10 所示，可以看出，经过预均衡补偿之后，信号高频区域的功率衰减得到了很好的补偿。同样的结论在系统传输所得的光谱对比中也可以看出，经过预均衡与未经过预均衡补偿的 DFT-S DMT 信号系统传输光谱对比如图 15-11 所示，黑线为未经预均衡的 DFT-S DMT 信号的接收光谱，灰线为经过预均衡技术补偿的 DFT-S DMT 信号接收光谱。

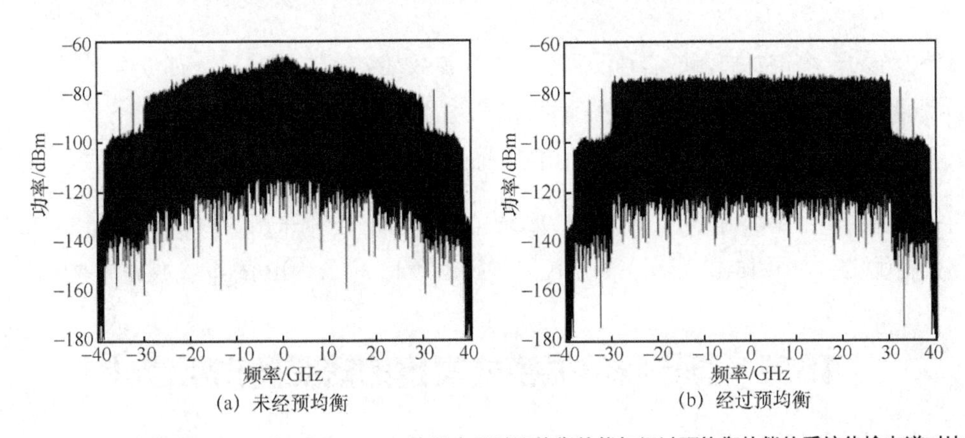

图 15-10　信号带宽 30GHz 的 DFT-S DMT 信号未经过预均衡补偿与经过预均衡补偿的系统传输电谱对比

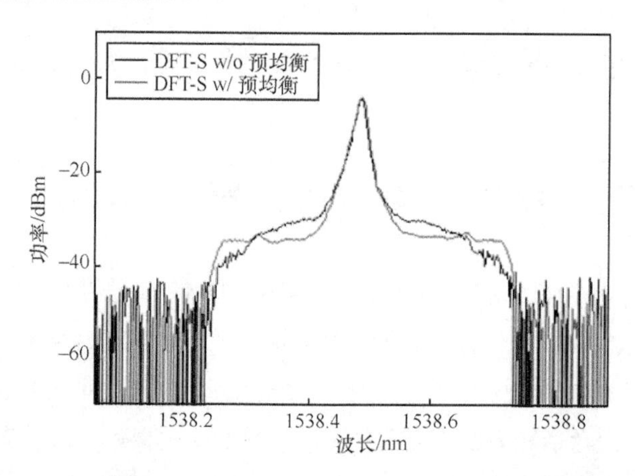

图 15-11 经过预均衡与未经过预均衡补偿的 DFT-S DMT 信号系统传输光谱对比

同时为了比较基于 DFT-S 技术与预均衡技术的直接检测 DMT 信号的传输性能，我们在系统中测试了 4 种类型的 16QAM-DMT 信号，分别是传统的 16QAM-DMT 信号、DFT-S 16QAM-DMT 信号、预均衡 16QAM-DMT 信号和预均衡 DFT-S 16QAM-DMT 信号。经接收端解调得到的 4 种 16QAM-DMT 信号星座图如图 15-12 所示。与其他 3 种类型的 16QAM-DMT 信号相比，经预均衡补偿后的 DFT-S 16QAM-DMT 信号表现出最好的误码率性能，且星座点收敛得最为集中且整个星座图的界限最为清晰，如图 15-12（d）所示。

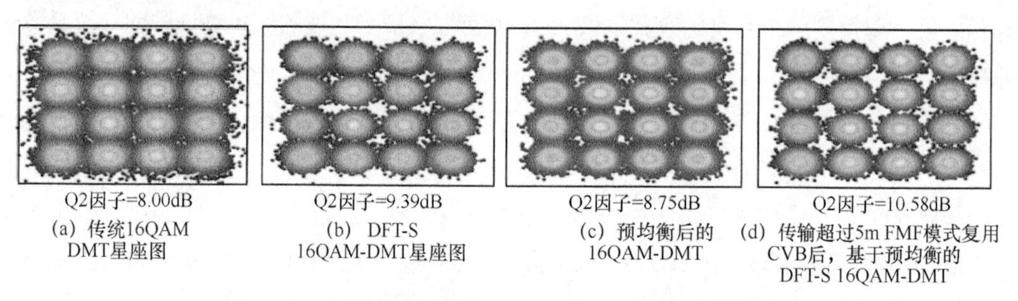

图 15-12 经接收端解调得到的 4 种 16QAM-DMT 信号星座图

另外，作为一个重要的衡量信号误码率性能的参数，Q 参数可以从另一个方面作为衡量系统性能的标准。Q^2因子与误码率之间的关系可以表示为[29]

$$Q^2 = 20\lg 10\left(\sqrt{2}\mathrm{erfcinv}(2\mathrm{BER})\right) \tag{15-19}$$

当系统接收端的 ROP 相同且均为−4.29dBm 的情况下，分别采用 DFT-S 优化和 DFT-S 协同预均衡机制优化。如图 15-12 所示，分别可以得到 1.39dB 和 2.58dB 的 Q 参数提升效果。

15.4 基于线偏振模式复用的短距离光互连

随着物联网、人工智能和云服务等宽带应用需求的不断增长，要求短距离应用的传输速率达到 800Gbit/s 甚至 1.6Tbit/s[30-33]。长距离传输光学相干通信系统虽然昂贵复杂，但是其具有庞大的用户群，仍然被广泛采用。相对而言，DCI 等短距离系统则对成本和复杂性非常敏感。IMDD 系统因其成本低、功耗低和系统复杂低而成为短距离通信系统中广泛应用的方案。在 IMDD 通信系统中，为了提高系统频谱效率，诸多高级调制格式，如 PAM[34-46]、CAP[47-50]和 DMT[51-57]等，已经被广泛应用。此外，FFE[58]和 VNLE[59]之类的 DSP 算法也被用来提高系统性能。

在过去的几年里，MDM 技术由于可以有效地增强系统容量而被广泛关注，并且被认为是一种非常有前途的光纤通信技术[60-68]。但是，MDM 技术最大的障碍是模式串扰对系统性能的破坏。已经在相干通信系统中对 MDM 方案进行了研究，在该系统中，具有巨大计算复杂度的 MIMO 算法被用来消除模态串扰[60-62]。但是，在 IMDD MDM 短距离通信系统中，由于在平方律直接检测后会丢失相位信息，因此利用 MIMO 算法无法直接消除模态串扰。因此，模态串扰会极大地限制 MDM IMDD 系统的传输距离[63-68]。最近，Benyahya 等[65-66]在具有 DMT 调制格式的 MDM IMDD 传输系统中做出了很多工作。在上述系统中采用线性偏振模式组分割多路复用（Mode Group Division Multiplexing，MGDM）方案，将模式组内的每个模式上所加载的信号都收集到一个接收机。单通道 68.8Gbit/s 和 5Tbit/s WDM MDM DMT 信号已经实现了在 2.2km OM2 MMF 的传输[65]。文献[66]通过采用 88GSa/s DAC 和更多通道的 WDM，单通道数据速率和总数据速率可以分别提高到 90.6Gbit/s、14.6Tbit/s。虽然 Chow 注水技术应用在 DMT 系统中，但单通道和单模速率仍低于 100Gbit/s。

随着通信容量需求的迅速增长，基于同轴电缆的电的板间互连已经不能满足其增长迅速的容量需求。光学板间互连技术因成本低、功耗低、超高的通信容量等优势成为短距离通信有力的候选者。通常情况下，板间互连的通信范围只有几米到几十米，这意味着 MDM IMDD 方案将是板件互连应用有潜力的候选者。并且，当 MDM 方案应用于这种短距离通信系统时，在传输过程中所引入的模态串扰可以忽略不计。这避免了使用超大运算量的 DSP 算法处理模态串扰问题。文献[67]演示了基于两个 CVB 复用的 240Gbit/s MDM DMT 信号传输 5m 背板光互连的实验，并且模式复用和模式解复用是在它们自己建立的自由空间光学系统实现的。上述实验的调制格式均为 DMT。但是，PAM 以其系统成本低和功耗更低的优势成为商用光学 DCI 最广泛使用的调制格式。因此将基于 PAM 调制格式的高速率 MDM 传输系统用于下一代光学板间 DCI 更实际。

本文对 OFC 2020[68]上报告的工作结果进行了拓展，在 IMDD PAM 系统中，仅采用 MDM 方案实现了单波长 500Gbit/s 的传输速率。为了实现下一代板间光互连的 1.6Tbit/s 的通信容量，我们联合 MDM 与 4 个载波的 WDM 技术，并实验验证了总速率为 2.01Tbit/s（1.84Tbit/s 净速率）的 PAM6 信号在 OM2 MMF 中传输 20m 的系统。在收发器上，通过使用模态串扰小于 20dB 的多平面光转换（Multiplane Light Conversion，MPLC）模式复用器和解复用器，实现了 3 种线性偏振模式的 MDM 的复用和解复用。同时，使用 LUT 预失真和 VNLE 方案减轻系统非线性损伤。实验结果表明，在光背靠背系统中，采用线性 FFE 进行信道均衡的 167.5Gbit/s PAM6 信号的误码率低于 HD-FEC 门限 3.8×10^{-3}。LUT 预失真和 VNLE 方案可以分别将系统接收器的灵敏度提高 0.3dB 和 1dB。在 WDM MDM 通信系统中，当使用线性 FFE 进行信道均衡时，接收信号在 20m MMF 系统中传输的误码率无法达到 HD-FEC 门限。当使用非线性补偿方案时，可以在 20m 的 OM2 MMF 系统中成功实现 3 种模式、4 种波长，净速率为 1.84Tbit/s 的 PAM6 信号的传输，并且所有通道接收信号的误码率均低于 3.8×10^{-3}。据我们所知，我们研究的单载波 MDM PAM 通信方案在低成本效益的 IMDD 系统中实现了单波长的最高比特率。实验结果表明，我们提出的结合 MDM 和 WDM PAM 通信方案是未来 1.6Tbit/s 短距离板间光 DCI 有希望的候选者。

15.4.1 实验原理

（1）线性偏振模分复用

实验中，线性偏振 MDM 是通过使用 Cailabs 公司的基于 MPLC 模式多路复用器 PROTEUS-S-6 实现的。MPLC 模式复用器所支持的模式如图 15-13 所示，该多路复用器可以支持多达 3 个模式组的模式复用，包括 C 波段中的 6 个模式。在我们的方案中，从每个模式组中选择一种模式实现 MDM 而不是 MGDM，从而可以有效地减少同一个模式组内的模式串扰。本实验选择 LP01、LP11a 和 LP21a 作为信号传输的复用模式。PROTEUS-S-6 模式多路复用器中 3 个选定模式之间的模态串扰见表 15-1。其中，每个模式之间的最大模态串扰均低于−20dB。

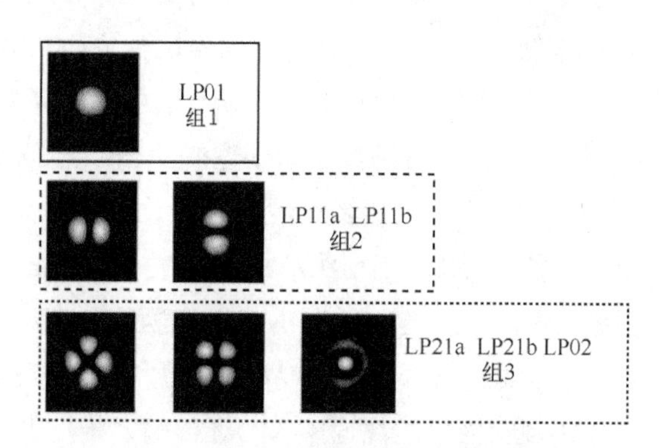

图 15-13 MPLC 模式复用器所支持的模式

表 15-1 PROTEUS-S-6 模式多路复用器中 3 个选定模式之间的模态串扰

输入模式	模式间串扰		
	LP01	LP11a	LP21a
LP01	—	−27.71	−25.03
LP11a	−26.5	—	−23.42
LP21a	−26.7	−23	—

（2）LUT 预失真

文献[69]详细描述了 LUT 预失真技术消除非线性失真的原理，其中，符号的非线性失真取决于所传输的符号样本。如果 LUT 方案的存储器长度是 N，调制格式是 PAM-M，则将 N 个 PAM-M 符号视为一个样本。我们的目标是在校准阶段获得每个样本的最中间符号的幅度误差，然后在传输阶段对其进行补偿。例如，存储长度为 3，我们的目标是获取每个样本的第二个符号的幅度误差。在校准阶段，我们需要根据发送和接收的训练序列（Training Sequence，TS）获得每个样本的目标符号的幅度误差，然后将其记录在误差表中。在传输阶段，需要确定每个传输符号所属的样本，然后根据在校准阶段获得的误差表补偿非线性失真。需要注意，在校准阶段用于生成误差表的 TS 和在传输阶段用于计算误码率的传输符号是独立的。在本实验中，将 LUT 预失真处理的存储长度选择为 3 是为了减少计算复杂度，此时所有的样本数为 $6^3=216$。

（3）基于 Volterra 级数的非线性补偿

在 VNLE 中，P 阶的 Volterra 级数在时域的表达式为

$$y(n)=\sum_{p=1}^{P}\sum_{k_1=0}^{N-1}\cdots\sum_{k_p=0}^{N-1}h_p(k_1,\cdots,k_p)x(n-k_1)\cdots x(n-k_p) \tag{15-20}$$

其中，$x(n)$ 和 $y(n)$ 是输入和输出信号。N 和 p 分别是存储长度和 Volterra 内核的顺序。h_p 是 p 阶 Volterra 内核。本文使用三阶 VNLE 消除非线性损伤，其表达式为

$$\begin{aligned}y(n)=&\sum_{k_1=0}^{N_1-1}h_1(k_1)x(n-k_1)+\\&\sum_{k_1=0}^{N_2-1}\sum_{k_2=k_1}^{N_2-1}h_2(k_1,k_2)x(n-k_1)x(n-k_2)+\\&\sum_{k_1=0}^{N_3-1}\sum_{k_2=k_1}^{N_3-1}\sum_{k_3=k_2}^{N_3-1}h_3(k_1,k_2,k_3)x(n-k_1)x(n-k_2)x(n-k_3)\end{aligned} \tag{15-21}$$

其中，N_1、N_2 和 N_3 分别是一阶、二阶和三阶 Volterra 内核的存储长度。在本节中，最优的 N_1、N_2 和 N_3 分别为 121、13 和 9。

15.4.2　离线 DSP 流程

本节首先给出了单波长的 MDM 和 WDM MDM 系统的离线 DSP 流程。然后，在第 15.4.3 节和第 15.4.4 节中分别介绍了上述两个系统的详细实验设置和结果。离线 DSP 流程及频率响应如图 15-14 所示，图 15-14（a）展示了 PAM 信号生成和接收离线 DSP 过程。在发射端，2^{20} 个点的 PRBS 生成并且映射为 PAM6 信号。PAM6 信号的前 4096 个点作为 TS，用于接收端的同步和均衡。采用存储长度为 3 的 LUT 算法补偿非线性损伤。采用 11 抽头 FIR 滤波器补偿由带宽限制引起的 ISI。采用滚降因子为 0.125 的平方根升余弦（Square Root Raised Cosine，SRRC）滤波器实现 PAM 信号的 Nyquist 整形，并且脉冲信号在上载到 DAC 之前应该对它进

行下采样。图 15-14（b）展示了 MDM 系统的 3 种模式在不同频率下的实测信噪比。可以看出，相同模式组中的模态耦合引起的串扰导致了高阶模式通道的 SNR 性能比较差。在接收端，离线 DSP 包括上采样、匹配滤波、时钟恢复、同步、FFE 或 VNLE 均衡、PAM6 信号的解映射和误差计数。

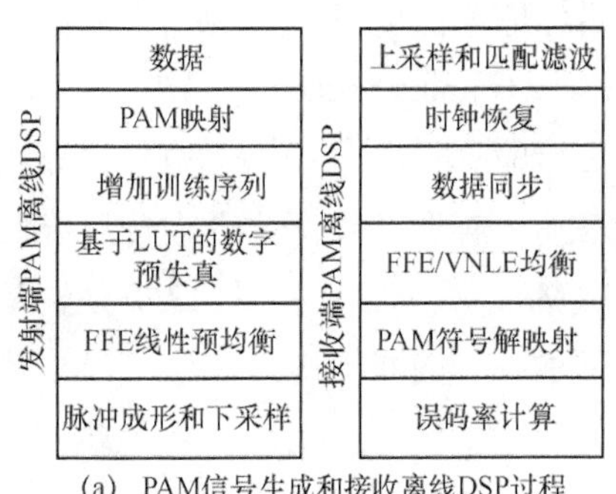

（a） PAM信号生成和接收离线DSP过程

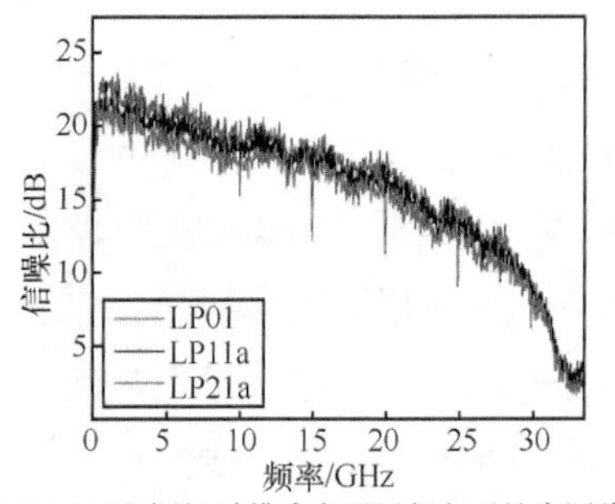

（b） MDM系统的3种模式在不同频率下的实测信噪比

图 15-14　离线 DSP 流程及频率响应

15.4.3　单波长 MDM 传输

在单波长系统中，我们实验验证了 3 种模式的 502.5Gbit/s PAM6 信号在 20m OM2 MMF 上传输的系统。单波长实验装置示意图及光谱如图 15-15 所示，实验装置如图 15-15（a）所示。离线生成的信号被加载到采样率为 80GSa/s 的富士通 DAC 中。然后，由增益为 20dB 带宽为 30GHz 的单端驱动器放大。一个 3dB 衰减器（ATT）放置在放大器的输入端口用来消除非线性失真。之后，40GHz 的 MZM 联合 16dBm 光功率 ECL 把电信号调制到 1550nm 光载波上。图 15-15（b）分别显示了使用和没有使用线性预均衡的 PAM6 信号的光谱，对比看出，带宽限制引起的功率衰减得到有效的补偿。调制的光信号由 EDFA 放大之后，再由 1×3 耦合器分功率，EDFA 在这里用于补偿耦合器和模式复用器引起的功率损耗。如图 15-15（a）所示，在模式复用器的第二和第三输入端口处添加了不同的延迟线（Delay Line，DL）和偏振控制器（Polarization Controller，PC）。由于多路复用器是偏振相关的，使用 DL 以消除不同模式之间的相关性，调节 PC 以实现最大的模式转换效率。这里可以在耦合器和多路复用器之间使用偏振保持光纤（Polarization Maintaining Optical Fiber，PMOF）代替 PC。选择模式复用器中的 LP01、LP11a 和 LP21a 模式承载信号，然后在 20m 的 OM2 MMF 上进行传输。经过 OM2 MMF 传输之后，所有模式均被模式解复用器解为基本的高斯模式。本文由于没有使用特定的 DSP 算法进行模式分解，因此分别捕获了 3 种不同模式所承载的信号，并分别计算了 BER。在接收端，一个 VOA 用来调整 ROP，一个 40GHz PD 用于检测光信号并转换成电信号。之后，电信号由采样率为 80GSa/s 的 LeCroy 实时 OSC 的捕获，并在 MATLAB 中离线处理。

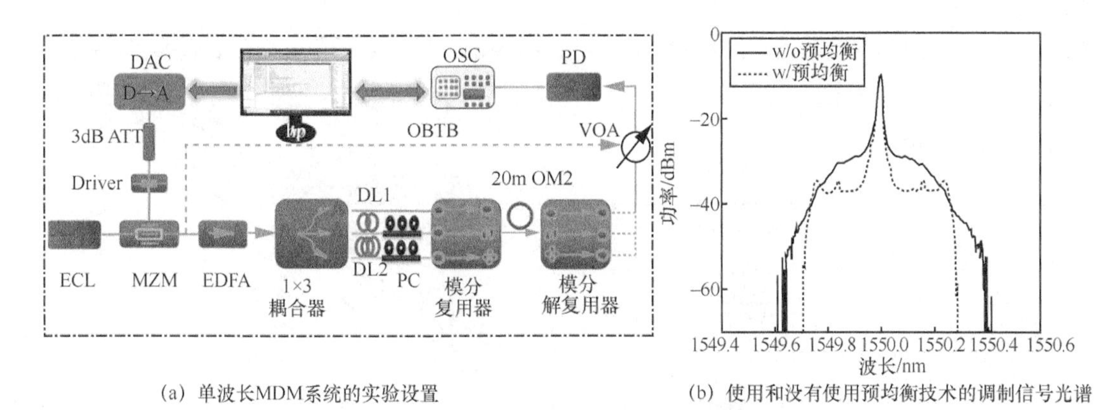

（a）单波长MDM系统的实验设置

（b）使用和没有使用预均衡技术的调制信号光谱

图 15-15 单波长实验装置示意图及光谱

首先，我们在光背靠背系统中测试不同波特率的 PAM 信号的性能，以找到 MDM 系统实际的最大容量。光背靠背系统中，不同波特率的 PAM6 信号传输性能如图 15-16 所示，在光背靠背传输系统中，70GBaud 的 PAM6 信号在 ROP 为−5dBm 处的误码率性能低于 HD-FEC 门限 3.8×10^{-3}。但是，72GBaud 的 PAM6 信号在此条件下误码率不能满足 HD-FEC 门限，无法实现传输。在接收端，恢复的 65Gbuad 和 70GBaud 的 PAM6 信号在 ROP 为−3dBm 处的眼图分别参见图 15-16（b）和图 15-16（c）。可以看出，当 ROP 高于−3dBm 时，系统误码率性能将下降。这是由信号中光电转换引起的非线性引起的。因此，我们实验测试了波特率为 65～72GBaud 的 PAM6 信号在 ROP 为−3dBm 时的误码率性能，以获得单波长 MDM 系统支持的最大传输容量。

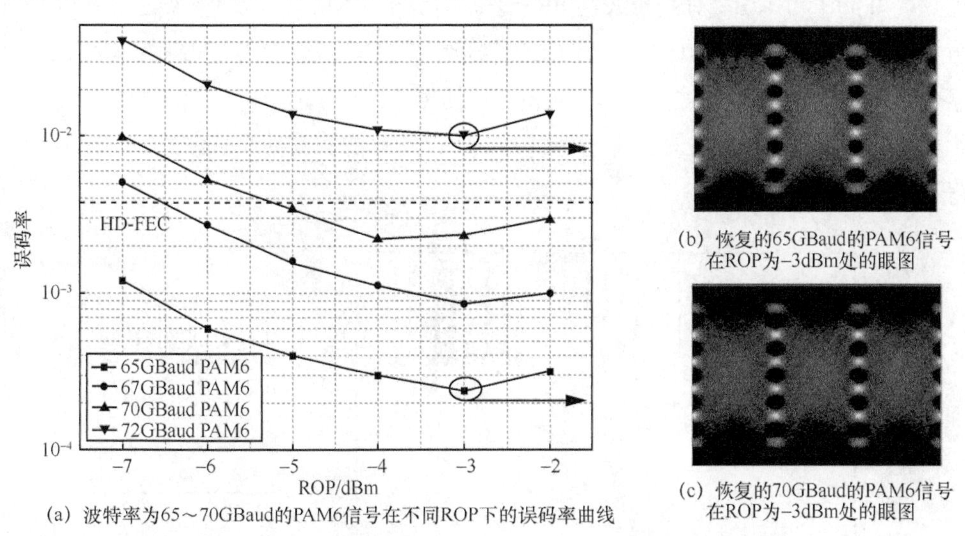

（a）波特率为65～70GBaud的PAM6信号在不同ROP下的误码率曲线

（b）恢复的65GBaud的PAM6信号在ROP为−3dBm处的眼图

（c）恢复的70GBaud的PAM6信号在ROP为−3dBm处的眼图

图 15-16 光背靠背系统中，不同波特率的 PAM6 信号传输性能

在−3dBm 的接收光功率处单波长模式复用下的 PAM6 信号在不同波特率下的误码率性能如图 15-17 所示，LP01 模式的误码率性能最佳，而最高模式组中的 LP21a 的 BER 性能最差。这是因为高阶模群的模态耦合引起的串扰更严重。并且，我们发现以 LP21a 模式传输的 70GBaud 的

PAM6 信号的误码率不能达到单波长 MDM 系统传输中的 HD-FEC 门限。在我们后续实验中，每种模式下传输的都是 67GBaud 的 PAM6 信号。实际上，每种模式可以携带不同波特率的 PAM6 信号以实现最大传输速率。

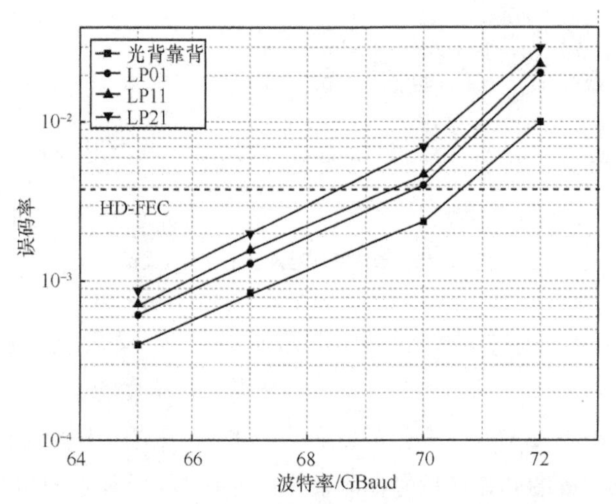

图 15-17　在−3dBm 的接收光功率处单波长模式复用下的 PAM6 信号在不同波特率下的误码率性能

在光背靠背传输系统中，67GBaud 的 PAM6 信号的误码率性能与接收光功率的关系如图 15-18 所示。在误码率为 3.8×10^{-3} 的 HD-FEC 门限处，LUT 预失真和 VNLE 分别将系统接收器灵敏度提高 0.3dB 和 1dB。分别用线性 FFE 信道均衡和 VNLE 信道均衡恢复出来的 PAM6 信号的直方图分别显示在图 15-18 的插图（i）和插图（ii）。可以看出，VNLE 均衡法更有效地缓解了 PAM6 信号的非线性失真。插图（iii）和插图（iv）分别给出了相应的幅度误差与不同符号组合的关系。显然，VNLE 方案还可以减少每个符号的非线性失真以减少与符号组合有关的符号误差。

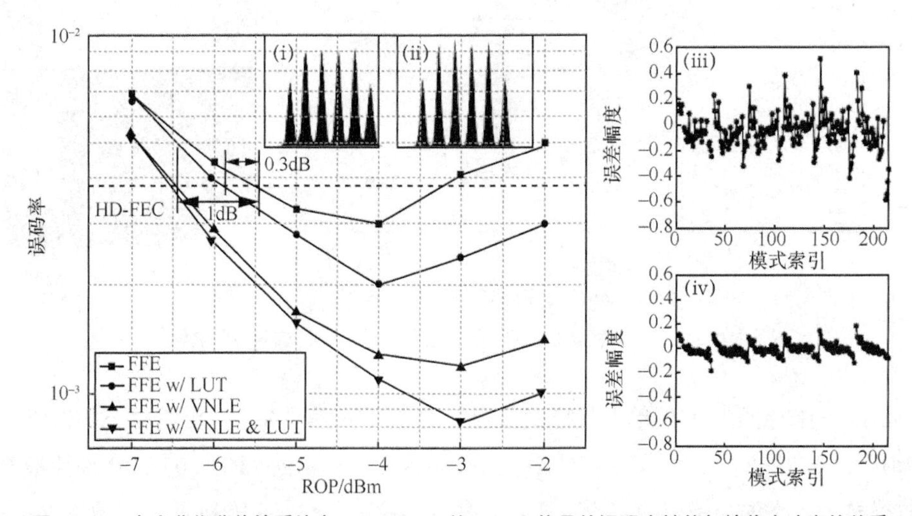

图 15-18　在光背靠背传输系统中，67GBaud 的 PAM6 信号的误码率性能与接收光功率的关系

单波长 MDM 系统中，67GBaud 的 PAM6 信号的误码率性能与接收光功率的关系如图 5-19 所示。并且，167.5Gbit/s 的 PAM6 信号在每种模式下在传输 20m 的 OM2 MMF 之后可以做到误码率低于 3.8×10^{-3}。单波长 MDM 系统中应用 3 种模式的信号传输使得总传输容量达到 502.5Gbit/s，净数据速率为 462.28Gbit/s。

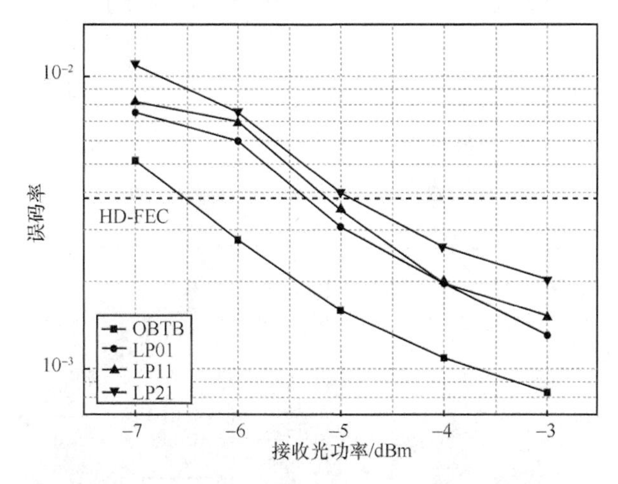

图 15-19　单波长 MDM 系统中，67GBaud 的 PAM6 信号的误码率性能与接收光功率的关系

15.4.4　WDM MDM 传输

在单波长 IMDD 系统中 3 种模式的 MDM 传输 502.5Gbit/s 的 PAM6 信号已经实现。为了实现下一代传输速率为 1.6Tbit/s 的高速板间光互连，我们实验验证了光载波个数为 4 的 WDM MDM 系统。多波长实验装置示意图及光谱如图 15-20 所示，WDM MDM 系统设置如图 15-20（a）所示。在发射端，利用两个 ECL 产生 4 个波长分别为 1550nm、1550.8nm、1550.16nm 和 1550.24nm 的光载波。将 1550nm 和 1551.6nm 的光载波耦合到一个调制器中，另外两个光载波耦合到另一个具有相同带宽的调制器中。然后，已调制的光信号由耦合器耦合之后再由 EDFA 放大。WDM 系统中信号的光谱如图 15-20（b）所示。在 1550nm 和 1551.6nm 光载波上传输的信号具有更高的 SNR 性能。这是因为在两个支路中的两个电驱动器的性能不同。因此，当测量不同光载波上所承载的信号的误码率性能时，总是从支路 1 生成目标信号。信号通过 MDM 系统之后，用一个 6dB 插入损耗和 60dB 消光比的 Finisar 波形整形器（Wave Shaper，WS）将不同信道的信号分离。这里，WDM MDM 系统设置与单波长 MDM 系统相同。在 WDM MDM 系统中，不同波长通道误码率与接收光功率的关系如图 15-21 所示。显然，在所有波长和模式下的 167.5Gbit/s 的 PAM6 信号在上述的 WDM MDM 系统传输后的误码率可以做到低于 HD-FEC 门限 3.8×10^{-3}。并且，本系统的总数据速率为 2.01Tbit/s，除去 7%的 FEC 和 1.87%的 TS 开销后，净速率为 1.84Tbit/s。

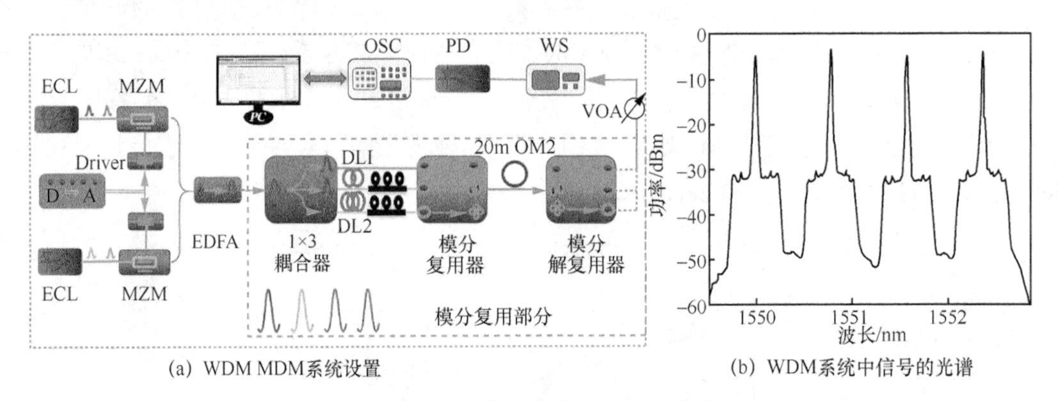

(a) WDM MDM系统设置　　(b) WDM系统中信号的光谱

图 15-20　多波长实验装置示意图及光谱

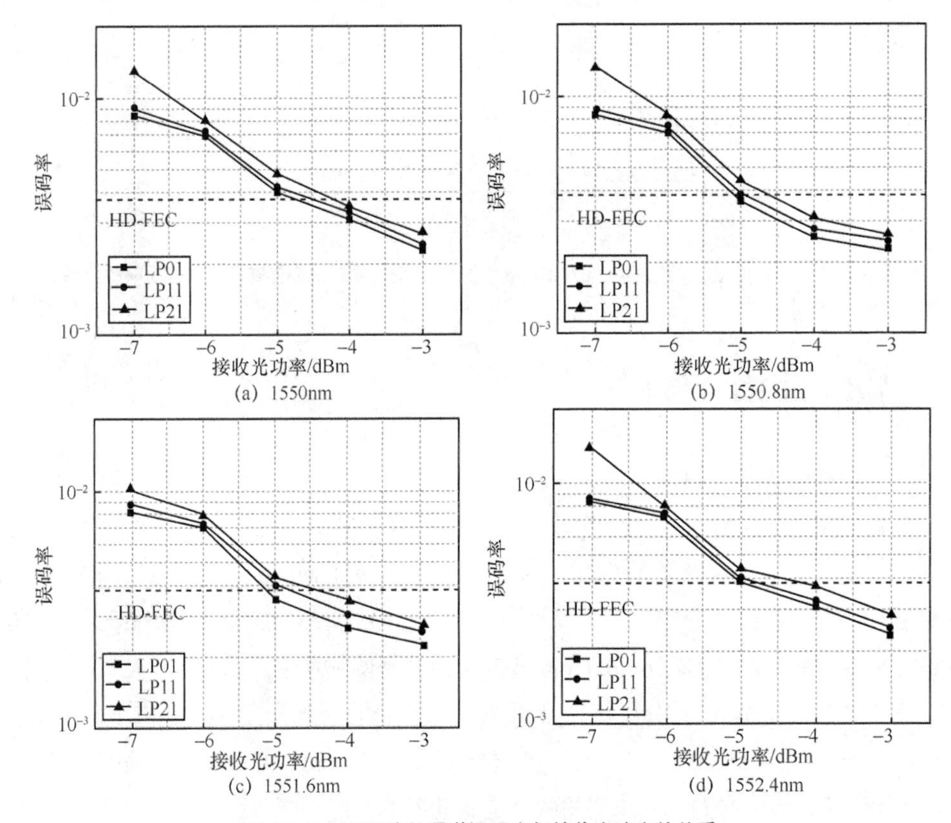

(a) 1550nm　　(b) 1550.8nm

(c) 1551.6nm　　(d) 1552.4nm

图 15-21　不同波长通道误码率与接收光功率的关系

15.5　小结

第 15.2 节从矢量光束的偏振特性角度出发，详细介绍了矢量模式的基本特性与产生方式，简单阐述了矢量波束的应用前景。从模式复用理论出发，对 FMF 中的模式传播理论进行研究与利用，针对矢量模式的特性与其在 FMF 中复用传输的原理进行了简要介绍。本节内容为 VM 在 FMF 中复用传输的实验研究提供了理论基础。

第 15.3 节介绍了 DMT 调制技术的基本原理以及具有的优缺点。DMT 由于对色散和偏振模色散耐受性高，而被认为是一种有效的技术。在此基础上设计并且搭建了基于 FMF 的矢量模式复用直接检测传输系统，利用两个一阶矢量模式复用传输，分别测试了 2×60Gbit/s 和 2×120Gbit/s 信号传输 5m 四模光纤系统的误码率与接收光功率关系曲线。最后测试了两个模式传输后的模式隔离度并讨论了可能造成系统传输不稳定和复用的模式间相互交叉串扰的原因。而由于多载波结构的固有缺陷会造成较高的峰均功率比，信号传输性能恶化。本节最后通过实验对比了 DFT-S 技术与预均衡技术分别作用在 16QAM-DMT 信号传输时对于信号性能优化的效果。

第 15.4 节实验验证了超 1.6Tbit/s 的 WDM MDM 在低成本 IMDD 架构的 20m 短距离板间光互连传输的通信系统。在收发端，用一个模式串扰小于−20dB 的 MPLC 模式复用器和解复用器实现了具有 3 种偏振模式的 MDM。讨论了 LUT 预失真和 VNLE 的非线性缓解方案。实验结果表明，在光背靠背中，误码率为 3.8×10^{-3} 时，LUT 和 VNLE 可以将 67GBaud 的 PAM6 信号的接收器灵敏度分别提高 0.3dB 和 1dB。在采用非线性补偿方案的 WDM MDM 通信系统中，基于 3 种模式和 4 种波长的波分复用技术，净速率为 1.84Tbit/s 的 PAM6 信号在传输 20m 的 OM2 光纤后成功做到误码率低于 3.8×10^{-3}。据我们所知，这是首次研究基于 PAM 调制格式的 MDM 通信方案，并在具有单光载波和低成本 IMDD 体系结构的 MDM 系统中实现了 167.5Gbit/s 的最高数据速率。实验结果表明，我们提出的结合 MDM 和 WDM 的 PAM 通信方案是未来 1.6Tbit/s 短距离板间光 DCI 有竞争力的备选方案。

参考文献

[1] CHEN H, KOONEN A M J T. Spatial division multiplexing[M]. Fibre Optic Communication. Springer, Cham, 2017: 1-4

[2] KILPER D, BERGMAN K, CHAN V W S, et al. Optical networks come of age[J]. Optics and Photonics News, 2014, 25(9): 50-57.

[3] WANG K, NIRMALATHAS A, LIM C, et al. Space-time-coded high-speed reconfigurable card-to-card free-space optical interconnects[J]. Journal of Optical Communications and Networking, 2017, 9(2): A189-A197.

[4] WINZER P J. Scaling optical fiber networks: challenges and solutions[J]. Optics and Photonics News, 2015, 26(3): 28-35.

[5] LI G F, BAI N, ZHAO N B, et al. Space-division multiplexing: the next frontier in optical communication[J]. Advances in Optics and Photonics, 2014, 6(4): 413-487.

[6] WINZER P J. Spatial multiplexing in fiber optics: the 10x scaling of metro/core capacities[J]. Bell Labs Technical Journal, 2014, 19: 22-30.

[7] BERDAGUÉ S, FACQ P. Mode division multiplexing in optical fibers[J]. Applied Optics, 1982, 21(11):

1950-1955.

[8] CARPENTER J, THOMSEN B C, WILKINSON T D. Degenerate mode-group division multiplexing[J]. Journal of Lightwave Technology, 2012, 30(24): 3946-3952.

[9] LI F, YU J J, CAO Z Z, et al. Experimental demonstration of four-channel WDM 560 Gbit/s 128QAM-DMT using IM/DD for 2-km optical interconnect[J]. Journal of Lightwave Technology, 2017, 35(4): 941-948.

[10] HAYEE M I, CARDAKLI M C, SAHIN A B, et al. Doubling of bandwidth utilization using two orthogonal polarizations and power unbalancing in a polarization-division-multiplexing scheme[J]. IEEE Photonics Technology Letters, 2001, 13(8): 881-883.

[11] IP E, LAU A P T, BARROS D J F, et al. Coherent detection in optical fiber systems[J]. Optics Express, 2008, 16(2): 753-791.

[12] LUO J W, LI J P, SUI Q, et al. 40 Gb/s mode-division multiplexed DD-OFDM transmission over standard multi-mode fiber[J]. IEEE Photonics Journal, 2016, 8(3): 1-7.

[13] WEN H, XIA C, VELÁZQUEZ-BENÍTEZ A M, et al. First demonstration of six-mode PON achieving a record gain of 4 dB in upstream transmission loss budget[J]. Journal of Lightwave Technology, 2016, 34(8): 1990-1996.

[14] VAN U R G H, CORREA R A, LOPEZ E A, et al. Ultra-high-density spatial division multiplexing with a few-mode multicore fibre[J]. Nature Photonics, 2014, 8(11): 865-870.

[15] LEI T, ZHANG M, LI Y R, et al. Massive individual orbital angular momentum channels for multiplexing enabled by Dammann gratings[J]. Light: Science & Applications, 2015, 4(3): e257.

[16] HUANG H, MILIONE G, LAVERY M P J, et al. Mode division multiplexing using an orbital angular momentum mode sorter and MIMO-DSP over a graded-index few-mode optical fibre[J]. Scientific Reports, 2015(5): 14931.

[17] ZHAN Q W. Cylindrical vector beams: from mathematical concepts to applications[J]. Advances in Optics and Photonics, 2009, 1(1): 1-57.

[18] STALDER M, SCHADT M. Linearly polarized light with axial symmetry generated by liquid-crystal polarization converters[J]. Optics Letters, 1996, 21(23): 1948-1950.

[19] WENG X Y, DU L P, YANG A P, et al. Generating arbitrary order cylindrical vector beams with inherent transform mechanism[J]. IEEE Photonics Journal, 2017, 9(1): 1-8.

[20] LIJL, SHIRAKAWA A, UEDA K I, et al. Generation of cylindrical vector lights from passively Q-switched Nd: YAG laser by using photonic crystal gratings[J]. The Review of Laser Engineering, 2009, 37(11): 806-810.

[21] JI W, LEE C H, CHEN P, et al. Meta-q-plate for complex beam shaping[J]. Scientific Reports, 2016(6): 25528.

[22] CARDANO F, KARIMI E, SLUSSARENKO S, et al. Polarization pattern of vector vortex beams generated by q-plates with different topological charges[J]. Applied Optics, 2012, 51(10): C1-C6.

[23] VOLPE G, PETROV D. Generation of cylindrical vector beams with few-mode fibers excited by Laguerre-Gaussian beams[J]. Optics Communications, 2004, 237(1-3): 89-95.

[24] 赵谦，李泠泠. 中频降低正交频分复用系统峰均比的改进方法[J]. 计算机工程与应用，2011，47(3): 120-122.

[25] MANGONE F, TANG J, CHEN M, et al. Iterative clipping and filtering based on discrete cosine transform/inverse discrete cosine transform for intensity modulator direct detection optical orthogonal frequency division multiplexing system[J]. Optical Engineering, 2013, 52(6): 065001.

[26] XIAO Y Q, CHEN M, LI F, et al. PAPR reduction based on chaos combined with SLM technique in optical

OFDM IM/DD system[J]. Optical Fiber Technology, 2015(21): 81-86.
[27] SHAO Y F, CHI N, FAN J Y, et al. Generation of 16-QAM-OFDM signals using selected mapping method and its application in optical millimeter-wave access system[J]. IEEE Photonics Technology Letters, 2012, 24(15): 1301-1303.
[28] 李凡. 宽带 OFDM 光通信中若干关键技术的研究[D]. 湖南: 湖南大学, 2014.
[29] LAVIGNE B, LEFRANÇOIS M, BERTRAN-PARDO O, et al. Real-time 200 Gb/s 8-QAM transmission over a 1800-km long SSMF-based system using add/drop 50 GHz-wide filters[C]//Proceedings of Optical Fiber Communication Conference. Washington, D.C.: OSA, 2016.
[30] ZHONG K P, ZHOU X, HUO J H, et al. Digital signal processing for short-reach optical communications: a review of current technologies and future trends[J]. Journal of Lightwave Technology, 2018, 36(2): 377-400.
[31] ABBOTT J, HORN D. Data center interconnects: The road to 400G and beyond[J]. Lightwave, 2016.
[32] COSTA N, NAPOLI A, RAHMAN T, et al. Transponder requirements for 600 Gb/s data center interconnection[C]//Proceedings of Advanced Photonics 2018 (BGPP, IPR, NP, NOMA, Sensors, Networks, SPPCom, SOF). Washington, D.C.: OSA, 2018: SpM2G. 4.
[33] IEEE P802.3bs 200Gb/s and 400Gb/s ethernet task force[R]. 2018.
[34] ZHANG K, ZHUGE Q, XIN H Y, et al. Intensity directed equalizer for the mitigation of DML chirp induced distortion in dispersion-unmanaged C-band PAM transmission[J]. Optics Express, 2017, 25(23): 28123-28135.
[35] ZHONG K P, ZHOU X, HUO J H, et al. Amplifier-less transmission of single channel 112Gbit/s PAM4 signal over 40km using 25G EML and APD at O band[C]//Proceedings of 2017 European Conference on Optical Communication (ECOC). Piscataway: IEEE Press, 2017: 1-3.
[36] ZHANG J W, YU J J, CHIEN H C. High symbol rate signal generation and detection with linear and nonlinear signal processing[J]. Journal of Lightwave Technology, 2018, 36(2): 408-415.
[37] ZHANG Q, STOJANOVIC N, WEI J L, et al. Single-lane 180 Gb/s DB-PAM-4-signal transmission over an 80 km DCF-free SSMF link[J]. Optics Letters, 2017, 42(4): 883-886.
[38] GAO Y, CARTLEDGE J C, YAM S S H, et al. 112 Gb/s PAM-4 using a directly modulated laser with linear pre-compensation and nonlinear post-compensation[C]//Proceedings of ECOC 2016; 42nd European Conference on Optical Communication. VDE 2016: 1-3.
[39] STOJANOVIC N, KARINOU F, QIANG Z, et al. Volterra and Wiener equalizers for short-reach 100G PAM-4 applications[J]. Journal of Lightwave Technology, 2017, 35(21): 4583-4594.
[40] CHEN G Y, DU J B, SUN L, et al. Nonlinear distortion mitigation by machine learning of SVM classification for PAM-4 and PAM-8 modulated optical interconnection[J]. Journal of Lightwave Technology, 2018, 36(3): 650-657.
[41] LI X Y, XING Z P, ALAM M S, et al. 102 Gbaud PAM-4 transmission over 2 km using a pulse shaping filter with asymmetric ISI and Thomlinson-Harashima Precoding[C]//Proceedings of Optical Fiber Communication Conference (OFC)2020. Washington, D.C.: OSA, 2020: T3I. 1.
[42] LI F, LI Z B, SUI Q, et al. 200 gbit/s (68.25 GBaud) PAM8 signal transmission and reception for intra-data center interconnect[C]//Proceedings of 2019 Optical Fiber Communications Conference and Exhibition (OFC). Piscataway: IEEE Press, 2019: 1-3.
[43] ZHANG J, YU J J, ZHAO L, et al. Demonstration of 260-Gb/s single-lane EML-based PS-PAM-8 IM/DD for datacenter interconnects[C]//Proceedings of 2019 Optical Fiber Communications Conference and Exhibition (OFC). Piscataway: IEEE Press, 2019: 1-3.
[44] MASUDA A, YAMAMOTO S, TANIGUCHI H, et al. 255-Gbps PAM-8 transmission under 20-GHz band-

width limitation using NL-MLSE based on Volterra filter[C]//Proceedings of 2019 Optical Fiber Communications Conference and Exhibition (OFC). Piscataway: IEEE Press, 2019: 1-3.

[45] FU Y, KONG D M, XIN H Y, et al. Computationally efficient 120 Gb/s/λ PWL equalized 2D-TCM-PAM8 in dispersion unmanaged DML-DD system[C]//Proceedings of Optical Fiber Communication Conference (OFC) 2020. Washington, D.C.: OSA, 2020: T3I. 5.

[46] LI F, ZOU D, DING L, et al. 100 Gbit/s PAM4 signal transmission and reception for 2-km interconnect with adaptive Notch filter for narrowband interference[J]. Optics express, 2018, 26(18): 24066-24074.

[47] SHI J Y, ZHANG J W, CHI N, et al. Comparison of 100G PAM-8, CAP-64 and DFT-S OFDM with a bandwidth-limited direct-detection receiver[J]. Optics Express, 2017, 25(26): 32254-32262.

[48] LIANG S Y, QIAO L, LU X Y, et al. Enhanced performance of a multiband super-Nyquist CAP16 VLC system employing a joint MIMO equalizer[J]. Optics Express, 2018, 26(12): 15718-15725.

[49] ZHONG K P, ZHOU X, GUI T, et al. Experimental study of PAM-4, CAP-16, and DMT for 100 Gb/s short reach optical transmission systems[J]. Optics Express, 2015, 23(2): 1176-1189.

[50] SHI J Y, ZHANG J W, ZHOU Y J, et al. Transmission performance comparison for 100-Gb/s PAM-4, CAP-16, and DFT-S OFDM with direct detection[J]. Journal of Lightwave Technology, 2017, 35(23): 5127-5133.

[51] XIE C J, DONG P, RANDEL S, et al. Single-VCSEL 100-Gb/s short-reach system using discrete multi-tone modulation and direct detection[C]//Proceedings of Optical Fiber Communication Conference. Washington, D.C.: OSA, 2015: 1-3.

[52] YU B X, GUO C J, YI L Y, et al. 150-Gb/s SEFDM IM/DD transmission using log-MAP Viterbi decoding for short reach optical links[J]. Optics Express, 2018, 26(24): 31075-31084.

[53] LI F, YU J J, CAO Z Z, et al. Demostration of 520 Gb/s/λ pre-equalized DFT-spread PDM-16QAM-OFDM signal transmission[J]. Optics Express, 2016, 24(3): 2648-2654.

[54] KOTTKE C, CASPAR C, JUNGNICKEL V, et al. High speed 160 Gb/s DMT VCSEL transmission using pre-equalization[C]//Proceedings of 2017 Optical Fiber Communications Conference and Exhibition (OFC). Piscataway: IEEE Press, 2017: 1-3.

[55] ZHANG L, ZUO T J, MAO Y, et al. Beyond 100-Gb/s transmission over 80-km SMF using direct-detection SSB-DMT at C-band[J]. Journal of Lightwave Technology, 2016, 34(2): 723-729.

[56] ZOU D D, CHEN Y C, LI F, et al. Comparison of bit-loading DMT and pre-equalized DFT-spread DMT for 2-km optical interconnect system[J]. Journal of Lightwave Technology, 2019, 37(10): 2194-2200.

[57] ZHANG L, VAN KERREBROUCK J, LIN R, et al. Nonlinearity tolerant high-speed DMT transmission with 1.5-μm single-mode VCSEL and multi-core fibers for optical interconnects[J]. Journal of Lightwave Technology, 2019, 37(2): 380-388.

[58] ZHOU J, QIAO Y J, HUANG X C, et al. Joint FDE and MLSD algorithm for 56-Gbit/s optical FTN-PAM4 system using 10G-class optics[J]. Journal of Lightwave Technology, 2019, 37(13): 3343-3350.

[59] LI D, DENG L, YE Y, et al. Amplifier-free 4 × 96 Gb/s PAM8 transmission enabled by modified Volterra equalizer for short-reach applications using directly modulated lasers[J]. Optics Express, 2019, 27(13): 17927-17939.

[60] SHIBAHARA K, MIZUNO T, LEE D, et al. DMD-unmanaged long-haul SDM transmission over 2500-km 12-core × 3-mode MC-FMF and 6300-km 3-mode FMF employing intermodal interference canceling technique[J]. Journal of Lightwave Technology, 2019, 37(1): 138-147.

[61] RADEMACHER G, RYF R, FONTAINE N K, et al. Long-haul transmission over few-mode fibers with space-division multiplexing[J]. Journal of Lightwave Technology, 2018, 36(6): 1382-1388.

[62] HAMAOKA F, OKAMOTO S, HORIKOSHI K, et al. Mode and polarization division multiplexed signal detection with single coherent receiver using mode-selective coherent detection technique[C]//Proceedings of Optical Fiber Communication Conference. Washington, D.C.: OSA, 2016: Th3A. 6.

[63] BUTLER D L, LI M J, LI S P, et al. Space division multiplexing in short reach optical interconnects[J]. Journal of Lightwave Technology, 2017, 35(4): 677-682.

[64] FIORANI M, TORNATORE M, CHEN J J, et al. Spatial division multiplexing for high capacity optical interconnects in modular data centers[J]. Journal of Optical Communications and Networking, 2017, 9(2): A143-A153.

[65] BENYAHYA K, SIMONNEAU C, GHAZISAEIDI A, et al. Multiterabit transmission over OM2 multimode fiber with wavelength and mode group multiplexing and direct detection[J]. Journal of Lightwave Technology, 2018, 36(2): 355-360.

[66] BENYAHYA K, SIMONNEAU C, GHAZISAEIDI A, et al. High-speed Bi-directional transmission over multimode fiber link in IM/DD systems[J]. Journal of Lightwave Technology, 2018, 36(18): 4174-4180.

[67] SUN Y D, ZOU D D, LI J P, et al. Demonstration of low-cost EML based 240 Gbit/s DFT-spread DMT signal transmission over few-mode fiber with cylindrical vector beam multiplexing[J]. IEEE Access, 2019(7): 77786-77791.

[68] ZOU D D, ZHANG Z X, LI F, et al. Single λ 500-Gbit/s PAM signal transmission for data center interconnect utilizing mode division multiplexing[C]//Proceedings of Optical Fiber Communication Conference (OFC) 2020. Washington, D.C.: OSA, 2020: W1D. 6.

[69] ZHANG J W, YU J J, CHIEN H C. EML-based IM/DD 400G (4 × 112.5-Gbit/s) PAM-4 over 80 km SSMF based on linear pre-equalization and nonlinear LUT pre-distortion for inter-DCI applications[C]//Proceedings of 2017 Optical Fiber Communications Conference and Exhibition (OFC). Piscataway: IEEE Press, 2017: 1-3.